Klaus Kunze
Tribologie Polymerbasierter Verbundwerkstoffe

Weitere empfehlenswerte Titel

Thermoplastische Elastomere
im Blickfang
Günter Scholz, Manuela Gehringer, 2021
ISBN 978-3-11-073986-2, e-ISBN 978-3-11-074006-6

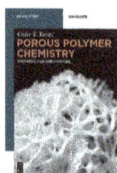

Porous Polymer Chemistry
Synthesis and Applications
Cafer T. Yavuz, 2022
ISBN 978-3-11-049465-5, e-ISBN 978-3-11-049468-6

Polymer Synthesis
Modern Methods and Technologies
Guojian Wang, Junjie Yuan, 2020
ISBN 978-3-11-059634-2, e-ISBN 978-3-11-059709-7

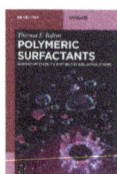

Polymeric Surfactants
Dispersion Stability and Industrial Applications
Tharwat F. Tadros, 2017
ISBN 978-3-11-048722-0, e-ISBN 978-3-11-048728-2

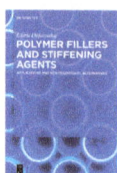

Polymer Fillers and Stiffening Agents
Applications and Non-traditional Alternatives
Chris Defonseka, 2020
ISBN 978-3-11-066989-3, e-ISBN 978-3-11-066999-2

Klaus Kunze

Tribologie Polymerbasierter Verbundwerkstoffe

—

DE GRUYTER
OLDENBOURG

Autor
Dr.-Ing. Klaus Kunze
TU Dresden
Institut Leichtbau und Kunststofftechnik
Mühlenblick 20a
01157 Dresden
klaus.kunze@tu-dresden.de

ISBN 978-3-11-074626-6
e-ISBN (PDF) 978-3-11-074628-0
e-ISBN (EPUB) 978-3-11-074651-8

Library of Congress Control Number: 2021946765

Bibliografische Information der Deutschen Nationalbibliothek
Die Deutsche Nationalbibliothek verzeichnet diese Publikation in der Deutschen
Nationalbibliografie; detaillierte bibliografische Daten sind im Internet über
http://dnb.dnb.de abrufbar.

© 2021 Walter de Gruyter GmbH, Berlin/Boston
Coverbild: Klaus Kunze
Satz: le-tex publishing services GmbH, Leipzig
Druck und Bindung: CPI books GmbH, Leck

www.degruyter.com

Vorwort

Die derzeitige Entwicklung auf dem Gebiet der Hochtechnologie ist geprägt durch steigende Anforderungen an die Leistungsfähigkeit, Zuverlässigkeit, Wirtschaftlichkeit und Flexibilität technischer Produkte, was u. a. dem hohen Wettbewerbsdruck geschuldet ist, der sich aus der zunehmenden Globalisierung der Märkte ergibt. Eine Schlüsselrolle dabei spielt die Beherrschung tribologischer Prozesse, denn die ökonomische und ökologische Bedeutung von Reibung, Schmierung und Verschleiß ist nach wie vor unbestritten. Besonders unter dem Aspekt der Ressourcenschonung sind Materialverluste und Energiedissipationen zu minimieren, denn in den meisten Fällen führen Reibungs- und Verschleißprozesse zu einer irreversiblen Minderung der Funktionserfüllung bzw. Verfügbarkeit von Maschinenelementen und anderen Bauteilen, was einen vollständigen Ausfall von Maschinen und Anlagen oder die Unterbrechung ganzer Produktionsprozesse zur Folge haben kann. Es gilt daher, die Zuverlässigkeit und Lebensdauer von tribomechanisch beanspruchten Teilen und Strukturen – etwa durch die Anwendung modernster wissenschaftlicher Methoden und effektiver Prüf- und Analysetechnik – zu erhöhen, und damit die Effizienz sowohl von Maschinen und Anlagen als auch von Produktionsprozessen zu steigern.

Aufgrund der angesprochenen notwendigen Schonung der natürlichen Ressourcen und der Vermeidung eines übermäßigen Ausstoßes umweltbelastender Stoffe wird die Entwicklung tribotechnischer Produkte zunehmend durch ökonomisch/ökologische Zwänge geprägt, die effiziente Lösungen auf den verschiedensten Gebieten der Technik dringend erfordern. In diesem Zusammenhang werden zunehmend branchenübergreifende Ansätze, wie etwa das Modell eines „funktionsintegrativen Systemleichtbaus in Multi-Material-Design" genutzt, bei welchem ökonomische und ökologische Aspekte der Produktentwicklung nicht als Gegensatz, sondern als Ergänzung und Symbiose verstanden werden. Besonders durch die effizientere Ausnutzung vorhandener und die Entwicklung neuartiger tribologisch optimierter Werkstoffe sowie zugehöriger Bauweisen und Technologien für tribomechanisch beanspruchte Produkte kann ein nachhaltiger Beitrag zur Integration tribologischer Systeme in komplexe Leichtbaulösungen geleistet werden.

Diese Einbeziehung tribologisch beanspruchter Komponenten in komplexe Leichtbaustrukturen bedeutet den „richtigen Werkstoff am richtigen Ort" einzusetzen, d. h., die Nutzung der breiten und stetig zunehmenden wissenschaftlich-technischen Basis, über die man derzeit im Zusammenhang mit derartigen Fragestellungen verfügt, und eine systematische Herangehensweise an konkrete Aufgabenstellungen sind die Grundvoraussetzungen für eine effektive Produktentwicklung. Den Ausgangspunkt für eine methodische Bearbeitung dieser Aufgabenstellungen bildet eine Systemanalyse mit dem Ziel, das Beanspruchungskollektiv möglichst zu quantifizieren sowie die tribomechanischen Hauptschädigungsmechanismen zu identifizieren und möglichst exakt zu beschreiben.

https://doi.org/10.1515/9783110746280-201

Aufbauend auf diesen Analysen sind im Sinne einer Optimierung die Reibpartner mit den konkreten Parametern des Tribosystems abzustimmen. Ein Erfolg versprechender Weg zur Bewältigung der damit verbundenen technischen Herausforderungen ergibt sich durch die Anwendung neuer „konstruierter" Lager- und anderer Gleitwerkstoffe und zugehöriger Bauweisen. Hier bietet der Einsatz speziell zugeschnittener polymerbasierter Verbundwerkstoffe mit deren großen konstruktiven Flexibilität entscheidende Vorteile zur Anpassung der Werkstoffstruktur an die komplexen tribomechanischen Beanspruchungen und das Bauteildesign.

Sowohl die Projektierung als auch die Konstruktion von funktionsintegrativen Leichtbaustrukturen mit integrierten tribologisch beanspruchten Komponenten stellt eine komplexe Herausforderung dar, die nur durch eine ganzheitliche Betrachtung entlang der Entwicklungskette von der Produktidee über eine detaillierte Beanspruchungsanalyse bis zur ressourcenschonenden konstruktiv-technologischen Umsetzung und zu einer praxisnahen prüftechnischen Verifizierung zu lösen ist.

An dieser Stelle möchte sich der Autor ganz besonders bei allen Kollegen und Freunden bedanken, die mich während meiner aktiven Zeit am Institut für Leichtbau und Kunststofftechnik (ILK) der TU Dresden tatkräftig unterstützt haben. Das gilt besonders für meinen Mentor Prof. Dr.-Ing. habil. Prof. Eh. Dr. h.c. Werner A. Hufenbach, unter dessen Leitung ich viele Forschungsprojekte bearbeiten durfte und der mich zur Abfassung dieser Publikation angeregt hat.

Weiterhin gilt mein Dank den Partnern im Materialforschungsverbund Dresden (MFD) e. V., speziell dem Leibniz-Institut für Polymerforschung Dresden e. V. (IPF), dem Fraunhofer-Institut für Werkstoff- und Strahltechnik IWS Dresden und dem Institut für Textilmaschinen und textile Hochleistungswerkstofftechnik (ITM) der TU Dresden, die mit ihrem Engagement und ihrer Kollegialität sehr zum Gelingen dieser Publikation beigetragen haben. Der Verfasser möchte auch der Deutschen Forschungsgemeinschaft (DFG) Dank sagen, die ein Großteil der Forschungsprojekte, die dieser Ausarbeitung zugrunde liegen, unterstützt hat.

Mein ganz besonderer Dank gilt meinem Freund und Kollegen Dr. rer. nat. Dieter Lehmann vom Leibniz-Institut für Polymerforschung Dresden e. V. (IPF), mit dem ich viele Jahre intensiv und produktiv zusammengearbeitet habe. Eigentlich wollten wir das Buch zusammen verfassen, aber das Schicksal hat es anders gewollt. So soll diese Publikation besonders seinem Andenken dienen.

Klaus Kunze

Inhalt

Abkürzungen und Begriffe

Kurzzeichen von Polymeren und chemischen Bezeichnungen

ABS	Acryl-Nitril-Butadien-Copolymerisat
ECTFE	Ethylen-Chlortrifluor-Ethylen
EVA	Ethylenvinylacetat
EP	Epoxidharz
ETFVA	Ethylen-Tetrafluorethylen
FEP	Tetrafluoretyhlenhexafluorpropylen
MFA	Tetrafluoretyhlenperfluormethylether
PA	Polyamid
PA11	Polyamid 11 (Polykondensat auf Basis von Aminoundecansäure)
PA12	Polyamid 12 (Polymerisat aus Laurinlactam)
PA46	Polyamid 66 (Polykondensat aus Diaminobutan und Adipinsäure)
PA6	Polyamid 6 (Polymerisat aus Caprolactam)
PA610	Polyamid 610 (Polykondensat aus Hexamethylendiamin und Sebacinsäure)
PA66	Polyamid 66 (Polykondensat aus Hexamethylendiamin und Adipinsäure)
PA6-GF	Polyamid mit Kurzglasfasern (meist ca. 30 Masse-% Glasfasern)
PA6I	Aramid auf Basis eines Isophthalsäuremonomers
PA6T	Aramid auf Basis eines Terephthalsäuremonomers
PAEK	Polyaryetherketon
PAES	Polyarylethersulfone
PAN	Polyacrylnitril
PAI	Polyamidimid
PAS	Polyarylensulfone
PB	Polybutylen
PBI	Polybenzimidazol
PBMI	Polybismaleinimid
PBO	Polyoxadiazobenzimidazol
PBT	Polybutylenterephthalat
PC	Polycarbonat
PCTFE	Polychlortrifluorethylen
PE	Polyethylen
PAEK	Poyaryletherketon
PEEK	Polyetheretherketon
PEEKK	Polyetheretherketonketon
PE-HD	Polyethylen hoher Dichte (wird auch als HDPE bezeichnet)
PEI	Polyetherimid
PEK	Polyetherketon
PEKEKK	Polyetherketonetherketonketon
PEKK	Polyetherketonketon
PE-LD	Polyethylen geringer Dichte (wird auch als LDPE bezeichnet)
PE-LLD	lineares Polyethylen niederer Dichte (wird auch als LLDPE bezeichnet)

https://doi.org/10.1515/9783110746280-202

PESU	Polyethersulfon
PET	Polyethylenterephthalat
PF	Phenolharz
PFA	Tetrafluoretyhlenperfluorpropylether
PI	Polyimid
PIB	Polyisobutylen
PISO	Polyimidsulfon
PMMA	Polymethylmethacrylat
PMP	Polymethylpenten
POM	Polyoxymethylen bzw. Polyacetal
POM-C	Polyoxymethylen-Copolymerisat
POM-H	Polyoxymethylen-Homopolymerisat
PP	Polypropylen
PPA	Teilaromatische Polyamide (Polyphtalamide)
PP-C	Polypropylen-Copolymerisat
PP-H	Polypropylen-Homopolymerisat
PPS	Polyphenylensulfid
PPSU	Polyphenylensulfon
PS	Polystyrol
PTFE	Polytetrafluorethylen
PU	Polyurethan
PVC	Polyvinylchlorid
PVC-U	Hart-PVC
PVDF	Polyvinylidenfluorid
SAN	Acrylnitril-Butadien-Styrol-Copolymer
SB	Styrol-Butadien-Copolymer
TFM	Modifiziertes PTFE, auch PTFE-M genannt
THV	Terpolymer aus Tetrafluorethylen, Hexafluorpropylen und Vinylidenfluorid
UP	ungesättigtes Polyesterharz
VE	Vinylesterharz

Kurzzeichen von chemischen Bezeichnungen

$AlCl_3$	Aluminiumchlorid
BHT	Butylhydroxytoluol
C_2F_2	Tetrafluorethen
$-CF_2$	Aminogruppe
$-CF_3$	Trifluormethylgruppe
$CHCl_3$	Chloroform
$CHClF_2$	Difluorchlormethan
CO_2	Kohlendioxid
$-COF$	Carbonylfluoridgruppe
COF_2	Carbonyldifluorid
$-COOH$	Carboxylgruppe

H_2O	Wasser
HCl	Chlorwasserstoff
HCN	Cyanwasserstoff
HF	Fluorwasserstoff
LaF_3	Lanthanfluorid
MMA	Methacrylsäuremethylester
MoS_2	Molybdändisulfid
N_2	Stickstoff
NO	Stickstoffmonoxid
O_2	Sauerstoff
PbO	Bleioxid
SiBCN	Polyborsiloxan
SiC	Siliziumcarbid
SiCN	Siliziumcarbonitrid
SiO_2	Siliziumdioxid
SiO_2, SiO_4	Siliciumoxid, Siliciumoxid (Quarz)
TiO_2	Titandioxid
YbF_3	Ytterbiumfluorid

Begriffe

{A, P, R}	Strukturgrößen des tribologischen Systems
{X}	Eingangsgrößen in das tribologische System
{Y}	Nutzgrößen des tribologischen Systems
100Cr6	Stahlsorte
16MnCr5	Stahlsorte
2-D, 3-D	zwei-, dreidimensional
AF	Aramidfaserverstärkung
AFK	aramidfaserverstärkter Kunststoff
AFM	Rasterkraftmikroskopie
ANSYS	Analysis System – eine Finite-Elemente-Software
ARAMIS	Grauwertrasterverfahren der Firma GOM
ASTM	American Society for Testing Materials
ATOS	optisches Messsystem der Firma GOM
BLENDUR	Harzsystem bestehend aus Polyisocyanaten und Epoxiden
BMC	Bulk Molding Compounds
C	Integrationskonstante
C45	ein unlegierter Stahl
CAMPUS	Akronym für Computer Aided Material Preselection by Uniform Standards, eine mehrsprachige Datenbank für Eigenschaften von Kunststoffen
CF	Kohlenstofffaserverstärkung
CFK	kohlenstofffaserverstärkter Kunststoff
CHARPY	Methode zur Bestimmung der Schlagzähigkeit eines Werkstoffes
CMC	Faserverbundwerkstoffe mit Keramikmatrix (Ceramic Matrix Composites)

DFG	Deutsche Forschungsgemeinschaft
DIN	Deutsches Institut für Normung
DIN EN ISO	DIN steht für Deutsches Institut für Normung, EN für Europäische Norm und ISO für International Organization for Standardization. Diese Norm ist somit in Deutschland, in Europa und weltweit anerkannt.
DLC	diamond-like carbon, ein diamantähnlicher amorpher Kohlenstoff
DMA	dynamisch-mechanische Analyse, eine bithermische Methode zur Eigenschaftsbestimmung von Kunststoffen
DSC	Differenzialkalorimetrie
DVS	Deutscher Verband für Schweißen und verwandte Verfahren e. V.
E	Elastizitätsmodul
F&E	Forschung und Entwicklung
FDM	Fused Deposition Molding, eine Form des Rapid Manufacturing
FE	Finite Elemente
FEM	Finite-Elemente-Methode
FTIR	Fourier-Transform-Infrarotspektroskopie
FVW	Faserverbundwerkstoffe
G	Schubmodul
GF	Glasfaserverstärkung
GFK	glasfaserverstärkter Kunststoff
GOM	Gesellschaft für optische Messtechnik (Firma)
GUP	Glasfaserverstärktes ungesättigtes Polyesterharz
HGW	Hartgewebe
HM	Hochmodulfasern (Fasertyp)
HRC	Rockwell-Härte
HT	Hochfeste Fasern (Fasertyp)
HT	Hochtemperatur
HYTT	hybrid yarn based textile thermoplastic composite
IABG	Industrieanlagen-Betriebsgesellschaft mbH
IEC	International Electrotechnical Commission, ein Normungsgremium für Elektrotechnik
ILK	Institut für Leichtbau und Kunststofftechnik der TU Dresden
IM	Intermediate-Modulus-Fasern (Fasertyp)
IUPAC	International Union of Pure and Applied Chemistry
IWS	Fraunhofer-Institut für Werkstoff- und Strahltechnik Dresden
k	Temperaturfaktor
k	Kristallisationsgrad
LAM	modulares Laser-Arc-System
lf	luftfeucht
LFT	langfaserverstärkte Thermoplaste
LM	Niedermodulfasern (Fasertyp)
M	molare Masse
M	Deformationskennwert
MFR	Schmelze-Masse-Fließrate
MM	Matrixmaterial
M_{m}	Molekularmasse

MMC	Faserverbundwerkstoffe mit Metallmatrix (Metal Matrix Composite)
MP1100	PTFE Emulsionspolymerisat (mit 500 kGy bestrahlt)
N	Anzahl
P	Polymerisationsgrad
p	Umsatzgrad
PC	Personal Computer
PF 7595	phenolharzbasierter Gleitwerkstoff von HEXION
PK	Polykondensation
PKW	Personenkraftwagen
PMC	polymerbasierte Faserverbunde (Polymer Matrix Composite)
PRIMASET	Cyanatesterharz von Lonza
R	Dimensionierungskennwert
REM	Rasterelektronenmikroskopie
RP	radikalische Polymerisation
RT	Raumtemperatur
RTM	Resin Transfer Moulding, ein Harzinjektionsverfahren
RTM 6	ein vorkatalysiertes EP-Harz von HEXEL
R_Z	mittlere Rauheit
S	Struktur
SEM-EDX	Rasterelektronenmikroskopie-energiedispersive Röntgenspektroskopie
SMC	Sheet Molding Compounds
t	Zeit
T, T_F, T_g, T_m, T_Z	Temperatur, Schmelztemperatur, Glasübergangstemperatur, Kristallitschmelztemperatur, Zersetzungstemperatur
ta-C	tetraedrischer amorpher Kohlenstoff
tex	steht für die Angabe der Feinheit aller linienförmigen textilen Gebilde
tr	spritztrocken
TZA	Temperatur-Zeit-Analogie
UD	unidirektional
UHM	Ultrahochmodulfasern (Fasertyp)
UV	ultraviolette Strahlung
VDI	Verein Deutscher Ingenieure e. V.
Vestakeep	modifiziertes Polyetheretherketon von EVONIK
Vincolit X620/1	phenolharzbasierter Gleitwerkstoff von VINCOLIT
VM	Verstärkungsmaterial
VW	Verbundwerkstoff
x und y	mathematische Variablen
x, y und z	kartesische Koordinaten
µScan	optisches Messsystem der Fa. NanoFocus AG

Formelzeichen und Indizes

Lateinische Formelzeichen (indiziert)

A, A_a	Fläche, Kontaktfläche
a_c	Kriechfaktor
a_{cN}	Kerbschlagzähigkeit
b	Lagerbreite
c_1, c_2 und c_3	Faktoren einer Polynomfunktion zweiten Grades
c_4 und c_5	Konstanten einer einfachen Exponentialfunktion
c_c	Kriechbeständigkeit
$d, d_a, d_B,$ d_W	Durchmesser (d_a – Buchsenaußendurchmesser, d_B – Buchseninnendurchmesser, d_W – Wellendurchmesser)
D_f	Faserdurchmesser
E, E_0, E_K, E_r	Elastizitätsmodul, E_0 – Steifigkeit des Federelements, E_K – Modul eines Kunststoffes, E_r – relative Steifigkeit (Burger-Modell)
E, E_1 bzw. $E_{//}, E_{3\perp}$	Elastizitätsmodul, E-Modul in Faserrichtung, Druck-E-Modul (senkrecht zur Faserorientierung)
e, e_R, e_R^*, e_z	Energiedichte, e_R – Reibungsenergiedichte, e_R^* – scheinbar ertragbare Reibungsenergiedichte, Energieaufnahme (Zug)
E''	Verlustmodul
E_0	Ausgangs- bzw. Bezugsmodul, Kriechmodul zum Zeitpunkt von 1 h, Steifigkeit eines Federelementes
E_c	Kriechmodul
E_r	Steifigkeit der Federkomponente eines Voigt-Kelvin-Modells
E_r	Elastizität des Voigt-Kelvin-Körpers
E_R	prozessbedingte Reibungsenergie
E_T	Tangentenmodul
E_Z	Zug-E-Modul
$F, F_0, F_a,$ $F_M, F_N, F_P,$ F_R, F_t	Kraft, F_0 – Ausgangskraft, F_a – Axialkraft, F_M – Reaktionskraft zur Bestimmung des Reibmomentes, F_N – Normalkraft, F_P – Prüfkraft, F_R – Reibungskraft, F_t – Tangentialkraft
F/E	Forschung und Entwicklung
G	Schubmodul
I	Flächenträgheitsmoment
I_h	Verschleißintensität
k	Verschleißkoeffizient, spezifische Verschleißrate
$k_{//}$	wirksamer Faseranteil der in Beanspruchungsrichtung
K_1	Kriechfaktor
k_2	Kriechexponent
k_c	Kriechfaktor S
k_{MT}	Faktor zur Beschreibung der Steigung der Geraden im M-T-Diagramm
k_{TE}	Temperaturexponent
k_{TF}	Temperaturfaktor
L, l_f, l_t, l_c	Länge, Faserlänge, volltragender Faserabschnitt, kritische Faserlänge

L_0	Ausgangslänge
l_M	Hebelarm zur Bestimmung des Reibmomentes
M	molare Masse
max	maximal
m_{ges}	Gesamtmenge eines Polymers
min	minimal
M_j	relative Molekularmasse
m_j	Gesamtmasse
m_{krist}	kristallisierte Teilmenge eines Polymers
M_m	Molekularmasse, (auch relative Molekülmasse genannt)
M_n	molekulare Masse zum Zeitpunkt t
N	Schwingspielzahl
N_0	Anzahl der funktionellen Gruppen zu Reaktionsbeginn
N_D	Grenzschwingspielzahl
n_j	Anzahl der Moleküle einer Molekülfraktion
P	Polymerisationsgrad
p	Umsatzgrad
p	Druck
$p, \bar{p}$	Flächenpressung, nominelle Flächenpressung
P_j	Polymerisationsgrad einer vorliegenden Molekülfraktion
P_n	Polymerisationsgrad zum Zeitpunkt t
Q	Massendurchsatz
Q_{erz}	erzeugte Wärmemenge
R	faserfeinheitsbezogene Zugkraft
R_1, R_2, R_{12}	Festigkeitskoeffizienten
R_a, R_z	Mittenrauwert, gemittelte Rautiefe
S_σ, S_ε	Sicherheitsbeiwerte
s, s_G	Weg, Gleitweg
s_K	Lagerwandstärke
t	Zeit
$T, T_F, T_m,$	Temperatur, Schmelztemperatur, Kristallitschmelztemperatur,
T_g, T_z, T_{max}	Glasübergangstemperatur, Zersetzungstemperatur, Maximaltemperatur
Tt	Fadenfeinheit
T_ε	Dehnungstoleranz
T_σ	Spannungstoleranz
v, v_G	Geschwindigkeit, Gleitgeschwindigkeit
v, v_G, v_A	Geschwindigkeit, Gleitgeschwindigkeit, Abzugsgeschwindigkeit
V, V_R	Volumen, V_R – auf Reibung beanspruchtes Volumen
W	Eindringweite
$W, W_1, W_m,$	Verschleißbetrag, W_1 – linearer Verschleiß, W_m – massemäßiger Verschleiß, W_p –
W_p, W_v	planimetrischer Verschleiß, W_v – volumetrischer Verschleiß (Verschleißvolumen)
w	Verschleißrate
$w, w_{1/s}, w_{1/t},$	Verschleißrate, $w_{1/s}$ – lineare auf den Weg bezogene Verschleißrate, $w_{1/t}$ – lineare
$w_{v/s}$	auf die Zeit bezogene Verschleißrate, $w_{v/s}$ – volumetrische auf den Weg bezogene
	Verschleißrate

$W_{n\sigma}, W_{n\varepsilon}$	Werkstoffabminderungsfaktoren
X	allgemeine Bezeichnung einer mechanischen Kenngröße
x_A, y_A	Koordinaten des Punktes A auf einer Isothermen
$x_{A'}, y_{A'}$	Koordinaten des Punktes A' auf der Masterkurve
x_B, y_B	Koordinaten des Punktes B auf einer Isothermen
$x_{B'}, y_{B'}$	Koordinaten des Punktes B' auf der Masterkurve

Griechische Begriffe und Formelzeichen (indiziert)

$\tau, \overline{\tau}$	Schubspannung, mittlere Schubspannung
ρ	Dichte
ρ	Winkel zwischen den Angriffslinien der normalen Lagerkraft und der Reaktionskraft
φ	relativer Volumenanteil
ψ	relativer Masseanteil
$\sigma, \sigma_0, \sigma_D,$	Spannung, σ_0 – Ausgangsspannung, σ_D – Druckspannung
σ_{1fBL}	Faserfestigkeit im Laminat
σ_{1fBR}	Faserfestigkeit des Rovings
φ_D	Eindringwinkel
ε_{grenz}	Grenzdehnung
Δ_h	Verformung des Lagers
Δ_r	Differenz zwischen dem Wellenradius und Lagerbuchseninnenradius
ε_{rev}	Schadensdehnung
μ, μ_a, μ_d	Reibungszahl, μ_a – adhäsiver Anteil an der Reibungskraft, μ_d – deformativer Anteil an der Reibungskraft
ΔH	Dissoziationsenergie
ΔL_0	Änderung der Ausgangslänge
ε	Dehnung
ε_0	rein elastische Verformung
ε_{ges}	Gesamtverformung
ε_{rel}	Verformungsrelaxation
ε_S	Streckdehnung
ε_v	rein viskose Verformung
η_0	Ausgangsviskosität, Viskosität eines Dämpferelements
η_r	Dämpferviskosität des Voigt-Kelvin-Körpers
σ_a	Spannungsamplitude
σ_B	Bruchspannung
σ_D	Dauerschwingfestigkeit
σ_m	Mittelspannung
σ_S	Streckgrenze bzw. Streckspannung
σ_X	Ersatzstreckgrenze
σ_Z	Zugspannung
τ_r	Retardationszeit
υ	Querkontraktionszahl

v_0	Querkontraktionszahl bei Raumtemperatur und Kurzzeitbeanspruchung
γ	Winkel zwischen Faseranordnung und Beanspruchungsrichtung
η_c, η_f	Faserwirkungsgrade
λ	Schlankheitsgrad einer Faser
$|\eta^*|$	Betrag der komplexen Viskosität
ω	Kreisfrequenz
$\sigma, \sigma_D, \sigma_{zc},$	Spannung, Druckspannung, Zugspannung in der ungebrochenen Faser,
σ_{zB}	Zugbruchspannung

Indizes und Abkürzungen

$\perp$	senkrecht
//	parallel
B	Bruch
b	Biegung
cg	chemisch gekoppelt
f	Faser
ges	gesamt
Gr., grenz	bezogen auf einen Grenzwert
kond.	konditioniert
kurz.	kurzzeitig
langz.	langzeitig
m	Matrix
max	maximal
min	minimal
mod.	modifiziert
potenz.	potenziell
rel	relativ
Sch	Schaden
t	Torsion
unmod.	unmodifiziert
v	vergleichs-
z	Zug

Einleitung

Problemstellung und Zielsetzung

Der Einsatz von wartungsfreien Maschinenelementen und anderer tribologisch beanspruchter Strukturen aus speziellen tribologisch modifizierten Kunststoffen im Maschinen- und Anlagenbau ist Stand der Technik [1–4]. Dabei ist der „klassische" Konstruktionsprozess dadurch gekennzeichnet, dass zur Problemlösung meist handelsübliche, in der Regel im Spritzgussverfahren hergestellte, separate Bauelemente wie Lager, Zahnräder oder Führungen zum Einsatz zum Einsatz kommen. Die Integration dieser Bauteile – auch in Faserverbundstrukturen – erfolgt dann in der Regel mit klassischen Fügeverfahren.

Aufgrund der hervorragenden Gestaltungsmöglichkeiten, der gezielt einstellbaren mechanischen und tribologischen Eigenschaften sowie effizienter Herstellungsverfahren bieten speziell polymerbasierte Faserverbunde (FVW), im Rahmen der oben angesprochenen Wertschöpfungsketten, ein hohes Zukunftspotenzial, welches sich jedoch nur unter Anwendung wissenschaftlich fundierter Entwicklungskonzepte vollständig ausschöpfen lässt. So konnten sich bereits für eine Vielzahl von Anwendungen aus den verschiedensten technischen Bereichen textilverstärkte polymerbasierte Verbundwerkstoffe erfolgreich etablieren. Besonders in den Bereichen Luft- und Raumfahrt sowie in der Fahrzeugtechnik hat diesbezüglich in den letzten Jahren eine rasante Entwicklung stattgefunden [5–7].

Neben der Möglichkeit „Werkstoffe nach Maß" zu konstruieren, werden bereits im Zuge des Herstellungsprozesses zunehmend für die Erfüllung spezieller Funktionen notwendige Komponenten, wie etwa elektrische und elektronische Bauelemente, in die FVW-Strukturen implementiert. Für diese Form der Bauteilentwicklung hat sich in der Praxis der Begriff des „funktionsintegrativen Leichtbaus" etabliert [8]. Das Ziel der hier dokumentierten Arbeiten bestand nun darin, tribologisch hochbeanspruchbare Bereiche in entsprechende FVW-Strukturen zu integrieren, die dann in der Praxis die Lagerungs- oder Führungsfunktionen dahin gehend übernehmen sollen, dass auf eine Nachrüstung mit separaten Maschinenelementen verzichtet werden kann. Dabei gewinnen Faserverbundwerkstoffe mit Thermoplastmatrizes aufgrund spezieller Eigenschaften, wie der Warmumformbarkeit und Schweißbarkeit, sowie der günstigen Recyclingmöglichkeiten zunehmend an Bedeutung [9, 10]. Aus tribotechnischer Sicht bieten diese Werkstoffe noch den Vorteil, dass sie im Vergleich zu Duromeren im Trockenlauf meist deutlich bessere Reibungs- und Verschleißeigenschaften besitzen. Dabei werden einerseits thermoplastische Standardpolymere – speziell Polypropylen – und Konstruktionskunststoffe, hier vor allem Polyamide, bereits seit einiger Zeit mit textilen Endlosfasern verstärkt. Das ist zum einen darauf zurückzuführen, dass von diesen relativ preiswerten und gut verfügbaren Kunststoffen eine umfangrei-

https://doi.org/10.1515/9783110746280-001

che Datenbasis vorhanden ist, zum anderen existieren energetisch günstige Ver- und Bearbeitungstechnologien.

Andererseits rücken hochtemperaturbeanspruchte Systeme zunehmend in den Fokus der Forschung, denn bei vielen Anwendungen – etwa in Antriebssystemen der Automobiltechnik und der Luftfahrt – werden bei höheren Temperaturen z. B. durch vollständige Verbrennung der Treibstoffe bessere Wirkungsgrade und geringerer Schadstoffemissionen erzielt. In diesem Zusammenhang werden in der Zukunft bei der Entwicklung neuartiger Antriebssysteme die meisten konstruktiven Elemente, so auch die tribologisch beanspruchten, einem deutlich höheren Temperaturniveau unterliegen.

Obwohl in der letzten Zeit bei der Erarbeitung grundlegender Auslegungsverfahren in Hinsicht auf die mechanische Beanspruchbarkeit derartiger Leichtbaustrukturen sehr große Fortschritte erzielt werden konnten [11–14], wird bei der Entwicklung von tribologisch beanspruchten Produkten und deren Einsatz in der industriellen Praxis vielfach immer noch nach dem „Trial-and-Error-Prinzip" vorgegangen [15, 16]. Da speziell in der Luft- und Raumfahrt sowie im Personen- und Nutzfahrzeugbau in den letzten Jahren neue Anwendungsfelder für Verbundwerkstoffe, bei denen tribologische Beanspruchungen das Lastkollektiv dominieren [5–7], erschlossen worden sind und der praktische Einsatz derartiger Materialien weiter stark zunehmen wird [17–19], ist eine weitere wissenschaftlich-technische Analyse des Reibungs- und Verschleißverhaltens dieser Werkstoffe notwendig.

Die zentrale Zielstellung dieser Publikation besteht daher darin, einen Beitrag zur funktionsintegrativen Implementierung tribologisch optimierter Strukturen in tribomechanisch beanspruchten Maschinenelementen und anderen Bauteilen aus textilverstärkten Thermoplasten zu leisten.

Schwerpunkte

Beschreibung der Synthese und der chemischen und strukturellen Eigenschaften ausgewählter technischer Kunststoffe und Hochleistungspolymere für den Einsatz als Matrixwerkstoff tribomechanisch beanspruchter FVW-Strukturen

Obwohl Kunststoffe aller Art bereits in einer Vielzahl von industriellen Gebieten Anwendung gefunden haben, werden in der Praxis oftmals konstruktive Lösungen umgesetzt, die aus werkstoff- und anwendungstechnischer Sicht nicht optimal gestaltet sind, was der mangelnden Erfahrung vieler Projektanten, Konstrukteure und Designer im Umgang mit diesen, in der Technik relativ neuen, Werkstoffen geschuldet ist. Das gilt besonders für die Entwicklung von Bauteilen, die kombinierten Beanspruchungen, wie etwa mechanischen und tribologischen Belastungen, unterliegen. Um das Verständnis der werkstoffspezifischen Charakteristika dieser Werkstoffe zu vergrößern, werden im Kapitel 1 dieser Ausarbeitung die Grundlagen des chemischen

Aufbaus und der darauf basierenden Struktur-Eigenschafts-Beziehungen polymerer Werkstoffe vorgestellt. Weiterhin erfolgen für ausgewählte Polymere eine Werkstoff-charakterisierung sowie die Aufbereitung werkstoffmechanischer Kenndaten für die Auslegung und Bemessung von tribomechanisch beanspruchten Bauteilen in Form von Datenblättern (Kurzcharakteristika).

Tribologie polymerer Werkstoffe

Das Kapitel 2 befasst sich vorwiegend mit der Beschreibung tribologischer Vorgänge und Systeme, bei denen vorwiegend Polymergrundkörper im Fokus der Betrachtungen stehen. Die Grundlage dafür besteht in der Entwicklung und Dokumentation angepasster Prüfsysteme für entsprechende tribologische Untersuchungen. Im Mittelpunkt steht dabei die Konzeption und Optimierung relevanter tribologischer Systeme durch eine analytische Vorgehensweise, mit dem die einzelnen Parameter in ihren Wechselwirkungen methodisch beschrieben, die Hauptschädigungsmechanismen identifiziert und die Systeme im Hinblick auf die gewünschten Eigenschaften gezielt strukturiert werden können.

Aufbauend auf theoretischen Ansätzen und experimentellen Analysen erfolgt anschließend eine Charakterisierung des tribologischen Verhaltens von ausgewählten, vorwiegend thermoplastischen, Polymerwerkstoffen. Auf der Grundlage dieser Untersuchungen und der Erfahrungen, die mit physikalisch dispergierten „inneren Schmierstoffen" und Verstärkungsmaterialien gewonnen wurden, wird im Weiteren die Herstellung und tribomechanische Charakterisierung von chemisch gekoppelten/kompatibilisierten PTFE-Thermoplast-Compounds vorgestellt. Das Ziel dieser Werkstoffentwicklung besteht in der Herstellung tribomechanisch optimierter Gleitmaterialien, die außerdem etwa zu Fasern oder Folien weiterverarbeitet werden können.

Grundlagenuntersuchungen zur Herstellung und tribomechanischen Charakterisierung textilverstärkter Tribopatches für die funktionsintegrative Ausrüstung von thermoplastbasierten Faserverbundstrukturen

Wie bereits angesprochen, werden polymerbasierte Faserverbundbauteile in der Regel festigkeits- und/oder steifigkeitsbezogen ausgelegt. Treten zusätzlich an Lagerstellen oder im Bereich von Gleitführungen tribologische Beanspruchungen auf, so werden klassischerweise separate Maschinenelemente wie Gleitlager oder -führungen nachträglich in die Struktur integriert. Entsprechend der eingangs angeführten Zielstellung sollen technische Lösungen erarbeitet werden, die darauf hinzielen, auf die Verwendung separater Bauteile verzichten zu können und tribologische Systeme zu entwickeln, die es möglich machen, tribologisch beanspruchte Bereiche von FVW-Strukturen dahin gehend funktionsintegrativ zu modifizieren, dass diese im Rahmen von Ur- oder Umformprozessen mit ausgeformt werden können. In diesem Zusammenhang sollen unter Nutzung der gestalterischen Flexibilität, durch die sich vorwiegend polymerbasierte Verbundwerkstoffe auszeichnen, spezielle Werkstoffmodifikationen entwickelt und charakterisiert werden, die punktuell an Stellen mit dominanter tribologischer Beanspruchung diesen Ansprüchen in hohem Maße entsprechen. Im Kapitel 3 werden dazu Beispiele für die systematische Entwicklung von thermoplastbasierten Verbundwerkstoffen, speziell für hoch beanspruchte Gleitanwendungen, vorgestellt.

Die Grundlage für diese Arbeiten stellen Analysen zum Reibungs- und Verschleißverhalten von FVW, speziell von polymerbasierten Endlosfaserverbunden dar, denn im Gegensatz zu tribologisch optimierten Kurzfaserverbunden, die den Stand der Technik darstellen, besteht auf dem Gebiet der textilverstärkten Polymerverbunde für tribologische Anwendungen noch ein hoher Forschungs- und Entwicklungsbedarf. Weiterführende Entwicklungen zielen auf eine Optimierung des tribologischen Systems FVW-Grundkörper/Metallgegenkörper hin und münden in die Entwicklung, Herstellung und tribologische Charakterisierung von sogenannten „Tribopatches" für die funktionsintegrierende Ausrüstung von Faserverbundbauteilen.

1 Polymere Konstruktionswerkstoffe

Entsprechend der eingangs formulierten Aufgabenstellung stehen hier trockenlaufende tribologische Anwendungen im Fokus der Betrachtungen, bei denen die Grundkörper vorwiegend aus Kunststoffen bzw. kunststoffbasierten Verbundwerkstoffen bestehen. Da diese Werkstoffe gegenüber anderen Materialien gewisse Besonderheiten aufweisen, erfolgt an dieser Stelle ein kurzer Überblick über mögliche Einteilungen und Systematisierungen von Kunststoffen sowie knappe Ausführungen zum chemischen Aufbau und zur Struktur polymerer Werkstoffe und der daraus abgeleiteten Eigenschaften dieser Werkstoffe. Im Zusammenhang mit dem Einsatz von Kunststoffen in technischen Systemen werden außerdem wesentliche Grundlagen des kunststoffgerechten Konstruierens vorgestellt.

1.1 Grundlagen und Systematisierung

Begriffsbestimmung

Als Kunststoffe (auch Plaste oder Polymere) bezeichnet man Werkstoffe, die ganz oder teilweise synthetisch hergestellt werden und aus organischen Makromolekülen aufgebaut sind. Diese Makromoleküle bestehen aus vielen kleinen molekularen Bausteinen, den sogenannten Monomeren.

Erweiterung des Kunststoffbegriffs[1]

Nach dieser Definition gehören auch Elastomere (Kautschuke), synthetische Fasern, ein Großteil der Klebstoffe sowie der Farben und Lacke zu den Kunststoffen.

Einteilung und Systematisierung der Kunststoffe

Prinzipiell gibt es für die Einteilung polymerer Werkstoffe verschiedene voneinander unabhängige Möglichkeiten, die in der Praxis durchaus gleichberechtigt verwendet werden. So ist es üblich, diese Werkstoffe entsprechend der in der Tabelle 1.1 dargestellten Gesichtspunkte in Gruppen[2] einzuteilen.

---

[1] Die hier aufgeführten Werkstoffe und Modifikationen werden im Rahmen dieser Abhandlung nicht oder nur am Rand betrachtet.

[2] Jeder Kunststoff lässt sich in jeder dieser Gruppen einordnen und jede Ordnung hat ihre Berechtigung. Branchenspezifisch können die Kunststoffe natürlich in weitere Gruppen eingeteilt werden. So existieren Einteilungen nach der Opazität, Duktilität, Lebensmittelverträglichkeit u. a. m.

https://doi.org/10.1515/9783110746280-002

Tab. 1.1: Ausgewählte Gesichtspunkte für die Einordnung polymerer Werkstoffe in verschiedene Gruppen

Gesichtspunkt	**Physikalisches Verhalten bei Temperatureinwirkung**	
Gruppe	Duroplastische Kunststoffe (Duromere, Duroplaste)	Thermoplastische Kunststoffe (Thermoplaste)
Charakterisierung des physikalischen Verhaltens	Nach der Konsolidierung sind diese Werkstoffe durch Erhitzen nicht mehr zu erweichen.	Thermoplaste sind durch Wärmezufuhr mehrmals zu erweichen und besitzen eine amorphe oder teilkristalline Struktur.
Beispiele	PU-, EP- und Phenolharze	PE, PP, PA, POM, PBT, PET
Gesichtspunkt	**Chemischer Prozess für die Polymerherstellung (Reaktionstyp)**	
Gruppe	Polymerisate	Polykondensate	Polyaddukte
Charakterisierung des chemischen Herstellungsprozesses	Herstellung durch radikalische oder ionische Polymerisation	Reaktion funktioneller Gruppen *unter* Abspaltung niedermolekularer Nebenprodukte	Reaktion funktioneller Gruppen *ohne* Abspaltung niedermolekularer Stoffe
Beispiele	PMMA, PVC, PA6	PBT, PET, Phenolharz	PU, EP-Harz
Gesichtspunkt	**Unterscheidung nach Eigenschaften und Einsatzgebieten**	
Gruppe	Standardpolymere	Technische Polymere	Hochleistungspolymere
Charakterisierung	Massenprodukte mit mittlerem Niveau der thermomechanischen Eigenschaften	Hohe Festigkeit und Steifigkeit und höhere thermische Stabilität (Funktions- u. Konstruktionspolymere)	Thermomechanisch hoch beanspruchbar (als Funktions- und Strukturpolymere einsetzbar)
Beispiele	PE, PVC, PS, PP	PA, POM, PBT, PET	PAEK, PI, PAI, PPS

Hinweis: Die in der Tabelle 1.1 aufgeführten Ordnungsprinzipien berücksichtigen lediglich naturwissenschaftliche und technische Aspekte. In der industriellen Praxis spielen bei der Werkstoffauswahl aber vor allem auch ökonomische Gesichtspunkte eine entscheidende Rolle.

1.2 Chemischer Aufbau und Struktur von Polymeren

Grundsätzlich besitzen Kunststoffe eine makromolekulare Struktur, welche aus einer Vielzahl sogenannter Monomere aufgebaut ist. Diese Monomere sind die kleinsten wiederkehrenden Einheiten des Makromoleküls, welches durch Polyreaktionen (Polymerisation, Polyaddition oder Polykondensation) oder durch eine Transformation anderer Makromoleküle erzeugt wird.

Im weitesten Sinne sind Kunststoffe organische chemische Verbindungen, die hauptsächlich aus den Elementen Kohlenstoff (C) und Wasserstoff (H) bestehen. Daneben befinden sich in vielen organischen Verbindungen auch die Elemente Schwefel, Chlor, Fluor, Sauerstoff und weitere Elemente.

1.2.1 Grundlagen der Polymersynthese

1.2.1.1 Gesättigte Kohlenwasserstoffe

Stoffe (hier besonders Kunststoffe) können Gemische von chemischen Verbindungen oder Elementen sein, wobei die Elemente die Grundstoffe darstellen, auf welchen die Stoffe aufbauen. Die kleinste Einheit der Elemente ist das Atom. Gehen mehrere Atome eines Elementes eine feste Bindung ein, spricht man von einer chemischen Verbindung. Die kleinste Einheit einer chemischen Verbindung ist das Molekül. Die einfachsten Verbindungen der organischen Chemie, also auch der Polymerchemie, sind die Alkane. In den Molekülen der Alkane sind die Kohlenstoffatome nur durch Einfachbindung verknüpft, d. h., alle freien Bindungen sind mit Wasserstoffatomen abgesättigt. Somit stellen die Alkane die wasserstoffreichsten organischen Verbindungen dar und werden deshalb auch gesättigte Kohlenwasserstoffe oder als Paraffine bezeichnet. Ihre Moleküle enthalten also keine funktionellen Gruppen und sind somit relativ reaktionsträge Verbindungen.

Das Methan (CH_4) ist der einfachste Kohlenwasserstoff. Durch die Ankopplung weiterer CH_2-Gruppen entstehen weitere Kohlenstoffgerüste.

Verbindungen, die sich um eine CH_2-Gruppe unterscheiden, bezeichnet man als homologe Reihen[3] (Tabelle 1.2).

Neben dem geraden kettenförmigen Aufbau der Kohlenwasserstoffe können auch Verzweigungen in den Verbindungen entstehen, die als Isomere oder Isoverbindungen bezeichnet werden. Im Vergleich zu den unverzweigten Kettenverbindungen sind bei gleicher chemischer Zusammensetzung die Unterschiede der Stoffeigenschaften dieser Isomere nur gering. Vom Butan aufwärts können Ketten verzweigen. Die Tabelle 1.3 zeigt dazu die Isomere des Hexans.

Die Zahl der Isoverbindungen wächst mit steigender Anzahl der Kohlenstoffatome sehr rasch.

---

3 Auf die chemischen Eigenschaften hat das Vorhandensein einer weiteren CH_2-Gruppe nur einen sehr geringen Einfluss. Die physikalischen Eigenschaften ändern sich allerdings mit zunehmender Kohlenstoffzahl. Die Alkane C_1 bis C_4 sind bei Zimmertemperatur gasförmig. C_5 bis C_{16} sind flüssig und die mit mehr C-Atomen sind fest. Zur Bezeichnung von Alkanen mit höherer Kohlenstoffanzahl verwendet man griechische Zahlwörter mit der Endung „-an".

Tab. 1.2: Homologe Reihe der gesättigten Kohlenwasserstoffe C_nH_{2n+2}

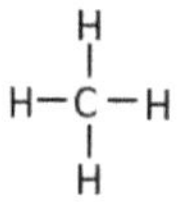

$H-\overset{\overset{H}{|}}{\underset{\underset{H}{|}}{C}}-H$	CH_4	Methan, CH_4
$H-\overset{\overset{H}{|}}{\underset{\underset{H}{|}}{C}}-\overset{\overset{H}{|}}{\underset{\underset{H}{|}}{C}}-H$	CH_3-CH_3	Ethan, C_2H_6
$H-\overset{\overset{H}{|}}{\underset{\underset{H}{|}}{C}}-\overset{\overset{H}{|}}{\underset{\underset{H}{|}}{C}}-\overset{\overset{H}{|}}{\underset{\underset{H}{|}}{C}}-H$	$CH_3-CH_2-CH_3$	Propan, C_3H_8
$H-\overset{\overset{H}{|}}{\underset{\underset{H}{|}}{C}}-\overset{\overset{H}{|}}{\underset{\underset{H}{|}}{C}}-\overset{\overset{H}{|}}{\underset{\underset{H}{|}}{C}}-\overset{\overset{H}{|}}{\underset{\underset{H}{|}}{C}}-H$	$CH_3-CH_2-CH_2-CH_3$	Butan, C_4H_{10}

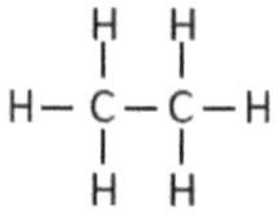

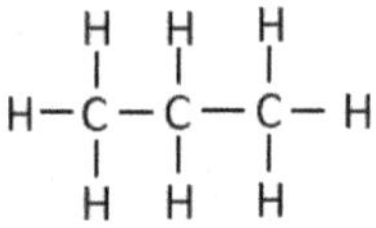

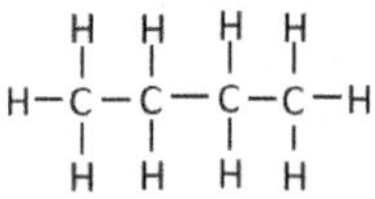

Tab. 1.3: Isomere des Hexans

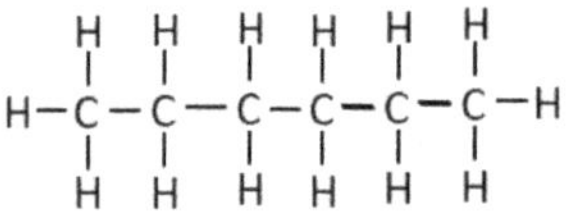

Hexan

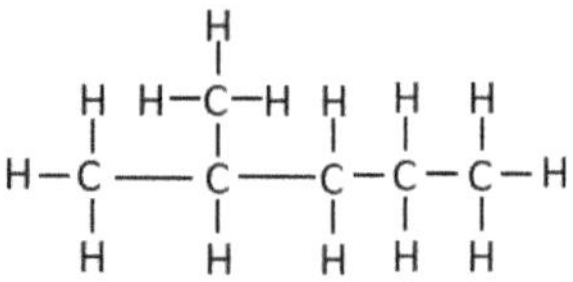

2-Methylpentan

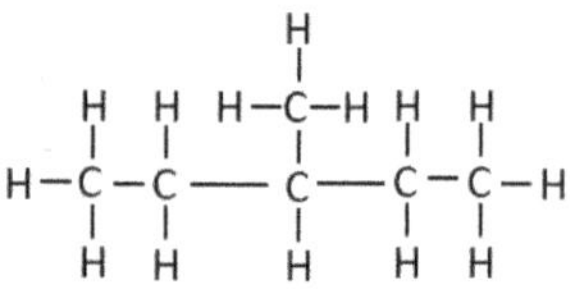

3-Methylpentan

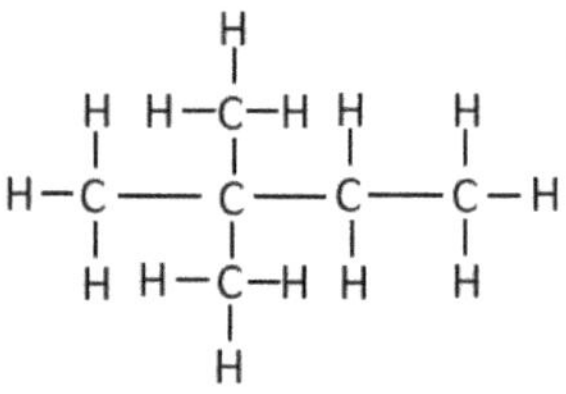

2,3-Dimethylbutan

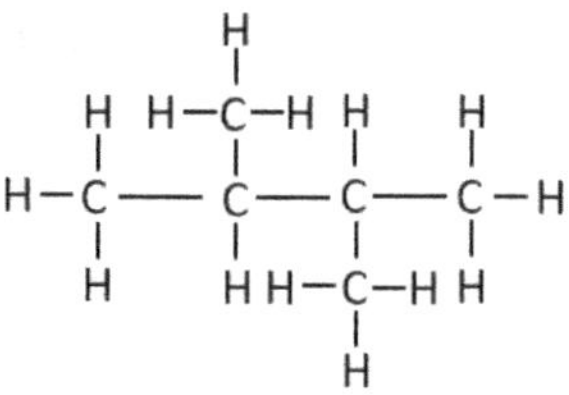

2,2-Dimethylbutan

Neben den aliphatischen Kohlenwasserstoffen mit offener, gerader oder verzweigter Kohlenstoffkette existieren auch gesättigte Kohlenwasserstoffe mit ringförmigem Aufbau des Gerüstes der Kohlenstoffatome, die zyklischen Alkane[4] (Tabelle 1.4).

——

[4] In der Natur spielen diese zyklischen gesättigten Kohlenwasserstoffe als Bestandteile vieler pflanzlicher und tierischer Stoffe eine große Rolle. Die Cycloalkane sind keine aromatischen Verbindungen und zeigen weitgehend die typischen physikalischen und chemischen Eigenschaften der linearen aliphatischen Alkane.

Tab. 1.4: Beispiele für cycloaliphatische Alkane

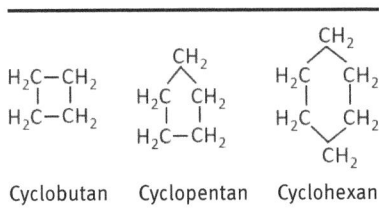

H_2C-CH_2 $\;\;\;\;$ $\|\;\;\;\;\|$ $\;\;\;\;$ H_2C-CH_2	CH_2 $\bigwedge$ $H_2C\;\;\;CH_2$ $\|\;\;\;\;\;\;\|$ H_2C-CH_2	CH_2 $\bigwedge$ $H_2C\;\;\;CH_2$ $\|\;\;\;\;\;\;\|$ $H_2C\;\;\;CH_2$ $\bigvee$ CH_2
Cyclobutan	Cyclopentan	Cyclohexan

1.2.1.2 Ungesättigte Kohlenwasserstoffe

Alken (Olefin) ist ein Überbegriff für „ungesättigte Kohlenwasserstoffe" bei denen mindestens zwei Wasserstoffatome durch eine zusätzliche Bindung zwischen zwei miteinander verbundenen Kohlenstoffatomen ersetzt werden. Diese Doppelbindung ist im Vergleich zu den bei den Alkanen vorhandenen Einfachbindungen deutlich reaktiver. Wird in die Kohlenstoffkette eine C−C-Dreifachbindung eingebaut, so spricht man von besonders reaktiven Alkinen. Allgemein werden Alkene bzw. Alkine nach IUPAC[5] analog zu Alkanen benannt, wobei das Suffix „-an" bei den Alkenen durch „-en" und bei den Alkinen durch „-in" ersetzt wird.

Diese ungesättigten Kohlenwasserstoffe bilden wiederum homologe Reihen, wobei bei Alkenen die Summenformel C_nH_{2n} und bei Alkinen die Summenformel C_nH_{2n-2} gilt. Analog zu den gesättigten Kohlenwasserstoffen existieren auch bei diesen Kohlenwasserstoffen Isomere. Weiterhin können längere Kettenmoleküle zwei oder mehrere Doppel- oder Dreifachbindungen besitzen Aufgrund dieser Reaktionsfreudigkeit sind ungesättigte Kohlenwasserstoffe in der Polymerchemie wichtige Ausgangsstoffe für die Herstellung von Hochpolymeren.

1.2.1.3 Aromatische Kohlenwasserstoffe

Alle aromatischen Verbindungen besitzen eine „Kernstruktur" von sechs Kohlenstoffatomen, die auch in der einfachsten Verbindung dem Benzol C_6H_6 enthalten ist. Da Benzol (in der offiziellen IUPAC-Nomenklatur mit Benzen bezeichnet) gewisse charakteristische Eigenschaften und einen typischen Geruch besitzt, werden alle Stoffe, die sich vom Benzol ableiten „aromatisch" genannt. Die Benzolstruktur wird durch das Vorhandensein von einer delokalisierten Ladungswolke (delokalisiertes 6-π-Elektronensystem) geprägt. In der vereinfachten Schreibweise wird der Kohlenstoffring als Sechseck und die Elektronenwolke als einbeschriebener Kreis dargestellt. Die in der Praxis wichtigsten Benzolabkömmlinge sind das Phenol (Hydroxybenzen) und das Toluol (Methylbenzen).

---

5 Diese Regeln werden von der IUPAC vorgegeben und ersetzen die der Genfer Nomenklatur von 1892.

1.2.1.4 Funktionelle Gruppen

Reaktionen von organischen Verbindungen mit reaktionsfähigen Atomgruppen, den sogenannten funktionellen Gruppen, lassen neue Stoffe entstehen. Hierbei werden an den Atomgruppen durch Abspalten oder Anlagern von Atomen oder Atomgruppen neue Verbindungen aufgebaut. Die für die Polymerbildung verwendeten Monomere enthalten entweder ungesättigte C–C-Bindungen oder reaktionsfähige Endgruppen (Tabelle 1.5).

Tab. 1.5: Funktionelle Gruppen

Funktionelle Gruppe	Bezeichnung	Funktionelle Gruppe	Bezeichnung
—H	Wasserstoff (bei Aromaten)	$-NH_2$	Aminogruppe
—OH	Hydroxylgruppe	$-C\overset{NH_2}{\underset{O}{\Vert}}$	Amidgruppe
$-C\overset{H}{\underset{O}{\Vert}}$	Aldehydgruppe	$-N=C=O$	Isocyanatgruppe
$-C\overset{OH}{\underset{O}{\Vert}}$	Carboxylgruppe	$-CH-CH-$ mit O-Brücke	Epoxidgruppe

1.2.2 Übersicht zu Syntheseverfahren von Polymeren

Die Synthese von Polymeren erfolgt auf der Basis einer Verknüpfung von Monomeren (niedermolekulare Ausgangsverbindungen) zu Makromolekülen, die oft auch Verzweigungen aufweisen. Dabei kommen in der Regel drei Reaktionsarten zum Einsatz[6] (Tabelle 1.6).

1.2.3 Polymerisation

Die Polymerisation ist das wirtschaftlich bedeutendste Verfahren bei der Kunststoffherstellung. Über 60 % der hergestellten Kunststoffe sind Polymerisate. Die Polymeri-

---

6 Hier findet, wie in der „klassischen" Fachliteratur meist verwendet, der Begriff Polymerisation nur für Kettenpolymerisationen Anwendung. In der neueren Literatur wird jedoch oft der Vorschlag der IUPAC aufgegriffen und die Polymerisation als Oberbegriff für beliebige Polymerbildungsreaktionen verwendet. Hierbei werden die Polyadditions- und die Polykondensationsreaktionen unter dem Begriff Stufenwachstumsreaktionen zusammengefasst und die Kettenpolymerisation wird Kettenwachstumsreaktion genannt.

Tab. 1.6: Überblick über Syntheseverfahren zur Herstellung von Polymeren

Polymerisation	Polyaddition	Polykondensation
Polymeraufbau durch Aufspaltung einer Doppelbindung, meist unter dem Einsatz von Katalysatoren (keine Nebenprodukte)	Polymeraufbau unter Entstehung von stabilen Zwischenprodukten (ohne Abspaltung von niedermolekularen Verbindungen)	Polymeraufbau unter Freisetzung niedermolekularer Nebenprodukte
↓	↓	↓
Polymerisate: – Polyethylen – Polypropylen – Polyvinylchlorid – Polyacrylnitril	Polyaddukte: – Polyurethan – Epoxidharze	Polykondensate: – Polyester – Polyamide – Polycarbonat

sation lässt sich in radikalische, kationische, anionische und koordinative Kettenpolymerisationen unterteilen.

1.2.3.1 Radikalische Polymerisationen

Die radikalische Polymerisation ist die Verknüpfung von Molekülen zu Makromolekülen, indem vornehmlich durch katalytische Einflüsse ungesättigte Doppelbindungen zur Kettenbildung angeregt werden [20]. Die radikalische Polymerisation ist eine exotherm verlaufende Kettenreaktion, die in drei Phasen (Startreaktion, Wachstumsreaktion und Abbruchreaktion) abläuft und bei welcher keine Umlagerungen von Molekülgruppen oder Atomen erfolgt sowie eine gleichbleibende prozentuale Zusammensetzung der Elemente zu verzeichnen ist.

a) Startreaktion

Zum Kettenstart bricht ein Radikal[7] eine Mehrfachbindung auf und erzeugt ein wachstumsfähiges Primärradikal, an das sich nun in einer Wachstumsreaktion mit geringer Aktivierungsenergie ständig Monomere anlagern. Zur Initiierung der Reaktion muss zunächst der Radikalbildner durch Erwärmen oder Lichtzufuhr in zwei Radikale aufgespaltet werden. Häufig verwendete Radikalbildner sind Peroxide, wie etwa Dibenzoylperoxid (Abbildung 1.1).

Die so erzeugten Radikale reagieren nun mit einer Mehrfachbindung eines ungesättigten Kohlenwasserstoffes. Dabei wird diese aufgebrochen und es entsteht ein neues Radikal, welches wiederum mit einem weiteren Molekül eines ungesättigten Kohlenwasserstoffes reagiert. Als Beispiel soll hier die Startreaktion der Polymerisation

---

7 Radikale sind besonders reaktionsfreudige Atome bzw. Moleküle mit wenigstens einem ungepaarten Valenzelektron.

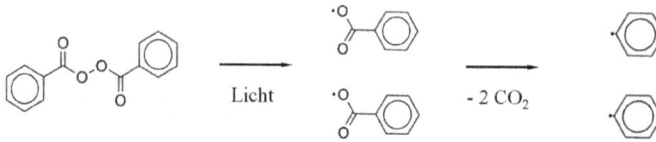

Abb. 1.1: Phenylradikalbildung durch die Aufspaltung von Dibenzoylperoxid und die nachfolgende Abspaltung von Kohlendioxid

von Methacrylsäuremethylester (MMA) zu Polymethylmethacrylat PMMA dienen [21] (Abbildung 1.2).

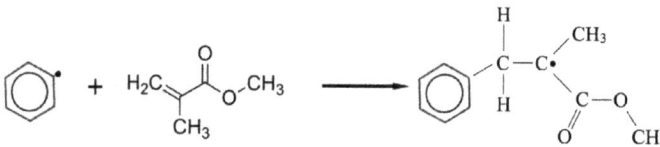

Abb. 1.2: Startreaktion der Polymerisation von Methacrylsäuremethylester zu Polymethylmethacrylat unter Verwendung eines Phenylradikals

b) Kettenwachstum

Das neu entstanden Radikal trifft nun immer wieder auf neue Moleküle von ungesättigten Kohlenwasserstoffen. So wächst die Kohlenwasserstoffkette immer weiter an und es entsteht ein Makromolekül. Zur Optimierung der Kettenlängen – und somit der Molmassen – werden in der Technik sogenannte „Radikalfänger"[8] dem Reaktionsgemisch hinzugeben, die mit den Radikalen reagieren und so eine „Verknappung" der freien Radikale hervorrufen. Damit können die Größen der Makromoleküle gesteuert werden.

c) Abbruch der Kettenwachstumsreaktionen

Der Abbruch einer radikalischen Kettenreaktion geschieht in der Regel durch Rekombination oder durch Disproportionierung.

Im Fall der Rekombination, die laut IUPAC-Definition auch Kolligation genannt wird, kann der Kettenabbruch dadurch erfolgen, dass ein Radikal auf ein anderes trifft, sodass unter Bildung einer kovalenten Bindung ein neues, nicht reaktionsfähiges Molekül entsteht (Abbildung 1.3).

---

8 Radikalfänger dienen zur Deaktivierung von Radikalen. Beispielsweise werden in der Praxis stabile Radikale wie etwa Stickstoffmonoxid, NO, als Radikalfänger verwendet. Dabei verbinden sich diese mit anderen Radikalen, wobei nicht radikalische chemische Verbindungen entstehen. Weiterhin kommen auch nicht radikalische Radikalfänger wie Butylhydroxytoluol (BHT) zur Anwendung, wobei reaktionsträge Radikale entstehen, die dann keine Kettenwachstumsreaktionen mehr eingehen.

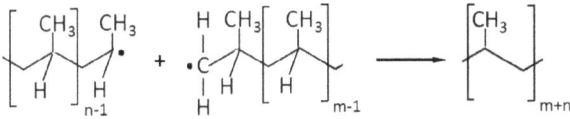

Abb. 1.3: Abbruch des Kettenwachstums durch Rekombination bei der Polymerisation von Polypropylen

Bei der Disproportionierung beruht die Art des Kettenabbruchs darauf, dass sich ein Radikal ein Elektron mitsamt Wasserstoffatom aus einer C–H-Bindung eines anderen Radikals zur Bildung einer Alkangruppe herauslöst. Das reduzierte Radikal besitzt nun zwei ungepaarte Elektronen, was wiederum zu einer Reorganisation einer Doppelbindung führt und so eine Alkengruppe generiert. Im Ergebnis entstehen zwei Kohlenwasserstoffe, die keine freien Elektronen mehr besitzen (Abbildung 1.4) und nicht mehr für eine radikalische Kettenreaktion zur Verfügung stehen.

Abb. 1.4: Abbruch des Kettenwachstums durch Disproportionierung bei der Polymerisation von Polypropylen

1.2.3.2 Ionische Polymerisationen

Die ionische Polymerisation ist, wie die radikalische Polymerisation, eine Kettenreaktion und wird von Ionen initiiert [22]. Generell unterscheidet man in die kationische und die anionische Polymerisation, je nachdem, ob Kationen (positiv geladen) oder Anionen (negativ geladen) die Reaktion in Gang bringen und propagieren.

a) Kationische Polymerisation

Bei dieser ionischen Polymerisation erfolgt eine schrittweise Addition von Monomeren an Kohlenwasserstoffmoleküle, die ein positiv geladenes Kohlenstoffatom aufweisen. Dieses sogenannte Carbokation besitzt die Fähigkeit mit einem freien Elektronenpaar eines Monomers unter Ausbildung einer kovalenten Bindung zu reagieren. Die Abbildung 1.5 zeigt dazu beispielhaft diesen Mechanismus anhand der kationischen Polymerisation von Polyisobutylen (PIB).

Die Startreaktion kann durch starke Säuren ausgelöst werden, z. B. durch Perchlorsäure oder Trifluormethansulfonsäure, die leicht positiv geladene Wasserstoffionen (H^+) abspalten, welche dann zum Initiator für die Kettenreaktion werden.

In der Regel verwendet man jedoch sogenannte Lewis-Säuren, wie z. B. Aluminiumchlorid ($AlCl_3$), um die ersten Kationen zu erzeugen und die Reaktion zu initiieren.

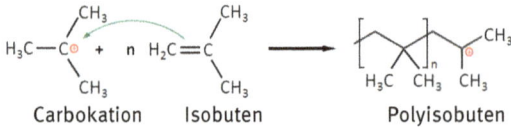

Abb. 1.5: Schematische Darstellung der kationischen Polymerisation von Polyisobutylen

Die kationische Polymerisation hat in der Praxis vor allem für die Herstellung von Polyvinylether, Polyisobutylen sowie von Butylkautschuken technische Bedeutung erlangt.

b) Anionische Polymerisation

Im Gegensatz zur kationischen Polymerisation bringen bei der anionischen Polymerisation Anionen (Carbanionen) die Reaktion in Gang und setzen sie fort[9]. Bei diesen Ionen befindet sich eine negative Ladung an einem Kohlenstoffatom. Für die anionische Polymerisation kommen bevorzugt Monomere mit funktionellen Gruppen auf Basis von Carboxy-, Nitril-, Phenyl- und Vinylverbindungen zum Einsatz.

Die anionische Polymerisation hat in der Technik für die Herstellung von Polyamid 6 (PA 6) und von Polyoxymethylen (POM), aber auch für die Synthese von Polyethylen (im Mittel- und Niederdruckverfahren) Bedeutung erlangt.

Als Initiatoren für die anionische Polymerisation kommen im Allgemeinen starke Basen und Lewis-Basen zum Einsatz. Gebräuchliche Initiatoren sind weiterhin Alkalimetalle, Alkalimetallnaphthalide und Alkylverbindungen der Alkalimetalle (Benzylnatrium, Butyllithium). Als Beispiel soll hier die anionische Polymerisation von Polyethylen dienen, wobei die Initiierung der Reaktion durch Butyllithium erfolgt. Während der Reaktion zerfällt dieses teilweise in Butylcarbanionen und in Lithiumionen (Abbildung 1.6). Dieses Carbanion reagiert nun mit dem Alkenmonomer, in dem es die Doppelbindung nukleophil angreift und sich mit dem Monomeren verbindet. Während dieses Prozesses verschieben sich die Elektronenpaare derart, dass am Ende des gebildeten Moleküls eine negative Ladung entsteht und eine weitere Kettenreaktion beginnt.

c) Substanzpolymerisation (Blockpolymerisation)

Polymerisationsreaktionen haben in der Regel einen stark exothermen Charakter. Eine direkte Polymerisation, also die sogenannte Substanzpolymerisation eines rei-

---

[9] Da Abbruchreaktionen nicht formuliert werden können, bleiben die Carbanionen auch nach vollständigem Umsatz der Monomere erhalten, sodass das Kettenwachstum nach einem Zusatz von weiteren Monomeren fortgesetzt werden kann. (Dieses Verhalten ist auch unter dem Begriff „lebende Polymerisation" bekannt.)

Initiierung der Polymerisationsreaktion:

Kettenwachstum:

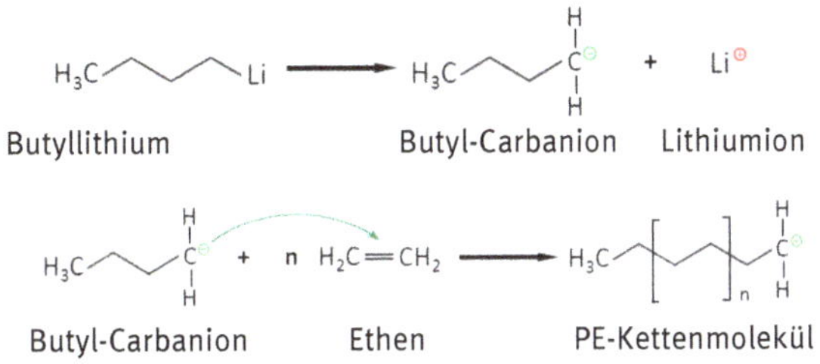

Abb. 1.6: Schematische Darstellung der durch Butyllithium initiierten anionischen Polymerisation von Polyethylen

nen Monomers, führt bei vielen Monomeren zu technologischen Schwierigkeiten, die auf Probleme bei der Abführung der Reaktionswärme zurückzuführen sind. Deshalb kommt diese Syntheseform nur bei ausgewählten Monomeren, wie etwa bei Styrol, Ethen oder Methylmethacrylat, zur Anwendung. Bei der Substanzpolymerisation unterscheidet man zwischen der Substanzlösungspolymerisation, bei welcher das Polymer im Monomer löslich ist, und der Substanzfällungspolymerisation, die dadurch gekennzeichnet ist, dass das Polymer im Monomer nicht löslich ist und während der Reaktion ausfällt. Die mit dieser Syntheseform hergestellten Kunststoffe (z. B. PE-LD, PS oder PMMA) sind sehr reine Polymerisate und weisen eine breite Molmassenverteilung auf.

d) Lösungspolymerisation

Bei dieser Syntheseform erfolgt die Kettenpolymerisation in Lösung, das bedeutet, dass sowohl die Monomere als auch die Polymerisate während des gesamten Prozesses in Lösung vorliegen. Das setzt voraus, dass man für dieses Verfahren ein Lösemittel wählt, in dem sowohl die Monomere als auch die aus ihnen hergestellten Polymere löslich sind. Die Lösungspolymerisation bietet den Vorteil, dass ein relativ leichtes Abführen der Reaktionswärme, etwa durch Nutzung der Verdunstungs- bzw. Verdampfungskühlung des Lösungsmittels, realisiert werden kann und eine kontinuierliche Prozessgestaltung möglich ist. Nachteilig ist allerdings, dass sich bei hohen Viskositäten des Reaktionsgemisches – bedingt durch hohe Polymerisationsgrade bzw. hohe Umsätze – die Extraktion des restlichen Lösemittels bei der Isolierung der Polymere schwierig gestaltet.

Deshalb wird die Lösungspolymerisation bevorzugt zur Herstellung von Klebstoffen und Lacken in Form von gebrauchsfertigen Polymerlösungen eingesetzt. Die Konsolidierung der Polymere erfolgt dann durch Verdunsten des Lösungsmittels.

e) Fällungspolymerisation

Wie bereits angeführt, ist die Substanzfällungspolymerisation, oder kurz die Fällungspolymerisation, eine Form der Substanzpolymerisation. Bei dieser Syntheseart ist das

Polymer weder im Monomer noch im Lösemittel löslich, das entsprechende Monomer lässt sich aber in einem Lösungsmittel lösen. Das entstehende Polymer wird aus dem Reaktionsgemisch in Form von Pulver abgeschieden. Mithilfe dieser Fällungspolymerisation können Polymere mit relativ hoher Molmasse bei niedrigen Viskositäten der Reaktionsgemische hergestellt werden. Ähnlich wie bei der Lösungspolymerisation ist ein relativ leichtes Abführen der Reaktionswärme möglich. Ein breites Anwendungsgebiet besitzen die Fällungspolymerisationen bei der Synthese von Polyolefinen, Polyacrylnitril, Polyvinylchlorid und diverser Elastomere.

f) Suspensions- oder Perlpolymerisation

Bei dieser Form der Polymersynthese werden in Wasser unlösliche Monomere in Wasser dispergiert. Die für den Reaktionsstart notwendigen Initiatoren werden bevorzugt im Monomer gelöst. Die Polymerisationsreaktionen finden in dann bei Erreichen der Reaktionstemperatur in den aktivierten Monomertropfen statt, die anfangs zusammen mit dem Wasser eine Emulsion bilden. Um die Emulsion zu stabilisieren, werden dem Reaktionsgemisch in der Regel Kolloide, etwa auf Basis von Polyvinylalkohol oder Bariumsulfat, hinzugefügt. Mit steigendem Polymerisationsgrad entstehen aus den Tropfen im Wasser perlenförmige Polymerpartikel („Perlpolymerisation"). Es bildet sich also eine Suspension aus, aus welcher im Anschluss die Polymerpartikel, die etwa einen Durchmesser von 0,01 mm bis wenige Millimeter besitzen, abgetrennt und entsprechend weiteraufbereitet werden.

Mithilfe von Suspensionspolymerisationen, mit denen auch Copolymerisate synthetisiert werden können, wird in der Praxis ein breites Spektrum an kommerziellen Polymeren, wie z. B. Polyvinylchlorid (PVC) oder Polymethylmethacrylat (PMMA), hergestellt.

g) Emulsionspolymerisation

Ein Verfahren der radikalischen Polymerisation ist die Emulsionspolymerisation, bei welcher im Gegensatz zur Suspensionspolymerisation Monomere in einer wässrigen Phase zu Polymeren umgesetzt werden. Die wirkenden Mechanismen der Partikelbildung sind noch nicht vollständig erforscht, aber es existieren diverse Theorien, wie etwa die für die mizellare oder die für die homogene Nukleierung. Die Besonderheit dieser Syntheseform besteht darin, dass Monomere, die eine geringe Wasserlöslichkeit oder einen hydrophoben Charakter besitzen, in Wasser, in dem der Initiator gelöst ist, dispergiert werden. Als Initiatoren fungieren, wie bei radikalischen Polymerisationen üblich, thermisch zerfallende Radikalbildner wie Peroxide oder Azoverbindungen. Zur Stabilisierung der Emulsionen werden, ähnlich wie bei Suspensionspolymerisationen, Emulgatoren und andere Substanzen wie z. B. Natriumdodecylsulfat benötigt. Neben der Gewährleistung der kolloidalen Stabilität der Reaktionsmischung werden damit auch die Teilchenbildungsprozesse sowie die Polymerpartikelanzahl und deren Durchmesser gesteuert.

Industriell besitzt dieses Syntheseverfahren eine große Bedeutung, etwa für die Herstellung von PVC, Styrol- und Acrylatpolymeren. Dabei werden die hergestellten Kunststoffe entweder aus der Dispersion ausgefällt oder in Form der erhaltenen Dispersion weiterverarbeitet, z. B. für wässrige Dispersionsfarben.

1.2.3.3 Homo- und Copolymerisation

Polymere lassen sich entweder auf der Grundlage eines einzelnen Monomers herstellen (Homopolymerisate) oder auch aus zwei oder mehreren Monomertypen synthetisieren (Copolymerisate) [22].

a) Homopolymerisation

Grundsätzlich kommen für die Herstellung von Homopolymerisaten symmetrische oder unsymmetrische Monomere zur Anwendung (Tabelle 1.7).

Tab. 1.7: Vergleich der Struktur von symmetrischen und unsymmetrischen Monomeren

Symmetrisches Monomer	Unsymmetrische Monomere
Beispiel: Ethen $\begin{array}{cc} H & H \\ | & | \\ C{=}C \\ | & | \\ H & H \end{array}$	Beispiel: Vinylmonomere $\begin{array}{cc} H & H \\ | & | \\ C{=}C \\ | & | \\ H & R \end{array}$

Legende: R steht für eine Seitengruppe (z. B. für eine Methylgruppe bei Propen)

Bei der Polymerisation von unsymmetrischen Monomeren unterscheidet man zwischen der sogenannten Kopf-Kopf-Bindung oder der Kopf-Schwanz-Bindung (Abbildung 1.7).

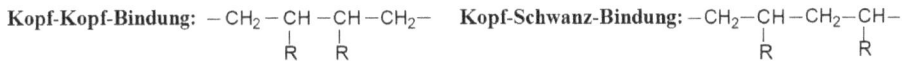

Kopf-Kopf-Bindung: $-CH_2-\underset{R}{CH}-\underset{R}{CH}-CH_2-$ **Kopf-Schwanz-Bindung:** $-CH_2-\underset{R}{CH}-CH_2-\underset{R}{CH}-$

Abb. 1.7: Bindungstypen von unsymmetrischen Monomeren

b) Copolymerisation

Polymere lassen sich auch aus zwei oder mehreren Monomertypen synthetisieren. Generell existieren vier Arten von Copolymerstrukturen (Tabelle 1.8).

Die Aufgaben der Copolymerisation bestehen darin, ausgewählte Eigenschaften von Polymerwerkstoffen, wie z. B. höhere Alterungsbeständigkeit, geringe elektrostatische Aufladung, höhere Zähigkeit oder bessere Einfärbbarkeit, gezielt zu gestalten.

Tab. 1.8: Vergleich der Struktur verschiedener Copolymere

Bezeichnung/Struktur	Beschreibung
Statistisch aufgebautes Makromolekül:	Hier erfolgt der Einbau der Comonomere in das resultierende Makromolekül rein zufällig. Statistische Copolymere entstehen besonders dann, wenn die Kettenenden eines wachsenden Makromoleküls keines der zur Verfügung stehenden Monomere aus elektronischen, sterischen oder Reaktivitätsgründen bevorzugen. Diese Copolymerisation wird in der Praxis vielfältig genutzt, da die Eigenschaften der verschiedenen Homopolymere so gut zu kombinieren sind.
Alternierend aufgebautes Makromolekül:	Alternierende Copolymere bestehen aus zwei Arten von Monomeren A und B, die in streng alternierender Folge $(AB)_n$ im Polymer enthalten sind. Formal können solche streng alternierenden Copolymere als Homopolymere mit einer neuen Monomereinheit AB betrachtet werden.
Aus Blöcken zusammengesetztes Makromolekül:	Blockcopolymere sind Polymere, die aus mehr als einer Art von Monomeren bestehen und dessen Moleküle in Blöcken linear verknüpft sind. Die Blöcke – oder Segmente – sind direkt oder durch Baueinheiten, die nicht Teil der Blöcke sind, miteinander verbunden.
Homogene Kette mit gepfropften Seitenketten:	Bei der Pfropfcopolymerisation handelt es sich um eine Technik zur Darstellung von Polymeren, deren Hauptkette Ausgangspunkt für weitere Ketten eines anderen Monomertyps bildet. So entsteht ein Copolymer, an dessen Hauptkette sich kammartig Ketten eines weiteren Monomertyps anschließen.

Legende: ●●● Monomer A   ●●● Monomer B

1.2.4 Polykondensation

Eine Polykondensationsreaktion ist dadurch gekennzeichnet, dass Makromoleküle aus wenigstens zwei unterschiedlichen Monomeren durch Kondensationsreaktionen synthetisiert werden. Dazu werden im Gegensatz zu Polymerisations- und Polyadditionsreaktionen niedermolekulare Verbindungen – wie etwa Wasser oder Chlorwasserstoff – als Nebenprodukte abgespalten [23]. Um Rückreaktionen weitgehend zu vermeiden, sind diese entsprechend zu extrahieren. Dafür müssen die Monomere grundsätzlich über wenigstens zwei funktionelle Gruppen mit hinlänglicher Reaktionsfähigkeit, wie etwa Carbonyl-, Carboxyl-, Amino-, Isocyanat- und andere Gruppen, verfügen.

Die Polykondensationsreaktionen erfolgen in Stufen, wobei reaktionsfähige Zwischenprodukte, sogenannte Oligomere gebildet werden, die dann untereinander oder mit weiteren Monomeren zu Makromolekülen reagieren. Um ausreichend große Makromoleküle, also Polykondensate mit ausreichend hoher molarer Masse, zu synthetisieren, müssen wenigstens 99 % der Monomere umgesetzt werden. Das setzt voraus, dass die reaktionsbezogenen stöchiometrischen Verhältnisse beim Monomereinsatz möglichst exakt eingehalten werden müssen.

Mithilfe der Polykondensation wird eine Vielzahl von Kunststoffen, wie z. B. Polyester, Polyamide, Polycarbonat und Phenoplaste, hergestellt.

Als Beispiel für eine Polykondensationsreaktion soll hier die Herstellung von Polycarbonat aus Carbonylchlorid (Phosgen) und 2,2-Bis(4-hydroxyphenyl)propan (Bisphenol A[10]) dienen (Abbildung 1.8).

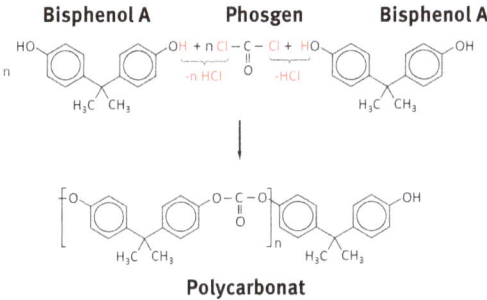

Abb. 1.8: Schematische Darstellung der Polykondensation von Bisphenol A und Phosgen zu Polycarbonat

1.2.5 Polyaddition

Die Polyaddition erfolgt ähnlich wie die Polykondensation in Schritten und die reagierenden Monomere benötigen ebenfalls mindestens zwei endständige funktionelle Gruppen, wobei eine Molekülsorte funktionellen Gruppen mit Doppelbindungen besitzen muss. Diese Gruppen der Monomere reagieren nucleophil an beiden Enden, sodass kurze Molekülketten aus wenigen Monomeren – sogenannten Oligomeren – entstehen. Diese wiederum können untereinander oder wiederum mit Monomeren

---

10 Bisphenol A wird aus zwei Teilen Phenol und einem Teil Aceton dargestellt und ist ein endokriner Disruptor, also ein Stoff mit hormonähnlicher Wirkung, der beim Menschen bereits in kleinsten Mengen zur Entstehung von Krankheiten, wie etwa Diabetes Mellitus, beitragen kann.

zu längeren Ketten, also zu Makromolekülen (Polyaddukten) reagieren [21, 23]. Im Unterschied zur Polykondensation entstehen dabei keine niedermolekularen Neben-produkte. Die Monomere reagieren nur miteinander, indem Atome und Elektronen-paare von einer funktionellen Gruppe zur anderen verschoben werden. Die folgende Darstellung zeigt diese chemische Reaktion am Beispiel der Synthese eines linearen Polyurethans schematisch (Abbildung 1.9).

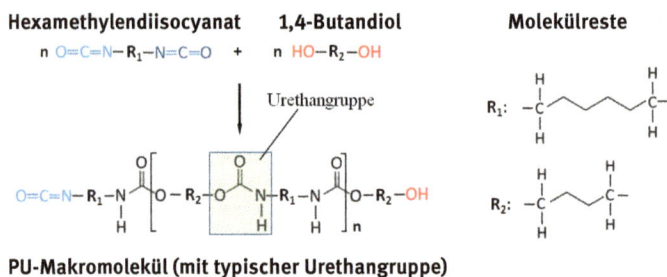

PU-Makromolekül (mit typischer Urethangruppe)

Abb. 1.9: Schematische Darstellung der Polyadditionsreaktion von Hexamethylendiisocyanat und 1,4-Butandiol zu einem linearen Polyurethan

Technisch relevante Polyaddukte sind diverse Polyurethane sowie die Duromere Epoxidharz und Polyharnstoff.

1.3 Herstellung ausgewählter Polymere

Mit Bezug auf das eingangs formulierte Themengebiet wird sich hier auf eine knap-pe Beschreibung der Synthese und des strukturellen Aufbaus von technischen Po-lymeren und Hochleistungspolymeren (Tabelle 1.1) beschränkt. Eine Ausnahme bil-det isotaktisches Polypropylen (PP), was sowohl den Standardpolymeren als auch den technischen Kunststoffen zugerechnet werden kann. Die Gliederung dieses Ka-pitels basiert dabei auf der Zuordnung einzelner Polymerwerkstoffe zu „Kunststoff-familien[11]".

---

11 Besonders beim Vergleich ausgewählter Eigenschaften ist es zweckmäßig, die einzelnen Polymer-werkstoffe und deren Modifikationen entsprechenden Grundwerkstoffen bzw. „Kunststofffamilien" (in der CAMPUS-Datenbank verwendet) zuzuordnen.

1.3.1 Technische Thermoplaste

1.3.1.1 Polyamide
a) Übersicht

Polyamid ist eine Familie linearer technischer Polymere von hoher wirtschaftlicher Bedeutung, in deren Hauptkette sich regelmäßig wiederholende aliphatische oder aromatische Kohlenwasserstoffsegmente durch charakteristische Amidgruppen verbunden sind. Die Polyamide werden entweder aus Lactamen von Aminosäuren durch Ringöffnungspolymerisation hergestellt oder durch Polykondensation von Dicarbonsäuren mit Diaminen bzw. aus Aminocarbonsäuren synthetisiert [24].

Entsprechend der DIN EN ISO 1043-1 basiert die Bezeichnung der Polyamide auf dem Kurzzeichen PA und darauffolgenden Zahlen und ggf. Buchstaben. Dabei werden die Werkstoffe, die aus Aminosäuren bzw. deren Lactamen hergestellt werden, durch eine Zahl gekennzeichnet, die der Anzahl der Kohlenstoffatome des Monomers entspricht (PA6). Polykondensate aus Dicarbonsäuren und Diaminen werden mit zwei Zahlen bezeichnet. Dabei entspricht die erste Zahl der Anzahl der Kohlenstoffe im Diamin und die zweite Zahl der Anzahl der Kohlenstoffatome in der Dicarbonsäure (PA66). Bei Polyamiden mit eingelagerten aromatischen Kohlenwasserstoffsegmenten (Aramiden) werden auch Buchstabenkürzel verwendet, so etwa steht T für das Monomer Terephthalsäure und I für ein Isophthalsäuremonomer (PA6I).

Die Tabelle 1.9 zeigt dazu eine Übersicht über ausgewählte monomere Ausgangsprodukte und die aus ihnen hergestellten Polyamidtypen[12] sowie deren Synthesemechanismen.

b) Polyamid 6

Polyamid 6 wird mittels einer Ringöffnungspolymerisation aus dem Lactam der ε-Aminocapronsäure hergestellt. Dieses Caprolactam kann aus dieser Aminosäure unter Wasserabspaltung hergestellt werden[13] (Abbildung 1.10).

---

12 Neben den hier aufgeführten Polyamiden existiert noch eine Vielzahl von Spezialprodukten, die auch aus mehreren polyamidbildenden Monomeren synthetisiert werden. Als Beispiel soll hier ein teilaromatisches Polyamid dienen, bei welchem die Amidgruppen abwechselnd an aliphatische Segmente und an unterschiedliche aromatische Carbonsäuregruppen (Isophthalsäure und/oder Terephthalsäure) gebunden sind.

13 Großtechnisch erfolgt die Herstellung von Aminocaprolactam meist aus Benzol über die Stufen Phenol, Cyclohexanon und Cyclohexanonoxim, aus welchem das ε-Caprolactam durch eine Beckmann-Umlagerung synthetisiert wird.

Tab. 1.9: Übersicht über ausgewählte Polyamidtypen und deren Monomere

Polyamid	Monomer bzw. Monomere	Typ
Aliphatische Polyamide		
PA6	Caprolactam – Lactam der ε-Aminocapronsäure, $H_2N-(CH_2)_5-COOH$	RP
PA12[a]	Laurinlactam – Lactam der Laurinsäure, $H_2N-(CH_2)_{12}-COOH$	RP
PA11	Aminoundecansäure, $H_2N-(CH_2)_{11}-COOH$	PK
PA66	Hexamethylendiamin, $H_2N-(CH_2)_6-NH_2$ + Adipinsäure, $HOOC-(CH_2)_4-COOH$	PK
PA46	1,4-Diaminobutan, $H_2N-(CH_2)_4-NH_2$ + Adipinsäure, $HOOC-(CH_2)_4-COOH$	PK
PA610	Hexamethylendiamin, $H_2N-(CH_2)_6-NH_2$ + Sebacinsäure, $HOOC-(CH_2)_{10}-COOH$	PK
Aromatische Polyamide		
PA6I	Hexamethylendiamin, $H_2N-(CH_2)_6-NH_2$ + Phthalsäure, $HOOC-(C_6H_4)-COOH$	PK
PA MXD	Xylylendiamin, $H_2N-CH_2-(C_6H_4)-CH_2-NH_2$ + Adipinsäure, $HOOC-(CH_2)_4-COOH$	PK

Legende: RP – Ringöffnungspolymerisation
PK – Polykondensation

[a] Speziell für die Verarbeitung mithilfe des selektiven Lasersinterns (SLS), einer generativen Fertigungstechnologie, die auch als 3-D-Druck bekannt ist, wurde PA2200 entwickelt. Dieses auf PA12 basierende Polyamid bietet ein breites Feld an Einsatzmöglichkeiten, etwa im Maschinen- und Feingerätebau.

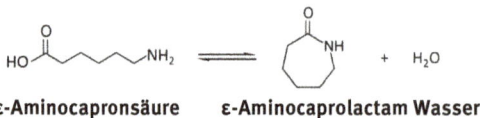

ε-Aminocapronsäure   ε-Aminocaprolactam Wasser

Abb. 1.10: Schematische Darstellung der Herstellung
von ε-Aminocaprolactam

Die Abbildung 1.11 zeigt schematisch die Synthese von Polyamid 6 durch die ringöffnende Polymerisation von ε-Aminocaprolactam. Dazu wird durch die Zugabe von etwas Wasser der Caprolactamring aufgebrochen und die entstehende Aminosäure dient als Initiator für die Polymerisationsreaktion.

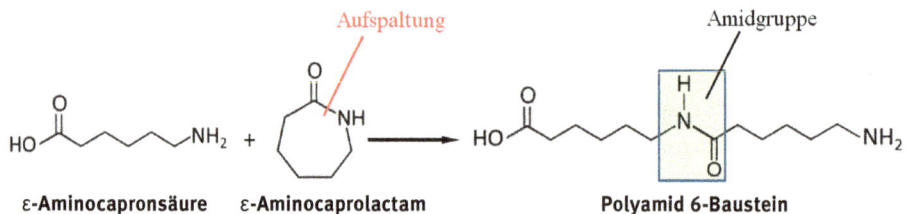

ε-Aminocapronsäure   ε-Aminocaprolactam   Polyamid 6-Baustein

Abb. 1.11: Polymerisation von Polyamid 6 durch eine ringöffnende Polymerisation
von ε- Aminocaprolactam.

c) Polyamid 66

Polyamid 66 wird durch Polykondensation von Adipinsäure (1,4-Dicarboxylbutan) und Hexamethylendiamin (1,6-Diaminohexan) hergestellt, wobei sich Wasser abspaltet. Die Abbildung 1.12 zeigt diese Reaktion schematisch.

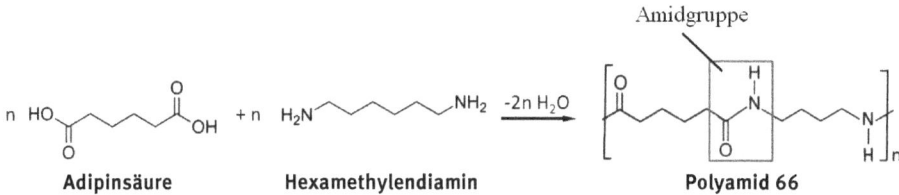

Abb. 1.12: Schematische Darstellung der Polykondensation von Adipinsäure und Hexamethylendiamin zu Polyamid 66

Ein Vergleich der Abbildungen 1.11 und 1.12 zeigt, dass sich die chemischen Strukturen von PA6.6 und PA6 nur durch die gespiegelte Anordnung der Amidgruppe unterscheiden. Daher besitzen diese Polyamide ähnliche chemische und physikalische Eigenschaften.

d) Aramide

Aramide sind aromatische Polyamide, bei denen ein sehr hoher Anteil der Amidgruppen direkt an zwei aromatische Ringe gebunden ist [21]. Aramide werden meist für die Herstellung von Fasern mit hoher Festigkeit und Zähigkeit sowie hoher Bruchdehnung hergestellt. Diese aromatischen Polyamide besitzen keine thermoplastischen Eigenschaften, denn sie schmelzen bei hohen Temperaturen nicht, sondern beginnen ab etwa 400 °C zu pyrolysieren. Deshalb werden die Fasern, seltener auch Folien, aus Lösungen gezogen.

Die Synthese der Aramide basiert meist auf der Polykondensation von aromatischen Dicarbonsäurehalogeniden, meist Chloride der Terephthalsäure oder Isophthalsäure, mit Phenylendiaminen. Als Beispiel dient hier die in Abbildung 1.13 schematisch dargestellte Umsetzung von Paraphenylendiamin und Terephthaloyldichlorid zu einem Aramidwerkstoff, konkret zu einem Poly(p-phenylenterephthalamid).

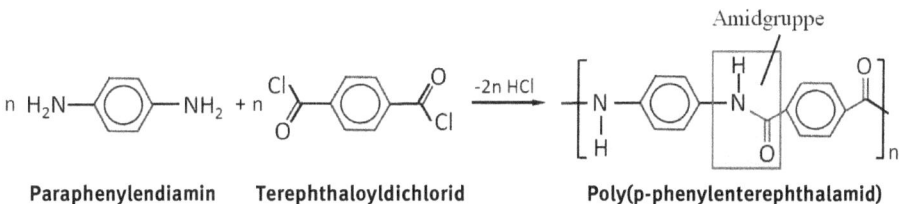

Abb. 1.13: Aramidpolykondensation von Dicarbonsäurehalogenid und Phenylendiamin

e) Teilaromatische Polyamide (Polyphthalamide, PPA)

Teilaromatische Polyamide sind thermoplastisch verarbeitbare teilkristalline Kunststoffe, die die Lücke zwischen den linearen Polyamiden und den Aramiden schließt [25]. Herausragende Eigenschaften dieser Werkstoffe sind der hohe Schmelzpunkt von etwa 300 °C und sehr guten Eigenschaften hinsichtlich Mechanik, Chemikalienbeständigkeit und geringer Wasseraufnahme. Diese Polykondensate sind dadurch charakterisiert, dass die Amidgruppen abwechselnd an aliphatische Segmente und an unterschiedliche aromatische Carbonsäuregruppen (Isophthalsäure oder Terephthalsäure) gebunden sind. Als Beispiel für die Herstellung und den Strukturaufbau derartiger Polymerwerkstoffe dient hier Synthese des Polyphthalamides PA6T aus Hexamethylendiamin und Terephthalsäure (Abbildung 1.14). Diese Abbildung zeigt weiterhin eine 3-D-Darstellung der Struktur von Polyphthalamid PA6I, bei welchem als Säuremonomer Isophthalsäure eingesetzt wurde.

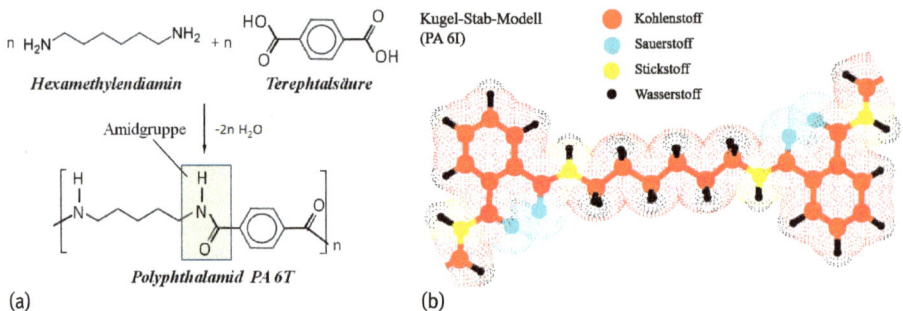

Abb. 1.14: Herstellung und Strukturaufbau (a) von Polyphthalamid (PA6T) und (b) eine 3-D-Darstellung der Struktur von Polyphthalamid (PA6I)

Das Eigenschaftsspektrum der teilaromatischen Polyamide kann durch eine Variation der Polykondensationsprozesse durch den Einsatz verschiedener polyamidbildender Monomere in einem breiten Bereich variiert werden [26]. So werden teilaromatische Copolyamide auch auf der Basis von Gemischen von Terephthal- und Isophthalsäure mit aliphatischen Diaminen unterschiedlicher Kettenlängen, meist aber mit Hexamethyldiamin, polykondensiert (PA6T/6I). Weiterhin sind auf dem Markt Polykondensate auf der Basis von verzweigten aliphatischen Diaminen sowie Copolymere aus Polyphthalamid 6T und Polyamid 66 verfügbar.

1.3.1.2 Thermoplastische Polyester
a) Übersicht

Diese technischen Thermoplaste entstehen durch Polykondensation, entweder aus Hydroxycarbonsäuren oder aus Dicarbonsäuren und Dialkoholen, man kann also – wie bei den Polyamiden – zwei Typen unterscheiden: Die Monomere von Typ I sind

Hydroxycarbonsäuren, Polyester vom Typ II werden aus Dicarbonsäuren und Dialkoholen hergestellt.

Von technischer Bedeutung sind besonders Polyester der Terephthalsäure, die also zu den Polyestern vom Typ II zählen, und gehören, wie auch das Polycarbonat (PC), zu den aromatischen (gesättigten) Polyestern [27]. Von besonderem technischem Interesse sind Polyethylenterephthalat (PET) und Polybutylenterephthalat (PBT). Bei diesen Polykondensationen handelt es sich um eine Gleichgewichtsreaktion (Abbildungen 1.15 und 1.16), bei welchen zur Minderung der Rückreaktion das entstehende Wasser und die überschüssige Alkoholkomponente abdestilliert werden müssen, wodurch die Ausbeute nach dem Prinzip von Le Chatelier auf die Seite des Polyesters verschoben wird.

b) Polyethylenterephthalat (PET)

Polyethylenterephthalat ist ein Polykondensat aus Terephthalsäure (1,4-Benzoldicarbonsäure) und Ethylenglykol (1,2-Ethandiol), siehe Abbildung 1.15. Dieser Kunststoff ist ein teilkristalliner Werkstoff, der jedoch nur sehr langsam kristallisiert, weshalb in der Regel Nukleierungsmittel zur Beschleunigung der Kristallisation verwendet werden.

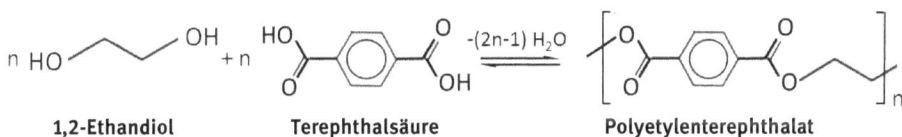

| 1,2-Ethandiol | Terephthalsäure | Polyetylenterephthalat |

Abb. 1.15: Polykondensation von Terephthalsäure und 1,2-Ethandiol zu Polyethylenterephthalat (PET)

Durch die Wahl geeigneter Verarbeitungsparameter kann PET auch in amorpher Form verarbeitet werden und ist in dieser Konfiguration absolut farblos, von hoher Transparenz und kann vielfältig – etwa für Lebensmittelverpackungen und Flaschen – verwendet werden. Polyethylenterephthalat wird auch in Folien- oder Faserform (Polyester) wegen seiner herausragenden Eigenschaften für verschiedene Anwendungen eingesetzt.

c) Polybutylenterephthalat (PBT)

Polybutylenterephthalat ist ein teilkristalliner Thermoplast und hat ähnliche Eigenschaften wie PET, ist jedoch für den Spritzguss aufgrund des günstigeren Abkühl-, Prozess- und Kristallisationsverhaltens besser geeignet. Bei der Kondensation wird statt Ethylenglykol 1,4-Butandiol verwendet (Abbildung 1.16).

Polybutylenterephthalat wird hauptsächlich durch Spritzgießen bei Massetemperaturen von 230–270 °C verarbeitet. Die Festigkeit und Steifigkeit sind etwas niedriger

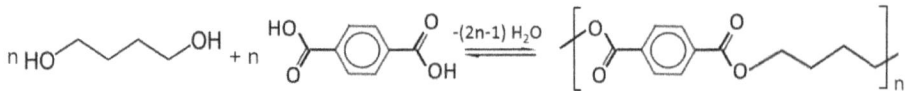

Abb. 1.16: Polykondensation von Terephthalsäure und 1,4-Butandiol zu Polybutylenterephthalat (PBT)

als beim PET und das Reibungs- und Verschleißverhalten ist sehr gut. Der Glasübergang liegt bei 60 °C. Weiterhin besitzt PBT eine sehr hohe Maßbeständigkeit.

1.3.1.3 Derivate des Formaldehyds

Formaldehyd (Methanal) ist der einfachste aliphatische Aldehyd und ist von äußerster technischer Bedeutung[14]. Das ist auf die bifunktionelle Carbonylgruppe zurückzuführen. Die C=O- Bindung ist sowohl mit positiven Wasserstoff (H$^+$)-Ionen als auch mit negativen Hydroxid (OH$^-$)-Ionen und ebenso mit dem Dipol H_2O chemisch reaktiv.

Formaldehyd kommt als Ausgangsprodukt für eine Vielzahl von Kunststoffen zum Einsatz:

- thermoplastisches POM
- Formaldehyd-Phenol-Harze
- Formaldehyd-Harnstoff-Harze
- Formaldehyd-Melamin-Harze
- Ketonharze

Da die duromeren Polymerwerkstoffe hier nicht im Mittelpunkt der Betrachtung stehen, wird an dieser Stelle nur der thermoplastische Konstruktionskunststoff Polyoxymethylen (POM) betrachtet. Dieses teilkristalline technische Polymer, was auch Polyacetal oder Polyformaldehyd genannt wird, besitzt ein sehr gutes Reibungs- und Verschleißverhalten, ist steif und fest und wird besonders für spritzgegossene Präzisionsteile eingesetzt [21, 22].

POM kann prinzipiell durch kationische oder anionische Polymerisation hergestellt werden. Hier soll exemplarisch die anionische Polymerisation von Formaldehyd in Suspension vorgestellt werden. Diese anionische Polymerisationsreaktion wird meist durch eine Funktionalisierung der Endgruppen (z. B. mit Ethylenoxid) abgebrochen. Die Startreaktion kann mit starken Nukleophilen (Basen) z. B. Alkoholaten (hier Natriummethanolat) erfolgen. Die schematische Herstellung von Polyoxymethylen-Homopolymerisat (POM-H) zeigt Abbildung 1.17.

---

14 Weiterhin wird POM-H auch durch eine kationische Polymerisation von Trioxan hergestellt und POM-C wird etwa durch eine Copolymerisation von Trioxan mit 1,4-Dioxan oder Ethylenoxid synthetisiert.

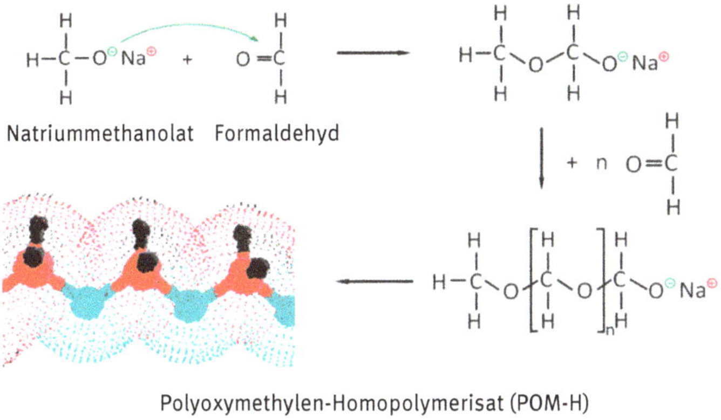

Polyoxymethylen-Homopolymerisat (POM-H)

Abb. 1.17: Schematische Darstellung der anionischen Polymerisation von Formaldehyd zu Polyoxymethylen-Homopolymerisat (POM-H)

Weiterhin kommt in der Praxis zur Anpassung der Werkstoffeigenschaften auch ein Polyoxymethylen-Copolymerisat (POM-C) – ein Polyacetal mit integrierten C_2- oder C_4- Segmenten – zum Einsatz. In Abbildung 1.18 ist die Struktur dargestellt.

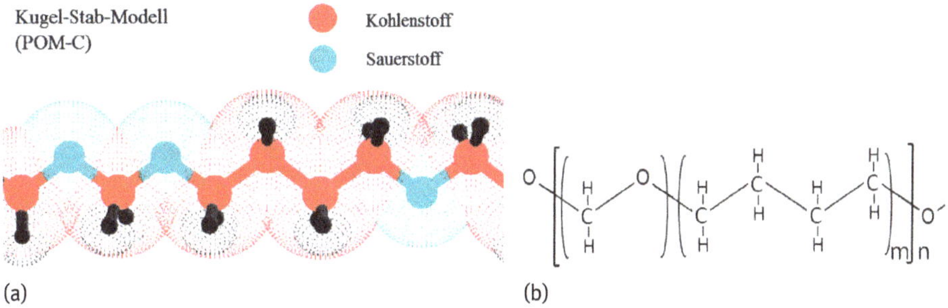

Abb. 1.18: Struktur von Polyoxymethylen-Copolymerisat (POM-C)

1.3.1.4 Polyolefine
a) Charakterisierung
Polyolefine sind Polymere (gesättigte Kohlenwasserstoffe mit der Formel C_nH_{2n}), die aus Alkenen wie Ethylen, Propylen oder Isobuten durch Kettenpolymerisation herge- stellt werden und sind robuste, flexible Kunststoffe mit zahlreichen Einsatzmöglich- keiten [28, 29]. Die Gruppe der Polyolefine ist daher die mengenmäßig größte Kunst- stofffamilie. Diese teilkristallinen Standardpolymere lassen sich leicht verarbeiten zeichnen sich durch gute chemische Beständigkeit und elektrische Isolationseigen- schaften aus.

Ausgewählte Vertreter dieser Kunststofffamilie sind:
- Polyethylen (PE)
- Polypropylen (PP)
- Polymethylpenten (PMP)
- Polyisobutylen (PIB)
- Polybutylen (PB)

Wie oben schon dargelegt, ist für den Einsatz als Werkstoff für tribomechanisch beanspruchte Bauteile bzw. Maschinenelemente trotz geringer thermischer Beanspruchbarkeit nur modifiziertes isotaktisches PP geeignet. Weiterhin kommt dieser Werkstoff auch als Matrixmaterial für textilverstärkte Verbunde – sogenannte Organobleche – zunehmend zum Einsatz. Deshalb wird an dieser Stelle näher auf die Herstellung und die Struktur dieses Polymers eingegangen (Tabelle 1.10 bzw. Abbildung 1.19).

Tab. 1.10: Herstellung und Werkstoffcharakterisierung von (PP)

Strukturmodell	Werkstoffeigenschaften
PP-H *Propen* *Polypropylen-Homopolymer* **PP-C** *Propen* *Ethen* *Polypropylen-Copolymer*	**Charakterisierung:** Polypropylen ist teilkristallin (Kristallinitätsgrad: 30–60 %) und unpolar. Die Dichte von PP liegt zwischen 0,895–0,92 g/cm³. PP ist härter, steifer und wärmebeständiger als PE. Kommerziell verwendetes PP ist in der Regel isotaktisch. Polypropylen kommt in der Praxis auch Copolymerisat (PP-C) zur Anwendung, wobei als Comonomer meist Ethen Verwendung findet.

isotaktisch   syndiotaktisch   ataktisch

(a)   (b)

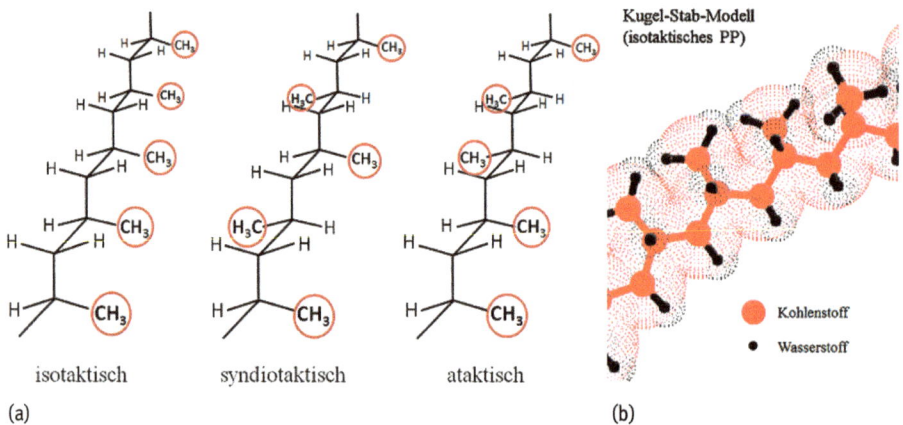

Abb. 1.19: (a) Mögliche Taktizität von PP-Werkstoffen und (b) schematische Darstellung der Struktur von isotaktischem PP

Die Taktizität von PP kann man mithilfe von Ziegler-Natta- oder Metallocenkatalysatoren steuern. Die Abbildung 1.19 zeigt schematisch die unterschiedlichen Strukturen von PP.

Die Taktizität bestimmt die Eigenschaften von Polypropylen maßgeblich. So ist ataktisches PP amorph, syndiotaktisches PP wenig kristallin und isotaktisches PP ist teilkristallin [25, 30].

1.3.2 Thermoplastische Hochleistungswerkstoffe

1.3.2.1 Einleitung und Grundlagen

Hochleistungspolymere besitzen einen Anteil an der Weltproduktion von Kunststoffen der kleiner als 1 % ist und weisen Eigenschaften auf, die z. T. weit über die der technischen Polymere hinausreichen und neue, anspruchsvolle strukturelle und funktionelle Anwendungsmöglichkeiten eröffnen. Sie zeichnen sich je nach Art vor allem durch hohe thermische Stabilität, Formbeständigkeit, geringes spezifisches Gewicht, Chemikalienbeständigkeit, mechanische Festigkeit, spezifische elektrische und optische Eigenschaften aus [31–33]. So gesehen gehören die bereits vorgestellten Aramide und die teilaromatischen Polyamide zu den Hochleistungspolymeren.

Gegenüber den thermoplastischen Standardpolymeren und den technischen Kunststoffen besitzen diese polymeren Hochleistungswerkstoffe vor allem eine deutlich höhere thermische Beanspruchbarkeit. Grundsätzlich gilt, dass zwischen den thermischen Eigenschaften eines Kunststoffes und seiner chemischen Struktur ein Zusammenhang besteht. Das ist darauf zurückzuführen, dass die thermischen Eigenschaften – etwa die Glasübergangstemperatur T_g oder die Wärmeformbeständigkeit – einerseits annähernd proportional zur Bindungsenergie der verschiedenen chemischen Bindungen in einem Polymer sind. Andererseits ist die Thermostabilität der verwendeten Monomere von entscheidender Bedeutung für die Temperaturbeanspruchbarkeit der daraus synthetisierten Polymere. Beispielsweise liegen Thermostabilitäten von einfachen Aromaten, wie Benzen (Benzol), im Bereich von ca. 600 °C. Zur Veranschaulichung erfolgt in Tabelle 1.11 für ausgewählte Verbindungen ein Vergleich der Thermostabilitäten mit den Dissoziationsenergien ΔH, also den Energien, die mindestens aufgewendet werden müssen, um die charakteristischen chemischen Bindungen in Polymeren aufzubrechen.

Hochleistungspolymere lassen sich also herstellen, indem man thermostabile Monomere mit wärmeformbeständigen Bindungen verknüpft. Dabei bringt der Einbau starrer und sperriger aromatischer Ringe in Polymere nicht nur eine Verbesserung der thermischen und chemischen Stabilität mit sich, sondern auch eine bedeutende Erhöhung des Erweichungspunktes.

Eine weitere Möglichkeit das Eigenschaftsniveau von Kunststoffen zu modifizieren, besteht in dem gezielten Einbau von Fremdatomen in die Kohlenstoffhauptketten:

Tab. 1.11: Vergleich von der Thermostabilität und der Dissoziationsenergie ausgewählter chemischer Verbindungen [34, 35]

Art der Bindung		Dissoziationsenergie ΔH in kJ/mol	Thermostabilität in °C
Kovalente Bindung	C–C	348	–
	C–H	413	–
	C–F	489	–
Benzol		–	600
Ketonbindung		364	483
Etherbindung		423	510

- Integration von Sauerstoffatomen ⇒ Beispiele: Polyaryetherketone und Polycarbonat;
- Integration von Stickstoffatomen ⇒ Beispiel: Polyimide;
- Integration von Schwefelatomen ⇒ Beispiele: Polysulfide und Polysulfone.

Durch die Substitution der Wasserstoffatome von Polyolefinen durch Fluor, welches zum Kohlenstoff eine deutlich größere Dissoziationsenergie besitzt als Wasserstoff, kann man teil- oder vollfluorierte Polymere synthetisieren, bei welchen, bedingt durch den geringen Abstand und die Größe der Fluoratome, die C–C-Hauptketten vollkommen abgeschirmt werden. Dadurch erhalten diese Werkstoffe ihre außergewöhnlichen Eigenschaften.

1.3.2.2 Arylpolymere

Zunächst ist zu klären, was man unter der Bezeichnung Aryl versteht. Die Arylgruppe ist ein Molekül mit einem aromatischen Grundaufbau und leitet sich vom Benzen (Benzol) ab. Die einfachste Arylgruppe ist die Phenylgruppe, die nur aus einem Benzolring besteht. Die Bezeichnung Arylgruppe wird vor allem dann verwendet, wenn man nur allgemein formuliert und nicht genauer spezifizieren will, um welche Gruppe es sich konkret handelt.

a) Polyaryletherketone

Die bekanntesten thermoplastischen Hochleistungspolymere, die Polyaryletherketone, kurz PAEK, sind zähe, teilkristalline Polymere mit Kristallisationsgraden zwischen 25–48 %. Charakterisiert werden diese Polyaryletherketone durch die mit Sauerstoff (Ether) und nicht endständige Carbonyl- bzw. Ketongruppen verbundenen aromatischen Ringe [21, 36]. Die PAEK unterscheiden sich durch das verschieden häufige Vorkommen und die Anordnung dieser beiden Verknüpfungselemente im Makromolekül (Tabelle 1.12).

Charakteristika dieser Hochleistungspolymere:

– Die Glasübergangs- und Schmelztemperaturen der PAEK werden besonders durch den Anteil der Ketongruppen beeinflusst. (Mit zunehmendem Ketonanteil steigt die Kristallitschmelztemperatur und auch die Glasübergangstemperatur.)

– Polyaryletherketone zeichnen sich durch hervorragende chemische- und Strahlungsbeständigkeiten aus. Neben einer hohen Wärmeformbeständigkeit besitzen PAEK auch gute elektrische Eigenschaften.

– PAEK sind derzeit noch sehr teuer. Sie können mit konventionellen thermoplastischen Methoden verarbeitet werden. Allerdings sind die Verarbeitungstemperaturen sehr hoch (bis 420 °C). Da oberhalb von 420 °C Kettenspaltungs- und Vernetzungsreaktionen einsetzen können, sind Verarbeitungstemperaturen eng toleriert.

Aus der Gruppe der PAEK ist Polyetheretherketon (PEEK) der bekannteste Hochtemperaturthermoplast, der auch in der Technik bereits eine breite Anwendung gefunden hat [21, 37].

Tab. 1.12: Struktur und Werkstoffbezeichnung ausgewählter Polyaryletherketone

Struktur	Werkstoffbezeichnung	Kurzzeichen
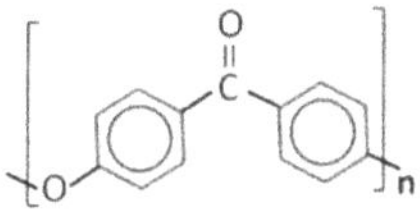	Polyetherketon	PEK
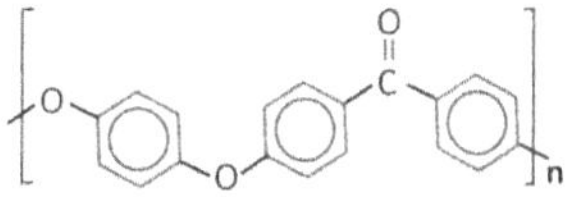	Polyetheretherketon	PEEK
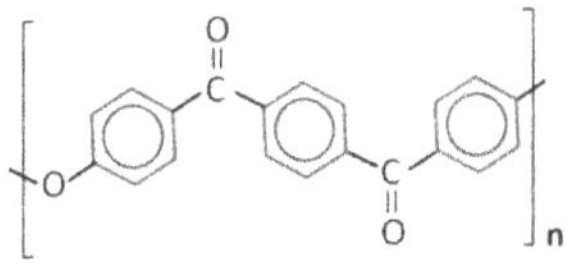	Polyetherketonketon	PEKK
	Polyetheretherketonketon	PEEKK
	Polyetherketonetherketonketon	PEKEKK

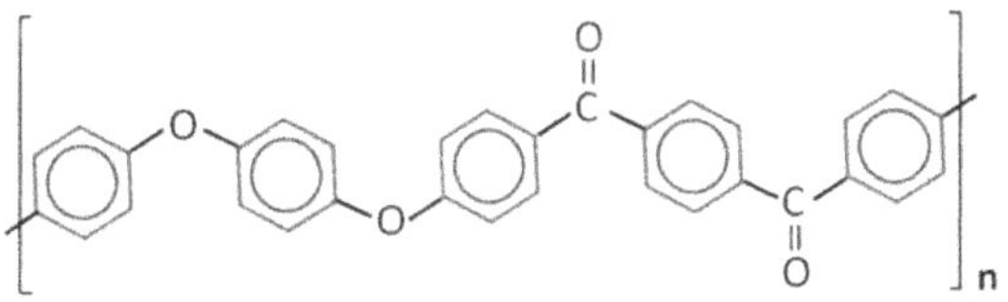

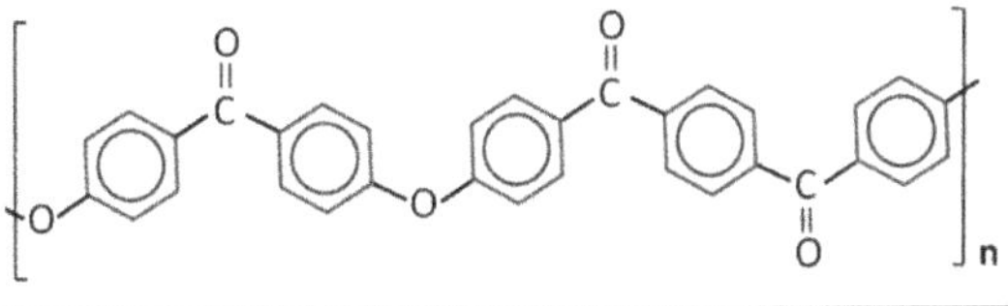

Die Herstellung dieses Werkstoffes erfolgt durch Polykondensation von 4,4'-Difluorbenzophenon und Hydrochinon. Eine kurze Werkstoffcharakterisierung von Polyetheretherketon sowie ein Kugel-Stab-Strukturmodell dieses Polymers sind in Tabelle 1.13 dargestellt.

Tab. 1.13: Strukturmodell und Werkstoffcharakterisierung von Polyetheretherketon

Strukturmodell	Werkstoffeigenschaften
Kugel-Stab-Modell (PEEK) Kohlenstoff / Sauerstoff / Wasserstoff	**Charakterisierung:** PEEK ist ein zäher teilkristalliner Kunststoff (Glasübergangstemperatur 143 °C, Schmelzpunkt 334 °C) mit hoher Zug- und Biegefestigkeit und Schlagzähigkeit sowie guten elektrischen Eigenschaften. PEEK zeichnet sich durch eine hohe Beständigkeit gegen Chemikalien aus und ist schwer entflammbar. Allerdings ist PEEK wenig beständig gegen UV-Strahlung.

1.3.2.3 Polyimide

Polyimide (PI) sind Hochleistungspolymere, die die charakteristische Imidgruppe, d. h. eine heterocyclische Ringverbindung in der Hauptkette, enthalten [21, 38]. Das charakteristische Element dieser Imidgruppe ist ein fünfgliedriger Ring, bestehend aus Stickstoff, zwei benachbarten (nicht endständigen) Carbonylgruppen und drei unterschiedlichen Resten (R_1, R_2 und R_3), die das Polymer vervollständigen (Abbildung 1.20).

Imid-Gruppe   Beispiel: Phtalimid

Abb. 1.20: Aufbau der Imidgruppe und davon abgeleitet das Phthalimid

Zur Gruppe der Polyimide gehören:
- thermoplastisches Polyimid (PI)
- Polybismaleinimid (PBMI)
- Polybenzimidazol (PBI)
- Polyoxadiazobenzimidazol (PBO)
- Polyetherimid (PEI)

– Polyimidsulfon (PISO)
– thermoplastisches Polyimidamid (PAI)

Als Beispiel für einen Vertreter der Gruppe der Polyimide soll das thermoplastische Polyamidimid herangezogen werden. Bei diesem Polymeren werden die aromatischen Arylbausteine mit einer Amid- und einer Imidgruppe verknüpft (Abbildung 1.21).

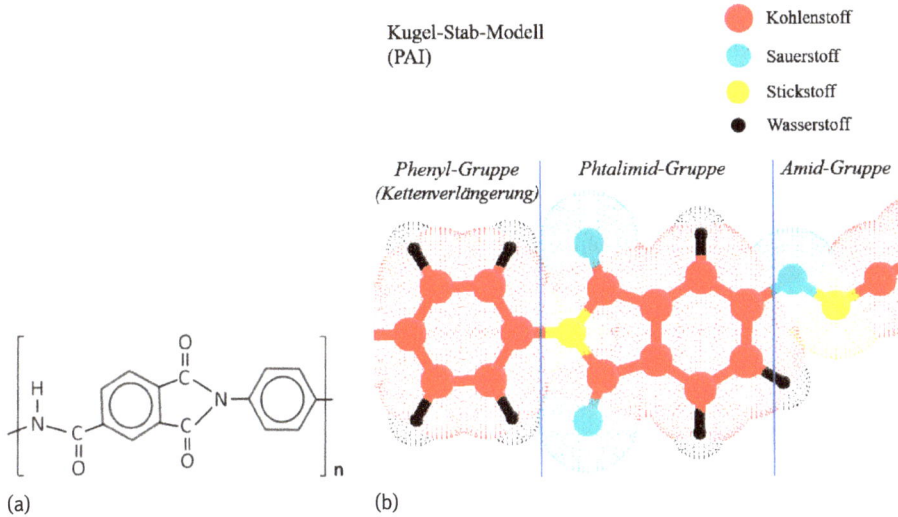

Abb. 1.21: Struktur von PAI mit Phenyl als Kettenverlängerung, (a) Strukturformel, (b) Kugel-Stab-Modell

Charakteristika von Polyamidimid (PAI) [39, 40]:
– Polyamidimid ist ein harter amorpher Thermoplast, der aufwendig zu verarbeiten ist.
– Polyamidimid kann mit den üblichen thermoplastischen Verarbeitungsverfahren (Spritzgießen, Extrusion, Pressen) aufgrund der zu hohen Viskosität nicht im vollständig ausreagierten Zustand verarbeitet werden. Das heißt, der Werkstoff muss nach der Formgebung thermisch nachbehandelt werden (Nachkondensation).
– Nach der thermischen Nachbehandlung weist PAI eine Glastemperatur von ca. 275 °C und eine thermisch oxidative Beständigkeit an der Luft bis 400 °C auf. Polyamidimid ist durch sehr gute chemische Beständigkeit und durch gute mechanische Kennwerte, auch bei höheren Temperaturen, gekennzeichnet.
– Hervorzuheben ist die hohe Dauergebrauchstemperatur für mechanisch beanspruchte Teile bis 220 °C. Anwendungen findet PAI in der Elektroindustrie sowie im Apparate- und Motorenbau (Lager, Gleitringe, Gehäuse, Ventilteile).

1.3.2.4 Polyarylensulfide

Bei diesen Hochleistungskunststoffen werden die Arylgruppen mit Schwefelatomen gekoppelt [39, 41]. Als Beispiel dient hier das in Tabelle 1.14 beschriebene Polyphenylensulfid (PPS).

Bemerkenswert ist die Tatsache, dass PPS durch thermische Nachbehandlung unter Sauerstoff vernetzt werden kann. Von besonderer technischer Bedeutung ist allerdings die thermoplastische Variante von PPS. Thermoplastisches PPS hat eine Dauergebrauchstemperatur von etwa 240 °C und ist bis ca. 370 °C thermostabil. Die Verarbeitung erfolgt bei Temperaturen zwischen 300–350 °C.

Der Hochleistungskunststoff PPS wird technisch durch die Polykondensation von 1,4-Dichlorbenzol mit Natriumsulfid in Lösung hergestellt und wird in den meisten Anwendungsfällen in verstärkter Form eingesetzt. Polyphenylensulfide finden besonders Einsatz für mechanisch, elektrisch, thermisch und chemisch hoch beanspruchbare Formteile im Elektronik- und Fahrzeugsektor. In dieser Gruppe der Polyarylensulfide existieren aber auch weitere verschieden strukturierte Typen, etwa mit Sulfonoder Ketonbindungen (Abbildung 1.22).

Tab. 1.14: Strukturmodell und Werkstoffcharakterisierung von Polyphenylensulfid (PPS)

Strukturmodell		Werkstoffeigenschaften
Kugel-Stab-Modell (PPS)	● Kohlenstoff ● Schwefel ● Wasserstoff	**Charakterisierung:** PPS ist ein teilkristalliner Hochleistungskunststoff. Durch die Verbindung aromatischer Monomereinheiten über Schwefelatome entstehen besonders widerstandsfähige Polymere. Herausragend ist zudem die chemische Beständigkeit des PPS gegenüber nahezu allen Lösemitteln, vielen Säuren und Laugen so wie bedingt gegen Luftsauerstoff auch bei hohen Temperaturen.

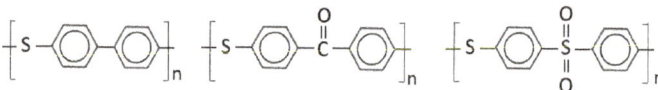

Abb. 1.22: Strukturen weiterer Polyarylensulfide

1.3.2.5 Polyarylensulfone

Die Struktur von Polyarylensulfonen (PAS) besteht nur aus Phenylgruppen, die mit Sulfongruppen gekoppelt sind (Tabelle 1.15). Beide Werkstoffkomponenten sind thermisch sehr stabil und so zeichnet sich dieses Polymer durch sehr hohe Schmelztemperatur von etwa 520 °C aus. [21, 39, 41]. Da diese Temperatur oberhalb der Zersetzungstemperatur liegt, kann PAS nicht mit herkömmlichen thermoplastischen Methoden verarbeitet werden. In der Praxis werden deshalb weitere Koppelelemente in das Makromolekül eingebaut, die eine Flexibilisierung der Ketten ermöglichen und die Schmelztemperaturen herabsetzen. Dazu kommen in der Regel Ethergruppen zum Einsatz. Diese Werkstoffe werden als Polyarylethersulfone (PAES) bezeichnet. Als Beispiele für diese PAES-Werkstoffe dienen hier das in der Praxis bereits oft verwendete Polyethersulfon (PES[15], nach EN ISO 1043:2011: PESU) und das Polyphenylensulfon (PPSU). Beim PPSU sind zusätzlich zu den Etherkoppelgliedern Alkylgruppen – speziell Propylgruppen – in die Hauptkette integriert (Tabellen 1.15 und 1.16). Diese Werkstoffe zeichnen sich durch eine hohe Dauergebrauchstemperatur aus (PES: 190 °C; PPSU: 160 °C), sind thermoplastisch zu verarbeiten und besitzen unter anderem eine hohe Schlagzähigkeit.

Im Gegensatz zum Polyphenylensulfid (PPS), welches sich durch einen weitgehend linearen Kettenaufbau eine große Kristallinität auszeichnet, besitzen die PAES in der Regel eine amorphe Struktur und somit eine hohe Transparenz.

Durch die Möglichkeit, die Arylgruppen im Makromolekül flexibel mit Sulfon-, Alkyl- und anderen Gruppen zu verbinden, existiert auf dem Markt mittlerweile eine Vielzahl von Varianten von Polyarylenethersulfonen. An dieser Stelle soll nur auf die bekanntesten, technisch relevantesten Werkstoffe vorgestellt werden (Tabellen 1.15 und 1.16).

Tab. 1.15: Strukturen der Hochleistungskunststoffe Polyarylensulfon (PAS), Polyethersulfon (PES) und Polyphenylensulfon (PPSU).

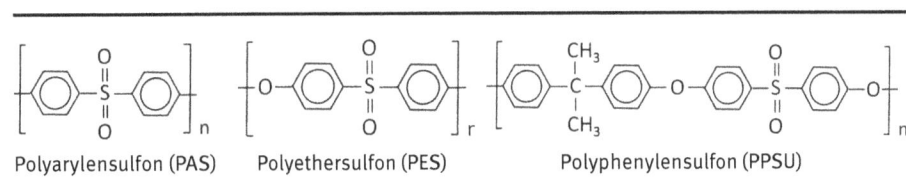

| Polyarylensulfon (PAS) | Polyethersulfon (PES) | Polyphenylensulfon (PPSU) |

Eine knappe Übersicht der Werkstoffeigenschaften von Polyethersulfon (PES) und Polyphenylensulfon (PPSU) sowie entsprechende Kugel-Stab-Strukturmodelle dieser Hochleistungspolymere sind in Tabelle 1.16 dargestellt.

Weitere Hinweise zur Anwendung von Polyarylensulfonen (PAES):
- Die Beständigkeit von PAES gegenüber UV-Strahlung ist nur gering. Durch den Zusatz von Ruß, durch Lackieren oder Metallisieren kann dem entgegengewirkt werden.

---

15 Offiziell wird nach der EN ISO 1043:2011 Polyethersulfon mit dem Kürzel PESU versehen.

- Zur Erhöhung von Festigkeit und Steifigkeit werden die Polyarylensulfone häufig mit Glas- oder Kohlenstofffasern verstärkt.
- Das Reibungs- und Verschleißverhalten ist gut und kann durch die Modifikation mit PTFE oder Grafit verbessert werden.

Tab. 1.16: Strukturmodelle und Werkstoffcharakterisierungen von Polyethersulfon (PES) und Polyphenylensulfon (PPSU)

Strukturmodell	Werkstoffeigenschaften
Kugel-Stab-Modell (PES) Kohlenstoff, Sauerstoff, Schwefel, Wasserstoff	**Charakterisierung:** Polyethersulfon ist ein amorphes, transparentes und hydrolysebeständiges Polymer (Schmelztemperatur: 225 °C). Polyethersulfon zeichnet sich durch eine hohe mechanische Festigkeit und Steifigkeit sowie eine relativ geringe Kerbempfindlichkeit aus. Aus PES lassen sich eng tolerierte Bauteile herstellen, die über einen großen Temperaturbereich enge Toleranzwerte zulassen.
Kugel-Stab-Modell (PPSU) Kohlenstoff, Sauerstoff, Schwefel, Wasserstoff	**Charakterisierung:** Polyphenylensulfon (PPSU, Schmelztemperatur: 215 °C) besitzt eine niedrige Feuchteaufnahme und zeichnet sich im Vergleich zu PES durch eine bessere Schlagzähigkeit und chemische Beständigkeit aus. Polyphenylensulfon ist gut beständig gegen energiereiche Strahlung und besitzt gute elektrische Isoliereigenschaften und günstige dielektrische Eigenschaften.

1.3.2.6 Fluorpolymere

Wie bereits dargestellt, ist es durch die Substitution der Wasserstoffatome von Polyolefinen durch Fluor möglich, teil- oder vollfluorierte Polymere herzustellen, welche sich durch außergewöhnliche Eigenschaften auszeichnen [21, 39, 42]. Diese Werkstoffe besitzen neben der hervorragenden Chemikalien- und Lösemittelbeständigkeit einen breiten Temperatureinsatzbereich sowie ausgezeichnete Gleit- und Reibeigenschaften. Als Beispiel für diese Werkstoffe dient hier das bekannteste Fluorpolymer, das

Polytetrafluorethylen (PTFE). Die Tabelle 1.17 zeigt dazu das Strukturmodell und eine kurze Werkstoffcharakterisierung von PTFE.

Tab. 1.17: Strukturmodell und Werkstoffcharakterisierung von PTFE

Strukturmodell	Werkstoffeigenschaften
Kugel-Stab-Modell (PTFE) ● Kohlenstoff ● Fluor	**Charakterisierung:** Polytetrafluorethylen ist ein hochkristalliner Thermoplast, der sehr reaktionsträge und selbst gegen aggressive Agenzien beständig ist. Dies ist auf die starke Bindung zwischen den Fluor- und den Kohlenstoffatomen und die beinahe vollständige Abschirmung der Kohlenstoffkette durch die Fluoratome zurückzuführen. Die Einsatztemperatur von PTFE liegt zwischen −200 und 260 °C. Polytetrafluorethylen besitzt für Polymere eine relativ hohe Dichte von 2,10 bis 2,30 g/cm³ und eine extrem niedrige Oberflächenspannung, worauf die abweisenden Eigenschaften (Hydro- bzw. Oleophobie) und sehr geringen Reibungszahlen zurückzuführen sind.

Herstellung

Polytetrafluorethylen wird aus dem monomeren Tetrafluorethen unter Druck radikalisch polymerisiert. Da diese Polymerisationsreaktion einen stark exothermen Charakter besitzt und so Explosionsgefahr besteht, wird die Polymerisation in Suspension oder Emulsion durchgeführt. (Man unterscheidet PTFE daher in Suspensions- oder Emulsionspolymerisate.)

Weitere Hinweise zum Eigenschaftsniveau von PTFE:

- Da der Schmelzpunkt von PTFE oberhalb der Zersetzungstemperatur liegt, lässt sich dieser Werkstoff weder thermoplastisch verarbeiten noch mit herkömmlichen Methoden kleben oder schweißen.
- PTFE zeichnet sich durch niedrige Festigkeits- und Steifigkeitskennwerte aus und besitzt eine extrem hohe Kriechneigung. Im Maschinenbau (speziell in der Lagertechnik) kommt PTFE daher nur modifiziert (Verstärkung mit Fasern oder Partikeln) zum Einsatz.
- Polytetrafluorethylen ist allerdings unbeständig gegen energiereiche Strahlung.
- Aufbauend auf den Erkenntnissen, die mit PTFE gewonnen wurden, sind in den letzten Jahren folgende Fluorpolymere mit PTFE-ähnlichen Eigenschaften entwickelt worden, die sich je nach ihrer Struktur deutlich besser verarbeiten, kleben und schweißen lassen als das klassische Polytetrafluorethylen:
  - Tetrafluoretyhlenperfluormethylether (MFA)

- Tetrafluoretyhlenperfluorpropylether (PFA)
- Tetrafluoretyhlenhexafluorpropylen (FEP)
- Polyvinylidenfluorid (PVDF)
- Ethylen-Tetrafluorethylen (ETFE)
- Ethylen-Chlortrifluor-Ethylen (ECTFE)
- Polychlortrifluorethylen (PCTFE)
- Terpolymer aus Tetrafluorethylen, Hexafluorpropylen und Vinylidenfluorid (THV)
- Modifiziertes Polytetrafluorethylen (TFM, auch als PTFE-M bezeichnet). Aufbau wie PFA besitzt aber deutlich weniger Seitenketten.

1.3.3 Relevante Duromere

Duroplastische Kunststoffe als Matrixsysteme für faserverstärkte Compounds [43] stehen hier nicht im Mittelpunkt der Betrachtungen. Da sie in der Praxis jedoch als Basis für Gleitlacke [44] und andere, tribologisch beanspruchte Bauteile dienen, werden hier die wesentlichsten Reaktionsharze und ihre grundlegenden Eigenschaften knapp dargestellt. Das ist auch insofern notwendig, weil im Kapitel 3 das Reibungs- und Verschleißverhalten endlosverstärkter polymerbasierter Faserverbunde Betrachtung findet.

1.3.3.1 Epoxidharz (EP)

Epoxidharze (EP) sind Polyether, die sehr reaktive endständige Epoxidgruppen (Tabelle 1.5) besitzen und zusammen mit Härtern zu einem duroplastischen Kunststoff reagieren, welcher sich durch gute mechanische Eigenschaften sowie eine hohe Temperatur- und Chemikalienbeständigkeit auszeichnet [21, 39, 45]. Allerdings ist dieses hochwertige Duromer relativ teuer. Bei der Epoxidharzverarbeitung werden dem Reaktionsgemisch in der Regel Verstärkungsmaterialien und/oder weitere Zusatzstoffe zugesetzt.

Der weitaus größte Teil der weltweit verwendeten Epoxidharze basiert auf Bisphenol A, welches u. a. auch bei der Herstellung von Polycarbonat (Abschnitt 1.2.4) Verwendung findet. Zusammen mit Epichlorhydrin wird aus diesem Stoff in einer zweistufigen Reaktion das EP-Harz-Grundmaterial hergestellt. Höhermolekulare Diglycidylether ($n \geq 1$) können in einer 3. Stufe durch die Reaktion des gebildeten Bisphenol-A-diglycidylethers mit weiterem Bisphenol A hergestellt werden (Tabelle 1.18).

Die Härtung der Harze erfolgt in der Regel durch den Einsatz von mehrwertigen Aminen wie dem 1,3-Diaminobenzol, und aliphatischen Aminen, wie etwa Diethylentriamin. Die Aushärtung mit aliphatischen Aminen erfolgt bereits bei Zimmertemperatur (Kalthärtung). Die reaktiven endständigen Epoxidgruppen der Epoxidharze reagieren in Additionsreaktionen mit den funktionellen Gruppen der Härter. Weiterhin findet durch den katalytischen Einfluss der Aminogruppen eine Polymerisation der Epoxidgruppen statt.

Tab. 1.18: Schema der Herstellung von Bisphenol-A-diglycidylether

Stufe 1	Addition von Epichlorhydrin an Bisphenol A. Dabei entsteht Bis(3-chlor-2-hydroxy-propoxy)bisphenol A.

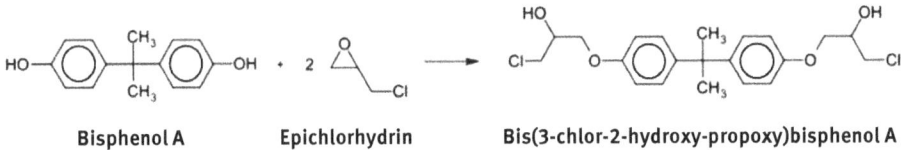

Bisphenol A   **Epichlorhydrin**   **Bis(3-chlor-2-hydroxy-propoxy)bisphenol A**

Stufe 2	Zusammen mit einer stöchiometrischen Menge an Natriumhydroxid wird das Bisepoxid mithilfe Kondensationsreaktion dargestellt.

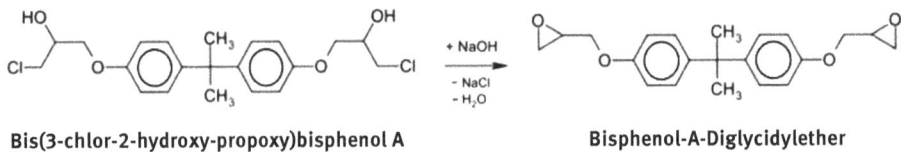

Bis(3-chlor-2-hydroxy-propoxy)bisphenol A   **Bisphenol-A-Diglycidylether**

Stufe 3	Höhermolekulare Diglycidylether ($n \geq 1$) bilden sich bei der Reaktion des gebildeten Epoxids mit weiterem Bisphenol A.

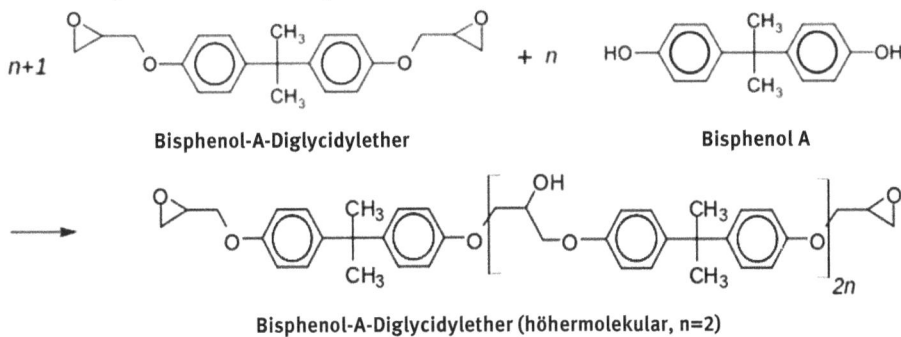

Bisphenol-A-Diglycidylether   **Bisphenol A**

Bisphenol-A-Diglycidylether (höhermolekular, n=2)

1.3.3.2 Ungesättigte Polyesterharze (UP)

Polyesterharze (UP) entstehen durch die Polykondensation von zwei- oder mehrwertigen Alkoholen (z. B. Glycolen oder Glycerin) und Dicarbonsäuren bzw. deren Anhydriden, wie Maleinsäureanhydrid oder Phthalsäureanhydrid und sind im ausgehärteten Zustand amorph und in der Regel klar [21, 22, 31].

Der Anteil der C–C-Doppelbindungen in der Säurekomponente wird dabei je nach angestrebtem Vernetzungsgrad gewählt. Das relativ niedermolekulare Kondensat wird in einem stabilisierten Comonomer gelöst und ist in dieser Form ca. 6 Monate lagerfähig.

Als Comonomere dienen hauptsächlich Styrol, 2-Methylstyrol, Methylmethacrylat sowie Derivate des Allylalkohols. Die Abbildung 1.23 zeigt dazu exemplarisch die Polykondensation von Maleinsäureanhydrid und Propan-1,2-diol zu einem ungesättigten Polyesterharz:

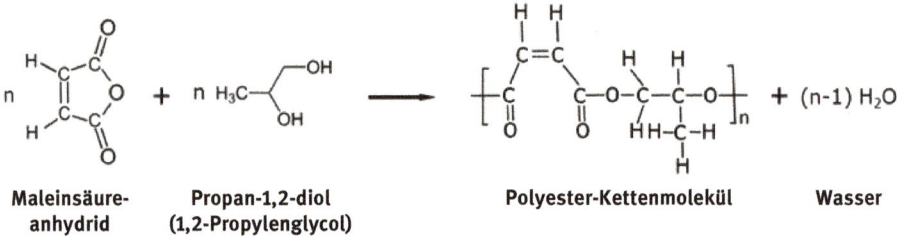

| **Maleinsäure-**
anhydrid | **Propan-1,2-diol**
(1,2-Propylenglycol) | **Polyester-Kettenmolekül** | **Wasser** |

Abb. 1.23: Schematische Darstellung der Polykondensation von Maleinsäureanhydrid und Propan-1,2-diol zu einem ungesättigten Polyesterharz

Ungesättigte Polyesterharze werden vorrangig zur Herstellung von faserverstärkten Kunststoffen, Spachtelmassen oder als Matrixmaterial von Polymerbetonen eingesetzt. Polyesterharze bilden lange, unverzweigte Polymere, welche auch vernetzt werden können. Hierzu werden im Molekül funktionelle Gruppen eingebaut, die z. B. mit Isocyanatkomponenten vernetzen und aushärten. Die Tabelle 1.19 verdeutlicht, dass die ungesättigten Polyesterharze Doppelbindungen enthalten, die mit Styrol oder anderen Reaktivverdünnern unter Zuhilfenahme von Peroxiden (z. B. Dicumylperoxid, Dibenzoylperoxid oder Methylethylketonperoxid) ausgehärtet werden.

Tab. 1.19: Schematische Darstellung der Vernetzung von Polyesterharz (nach [46])

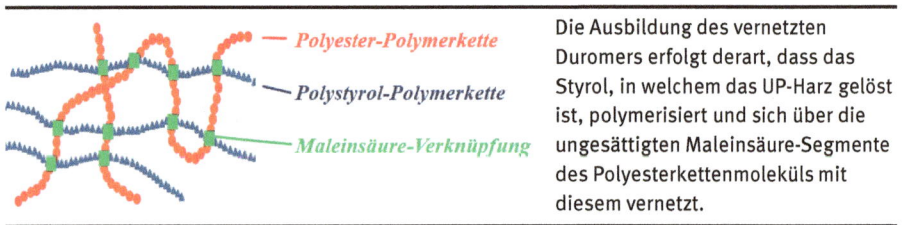

Polyester-Polymerkette

Polystyrol-Polymerkette

Maleinsäure-Verknüpfung

Die Ausbildung des vernetzten Duromers erfolgt derart, dass das Styrol, in welchem das UP-Harz gelöst ist, polymerisiert und sich über die ungesättigten Maleinsäure-Segmente des Polyesterkettenmoleküls mit diesem vernetzt.

Durch die Anzahl der radikalbildenden C–C-Doppelbindungen der Dicarbonsäuresegmente wird der Vernetzungsgrad gesteuert und somit sie Eigenschaften des konsolidierten Harzes anwendungsbezogen eingestellt werden.

Als Härter für UP-Harze kommen in der Regel organische Peroxide wie Ketonperoxide (z. B. Methylethylketonperoxid) zum Einsatz. Diese zerfallen unter der Einwirkung von Wärme, Licht oder Beschleunigern in Radikale, die die Doppelbindungen des UP-Harzes und des Styrols aufbrechen und eine räumliche Vernetzung herbeiführen. Bei heißhärtenden Systemen wird die Exothermie des Polymerisationsprozesses genutzt und es sind keine Beschleuniger notwendig. Für die Kalthärtung von UP-Harz sind zusätzlich Beschleuniger (z. B. Cobaltbeschleuniger) notwendig, welche den Zerfall des Peroxides schon bei Raumtemperatur initiieren.

1.3.3.3 Phenolharz (PF)

Die Polykondensation von Phenol und Formaldehyd zu einem Phenolharz wurde bereits 1872 von Bayer durchgeführt und beschrieben. Die Phenolharze zählen somit zu den ersten synthetischen Kunststoffen. Technische Bedeutung erhielt diese Polykondensationsreaktion aber erst 1909 als Leo Hendrik Baekeland diesen Kunststoff in Erkner bei Berlin in großem Maßstab herstellte und als „Bakelit" patentierte. Dieser Kunststoff ist heute noch von wirtschaftlicher Bedeutung, denn einige Eigenschaften dieses Werkstoffes, wie etwa das gute Brandverhalten und ausgezeichnete tribologische Kennwerte, prädestinieren dieses Material für eine Vielzahl von Anwendungen im Maschinenbau. Am bekanntesten ist dabei das sogenannte „Hartgewebe", bei welchem PF-Harz als Matrixwerkstoff und Baumwolltextilien als Verstärkungsmaterial fungieren. Aus diesem Verbundwerkstoff werden nach wie vor Gleitlager, Führungen, Zahnräder und andere tribologisch beanspruchte Maschinenelemente gefertigt.

Die Herstellung von PF-Harzen erfolgt durch die Polykondensationsreaktion von Phenol und Aldehyden. Meist kommt dabei Formaldehyd (Methanal), das einfachste aliphatische Aldehyd, zum Einsatz, welches von bemerkenswerter Vielfalt und äußerst reaktiv ist (Abbildung 1.24).

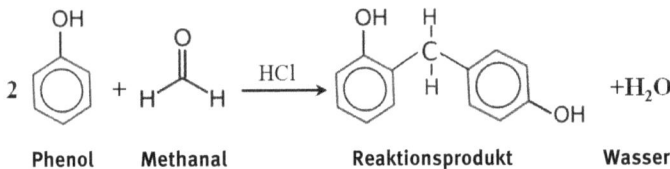

| Phenol | Methanal | Reaktionsprodukt | Wasser |

Abb. 1.24: Beispiel für eine Polykondensationsreaktion von Phenol und Formaldehyd

Reagieren weitere Formaldehydmoleküle an weiteren Atomen des Benzolringes, so entsteht die in Abbildung 1.25 dargestellte typische Netzstruktur eines Duromeres (vollständige Polykondensation).

Bei der Phenolharzherstellung bricht man die Kondensation nach Erreichen des Resol- oder A-Zustands ab. In diesem Zusammenhang sind die Harze flüssig oder schmelzbar und in geeigneten Lösungsmitteln, z. B. Alkohol, löslich. Die Aushärtung

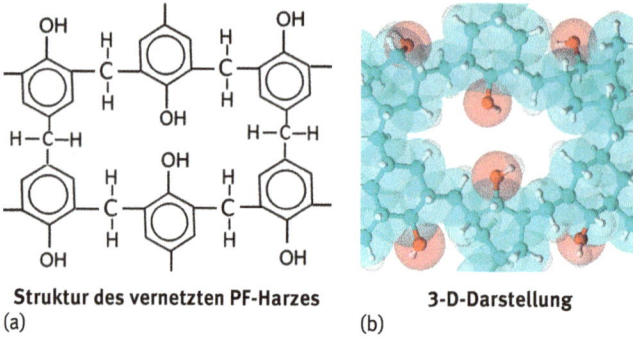

Struktur des vernetzten PF-Harzes   **3-D-Darstellung**
(a)   (b)

Abb. 1.25: Beispieldarstellungen der Struktur von vollständig kondensiertem Phenolharz (2D-Struktur (a); 3D-Kugel-Stab-Darstellung (b))

erfolgt unter Druck und Temperatureinwirkung. Dabei werden noch zwei weitere Stadien unterschieden, die nacheinander ohne einen scharfen Übergang erreicht werden:

– Der Resitol- oder B-Zustand ist dadurch gekennzeichnet, dass das das Harz durch Molekülvergrößerung und teilweise Vernetzung unlöslich geworden ist. In dieser Phase ist das Harz noch schmelzbar und verformbar.
– Im Resit- oder C-Zustand ist das Harz durch weitgehende Vernetzung hart sowie unschmelzbar und unlöslich geworden.

1.3.3.4 Vinylesterharz (VE)

Vinylesterharz (VE) ist im ausgehärteten Zustand ein Duromer von hoher Festigkeit und chemischer Beständigkeit. Vinylesterharze werden durch Veresterung von Epoxidharzen mit Acrylsäure oder Methacrylsäure hergestellt (Abbildung 1.26). Das Reaktionsprodukt wird danach beispielsweise in Styrol mit einem Massengehalt von 35 bis 45 % gelöst.

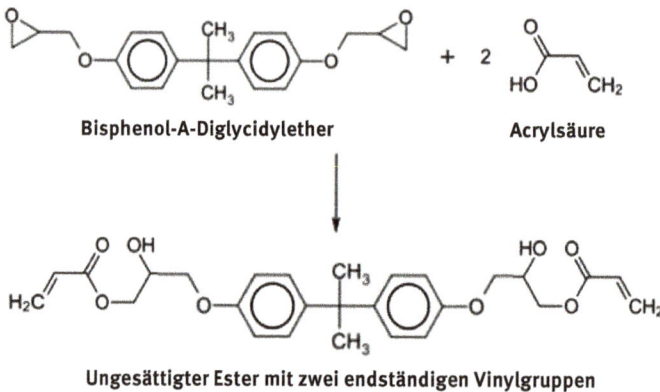

Bisphenol-A-Diglycidylether   **Acrylsäure**

Ungesättigter Ester mit zwei endständigen Vinylgruppen

Abb. 1.26: Veresterung von Bisphenol-A-diglycidylether mit Acrylsäure

Die Härtung erfolgt durch radikalische Polymerisation, wobei die endständigen Doppelbindungen der Vinylgruppen des ungesättigten Esters und des Styrols und der miteinander copolymerisieren. VE-Harze dienen vor allem zur Herstellung von Faserverbundwerkstoffen [47].

1.3.3.5 Hochtemperaturharze

Hochtemperaturharze sind unschmelzbare, unlösliche und starkvernetzte Duromere, die eine hohe Temperaturbeständigkeit besitzen. Im Vergleich zu den bisher vorgestellten Harzsystemen sind sie schwer zu verarbeiten und meist auch sehr teuer. Dabei gibt es eine Vielzahl von Polymeren, die für Anwendungen im Hochtemperaturbereich infrage kommen. Diese enthalten meist aromatische und heterocyclische Gruppen, die über unterschiedliche Verknüpfungen miteinander verbunden sind. Diese Polymere besitzen weiterhin gute mechanische Eigenschaften und chemische Beständigkeiten. Dazu bietet die Tabelle 1.20 einen Überblick über ausgewählte Werkstoffeigenschaften derartiger Hochtemperaturduromere und im Folgenden werden dazu ausgewählte Hochtemperaturduromere kurz beschrieben:

– Duroplastische rein aromatische Polyimide (PI) besitzen eine mehr oder weniger vernetzte Struktur. Sie können nicht thermoplastisch verarbeitet werden und liegen auch nicht in Form von Harzen vor. Daher müssen Bauteile entweder spangebend aus Halbzeugen oder bei größeren Stückzahlen in einem Press-Sinter-Verfahren direkt geformt werden.
– Polybenzimidazole (PBI) sind ebenfalls aromatische Polymere die eine sehr hohe Glasübergangstemperatur bis etwa 425 °C besitzen und nicht brennbar und schmelzbar sind. Polybenzimidazol wird vor allem in Faserform oder als Halbzeug (Platten, Stäbe oder Rohre) angeboten.
– Bismaleimidharze bestehen vorrangig aus zwei miteinander verbundenen Maleimidgruppen (BMI). So liegen speziell zugeschnittene Werkstoffvarianten vor, die unter anderem mithilfe RTM-Technik verarbeitet werden können.
– Die prägenden Strukturbestandteile von Melamin- (MF) und Cyanatesterharzen (CE) sind hochtemperaturbeständige Triazine. Vor allem Melaminharze haben in der Praxis relativ breite Anwendungsgebiete gefunden. Deshalb wird an dieser Stelle näher auf die Struktur und die Eigenschaften dieses Duromers eingegangen.

Triazine sind chemische Verbindungen, deren Grundstruktur ein aromatischer Heterocyclus ist, der drei Stickstoffatome in einem sechsgliedrigen Ringsystem enthält. In der Praxis kommen für weitere Synthesen vor allem substituierte Derivate, speziell das symmetrische 1,3,5-Triazin, zum Einsatz. Diese chemische Substanz besteht aus einem aromatischen Sechserring aus jeweils drei abwechselnd angeordneten Kohlenstoff- und Stickstoffatomen. Vernetzt man diese Triazine über Aminogruppen vollständig, erhält man theoretisch das in Abbildung 1.27 dargestellte Duromer mit einer extrem hohen Vernetzungsdichte.

Tab. 1.20: Überblick über charakteristische Kenngrößen temperaturstabiler duroplastischer Kunststoffe[16] [47–49]

Kenngröße		Epoxid-harze (EP)	Phenol-harze (PF)	Bismaleimid-harze (BMI)	Cyanatester-harze (CE)	Polyimid (PI)
Dichte	g/cm³	1,1–1,2	1,3–1,45	1,2–1,3	1,2–1,6	1,4–1,9
Dauergebrauchstemperatur	°C	125–190	120–140	190–250	180–250	260–400
Glasübergangstemperatur	°C	65–175	–	230–345	70–200	230–425
Zug-E-Modul	GPa	2,6–3,8	8–9	3,2–5	2,8–6,5	3,2–5
Zugfestigkeit	MPa	60–85	60	48–110	40–60	100–110
Bruchdehnung	%	1,5–6,0	0,8–0,9	1,5–3,3	1,5–6	1,5–3

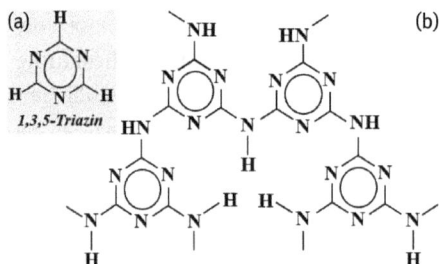

Abb. 1.27: (a) Aufbau des 1,3,5-Triazins und (b) Ausschnitt aus der Netzwerkstruktur eines über Aminogruppen vernetzten Polytriazins

Dieser Werkstoff ist extrem temperaturbeständig und sehr hart und spröde. Er lässt sich kaum verarbeiten und ist deshalb in der Praxis nicht eingeführt.

Die größte Bedeutung hat das 1,3,5-Triazin allerdings als Strukturbestandteil des Melamins erlangt. Diese chemische Verbindung ist die Grundlage für die Herstellung hochbeanspruchbarer duroplastischer Kunststoffe.

Melamin wird im großtechnischen Maßstab in der Regel durch die Cyclisierung von Harnstoff bei Temperaturen im Bereich von 400 °C hergestellt, wobei Ammoniak und Kohlenstoffdioxid abgespalten werden (Abbildung 1.28).

Die in der Praxis verbreitetste Weiterverarbeitung von Melamin zu Duromeren mittels der Verwendung von Aldehyden verläuft in zwei Reaktionsstufen:
- die Addition von Aldehyd an das Melamin und
- die Polykondensation der so gewonnenen Vorkondensate.

---

16 Die in der Tabelle 1.20 aufgeführten Werkstoffeigenschaften und die angefügten Kurzbeschreibungen belegen, dass die meisten Werkstoffe zwar thermisch hochbeanspruchbar sind, aber in Hinsicht auf ihre Duktilität und die Verarbeitbarkeit Defizite besitzen. Deshalb kommen sie in Form von Homopolymerisaten als Matrixwerkstoffe für Faserverbunde kaum zum Einsatz und die Grundwerkstoffe werden meist mit diversen Comonomeren oder Füllstoffen modifiziert, was sich auch in den breiten Streubereichen der Werkstoffkennwerte dokumentiert. Diese Modifikationen gehen aber immer zu Lasten der Temperaturbeanspruchbarkeit.

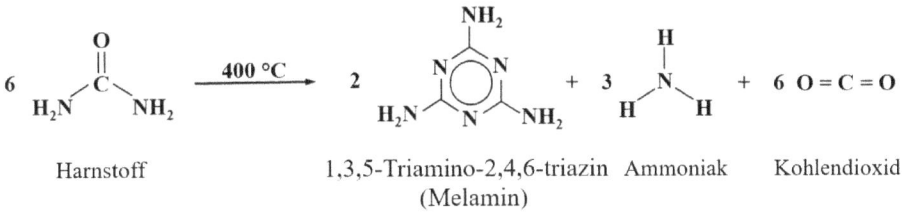

Abb. 1.28: Darstellung von Melamin aus Harnstoff

In der 1. Stufe reagieren die basischen Aminogruppen des Triazinrings mit den Carbonylgruppen geeigneter Aldehyde dahin gehend, dass die Carbonylgruppe an die Aminogruppe unter Ausbildung von Hydroxymethylgruppen[17] addiert wird. Aus technischen und auch ökonomischen Gründen besitzt der einfachste Aldehyd, das Methanal (Formaldehyd), als Reaktionspartner in der Praxis die größte Bedeutung, weshalb diese Additionsreaktion hier kurz vorgestellt werden soll (Abbildung 1.29).

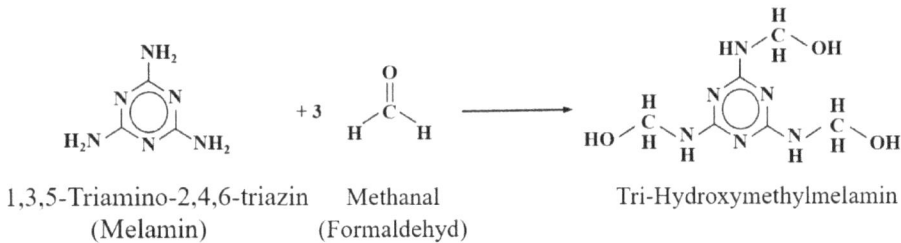

Abb. 1.29: Additionsreaktion von Melamin mit Formaldehyd

Infolge der gleichmäßigen Anordnung der drei Aminogruppen am Triazin und der Möglichkeit der Addition von zwei Aldehydmolekülen pro Aminogruppe, können sich bis zu 6 Methanalmoleküle an das Melamin anlagern und so ein Hexahydroxymethylmelamin bilden. Dazu wird das Schema des Bildes entsprechend erweitert (Abbildung 1.30)

Wenn weniger als 6 Äquivalente Methanal mit einem Melaminmolekül umgesetzt werden, entsteht eine Mischung von einfach bis sechsfach formylierten Melamin. Um ein einheitliches Präpolymer (Hexahydroxymethylmelamin) herstellen zu können, werden dem Reaktionsgemisch meist mehr als 6 Äquivalente Methanal zugegeben. Das entstandene Produkt, was auch Vorkondensat genannt wird, ist wasserlöslich und wird als Lösung, oder nach Trocknung, als Pulver weiterverarbeitet. Die am Melamin angelagerten Hydroxymethylgruppen sind sehr reaktiv und neigen zur Ausbildung von Makromolekülen durch intermolekulare Kondensation.

---

17 Die $-CH_2OH$-Gruppe wird nach IUPAC „Hydroxymethyl-" benannt. In der Literatur wird dafür meist die Trivialbezeichnung „Methylol-" verwendet.

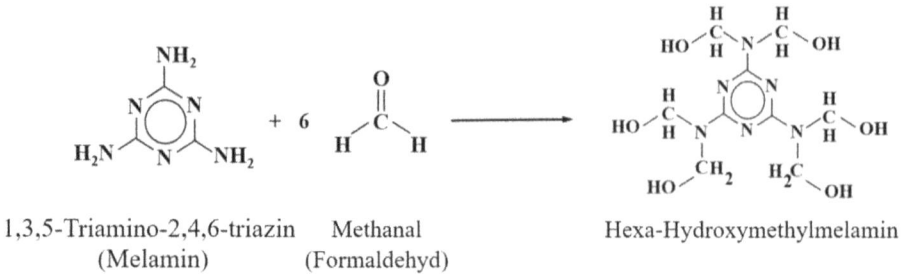

1,3,5-Triamino-2,4,6-triazin   Methanal   Hexa-Hydroxymethylmelamin
(Melamin)   (Formaldehyd)

Abb. 1.30: Additionsreaktion von 6 Methanalmolekülen mit 1 Äquivalent Melamin zu Hexahydroxymethylmelamin

Daher erfolgt die Herstellung von unlöslichen und nicht schmelzbaren Melaminharzen durch eine Polykondensation unter Druck bei 140–160 °C, wobei Wasser und Methanal abgespalten werden. Dabei basiert die Verknüpfung der Monomere vorwiegend auf Methylengruppen. Die Abbildung 1.31 zeigt dazu einen Ausschnitt aus der Netzwerkstruktur eines vollvernetzten Melaminharzes:

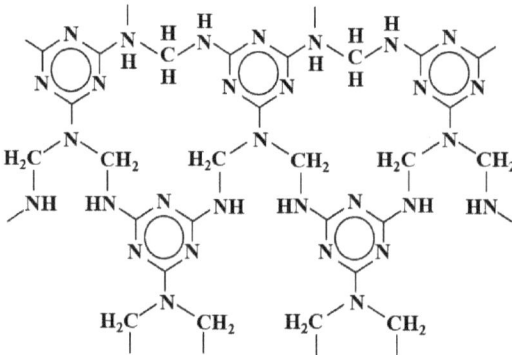

Abb. 1.31: Ausschnitt aus der Netzwerkstruktur eines Melaminharzes

Wie Abbildung 1.31 zeigt, besitzt das ausgehärtete Melaminharz eine sehr engmaschige Netzstruktur, die eine geringere Vernetzungsdichte aufweist, als das in Abbildung 1.31 dargestellte Netzwerk eines reinen Triazinharzes. Diese Materialstruktur bedingt primar folgende ausergewohnlichen Eigenschaften von Melaminharzen:
- Melaminharze besitzen eine hohe Oberflächenhärte und Kratzfestigkeit sowie einen hohen Oberflächenglanz und sind vergleichsweise witterungs- und lichtbeständig.
- Sie zeichnen sich durch eine hohe Kriechstromfestigkeit und gute Wärme- und Feuchtigkeitsbeständigkeit aus. Sie sind beständig gegen schwache Säuren und Laugen, Öle und Fette, nicht jedoch gegen starke Säuren und Laugen.

- Wie alle vernetzten Polymere sind die ausgehärteten Melaminharze unlöslich und unschmelzbar.
- Auch die thermische Stabilität der Melaminharze ist recht hoch. Erst weit oberhalb von 300 °C beginnt deren Zersetzung.
- Die Melaminharze besitzen einen hohen E-Modul, sind also sehr steif und auch fest. Allerdings zeichnen sie sich durch eine sehr niedrige Bruchdehnung aus, sind also extrem spröde.

Aus diesem Eigenschaftsspektrum abgeleitet ergibt sich ein relativ breites Anwendungsgebiet für diese Hochtemperaturduromere. So kommen Melaminharze in der Regel gefüllt und/oder verstärkt etwa in Schichtpressstoffen für Möbel- und Türbeschichtungen oder für elektrische Isolations- und Schalterteile zur Anwendung. Weiterhin kommen diese Werkstoffe auch als Schäume in vielen Branchen zum Einsatz.

Infolge der geringen Bruchdehnung dieser Harze, die etwa im Bereich der von Kohlenstofffasern liegt, eignen sich Melaminharze nicht besonders gut als Matrizes für Faserverbunde (Abschnitt 3.1.2). Um das Anwendungsspektrum dieser Werkstoffe zu erweitern, werden zur Anpassung der Werkstoffeigenschaften die Melamin-Formaldehyd-Harze oft mit Phenol (MPF) oder Harnstoff (MUF) copolymerisiert.

1.4 Grundlagen der Werkstoffcharakterisierung

1.4.1 Struktur polymerer Werkstoffe

Der Aufbau der Makromoleküle bestimmt das mechanische, thermische und chemische Verhalten der Kunststoffe. Die Makromoleküle gleichen langen Ketten, die nur räumlich untereinander verschlungen oder auch untereinander verbunden sein können. Nur untereinander verbundene, lineare Kettenmoleküle nennt man Thermoplaste, da sie unter Temperatur plastisch werden. Räumlich untereinander verbundene, vernetzte Kettenmoleküle sind Duroplaste oder auch Elastomere, da sie auch unter Temperatur nicht plastisch werden. Die Struktur der Ketten und der Vernetzungsgrad bestimmen die Temperaturbeständigkeit. Bei der Konsolidierung vernetzen duroplastische Kunststoffe in amorphen Raumnetzmolekülen, wohingegen Thermoplaste ungeordnet (amorph) oder mit teilweiser Ordnung (teilkristallin) erstarren können (Tabelle 1.21).

1.4.2 Charakteristische Temperaturen

Der chemische Aufbau und die Struktur von polymeren Werkstoffen, vor allem die Lage der Glasübergangstemperatur, haben einen signifikanten Einfluss auf deren mechanisches und thermisches Eigenschaftsniveau [48, 49]. Die Ermittlung der Glas-übergangstemperaturen T_g kann mit verschiedenen Methoden erfolgen. Besonders anschaulich erfolgt das durch die Auswertung von temperaturabhängigen Werkstoff-dämpfungskurven, die mit DMA-Analysen ermittelt wurden. Die Abbildung 1.32 zeigt dazu eine Gegenüberstellung der Temperaturabhängigkeit des Verlustfaktors $\tan\delta$ von PP-H und PP-C.

Tab. 1.21: Schematische Gegenüberstellung der molekularen Struktur von Duromeren und thermo-plastischen Kunststoffen (nach [32, 35])

Duroplastischer Kunststoff	Thermoplastischer Kunststoff	
	Amorphe Struktur	Teilkristalline Struktur

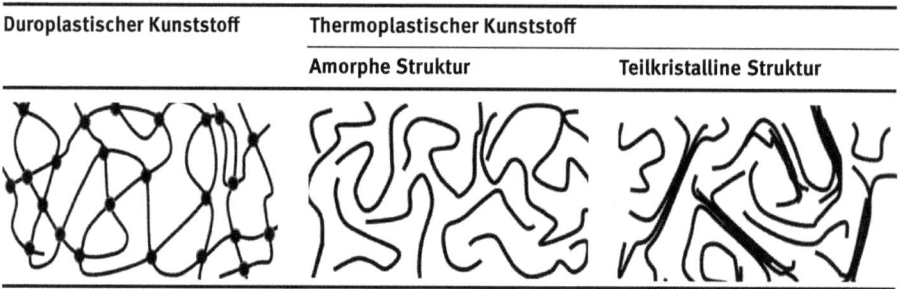

Im Vergleich zum PP-H (Abbildung 1.32a) zeigt das heterophasische Copolymer aus Polypropylen und Polyethylen zwei charakteristische Dämpfungsmaxima. Bei diesem Werkstoff, bei dem relativ lange Polyethylenketten an das PP-Makromolekül ange-knüpft sind, tritt eine fraktionierte Kristallisation auf, was sich in zwei T_g-Peaks do-kumentiert.

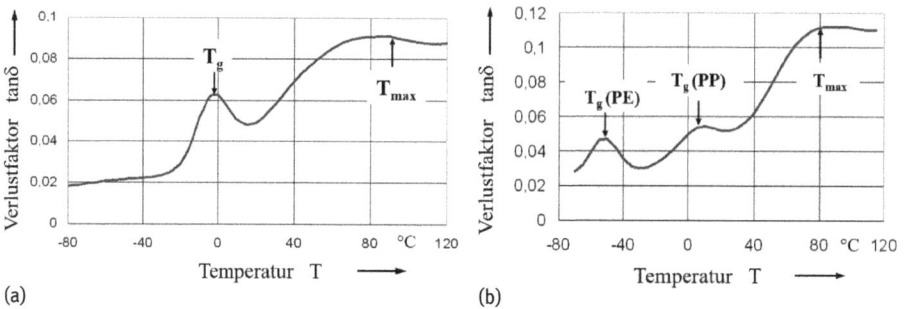

(a) (b)

Abb. 1.32: Temperaturabhängige Verlustfaktoren von (a) PP-H und (b) PP-C

Für den technischen Einsatz polymerer Werkstoffe ist die Kenntnis der Glasübergangs-temperatur (T_g) von großer Bedeutung, denn bei amorphen Kunststoffen ist der Glas-übergang dadurch gekennzeichnet, dass unterhalb dieser charakteristischen Tempe-ratur (Glasbereich) diese Werkstoffe ein sprödes (energieelastisches) Verhalten aufweisen. Bei Temperaturen oberhalb von T_g werden amorphe Polymere durch ein zunehmend entropieelastisches Materialverhalten charakterisiert, d. h., sie werden weicher bzw. sie bekommen gummielastische Eigenschaften. Dazu zeigt die Tabelle 1.22 die Abhängigkeit des grundlegenden Verformungsverhaltens polymerer Werkstoffe vom Werkstofftyp. In dieser Tabelle sind dazu typische Spannungs-Dehnungs-Kurven in Abhängigkeit von der Lage der Glasübergangstemperatur ausgewählter Kunststoffe dargestellt.

Tab. 1.22: Abhängigkeiten des grundlegenden Verformungsverhaltens polymerer Werkstoffe vom Materialtyp (nach [3])

Beschreibung des Verformungsverhaltens				
Überwiegend energieelastische Verformung mit relativ sprödem Bruch	Craze-Verformung mit Volumenzunahme der Crazes (Energiedissipation durch Verstreckung der Fibrillen)	Elastischer Beginn, örtliche Einschnürung und anschließende Scherverformung	Scherverformung mit gleichmäßiger Probeneinschnürung und Bruch bei hohen Dehnungen	Entropieelastische Verformung eines weitmaschig vernetzten Polymers ($v \sim 0{,}5$)
(a)	(b)	(c)	(d)	(e)
Relative Lage der Glasübergangstemperatur (T_g)				
$T_g >$ RT	$T_g >$ RT	$T_g \sim$ RT	$T_g <$ RT	$T_g <$ RT
Beispiele für Polymerwerkstoffe, die sich eindeutig zuordnen lassen				
PS, PMMA, SAN	SB	PA, PP, PBT	PE-LD	Elastomere

Teilkristalline Kunststoffe besitzen zwei charakteristische Temperaturen. Das ist zum einen die Glasübergangstemperatur T_g, unterhalb derer die amorphen Bestandteile des Werkstoffes „einfrieren", und zum anderen eine Kristallschmelztemperatur T_m, oberhalb derer sich die Kristallite auflösen und sich der Werkstoff ebenfalls durch ein entropieelastisches Verhalten auszeichnet. Dabei kann keine scharf fixierte Schmelztemperatur angegeben werden. Man spricht eher von einem Schmelzbereich, wobei die Schmelztemperatur T_m als diejenige Temperatur angegeben wird, bei der die größten und stabilsten Kristallite aufschmelzen.

Die relevanten Duroplaste sind im gesamten Temperatureinsatzspektrum Festkörper, besitzen eine, vom Vernetzungsgrad abhängige, Glastemperatur oberhalb der Raumtemperatur und sind bis zur Crack- bzw. Zersetzungstemperatur T_z einsetzbar.

Amorphe Thermoplaste werden vorrangig unterhalb der Glasübergangstemperatur eingesetzt, wohingegen teilkristalline Thermoplaste sowohl unterhalb als auch oberhalb der Glasübergangstemperatur verwendet werden können.

In der Tabelle 1.23 sind dazu Glasübergangs- und Kristallschmelztemperaturen ausgewählter Thermoplaste dargestellt.

Tab. 1.23: Glasübergangs- und Kristallschmelztemperaturen ausgewählter Thermoplaste

Gruppe	Werkstoff	Symbol	T_g in °C	T_m in °C
Polyolefine	Polyethylen niederer Dichte	PE-LD	−100	120
	Polyethylen hoher Dichte	PE-HD	−110	135
	Polypropylen (Homopolymer)	PP	−10...0	165
Thermoplastische Polyester	Polyethylenterephthalat	PET	69	256
	Polybutylenterephthalat	PBT	65	220
Hochleistungskunststoffe	Polytetrafluorethylen	PTFE	−20	327
	Polycarbonat	PC	155	235
	Polyphenylensulfid	PPS	80	280
	Polyetheretherketon	PEEK	143	335

Alle Polyamide nehmen in Folge von Diffusionsprozessen Wasser auf oder geben es, je nach Umgebungsbedingungen, wieder ab. Dabei verschieben sich die Glasübergangstemperaturen mit steigendem Feuchtigkeitsgehalt signifikant hin zu niedrigeren Werten. Von der aufgenommenen Feuchtigkeit werden weiterhin auch die mechanischen Kennwerte wie Festigkeit, Steifigkeit, Schlagzähigkeit und Bruchdehnung stark beeinflusst. In der Tabelle 1.24 wird dazu der Zusammenhang zwischen dem Konditionierungszustand und der Glasübergangstemperatur ausgewählter Polyamide dargestellt.

Tab. 1.24: Glasübergangstemperaturen ausgewählter Polyamide

Werkstoff	Konditionierungszustand	Wasseranteil in %	Glastemperatur in °C
PA6	Trocken	< 0,2	78
	Luftfeucht	2,7−3	40
	Nass	7,2−8	−30
PA66	Trocken	< 0,2	90
	Luftfeucht	2,7−3	40
	Nass	7,2−8	−6
PA46	Trocken	< 0,2	94
	Luftfeucht	2,7−3	30
	Nass	7,2−8	−10

1.4.3 Molekülmassen und Polymerisationsgrad

Die *molare Masse M*, ist der Quotient aus der Masse einer Substanz und deren Stoffmenge. Die Einheit ist Gramm pro Mol (g/mol). Wie bei allen molaren Größen, bei denen man sich auf die Basisgröße Stoffmenge bezieht, müssen die zugrunde gelegten Teilchen der Substanz genau spezifiziert sein, am besten durch Angabe einer Formel. Das bedeutet, die molare Masse einer Verbindung ist gleich der Summe aus den molaren Massen der Elemente multipliziert mit ihren stöchiometrischen Koeffizienten. Als Beispiel soll hier Polypropylen (PP) dienen (1.1):

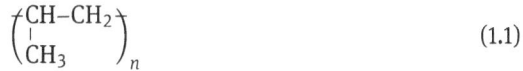

$$
\left(\begin{matrix} CH-CH_2 \\ | \\ CH_3 \end{matrix} \right)_n
\tag{1.1}
$$

Der Grundbaustein von PP besteht also aus 3 Atomen Kohlenstoff und 6 Atomen Wasserstoff, d. h., die molekulare Masse beträgt 42 g/mol.

Die *Molekularmasse M_m*, die auch „relative Molekülmasse" genannt wird, ist die auf ein Zwölftel der Masse des Kohlenstoffisotops ^{12}C normierte Molekülmasse, besitzt somit keine Maßeinheit und ist ein Ausdruck für die Länge der Moleküle (Größe und Masse). Da bei Polymeren unterschiedlich große Molekülfraktionen vorliegen, wird in der Regel der Zahlenmittelwert der Molekularmasse angegeben (1.2):

$$
\overline{M}_n = \frac{\sum n_j \cdot M_j}{\sum n_j}
\tag{1.2}
$$

Dabei ist M_j die relative Molekularmasse einer engen Molekülfraktion und n_j ist die Anzahl der Moleküle der Molekülfraktion. (Der massebezogene Mittelwert der Molekularmasse M_m kann durch eine Modifizierung der Beziehung (1.2) dadurch bestimmt werden, dass man die Anzahl der Moleküle n_j durch deren Masse m_j ersetzt.) Die Länge solcher Makromoleküle beträgt 10^{-6}–10^{-3} mm. Für große Molekularmassen ergeben sich daraus folgende Rückschlüsse:

- Durch die großen Kettenlängen steigt die Verschlaufung der Makromoleküle, der Werkstoff kann gestaucht und gereckt werden.
- Die Fließeigenschaften verschlechtern sich, d. h., die Fließfähigkeit nimmt ab. (Zum Blasformen besonders geeignet, da die langen Makromoleküle sich stark verknäulen).
- Die Beweglichkeit der Makromoleküle wird behindert und es bilden sich weniger Kristallite und Überstrukturen (Sphärolithe).

Aus verarbeitungstechnischer Sicht können beispielsweise für Polyolefine die in Tabelle 1.25 aufgelisteten optimalen molekularen Massen angegeben werden.

Der *Polymerisationsgrad P* besitzt einen großen Einfluss auf die physikalischen und besonders auf die mechanischen Eigenschaften eines Polymers [23]. Dabei unterscheidet man zwischen dem Polymerisationsgrad eines einzelnen Makromoleküls und dem durchschnittlichen Polymerisationsgrad eines Polymers. Im einzelnen Makromolekül gibt der Polymerisationsgrad die Anzahl der Monomermoleküle an, aus dem es aufgebaut ist. Im Polymer entspricht er dem Mittelwert des Polymerisationsgrades der in ihm vorliegenden Makromoleküle.

Tab. 1.25: Optimale molekulare Massen für die Verarbeitung von Polyolefinen

Molekulare Masse (M_m)	$\sim 10^5$	$\sim 2{,}1 \cdot 10^5$	$\sim 3{,}4 \cdot 10^5$	$\sim 5 \cdot 10^5$
Verarbeitungsverfahren	Spritzgießen (PE)	Spritzgießen (PP)	Extrudieren (PP)	Blasformen (PE)

Der Polymerisationsgrad P und der Mittelwert der molekularen Massen M_m hängen unmittelbar zusammen. Die molare Masse M ergibt sich aus dem Produkt von Grundmolmasse mal Polymerisationsgrad (1.3):

$$\overline{M} = \sum_{j=1}^{\infty} \cdot m_j \cdot P_j \tag{1.3}$$

Dabei ist m_j die Gesamtmasse aller Moleküle und P_j der Polymerisationsgrad der vorliegenden Molekülfraktion. Die mittlere molare Masse steigt mit der Reaktionszeit stetig an, wobei für hohe molare Massen meist lange Reaktionszeiten und hohe Umsätze nötig sind. Der mittlere Polymerisationsgrad ist also abhängig vom *Umsatzgrad p* der funktionellen Gruppen bei der vorliegenden Polyreaktion (1.4):

$$p = N_0 - \frac{N}{N_0} \tag{1.4}$$

Der Umsatzgrad ist determiniert durch die Anzahl funktioneller Gruppen N zum Zeitpunkt t und die Anzahl funktioneller Gruppen zu Reaktionsbeginn N_0 und ist durch folgende Beziehung (Carothers' Gleichung) mit dem Polymerisationsgrad gekoppelt (1.5):

$$P_n = \frac{1}{1-p} \tag{1.5}$$

Die Tabelle 1.26 zeigt dazu exemplarisch den Zusammenhang vom Umsatz- bzw. dem Polymerisationsgrad und der molekularen Masse von Polypropylen (Grundmolmasse: 42).

Tab. 1.26: Umsatzgrad, molekularer Masse und Polymerisationsgrad von Polypropylen (PP)

Umsatzgrad p	Polymerisationsgrad P_n	Molekulare Masse M_n
0,9	10	420
0,99	100	4200
0,999	1000	42000
0,9999	10.000	420.000

1.4.4 Kristallisationsgrad und Überstrukturen

In Abhängigkeit vom chemischen Aufbau, der räumlichen Anordnung einzelner Atome und Atomgruppen im Molekül, also von der Gestalt der Makromoleküle, kann sich ein hoher Ordnungsgrad im Polymer einstellen, sodass sich bei teilkristallinen Thermoplasten bereits in der Schmelze die Makromoleküle parallel zueinander ausrichten und kristalline Bereiche bilden können. Das Kristallitgefüge wird gekennzeichnet durch physikalische Kräfte, wie etwa van der Waals-Kräfte, die zwischen den Makromolekülen wirken. Diese sind wesentlich kleiner als die Kräfte, die die Hauptvalenzen auszeichnen. Diese Bindekräfte sind relativ leicht reversibel zu lösen. Dabei wird der Werkstoff chemisch nicht verändert.

Neben der molekularen Masse eines teilkristallinen Kunststoffs hat auch das Temperaturregime bei der Verarbeitung derartiger Werkstoffe einen signifikanten Einfluss auf die Strukturbildung. Je langsamer die Schmelze abgekühlt wird, umso höhere Kristallisationsgrade k sind möglich [50]. Dabei ist dieser Strukturkennwert, der üblicherweise in Prozent angegeben wird, der Quotient aus der kristallisierten Teilmenge m_{krist} eines Polymers und dessen Gesamtmenge m_{ges} (1.6):

$$k = \frac{m_{krist}}{m_{ges}} \tag{1.6}$$

Eine 100%ige Kristallinität ist nicht möglich, da derartige Kunststoffe immer auch amorphe Bereiche enthalten, weshalb sie teilkristallin genannt werden [18]. In Abhängigkeit von der Art der Werkstoffe und den gewählten Verarbeitungsparametern können bei teilkristallinen Thermoplasten Kristallisationsgrade von 30 bis ca. 70 % erreicht werden.

Die kristallinen Bereiche von teilkristallinen Polymeren sind „enger gepackt" und weisen daher im Vergleich zu den amorphen Bereichen eine höhere Dichte auf. Auch die Festigkeit und die Steifigkeit nehmen mit steigendem Kristallisationsgrad zu. Die Abbildung 1.33 zeigt dazu exemplarisch den Einfluss des Kristallisationsgrades von isotaktischem Polypropylen (PP-H) auf den Schubmodul und die Dichte dieses Werkstoffes.

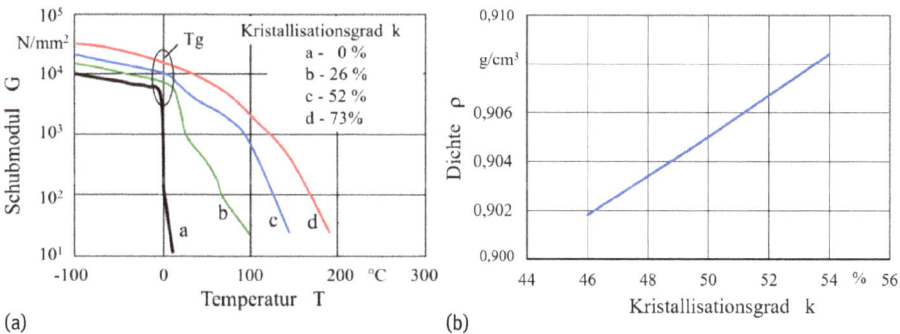

(a) (b)

Abb. 1.33: Einfluss des Kristallisationsgrades von isotaktischem PP-H auf (a) den temperaturabhängigen Schubmodul und (b) die Dichte (nach [51])

Sphärolithe können sich beim Abkühlen von Schmelzen teilkristalliner thermoplastischer Kunststoffe in der Form bilden, dass sich sehr viele kleine kristalline Bereiche radialsymmetrisch um ein Zentrum in Form von sogenannten Lamellen anordnen und diese Strukturen relativ gleichförmig in alle Richtungen nach außen wachsen (Abbildung 1.34a und b). Diese kristallinen Überstrukturen entstehen vor allem an Kristallisationskeimen, wie Verunreinigungen oder zielgerichtet inkorporierten Nukleierungsmitteln, und können einen Durchmesser bis zu 1 mm erreichen.

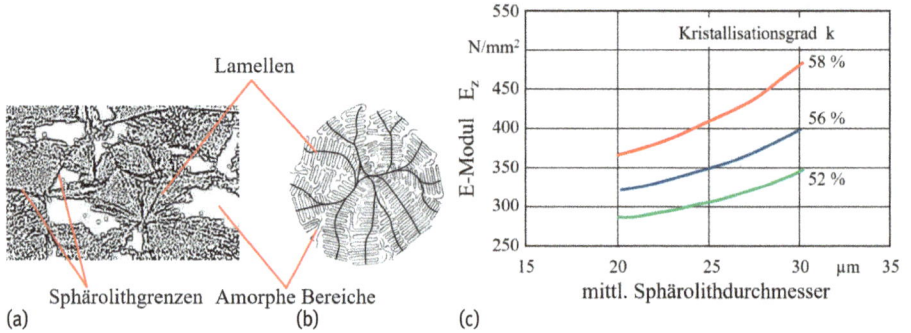

Abb. 1.34: (a) Mikroskopische und (b) schematische Darstellung der sphärolithischen Struktur von Gusspolyamid 6 sowie (c) die Abhängigkeit des Zug-E-Moduls von PA6-G vom mittleren Sphärolithdurchmesser und dem Kristallisationsgrad

Bei geringen Abkühlgeschwindigkeiten bilden sich weniger, aber vergleichsweise große Sphärolithe, wohingegen bei einer schnelleren Abkühlung der Schmelze ein feinsphärolitisches Gefüge entsteht. Die Abbildung 1.35 zeigt dazu einen Vergleich der Gefüge von zwei chemisch identischen Gusspolyamiden-6-Werkstoffen, welche nach dem Verguss unterschiedlich abgekühlt wurden.

Die in Überstrukturen organisierten kristallinen Anteile sind spröder, härter, steifer und besitzen eine höhere Dichte als die gut verformbaren amorphen Bereiche. Deshalb verschlechtert sich die Duktilität dieser Werkstoffe mit der steigenden Kristallinität und mit der Größe der Sphärolithe.

Bei grobsphärolithischen Gefügen können die Grenzen benachbarter Überstrukturen aufgrund einer geringen Bindung zueinander strukturelle Schwachstellen darstellen (Abbildung 1.35a). Deshalb werden große Sphärolithe in der Praxis meist nicht angestrebt und zur Realisierung feinsphärolithischer Gefüge werden die Abkühlbedingungen optimiert und/oder die oben bereits erwähnten Nukleierungsmittel, etwa in der Polymerschmelze nicht lösliche Metallsalze oder Metalloxide, eingesetzt.

Den Struktureinfluss auf die mechanischen Eigenschaften eines teilkristallinen Thermoplastwerkstoffes zeigt exemplarisch die Abbildung 1.34c, in welcher der Zug-E-Modul von Gusspolyamid 6 in Abhängigkeit vom mittleren Sphärolithdurchmesser und dem Kristallisationsgrad dargestellt ist.

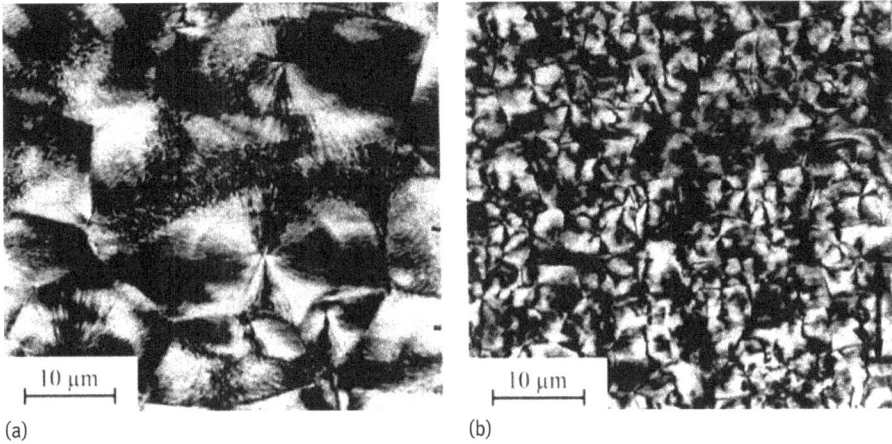

Abb. 1.35: Vergleich der sphärolithischen Gefüge von Gusspolyamid 6: (a) große Sphärolithe (geringe Abkühlrate) und (b) kleine Sphärolithe (schnelle Abkühlung)

1.4.5 Vernetzungsgrad

Wie im Abschnitt 1.4.1 bereits kurz beschrieben, bilden vor allem Elastomere [52] und duroplastische Kunststoffe [37] makromolekulare Strukturen, bei denen einzelne Makromoleküle zu einem dreidimensionalen Netzwerk verknüpft werden. Diese Vernetzungsreaktionen finden zum einen während der Polymerisierungsreaktionen, also direkt beim Aufbau der Makromoleküle, statt oder werden zum anderen durch Nachvernetzungen polymerer Halbzeuge oder Bauteile realisiert [35]. Dabei werden die gebildeten Netzwerke durch den Vernetzungsgrad charakterisiert. Er berechnet sich aus dem Quotienten der Stoffmenge, der tatsächlich vernetzten Polymergrundbausteine und der Anzahl der Mole aller vorliegenden Bausteine.

Durch den Prozess der Vernetzung verändern sich die Eigenschaften dieser Werkstoffe. Allgemein ist zu beobachten, dass mit steigendem Vernetzungsgrad diese Polymere härter, steifer sowie korrosions- und lösungsmittelbeständiger werden. So ist durch eine Steigerung des Vernetzungsgrades ein deutlicher Anstieg der Steifigkeit zu erzielen. In Abbildung 1.36b ist dieser Sachverhalt für den Schubmodul exemplarisch dargestellt.

Wie Abbildung 1.36a weiterhin verdeutlicht, ist – im Vergleich zu thermoplastischen Polymeren – bei duromeren Kunststoffen die Abhängigkeit der mechanischen Eigenschaften von der Temperatur vergleichsweise gering.

Die Abbildung 1.36b belegt, dass bei Elastomeren und Duroplasten der Strukturzusammenhalt durch die Vernetzung realisiert wird. Das bedeutet, dass sich bei höherem Vernetzungsgrad die Steifigkeitseigenschaften dieser Werkstoffe in einem breiten Temperaturbereich ebenfalls nur geringfügig ändern.

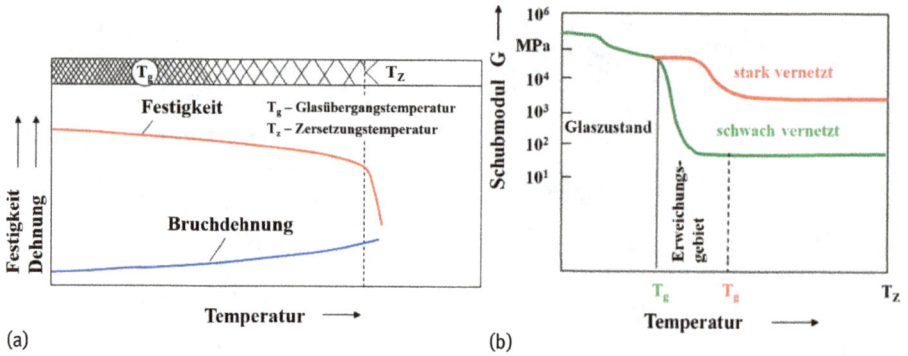

Abb. 1.36: (a) Schematische Darstellungen des Zustandsdiagramms duromerer Kunststoffe und (b) der Abhängigkeit des Schubmoduls vom Vernetzungsgrad (nach [51])

1.5 Grundlagen zur Auslegung und Bemessung von Kunststoffbauteilen

1.5.1 Einführung

Die bisher knapp beschriebenen Struktur-Eigenschafts-Beziehungen polymerer Werkstoffe determinieren in hohem Maße deren mechanischen Kennwerte. Diese Zusammenhänge und die entsprechenden Kennwerte bzw. -funktionen sind in der einschlägigen Literatur bereits umfassend dargelegt. Zur Darstellung der Wechselwirkungen zwischen dem tribologischen und mechanischen Werkstoffverhalten sowie für die Vermittlung der Grundlagen für die konstruktive Gestaltung und Berechnung von tribomechanisch beanspruchten Bauteilen erfolgt an dieser Stelle eine kurze Beschreibung des grundlegenden mechanischen Eigenschaftsniveaus polymerer Werkstoffe.

Die Auslegung und Berechnung von Maschinenelementen und anderen Bauteilen aus Kunststoffen erfolgt in der Praxis meist auf der Basis konventioneller Verfahren, wobei in der Regel auf den klassischen Spannungs-Dehnungs-Bezug (hookesches Gesetz) zurückgegriffen wird. Aufgrund der strukturellen Besonderheiten von Kunststoffen (Abschnitt 1.1) ist diese Vorgehensweise nur in Ausnahmefällen wirklich zielführend, was auf das temperaturabhängige viskoelastische Materialverhalten – vor allem von Thermoplasten – zurückzuführen ist.

Eine weitere Besonderheit dieser Werkstoffe besteht in der z. T. sehr hohen Verformbarkeit ausgewählter Polymere. Deshalb kommt bei der Projektierung und Konstruktion von Kunststoffstrukturen neben der üblichen festigkeitsbezogenen Auslegung eine, auf der Grundlage von Dehnungsgrenzen basierende, Herangehensweise zum Einsatz.

1.5.2 Grundlagen zur spannungsbezogenen Bemessung

Aufgrund fehlender Erfahrungen beim konstruktiven Umgang mit polymeren Werkstoffen werden in der Praxis bei der Dimensionierung von Kunststoffbauteilen oftmals „eigenartige", meist branchenspezifische Größen als Dimensionierungskennwert R herangezogen. Nach Ehrenstein [49] kommen für eine konsequente und systematische spannungsbezogene Dimensionierungsbetrachtung nur folgende im Kurzzeitversuch ermittelte Bemessungskennwerte infrage:

- Die Bruchfestigkeit σ_B (bei spröden Werkstoffen; Tabelle 1.22, Abbildung a)
- Die Streckgrenze σ_S (bei duktilen Werkstoffen mit ausgeprägter Streckgrenze (Tabelle 1.22, Abbildung c)
- Bei duktilen Werkstoffen ohne ausgeprägte Streckgrenze wird eine Dehnungsgrenze herangezogen, bei deren Überschreitung eine nicht elastische Verformung zu verzeichnen ist. Eine derartige „Ersatzstreckgrenze" ist beispielsweise $\sigma_{1,5}$. (Tabelle 1.22, Abbildung d)

1.5.2.1 Bestimmung der „Ersatzstreckgrenze" σ_X

Je nach Konstruktionsaufgabe kommen unterschiedliche Werte für eine zulässige Linearitätsabweichung zur Anwendung. Beispielsweise wird in vielen Anwendungen eine zulässige Linearitätsabweichung von 0,5 % als Grenzwert angenommen. Die Bestimmung dieses Grenzwertes erfolgt meist grafisch (Abbildung 1.37).

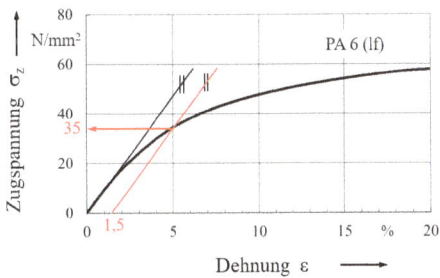

Vorgehensweise:

- Anlegen einer Tangente an eine Spannungs- Dehnungs-Kurve im Koordinatenursprung.
- Verschieben dieser Tangente bis zum Wert der zulässigen Linearitätsabweichung (hier 1,5 %).
- Der Schnittpunkt der verschobenen Tangente und der Spannungs-Dehnungs-Kurve markiert die „Ersatzstreckgrenze" (hier 35 N/mm²) bzw. die zulässige Dehnung (5 %).

Abb. 1.37: Beispiel für die Bestimmung einer „Ersatzstreckgrenze" von feuchtem PA6 bei einer vorgegebenen zulässigen Linearitätsabweichung von 1,5 %

1.5.2.2 Bestimmung der „Schadensspannung" σ_{Sch}

Bei einigen sehr spröden amorphen Kunststoffen sind bereits im Bereich von ε = 0,15 ... 0,3 (0,8) %, also deutlich unter der Bruchdehnung im Kurzzeitversuch, die ersten irreversiblen Deformationen zu verzeichnen. Nach [3] sind diese Schäden auf Fließzonen (Crazes) zurückzuführen, die anfangs noch Lasten übertragen können, aber bei zunehmender Dehnung versagen und zu Rissen führen. Als charakteristischer Richtwert dient dabei die Schadensdehnung ε_{rev}. Die dazugehörige Spannung ist die Schadensspannung σ_{Sch}.

Auch bei hochkristallinen Kunststoffen mit sehr grober Sphärolithstruktur, wie etwa bei trockenen Gusspolyamiden, können strukturbedingte Mikrorisse (Abbildung 1.38) auftreten, die dafür verantwortlich sind, dass die erzielbaren Steckspannungen im Kurzzeitversuch ggf. nicht als Dimensionierungskennwert herangezogen werden können und Schadensspannungen ebenfalls als Dimensionierungsgrundlage dienen.

Das Spannungs-Dehnungs-Verhalten liegt in diesen Fällen im linear elastischen Bereich. Man kann über den E-Modul (hookesches Gesetz) die Schadensspannung σ_{Sch} berechnen (1.7):

$$\sigma_{Sch} = E \cdot \varepsilon_{rev} \tag{1.7}$$

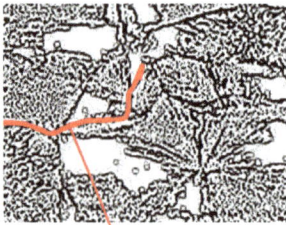

(a) Riss an der Sphärolithgrenze   (b) Riss an der Lamellengrenze

Abb. 1.38: Strukturbedingte Mikrorisse bei hochkristallinen Kunststoffen mit sehr grober Sphärolithstruktur

1.5.3 Grundlagen der dehnungsbezogenen Bemessung

Bei Maschinenelementen und anderen Bauteilen aus konventionellen Materialien wird in der Regel auch auf konventionelle, meist spannungsbezogene Berechnungsmodelle zurückgegriffen. Dies ist vor allem darauf zurückzuführen, dass derartige Strukturen nur äußerst selten infolge zu hoher Deformationen versagen. Im Gegensatz dazu eröffnet das hohe Verformungsvermögen der meisten Kunststoffe die Möglichkeit, Bereiche der Spannungs-Dehnungs-Kurven für konstruktive Anwendungen zu nutzen, die deutlich außerhalb der Linearitätsgrenzen liegen. Beispielsweise gelten für die Auslegung von Rohren und Behältern aus thermoplastischen Werkstoffen nach der DVS-Richtlinie 2210[18] folgende Grenzdehnungen als Dimensionierungsgrößen:

---

[18] DVS-Richtlinien und -Merkblätter gibt der Deutscher Verband für Schweißen und verwandte Verfahren e. V. (DVS) heraus.

- Polypropylen (PP): 2,0 %
- Polyethylen hoher Dichte (PE-HD): 3,0 %
- Polyvinylchlorid hart (PVC-U): 0,8 %

Diese Grenzdehnungen ε_{grenz} fungieren als Dimensionierungskennwerte und werden aus speziellen Anwendungen abgeleitet oder basieren auf Grenzwerten konkreter Werkstoffe.

1.5.4 Grenzfelder

Legt man Spannungs-Dehnungs-Diagramme, also Werkstoffkennfunktionen für die Bauteilauslegung zugrunde, ist eine Betrachtung der Grenzen von besonderem Interesse, denn mit steigender Dehnung nehmen die Messwerttoleranzen, etwa der Streckspannungen σ_S und der Dehnungen ε_S, ebenfalls zu. Beispielsweise können σ-ε-Kurven zweckmäßig durch sogenannte Spannungs-Dehnungs-Grenzfelder (Abbildung 1.39) charakterisiert werden.

Diese Darstellung verdeutlicht, dass die Festlegung einer konstruktiv nutzbaren Grenzdehnung ε_{grenz} nur unterhalb der durch das Grenzfeld charakterisierten Dehnung erfolgen soll [3, 53–55].

Die Festlegung der Grenzdehnung erfolgt in der Praxis meist auch unter Berücksichtigung der Art der Beanspruchung. Dabei unterscheidet man in langzeitige, kurzzeitige oder dynamische Belastungen.

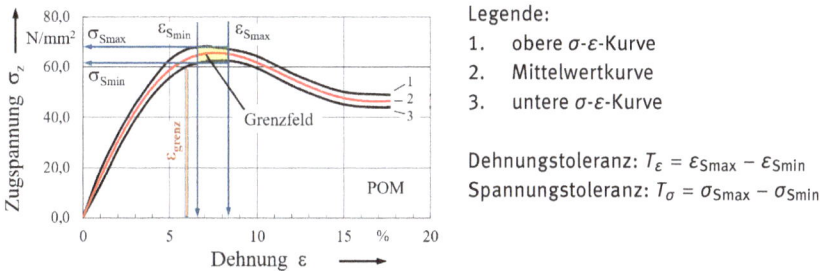

Legende:
1. obere σ-ε-Kurve
2. Mittelwertkurve
3. untere σ-ε-Kurve

Dehnungstoleranz: $T_\varepsilon = \varepsilon_{Smax} - \varepsilon_{Smin}$
Spannungstoleranz: $T_\sigma = \sigma_{Smax} - \sigma_{Smin}$

Abb. 1.39: Schematische Darstellung der Messwertstreuung und Ableitung eines Grenzfeldes bei der Ermittlung der Spannungs-Dehnungs-Beziehungen eines Polyacetals

1.5.5 Anwendungsbezogene Grenzdehnungen

Auch bei der Bemessung von Maschinenelementen, wie etwa Kupplungen und Biegefedern oder anderen Bauteilen aus Kunststoffen, wird oftmals auf kritische Dehnungen oder Grenzdehnungen, wie die Deformationsgrenzen von polymeren Werkstoffen bezeichnet werden, zurückgegriffen. Dabei ist zu beachten, dass diese keine Material-konstanten sind, sondern meist aus konkreten Anwendungen resultieren. Beispiel-weise sollte bei Kunststoffzahnrädern die Verformung am Zahnkopf nicht größer sein als 10 % des Moduls der Verzahnung. Dadurch soll eine Überlastung ausgeschlossen und eine möglichst hohe Laufruhe gewährleistet werden.

Daraus ist zu schlussfolgern, dass bei vielen Bauteilen aus Kunststoffen eine rech-nerische und ggf. auch experimentelle Überprüfung der auftretenden Verformungen eine wesentlich größere Rolle spielt als bei vergleichbaren Strukturen aus Metallen. Auch aus werkstoffspezifischer Sicht kann man Grenzdehnungen angeben (Tabel-le 1.27).

Tab. 1.27: Grenzdehnungen ausgewählter Thermoplaste (einmalig, kurzzeitig)

Teilkristallin		Amorph		Kurzglasfaserverstärkt	
Polymer	Grenzdehnung	Werkstoff	Grenzdehnung	Polymer	Grenzdehnung
PE	8,0 %	PC	4,0 %	PA6-GF (lf)	2,0 %
PP	6,0 %	PC+ABS	3,0 %	PA6-GF (tr)	1,5 %
PA (lf)	6,0 %	ABS	2,5 %	PC-GF	1,8 %
PA (tr)	4,0 %	CAB	2,5 %	PBT-GF	1,5 %
POM	6,0 %	PVC	2,0 %	ABS-GF	1,2 %
PBT	5,0 %	PS	1,8 %		

1.5.6 Deformationskennwert

Die Arbeit mit diesen Grenzdehnungen setzt voraus, dass entsprechende Spannungs-Dehnungs-Kurven, die u. a. in den CAMPUS-Datenbanken abgelegt sind, vorliegen. Die Arbeit mit diesen Schaubildern erfolgt in der Praxis meist grafisch und ist recht aufwendig. Deshalb soll hier auf die Anwendung des von Meyer und Lustig [56] vor-geschlagenen Deformationskennwertes M zurückgegriffen werden. Das Ziel der Ein-führung dieses Kennwertes besteht in der analytischen Beschreibung des Spannungs-Dehnungs-Verhaltens von Polymeren und Kunststoffverbunden im konstruktiv inter-essanten Bereich und nicht nur im quasilinearen Bereich.

Der Deformationskennwert ist ein Ausdruck für die progressive Dehnungszunah-me bei kontinuierlicher Spannungserhöhung, die sich anschaulich an der Verände-rung der Neigung der Tangenten an der Spannungs-Dehnungs-Kurve, also am Verlauf des Tangentenmoduls bis zur Grenzdehnung, erläutern lässt. In Abbildung 1.40 ist dazu der Tangentenmodulverlauf von POM-Copolymerisat in Abhängigkeit von der Dehnung dargestellt.

Die in Abbildung 1.40 dargestellte Trendkurve beschreibt nahezu eine Gerade, deshalb kann man den Zusammenhang des Tangentenmoduls mit der Dehnung als

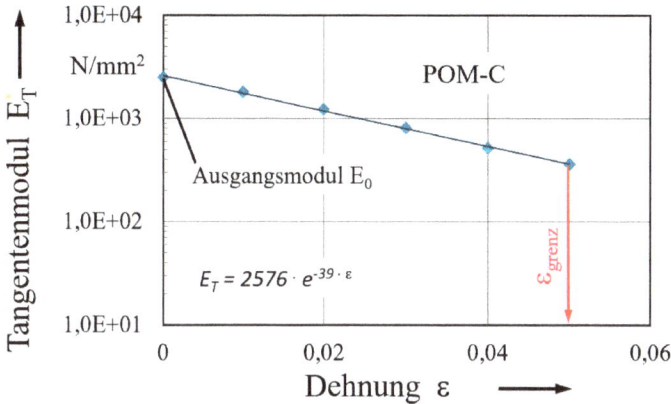

Abb. 1.40: Verlauf des Tangentenmoduls von POM-C als Funktion der Dehnung

Exponentialfunktion (1.8) darstellen:

$$E_T = E_0 \cdot e^{-M \cdot \varepsilon} \qquad (1.8)$$

Der Deformationskennwert M ist kein Materialkennwert im eigentlichen Sinne, sondern eine empirisch abgeleitete Größe, die durch eine analytische Aufbereitung der Spannungs-Dehnungs-Kurve (Kurzzeitzugversuch bei Normaltemperatur) im Bereich zwischen dem Koordinatenursprung und der Grenzdehnung erfolgt. Der Deformationskennwert ist somit ein dimensionsloser Ausdruck für die progressive Dehnungszunahme bei kontinuierlicher Spannungserhöhung, die durch eine Exponentialfunktion hinreichend genau beschrieben werden kann. Unter Einbeziehung der Definition des Tangentenmoduls als Differenzialquotient von Spannung und Dehnung (1.9)

$$E_T = \frac{d\sigma}{d\varepsilon} \qquad (1.9)$$

erhält die Beziehung (1.8) folgende Formen (1.10):

$$\frac{d\sigma}{d\varepsilon} = E_0 \cdot e^{-M \cdot \varepsilon} \qquad \text{bzw.} \qquad d\sigma = E_0 \cdot e^{-M \cdot \varepsilon} \cdot d\varepsilon \qquad (1.10)$$

Integriert man die Beziehung (1.8) in den Grenzen von $\varepsilon = 0$ bis ε ergibt sich (1.11):

$$\sigma = E_0 \cdot \int_{\varepsilon=0}^{\varepsilon} e^{-M \cdot \varepsilon} \cdot d\varepsilon \qquad \text{bzw.} \qquad \sigma = E_0 \cdot \left(\frac{1}{-M} \right) \cdot e^{-M \cdot \varepsilon} + C \qquad (1.11)$$

Dabei kann die Integrationskonstante C kann unter Berücksichtigung folgender Randbedingungen abgeleitet werden: Ist die Spannung $\sigma = 0$, dann ist auch die zugehörige Dehnung $\varepsilon = 0$ (1.12):

$$0 = E_0 \cdot \left(\frac{1}{-M} \right) \cdot e^0 + C \quad \Rightarrow \quad C = \frac{E_0}{M} \qquad (1.12)$$

Daraus folgen (1.13) und (1.14)

$$\sigma = \frac{E_0}{M} - \frac{E_0}{M} \cdot e^{-M \cdot \varepsilon} \quad \Rightarrow \quad \sigma = \frac{E_0}{M} \cdot (1 - e^{-M \cdot \varepsilon}) \tag{1.13}$$

bzw.

$$\varepsilon = \frac{1}{M} \cdot \ln\left(\frac{E_0}{E_0 - M \cdot \sigma}\right) \tag{1.14}$$

Der Deformationskennwert M ist sowohl für die spannungsbezogene Bemessung als auch für die dehnungsbasierte Auslegung anwendbar. In der Tabelle 1.28 sind dazu die Deformationskennwerte ausgewählter Polymere dargestellt.

Tab. 1.28: Deformationskennwerte ausgewählter Polymere (kurzzeitig, Normaltemperatur)

Werkstoff	Deformationskennwert		Werkstoff	Deformationskennwert	
	$M_{(min)}$	$M_{(max)}$		$M_{(min)}$	$M_{(max)}$
PE-LD	17	17	PMMA	30	30
PE-LLD	49	49	PVC-U	40	40
PE-HD	48	50	PA6	45	45
PP	50	55	PA6-GF	30	30
PS	30	30	PC	30	30
ABS	35	35	POM	35	45
SAN	35	35	PBT	30	30
SB	45	45	PET	55	55

Die Abbildung 1.41 zeigt in diesem Zusammenhang für den technischen Polymerwerkstoff POM und den Standardkunststoff PP-H eine Gegenüberstellung der mit dem Deformationskennwert M approximierten Verlauf der Spannungs-Dehnungs-Kurve mit den jeweils gemessenen Kurvenverläufen.

Die Diagramme belegen, dass durch die Verwendung des Deformationskennwertes der Verlauf der Spannungs-Dehnungs-Kurve bis zur vorgegebenen Grenzdehnung

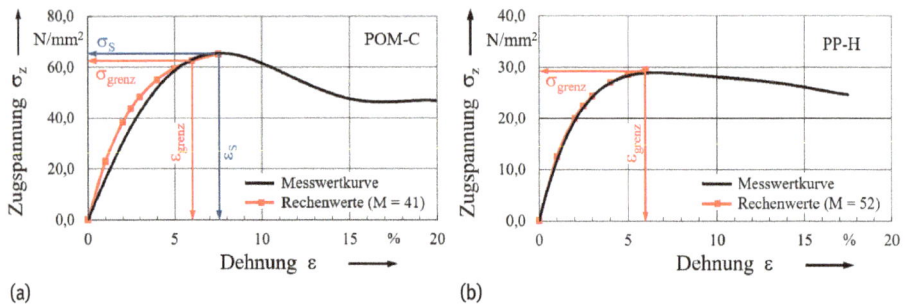

Abb. 1.41: Gegenüberstellung der (a) σ-ε-Kurven von POM-C und (b) PP-H mit Kurvenverläufen, die mit dem Deformationskennwert M approximiert wurden

mit ausreichender Genauigkeit rechnerisch approximiert werden kann. Die Grenzdehnung ist aber in jedem Fall kleiner als die Dehnung an der Streckgrenze (Abbildung 1.41a) zu wählen.

1.5.7 Querdehnung

Die Querkontraktion bzw. -dehnung tritt bei der Verformung von festen Körpern auf. Dabei sind die Querkontraktions- oder Poissonzahlen Kennwerte, die die unterschiedlichen E-Moduln bzw. das Verformungsverhalten von Werkstoffen beschreiben. Sie dienen dabei als
–   Bindeglied zwischen ein- und mehrachsiger Beanspruchung und/oder
–   als Proportionalitätsfaktor zwischen verschiedenen Moduln.

Dehnungen sowohl in Längs- als auch in Querrichtung verursachen Volumenänderungen am Bauteil. Nur bei Flüssigkeiten und gummielastischen Werkstoffen tritt dies nicht auf. In diesem Fall ist die Querkontraktionszahl $v = 0,5$. Bei den meisten Konstruktionswerkstoffen liegt die Querkontraktionszahl v zwischen 0,2–0,5 (Tabelle 1.29). Bei isotropen und vollständig homogenen Werkstoffen ist die Querkontraktionszahl eine Konstante. Bei Kunststoffen sind diese Voraussetzungen meist nicht gegeben. Das bedeutet, dass diese Zahlen u. a. von der Temperatur, der Zeit und der Belastungshöhe abhängen [58].

Tab. 1.29: Querkontraktionszahlen v_0 verschiedener Werkstoffe (bei Raumtemperatur, Kurzzeitbeanspruchung sowie geringen Beanspruchungen) [2]

	Werkstoff	Querdehnzahl v_0		Werkstoff	Querdehnzahl v_0	
Metalle	Gusseisen	0,25...0,27	Kunststoffe	PS, PMMA	0,33	
	Stahl	0,25...0,30		PA6, PA66 (trocken)	0,33	
	Aluminium	0,31...0,34		PC	0,42	
	Kupfer	0,34...0,35		PP, PTFE, EP, PBT	0,40	
	Blei	0,43...0,44		PE-HD	0,38	
	Quecksilber	0,5		PE-LD	0,45	
				PBI	0,34	
				Elastomere	0,50	
				Hartgummi	0,39	
				Gummi	0,49	
					$v_{\perp \parallel}$	$v_{\parallel \perp}$
Anorganika	Quarz	0,07	Faserverbunde			
	Quarzglas	0,14		GFK[a]	0,28	0,075
	Beton	0,17...0,23		CFK[a]	0,25	0,020
	Glas	0,23		AFK[a]	0,34	0,025

[a] Unidirektionale Verstärkung, 60 Masse-%.

1.6 Einflüsse auf die mechanischen Eigenschaften

1.6.1 Einfluss der Temperatur

Generell werden alle mechanischen Eigenschaften polymerer Werkstoffe durch die Temperatureinwirkung signifikant beeinflusst. Besonders deutlich ist aber der Struktureinfluss auf den Verlauf der Schubmoduln von Kunststoffen in Abhängigkeit von der Temperatur. Das schematische Schubmodul-Temperatur-Diagramm in Abbildung 1.42 differenziert dabei zwischen vernetzten Duromeren, Elastomeren und zwischen amorphen und teilkristallinen Kunststoffen.

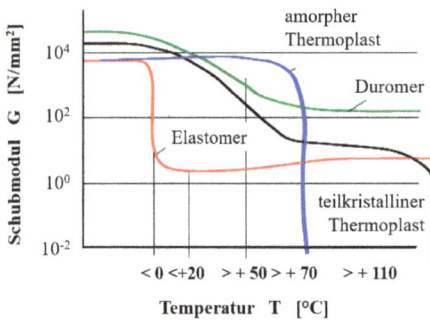

Abb. 1.42: Schematischer Vergleich der Schubmodul-Temperatur-Zusammenhänge hochpolymerer Werkstoffe (nach [51])

Diese Darstellung belegt deutlich die Verminderung der Schubsteifigkeit bei zunehmender Temperatur, was auf sinkende molekulare Bindungskräfte zurückgeführt werden kann. Darüber hinaus ist in Abbildung 1.33a zu erkennen, dass bei teilkristallinen Polymeren der Kristallisationsgrad den Zusammenhang von Schubmodul und Temperatur signifikant beeinflusst. Bei einem hohen Kristallitanteil fällt die Änderung der Steifigkeit im Bereich oberhalb der Glasübergangstemperatur vergleichsweise gering aus, was darauf zurückzuführen ist, dass die kristallinen Bereiche durch physikalische Bindungskräfte einen weiteren Zusammenhalt der Werkstoffstruktur ermöglichen. Bei amorphen oder nur geringfügig kristallisierten Thermoplasten ändern sich die Steifigkeitseigenschaften dagegen stark, da bei ihnen außer Verschlaufungen keine weiteren dominierenden intermolekularen Kräfte wirken [57].

1.6.1.1 Temperatureinfluss auf den E-Modul

Diese temperaturabhängigen Änderungen lässt der in Abbildung 1.43 dargestellte Verlauf des E-Moduls über der Temperatur erkennen.

Diese Diagramme zeigen exemplarisch die Tatsache, dass die Änderung der Steifigkeit teilkristalliner Polymere im Bereich der Glasübergangstemperatur, wie etwa bei dem Hochleistungskunststoff Polyetheretherketon (Abbildung 1.43a), besonders signifikant ist. Da bei PE-HD T_g unter −110 °C liegt, zeigt die Temperatur-E-Modul-

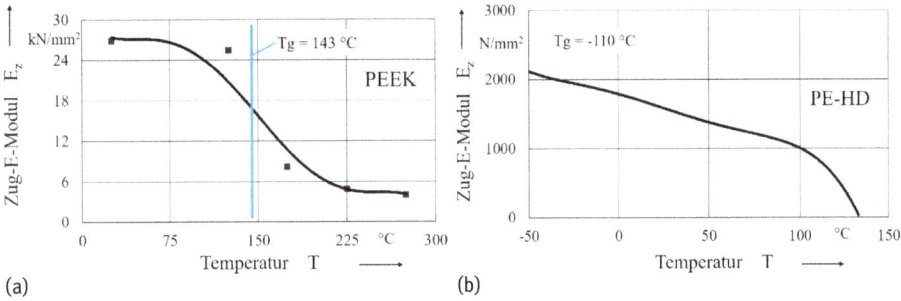

Abb. 1.43: Vergleich der der Abhängigkeit des E-Moduls von der Temperatur für (a) den Hochleistungsthermoplasten PEEK und (b) den Standardkunststoff HD-PE

Kurve dieses Werkstoffes im technisch relevanten Bereich bis kurz vor den Kristallitschmelzpunkt einen nahezu linearen Verlauf (Abbildung 1.43b).

Bei thermoplastischen Polymeren mit nahezu linearem Verlauf der E-Modul-Temperatur-Kurven im technisch interessanten Bereich von 0 bis 100 °C lässt sich der temperaturabhängige E-Modul durch zugeschnittene Größengleichung (1.15.) abschätzen [3]:

$$E(T) = E_0 \cdot (1 - k \cdot (T - 20)) \tag{1.15}$$

Dabei ist der Temperaturfaktor k (Tabelle 1.30) dimensionslos und die Temperatur T wird in Grad Celsius eingesetzt. Bei Werkstoffen, bei denen die Glasübergangstemperatur T_g innerhalb dieses Temperaturbereiches liegt, wie etwa bei den Polyamiden, ist die E-Modul-Abschätzung nach Gleichung (1.15) mit relativ hohen Fehlern behaftet. Daher ist es auch zweckmäßig, diese Abschätzung mithilfe Gleichung (1.16) durchzuführen:

$$E(T) = E_0 \cdot k_{TF} \cdot T^{k_{TE}} \tag{1.16}$$

Dabei ist sowohl der Temperaturfaktor k_{TF} und der Temperaturexponent k_{TE} dieser Potenzfunktion dimensionslos und die Temperatur T wird in Grad Celsius eingesetzt. Für relevante Werkstoffe beinhalten die im Anhang A zusammengefassten Kurzcharakteristika neben den Angaben zu diesen Größen auch den dafür gültigen Temperaturbereich.

Tab. 1.30: k-Werte zur Abschätzung des Temperatureinflusses
auf die Steifigkeit ausgewählter Thermoplaste [2, 3]

Werkstoff	k-Wert	Werkstoff	k-Wert	Werkstoff	k-Wert
PA6	0,0125	PA-GF	0,0071	PC	0,0095
PA66	0,0112	POM	0,0082	PP	0,0116
PBT	0,0095	ABS/PVC	0,0117	PE HD	0.0113

Neben den Steifigkeiten werden auch die Festigkeiten und Bruch- bzw. Grenzdehnungen polymerer Werkstoffe durch die Temperatur beeinflusst. Am besten lässt sich das anhand von Zustandsdiagrammen dokumentieren.

Exemplarisch erfolgt dazu in der Tabelle 1.31 eine schematische Gegenüberstellung der Zustandsdiagramme von Thermoplasten.

Tab. 1.31: Zustandsdiagramme amorpher und teilkristalliner Thermoplaste (nach [51])

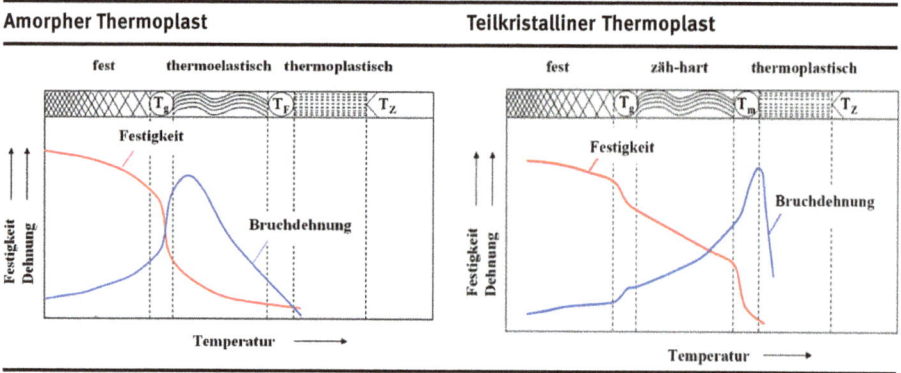

Legende: T_g – Glasübergangstemperatur T_F – Schmelztemperatur
 T_m – Kristallitschmelztemperatur T_Z – Zersetzungstemperatur

1.6.1.2 Beeinflussung des Deformationskennwertes

Die Abbildung 1.44 belegt, dass man durch die Nutzung der Deformationskennwerte M die quantitativen Verläufe der Spannungs-Dehnungs-Kennlinien von Thermoplasten bis zu deren Grenzdehnungen analytisch gut beschreiben kann. Durch die ausgeprägte Temperatur- und Zeitabhängigkeit der mechanischen Eigenschaften, speziell von thermoplastischen Kunststoffen, wird der Deformationskennwert ebenfalls von der Zeit und der Temperatur beeinflusst.

In Abbildung 1.44a sind dazu die temperaturabhängigen Spannungs-Dehnungs-Beziehungen von Polypropylen-Homopolymerisat (PP-H) dargestellt und Abbildung 1.44b zeigt dazu exemplarisch die Abhängigkeit des Deformationskennwertes von der Temperatur.

Die Abbildung 1.44b belegt, dass die Abhängigkeit des Deformationskennwertes von der Temperatur durch eine lineare Funktion approximiert werden kann. Mithilfe der Einführung des Faktors k_{MT}, der die Steigung der Geraden beschreibt, kann die Temperaturabhängigkeit des Deformationskennwertes mithilfe der zugeschnittenen Größengleichung (1.17) erfolgen. (Wie in Gleichung 1.15 wird die Temperatur T in Grad Celsius eingesetzt.)

$$M(T) = M - k_{MT} \cdot M \cdot (T - 20) \qquad (1.17)$$

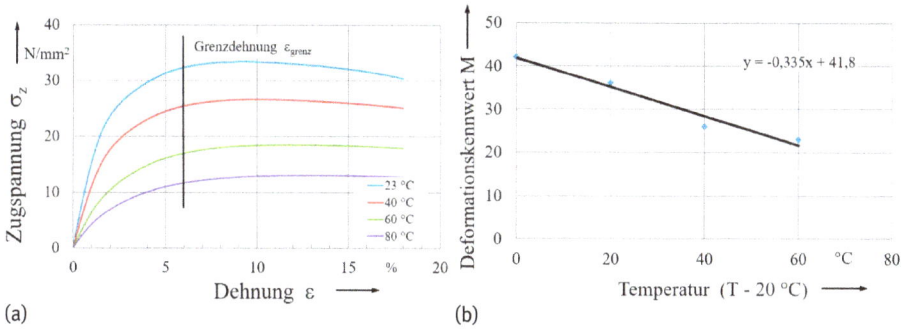

Abb. 1.44: Temperaturabhängigkeit der Spannungs-Dehnungs-Kurven (a) von PP-H sowie (b) die Abhängigkeit des Deformationskennwertes von der Temperatur

In diesem Zusammenhang sind in der Tabelle 1.32 die k_{MT}-Faktoren ausgewählter Thermoplaste zusammen mit den Temperaturfaktoren für die Abschätzung der Temperaturabhängigkeit des E-Moduls dargestellt. Weiterhin befindet sich in dieser Tabelle eine grafische Gegenüberstellung der mit dem k_{TM}-Faktor berechneten temperaturabhängigen M-Werten und den Messwerten.

Tab. 1.32: Temperaturfaktoren ausgewählter Thermoplaste und grafischer Vergleich der berechneten mit den gemessenen Deformationskennwerten von isotaktischem PP-H

Werkstoff	Temperaturfaktoren [a]			
	k [b]	k_{TF} [c]	k_{TE} [d]	k_{MT}
PP-H.	0,0136	–	–	0,0800
POM-C	0,0098	–	–	0,0072
PA6 (lf)	–	19	–0,90	0,0040
PA66 (lf)	–	12	–0,82	0,0064
PA12 (lf)	–	27	–1,05	0,0105
PBT	–	402	–1,84	0,0119
PEEK	0,0017	–	–	0,0091

[a] Gültiger Temperaturbereich: 20–100 °C.
[b] Werte zur Abschätzung des Temperatureinflusses auf den E-Modul.
[c] Lineare Temperatur-Approximation des E-Moduls.
[d] Exponentielle Temperaturapproximation des E-Moduls.

Unter Berücksichtigung des Temperatureinflusses können die in den Gleichungen (1.13) und (1.14) dargestellten Spannungs-Dehnungs-Bezüge wie folgt modifiziert werden (Gleichungen (1.18) und (1.19)):

$$\varepsilon(T) = \frac{1}{M \cdot (1 - k_{MT} \cdot (T - 20))} \cdot \ln\left(\frac{E(T)}{E(T) - M \cdot (1 - k_{MT} \cdot (T - 20)) \cdot \sigma}\right) \tag{1.18}$$

$$\sigma(T) = \frac{E(T)}{M \cdot (1 - k_{MT} \cdot (T - 20))} \cdot \left(1 - e^{-M \cdot (1 - k_{MT} \cdot (T - 20)) \cdot \varepsilon}\right) \tag{1.19}$$

1.6.1.3 Temperatureinfluss auf die Querkontraktionszahl

Neben der Festigkeit und Steifigkeit wird auch die Querkontraktionszahl von der Temperatur beeinflusst. In Abbildung 1.45 sind diese Abhängigkeiten der Poissonzahlen ausgewählter Kunststoffe von der Temperatur dargestellt.

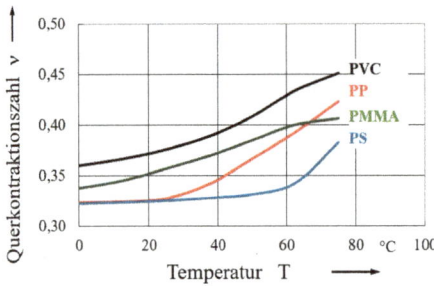

Abb. 1.45: Einfluss der Temperatur auf die Querkontraktionszahl ausgewählter polymerer Werkstoffe [3, 58]

Die Abbildung 1.45 belegt, dass sich die Querkontraktionszahl v mit steigender Temperatur dem Wert von 0,5 nähert, was bedeutet, der Werkstoff wird weicher, gummielastischer. Da für viele Kunststoffe keine Kurvenverläufe, wie sie Abbildung 1.45 zeigt, vorliegen, lässt sich dieser Zusammenhang auch mithilfe der folgenden Beziehung (1.20) abschätzen:

$$v(T) = v_0 + (0,5 - v_0) \cdot \left(1 - \frac{E(T)}{E_0}\right) \tag{1.20}$$

Hinweis: Die Querkontraktionszahlen werden auch von langzeitig wirkenden statischen Belastungen beeinflusst. Deshalb sollte bei überlagertem Temperatur- und statischer Langzeitbeanspruchung der temperaturabhängige Kriechmodul $E(T, t)$ in der Formel (1.20) Verwendung finden.

1.6.2 Langzeitig wirkende statische Beanspruchung

1.6.2.1 Grundlagen der Beschreibung von Relaxation und Retardation

Im Gegensatz zu den metallischen Konstruktionswerkstoffen treten bei Kunststoffen unter der Einwirkung äußerer mechanischer Beanspruchungen Verformungen auf, die man in folgende Anteile aufgliedern kann:

- reversible Spontandehnung, die einen rein elastischen Charakter besitzt;
- viskoelastische Verformung, die zeitabhängig reversibel ist (Verformungsrelaxation);
- zeitabhängig irreversible, viskose Verformung.

Zurückzuführen ist dieses Materialverhalten auf die spezielle kettenförmige Struktur der Makromoleküle. Infolge dieser Struktur werden die Deformationen von Polymeren von Reorganisationsprozessen geprägt. Dabei gleiten die Molekülketten aufeinander ab, was zu einem viskosen Deformationsverhalten führt. Die mit der Verformung auftretende Entropieänderung sowie die Wechselwirkungen der Moleküle untereinander – speziell in den kristallinen Bereichen von Thermoplasten – erklären wiederum das elastische Materialverhalten. Das bedeutet, dass bei statischer oder quasistatischer Langzeitbeanspruchung insbesondere bei thermoplastischen Kunststoffen mehr oder weniger ausgeprägte Kriechprozesse auftreten [59, 83]. Grundsätzlich kann dieses Verformungsverhalten mit den in der Tabelle 1.33 erläuterten Begriffen beschrieben werden.

Die Aufbereitung der Kriech- bzw. Relaxationskurven erfolgt üblicherweise zu Zeitstandsschaubildern. (Abbildung 1.46).

Aufgrund der oben beschriebenen Sachverhalte lässt sich das Kriechverhalten[19] von Kunststoffen durch viskoelastische Modelle beschreiben, wobei in der Regel nur die lineare Näherung von elastischem und viskosem Werkstoffverhalten betrachtet wird. Dabei ist es für die Beschreibung der Langzeitmaterialeigenschaften von Polymeren üblich, Methoden der klassischen Rheologie zu nutzen. So ist es möglich, dieses Verformungsverhalten durch das Zusammenschalten verschiedener rheologischer Grundelemente abzubilden.

Prinzipiell existieren zwei Grundelemente:
- linear elastisches Federelement (Hooke-Element; ideal elastisches Material; Festkörper);
- geschwindigkeitsabhängiges Dämpferelement (Newton-Element; ideal viskoses Material; Fluid).

Zur Beschreibung des viskoelastischen Verformungsverhaltens von Kunststoffen werden diese Elemente in Reihe oder parallel geschaltet. Dafür gibt es mehrere Modelle, die sich hinsichtlich ihrer Komplexität und Handhabbarkeit unterscheiden. Das einfachste Modell ist das Vier-Parameter-Modell, auch Burger-Modell genannt (Tabelle 1.34).

---

[19] Bei statischer Langzeitbeanspruchung und zusätzlicher thermischer Belastungen finden insbesondere bei thermoplastischen Kunststoffen beschleunigte Kriechprozesse statt.

Tab. 1.33: Darstellung des Verformungsverhaltens polymerer Werkstoffe (Beispiel PE-HD) bei langzeitiger statischer oder quasistatischer Beanspruchung [50, 60]

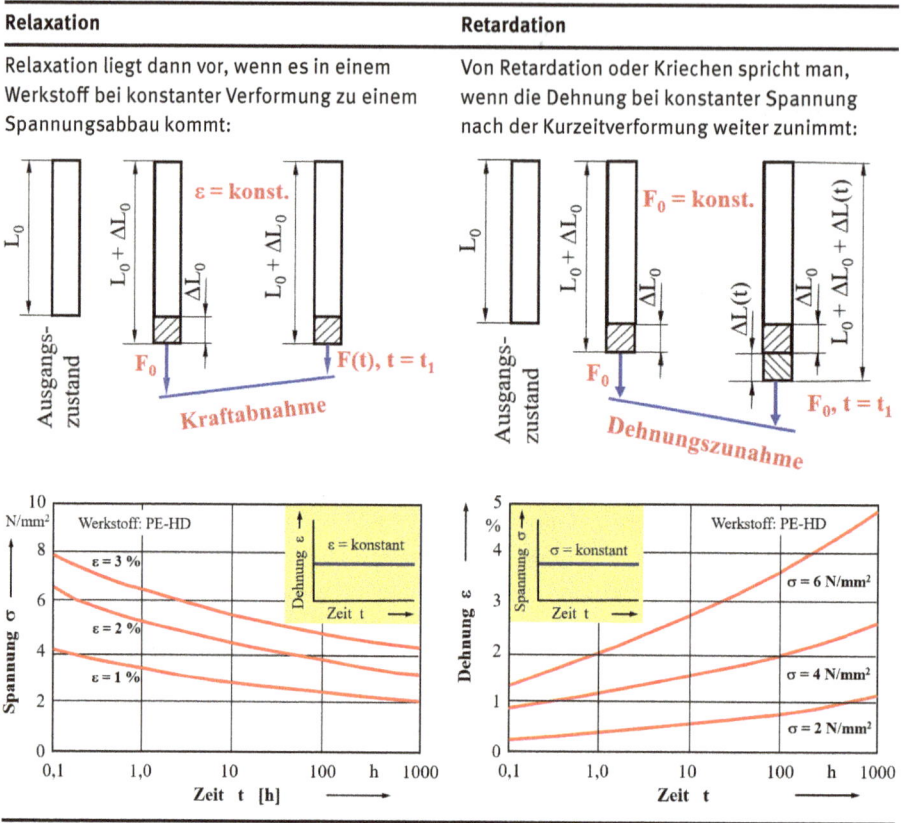

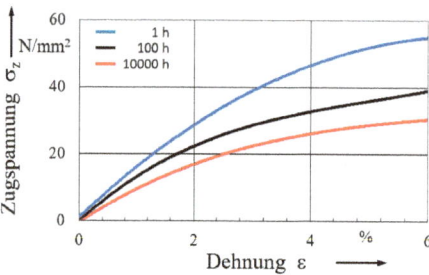

Relaxation	Retardation
Relaxation liegt dann vor, wenn es in einem Werkstoff bei konstanter Verformung zu einem Spannungsabbau kommt:	Von Retardation oder Kriechen spricht man, wenn die Dehnung bei konstanter Spannung nach der Kurzzeitverformung weiter zunimmt:

Werkstoff: PE-HD

$\varepsilon = 3\%$

$\varepsilon = 2\%$

$\varepsilon = 1\%$

Spannung σ [N/mm²]

Zeit t [h]

$\varepsilon = $ konstant

Dehnung ε — Zeit t

Werkstoff: PE-HD

$\sigma = 6$ N/mm²

$\sigma = 4$ N/mm²

$\sigma = 2$ N/mm²

Dehnung ε [%]

$\sigma = $ konstant

Spannung σ — Zeit t

Zeit t

Zugspannung σ_z [N/mm²]

1 h
100 h
10000 h

Dehnung ε [%]

Abb. 1.46: Isochrones Spannungs-Dehnungs-Diagramm von POM-H, Hostaform C2521

1.6.2.2 Aufbereitung und Darstellung von Langzeitkennwerten

Prinzipiell ist das Kriech- und Relaxationsverhalten von Kunststoffen sowohl von der Temperatur als auch von der Höhe der vorliegenden Spannung signifikant beeinflusst. Dazu werden in der Literatur aufwendige spannungs- und temperaturabhängige Ansätze zur Beschreibung des langzeitigen Verformungsverhaltens dieser Werkstoffe vorgestellt und diskutiert [63, 64] (Tabelle 1.34).

Tab. 1.34: Rheologisches Ersatzmodell zur Beschreibung des viskoelastischen Materialverhaltens (nach [61, 62])

Beanspruchung			
Statische Langzeit- **beanspruchung**		Verformung bei $\sigma = \sigma_0 =$ konstant	

Rheologische Grundelemente			
Federelement (rein elastisch, spontan reversibel)		$\varepsilon_0 = \dfrac{\sigma_0}{E_0}$	(1.21)
Dämpferelement (rein viskos, zeitabhängig irreversibel)		$\varepsilon_V(t) = \dfrac{t \cdot \sigma_0}{\eta_0}$	(1.22)

Vier-Parameter-Modell (Burger-Modell)

Burger-Modell (viskoelastisch)		$\varepsilon_{ges}(t) = \varepsilon_0 + \varepsilon_V(t) + \varepsilon_{rel}(t)$	(1.23)
		mit: $\varepsilon_{rel}(t) = \dfrac{\sigma_0}{E_r}\left(1 - e^{-\frac{t}{\tau}}\right)$	(1.24)
		und: $\tau = \dfrac{\eta}{E_r}$	(1.25)

In der ingenieurtechnischen Praxis findet für konstruktive Auslegungsarbeiten allerdings meist der Findley-Ansatz (1.26) Anwendung:

$$\varepsilon(t) = \varepsilon_0 + k_1 \cdot \left(\frac{t}{t_1}\right)^{k_2} \qquad (1.26)$$

Für die Bestimmung der Parameter k_1 und k_2 werden im Allgemeinen experimentell ermittelte Kriechkurven ausgewertet. Weiterhin bietet sich dafür auch die Verwendung der 1- und 1000-Stunden-Kriechmodul-Werte an, die in den meisten einschlägigen Datenbanken eingepflegt sind. Zur Bestimmung des Kriechparameters k_1 (Kriechfaktor) setzt man in die Findley-Potenzfunktion (1.26) die Beanspruchungszeit

$t = t_1 = 1$ h ein. Nach einer Umformung dieser Beziehung bildet man den Logarithmus beider Seiten. Somit erhält die Gleichung folgende Form (1.27):

$$\lg(\varepsilon(t_1) - \varepsilon_0) = \lg(k_1) + k_2 \cdot \lg\left(\frac{t_1}{t_1}\right) \quad \Rightarrow \quad \lg(\varepsilon(t_1) - \varepsilon_0) = \lg(k_1) \tag{1.27}$$

Für eine konkrete Spannung und unter Verwendung des Ausgangs-E-Moduls E_0 und des 1-Stunden-Kriechmoduls $E_{c(t_1)}$ errechnet sich k_1 wie folgt (1.28):

$$k_1 = \varepsilon(t_1) - \varepsilon_0 \quad \Rightarrow \quad k_1 = \sigma \cdot \left(\frac{E_0 - E_{c(t_1)}}{E_0 \cdot E_{c(t_1)}}\right) \tag{1.28}$$

Für die Bestimmung des Parameters k_2 (Kriechexponent) wird ein zweites Wertepaar zum Zeitpunkt $t_2 > t_1$ (etwa die 1000-Stunden-Werte) herangezogen und der Findley-Ansatz wie folgt umgestellt (1.29):

$$\varepsilon(t_2) = \varepsilon_0 + k_1 \cdot \left(\frac{t_2}{t_1}\right)^{k_2}$$

$$\Rightarrow \quad \varepsilon(t_2) - \varepsilon_0 = k_1 \cdot \left(\frac{t_2}{t_1}\right)^{k_2} \tag{1.29}$$

$$\Rightarrow \quad \lg(\varepsilon(t_2) - \varepsilon_0) = \lg(k_1) + k_2 \cdot \lg\left(\frac{t_2}{t_1}\right)$$

Stellt man diese Beziehung nach k_2 um und setzt wiederum die entsprechenden Moduln ein, kann man den Parameter k_2 wie folgt bestimmen (1.30):

$$k_2 = \frac{1}{3} \cdot \lg\left(\frac{\varepsilon(t_2) - \varepsilon_0}{k_1}\right) = \frac{1}{3} \cdot \lg\left(\frac{\varepsilon(t_2) - \varepsilon_0}{\varepsilon(t_1) - \varepsilon_0}\right)$$

$$\Rightarrow \quad k_2 = \frac{1}{3} \cdot \lg\left(\frac{(E_0 - E_{c(t_2)}) \cdot E_{c(t_1)}}{(E_0 - E_{c(t_1)}) \cdot E_{c(t_2)}}\right) \tag{1.30}$$

1.6.2.3 Kriechbeständigkeit

Allerdings sind die Erarbeitung und datenbanktechnische Verwaltung dieser Schaubilder, wie sie etwa in der CAMPUS-Datenbank erfolgt, recht aufwendig. Für eine Kurzbeschreibung des Kriech- bzw. Relaxationsverhaltens bietet sich die Verwendung der von Kunz [65, 66] vorgeschlagene „Kriechbeständigkeit" (1.31) als Kenngröße an:

$$c_c = \frac{E_{c(t_3)}}{E_{c(t_1)}} \tag{1.31}$$

Mithilfe dieses Kennwertes lassen sich die Kriechneigungen polymerer Werkstoffe recht anschaulich vergleichen. Dazu werden aus einem Speicher, etwa der CAMPUS-Datenbank, entsprechende Kriechmodul-Zeit-Schaubilder oder isochrone Spannungs-Dehnungs-Diagramme selektiert und für eine konkrete Spannung die Kriechmodulwerte E_c der zu vergleichenden Werkstoffe jeweils für $t_0 = 1$ h und für $t_3 =$

1000 h aufbereitet. In der Tabelle 1.35 ist diese Vorgehensweise für Polypropylen und Polycarbonat exemplarisch dargestellt.

Die Abschätzung der zeitabhängigen Werkstoffsteifigkeiten für konkrete Zeitpunkte t lässt sich dann unter Einbeziehung des Kurzzeit-E-Moduls E und $t_0 = 1$ h mit der Beziehung (1.32) realisieren, mit deren Hilfe es weiterhin möglich ist, zu interpolieren und über eine Zeitdekade zu extrapolieren.

$$E_c(t) \approx E \cdot \frac{3 - (1 - c_c) \cdot \lg \left(\frac{t}{t_0} \right)}{3 + 2 \cdot (1 - c_c)} \tag{1.32}$$

Tab. 1.35: Ermittlung der Kriechbeständigkeiten c_c von Polypropylen-Homopolymerisat und Polycarbonat aus aufbereiteten Kriechmodul-Zeit-Schaubildern (nach [66])

Werkstoff	Zugspannung σ_z in N/mm²	Kriechmodul E_c in N/mm²		Kriechbeständigkeit c_c	
		$E_{c(0)}$, (1 h)	$E_{c(3)}$, (1000 h)	Einzelwerte	Mittelwerte
Polypropylen (PP-H)	1	955	560	0,59	
	2	850	495	0,58	0,58
	5	795	460	0,58	
Polycarbonat (PC)	5	2188	1903	0,87	
	10	2158	1852	0,86	0,86
	15	2030	1752	0,86	

1.6.2.4 Zeiteinfluss auf den Deformationskennwert

Ein Vergleich der Abbildungen 1.44a und 1.46 zeigt die Möglichkeit auf, den Kurvenverlauf der Isochronen ebenfalls mithilfe eines Deformationskennwertes zu beschreiben. Dazu ist die Beziehung (1.13) entsprechend zu modifizieren (1.33):

$$\sigma(t) = \frac{E_c(t)}{M(t)} \cdot (1 - e^{-M(t) \cdot \varepsilon}) \tag{1.33}$$

Zur Bestimmung der zeitabhängigen Deformationskennwerte $M(t)$ werden die isochronen Spannungs-Dehnungs-Diagramme analog der Vorgehensweise bei der Auswertung der Kurzzeitkurven ermittelt. Die Abbildung 1.47 belegt exemplarisch die Zeitabhängigkeit des Deformationskennwertes von Polyoxymethylen (POM).

Diese Darstellung verdeutlicht, dass die Zeitabhängigkeit des Deformationskennwertes durch folgende Logarithmusfunktion (1.34) zu beschreiben ist:

$$M(t) = k_c \cdot \ln(t) + a_c \cdot M \tag{1.34}$$

Der im Kurzzeitversuch ermittelte Deformationskennwert entspricht etwa dem des M-Wertes von $t = 10^{-2}$ h. Zur korrekten Handhabung der Beziehung (1.34) wird an dieser Stelle – analog zur Beschreibung des Kriechverhaltens von Kunststoffen – mithilfe der Kriechbeständigkeit die jeweilige Deformationszeit t auf einen Ausgangswert von $t_0 = 1$ h bezogen und ein Korrekturfaktor a_c eingeführt, mit welchem das

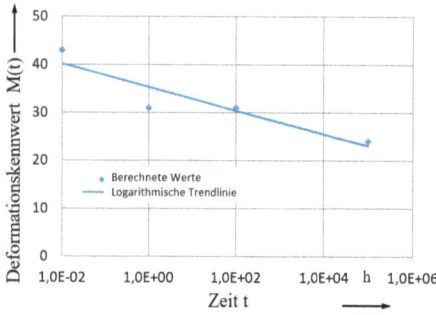

Abb. 1.47: Zeitabhängigkeit des Deformationskennwertes von POM-C (Hostaform C2521)

allgemeine Glied der Gleichung (1.34) an den Kurzzeitdeformationskennwert angeglichen wird. Der Faktor k_c beeinflusst die Steigung der Geraden in diesem Diagramm. Durch die Einbeziehung der Faktoren a_c und k_c kann die Gleichung (1.13) wie folgt modifiziert (1.35) bzw. nach der Dehnung umgestellt werden (1.36):

$$\sigma(t) = \frac{E_c(t)}{a_c \cdot M - k_c \cdot \ln\left(\frac{t}{t_0}\right)} \cdot \left(1 - e^{-\left(a_c \cdot M - k_c \cdot \ln\left(\frac{t}{t_0}\right) \cdot \varepsilon\right)}\right) \tag{1.35}$$

$$\varepsilon(t) = \frac{1}{a_c \cdot M - k_c \cdot \ln\left(\frac{t}{t_0}\right)} \cdot \ln\left(\frac{E(t)}{E_c - \left(a_c \cdot M - k_c \cdot \ln\left(\frac{t}{t_0}\right)\right) \cdot \sigma}\right) \tag{1.36}$$

Zusammenfassend sind in der Tabelle 1.36 die Kriechbeständigkeiten c_c sowie die Kurzzeit-Deformationskennwerte M zusammen mit den a_c- und k_c-Faktoren ausgewählter thermoplastischer Polymere für die rechnerische Abschätzung der Zeitabhängigkeit der mechanischen Eigenschaften dieser Werkstoffe dargestellt. Weiterhin erfolgt eine Gegenüberstellung gemessener isochroner Kriechkurven von PP-H mit entsprechenden Rechenwerten Diese Darstellung zeigt, dass unter Verwendung des Deformationskennwertes und der abgeleiteten Kriechfaktoren eine Abschätzung des Deformationsverhaltens von thermoplastischen Kunststoffen bei langzeitiger statischer Beanspruchung zu realistischen Ergebnissen führt.

Tab. 1.36: Kriechfaktoren ausgewählter Thermoplaste und Vergleich gemessener isochroner Kriechkurven von PP-H mit entsprechenden Rechenwerten

Werkstoff	Kriechfaktoren			
	c_c	a_c	k_c	M
PP-H	0,55	1,0	0,35	42–45
POM-C	0,61	0,86	0,85	39
PA6 (lf)	0,76	1,1	0,93	44
PA66 (lf)	0,68	2,5	0,9	31
PA12 (lf)	0,55	1,2	2,0	24
PBT	0,70	2,4	0,7	24
PEEK	0,84	1,2	0,8	29
PC	0,86	1,46	0,24	28

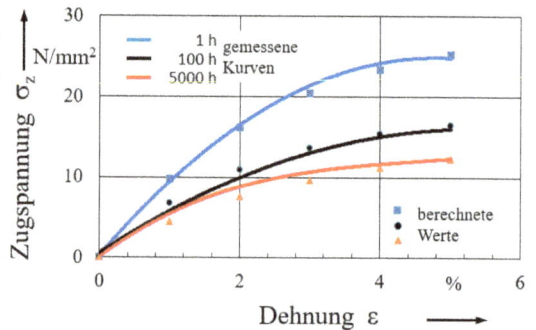

1.6.2.5 Experimentelle Bestimmung statischer Langzeitkennwerte

Die experimentelle Bestimmung des Kriech- bzw. Relaxationsverhaltens von Kunststoffen erfolgt auf der Basis der DIN EN ISO 899 und ist extrem aufwendig. Für lange Prüfzeiträume (z. B. für 25 Jahre) sind derartige experimentelle Untersuchungen nicht realisierbar.

Vergleicht man die Abbildungen 1.44a und 1.46 so ist eine gewisse Ähnlichkeit der Verläufe der Kriechkurven und der Kurven des temperaturabhängigen Verformungsverhaltens, speziell von Thermoplasten, zu konstatieren. Diese Ähnlichkeit, die in der Regel Temperatur-Zeit-Analogie (TZA) genannt wird, kann man sich für zeitraffende Experimente zunutze machen, in dem man zusätzlich zu den Kriechversuchen, die bei Normaltemperatur durchgeführt werden, über einen vertretbaren Zeitraum Versuche mit abgestuft erhöhten Temperaturen durchführt [67–69]. Zur Aufbereitung dieser Messungen werden Abschnitte von Kriechkurven, die bei erhöhten Temperaturen ermittelt worden sind, der Basiskurve (Masterkurve) zugeordnet. Dabei werden Kurvenstücke selektiert und parallel zur logarithmisch geteilten Zeitachse auf die Basiskurve verschoben. Die verschobenen Kurven, inklusive ihrer Messwertpunkte, werden dabei gleichberechtigt wie Messwerte der Basiskurve behandelt[20].

In der Praxis wird die Temperatur-Zeit-Verschiebung bzw. das Zeit-Temperatur-Superpositionsprinzip bisher meist mit grafischen Verfahren realisiert. Dazu werden Messwertkurven entsprechend grafisch aufbereitet und ausgemessen. Die mathematische Verarbeitung erfolgt dann relativ aufwendig mithilfe von Verschiebungsfunktionen [70, 71] auf der Basis der Arrhenius-Funktion oder der Methode nach Williams, Landel und Ferry [72].

Bei der Auswertung von Messdaten neuerer TZA-Analysen liegen Werte in der Regel in digitaler Form vor und können mit unterschiedlichen Verfahren – z. B. mithilfe von Tabellenkalkulationsprogrammen – rechentechnisch relativ einfach aufbereitet werden. Diese Form der Datenaufbereitung erfolgt etwa mithilfe eines kommerziellen Tabellenkalkulationsprogrammes. Als Beispielwerkstoff wird hier mit dem modifizierten Polypropylen Mopylen 2/83 ein thermorheologisch einfacher Werkstoff ausgewählt. Die in Abbildung 1.48 dargestellten Daten basieren auf Angaben von Kiraly [69]. Die Zugkriechversuche erfolgten bei einer konstanten Spannung von $6\,N/mm^2$. Die Aufbereitung der Daten erfolgt dahin gehend, dass die temperaturabhängigen Dehnungen über dem Logarithmus der Zeit aufgetragen werden. Eine Auswertung der Messwertdarstellungen zeigt, dass diese mit Trendkurven auf der Basis von Polynomen (Abbildung 1.48a) oder Exponentialfunktionen (Abbildung 1.48b) ausreichend gut beschrieben werden können. Konkret kommt eine Polynomfunktion zweiten Gra-

---

20 Diese Herangehensweise gilt streng genommen nur für thermorheologisch einfache Werkstoffe, etwa für unverstärkte Duromere, amorphe Kunststoffe und teilweise auch für teilkristalline Polymere. Bei thermorheologisch komplexen Werkstoffen, wie gefüllten oder verstärkten Kunststoffen, ist es notwendig, eine zusätzliche Vertikalverschiebung durchzuführen.

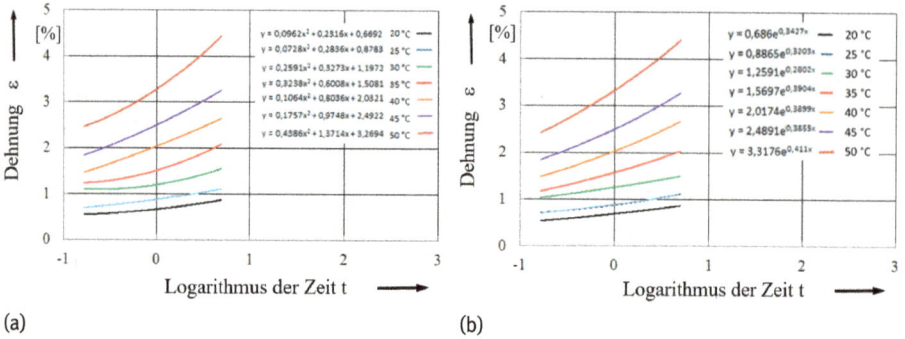

(a)

(b)

Abb. 1.48: Trendkurven der gemessenen Isothermen approximiert auf der Basis von (a) Polynomen zweiten Grades und (b) Exponentialfunktionen

des (1.37) und eine einfache Exponentialfunktion (1.38) zum Einsatz.

$$y = c_1 \cdot x^2 + c_2 \cdot x + c_3 \tag{1.37}$$

$$y = c_4 \cdot e^{c_5 \cdot x} \tag{1.38}$$

Um optimale Voraussetzungen für die Verschiebung der Kurvensegmente zu gewährleisten, erfolgt auf der Grundlage der jeweiligen Trendkurvenformel im ersten Schritt eine Extrapolation der Kurven bis zum 10-Stunden-Wert. Verschoben werden dann die Segmente, die durch den 1-Stunden-Wert und den 10-Stunden-Wert begrenzt sind. In Tabelle 1.37 ist die Verschiebung eines Kurvensegmentes auf die Masterkurve grafisch

Tab. 1.37: Beispiel für die Verschiebung eines Segmentes einer Isotherme auf die Masterkurve mithilfe einer Exponentialfunktion

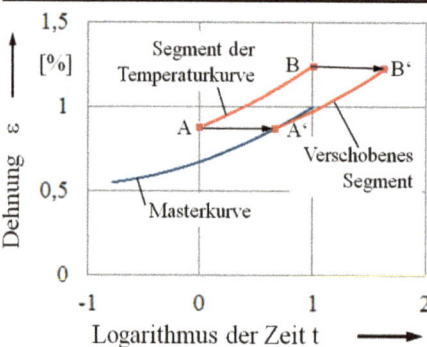

Schematische Darstellung der Verschiebung eines Segmentes der Temperaturkurve

1. Schritt:
Berechnung der Koordinaten von Punkt A und B

$$x_A = 0, \quad y_A = c_4 \cdot e^{c_5 \cdot x_A}$$
$$x_B = 1, \quad y_B = c_4 \cdot e^{c_5 \cdot x_B}$$

2. Schritt:
Berechnung der Koordinaten von Punkt A' und B'

$$y_{A'} = y_A, \quad x_{A'} = \frac{1}{c_6} \cdot \ln\left(\frac{y_{A'}}{c_7}\right)$$
$$y_{B'} = y_B, \quad x_{B'} = (x_{A'} - x_A) + 1$$

(c_4, und c_5 sind die Konstanten der Exponentialfunktion des zu verschiebenden Isothermensegments und c_6 und c_7 sind die Konstanten der Masterkurve) dargestellt. Weiterhin sind in dieser Tabelle die zur Verschiebung notwendigen mathematischen Operationen zusammengefasst.

Im dritten Schritt werden die ermittelten Punkte A' und B' wie Messwerte behandelt und der Datenbasis der Masterkurve zugeordnet. Um weitere Verschiebungen zu realisieren, werden die Trendkurven der aktualisierten Datenbasis ermittelt und die neuen Konstanten bestimmt. Eine weitere Verschiebung von Isothermensegmenten erfolgt dann analog der in der Tabelle 1.37 dargestellten Herangehensweise, wobei die jeweils aktualisierte Masterkurve als Basis fungiert.

Die Abbildung 1.49a zeigt für das gewählte Beispiel (Mopylen 2/83, $\sigma_z = 6\,N/mm^2$) das Ergebnis der auf der TZA beruhenden Kriechkurve bei 20 °C.

Problematisch ist allerdings, dass die Abbildung 1.49a suggeriert, dass es durchaus statthaft sei, mithilfe der Trendkurvenfunktion eine Approximation bis zum Dehnungsgrenzwert dieses PP-Werkstoffes von $\varepsilon_{grenz} = 6\,\%$ durchzuführen. Das würde bedeuten, dass man mithilfe von 5-Stunden-Kriechversuchen Aussagen zum Langzeitdeformationsverhalten dieses Materials bis zu mehr als 100 Jahren treffen könnte. Das ist natürlich unseriös und unsinnig. In diesem Zusammenhang ist im Abbildung 1.49b ein Grenzwert für sinnvollen Voraussagezeitraum für dieses Beispiel angegeben.

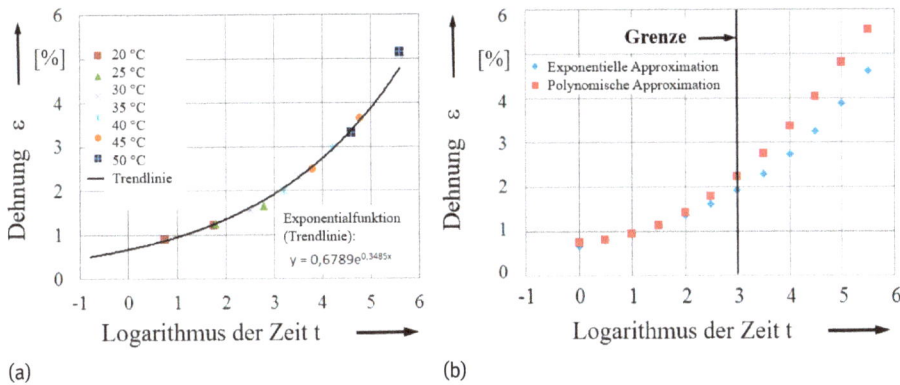

Abb. 1.49: (a) Masterkurve mit den Anfangs- und Endpunkten der verschobenen Isothermensegmente sowie (b) eine Begrenzung des Voraussagezeitraums

Die Abbildung 1.49 verdeutlicht weiterhin, dass die Ergebnisse der verwendeten Approximationsfunktionen bis zu diesem Grenzwert keine signifikanten Unterschiede aufweisen. Unter Berücksichtigung dieses Grenzwertes belegt die Abbildung 1.49 weiterhin, dass die Temperatur-Kriech-Versuche bei 45 und 50 °C für die Approximation nicht notwendig waren.

Aufgrund der Auswertung dieser und anderer Untersuchungen sollten bei der Durchführung von TZA-Untersuchungen folgende Bedingungen bzw. Arbeitsschritte eingehalten werden:

a) Die Basiskurve ist bis mindestens 500 h experimentell zu bestimmen.

b) Die Temperaturkurven sind mindestens bis 10 h – besser bis 100 h – zu ermitteln und die Prüftemperaturen sind sinnvoll auszuwählen.

c) Die Basismesswerte müssen zur Basiskurve approximiert werden (Festlegung der Approximationsfunktion).

d) Die Basiskurve ist um eine Dekade zu extrapolieren.

e) Die Auswertung und das Verschieben der Temperaturkurvensegmente (eine Dekade) erfolgt auf die extrapolierte Basiskurve.

f) Nach jeder Verschiebung erfolgt eine Korrektur der Basiskurvenfaktoren (Aktualisierung der Approximationsfunktion).

g) Extrapolation der Masterkurve auf den Aussagezeitraum (ca. eine Dekade).

Kann der gewünschte Aussagezeitraum nicht erreicht werden, so sind die Prüfzeiten zu verlängern und ggf. das Temperaturspektrum der zusätzlichen Kriechversuche zu optimieren.

1.6.2.6 Schädigungen bei statischer Langzeitdeformationsbeanspruchung

Bei langzeitig wirkender statischer Beanspruchung treten bei Kunststoffen im Vergleich zu Kurzzeitbeanspruchungen schon bei kleineren Spannungen irreversible Schäden und Verformungen auf. Bei höheren Spannungen hat dann die Kriechkurve $\varepsilon = f(t)$ folgenden prinzipiellen Verlauf (Abbildung 1.50).

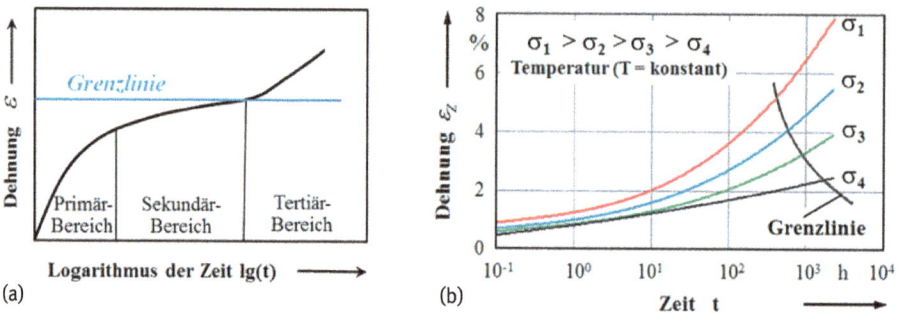

Abb. 1.50: Prinzipdarstellung von Grenzlinien bei statischer Langzeitbeanspruchung: (a) Bereiche einer Kriechkurve und (b) Dehnungs-Zeit-Diagramm bei verschiedenen Spannungshorizonten

Der Primärbereich ist durch die Lastaufbringung gekennzeichnet. Der Sekundärbereich beschreibt das stationäre Kriechen mit konstanter Dehngeschwindigkeit. Nimmt die Kriechgeschwindigkeit ab einem gewissen Zeitpunkt zu (beschleunigtes Kriechen), so spricht man vom tertiären Kriechen, welches auf eine zunehmende Werkstoffschädigung zurückzuführen ist. Wertet man mehrere Versuche $\varepsilon = f(t)$ bei unterschiedlichen Spannungen aus (Abbildung 1.50b), so kann man mit recht großem Aufwand Grenzlinien ableiten.

1.6.3 Langzeitig wirkende dynamische Beanspruchung

Analog der Herangehensweise an die Betrachtung des Versagensverhaltens von metallischen Werkstoffen bei dynamischer Langzeitbeanspruchung werden bei Polymeren ebenfalls Versagenswerte, wie etwa die Schwingfestigkeit, aus Wöhler-Kurven oder Smith-Diagrammen abgeleitet. Bei dem dafür meistverwendeten Wöhler-Versuch werden die Versuchskörper in der Regel mit einer sinusförmigen Beanspruchungs-Zeit-Funktion zyklisch beansprucht, wobei die Lastamplituden σ_a konstant sind. Die Durchführung von Wöhler-Versuchen, speziell an unmodifizierten Kunststoffen, ist ausfolgenden Gründen kompliziert und aufwendig:
- Wie fast alle mechanischen Kennwerte sind auch die dynamischen Versagenswerte von der Temperatur abhängig, was bedeutet, dass die durch die große Werkstoffdämpfung induzierte Temperaturerhöhung bei Kunststoffprüfkörpern das zulässige Beanspruchungsniveau eingrenzt und so zu langen Prüfzeiten führt.
- Die Regelung von Dauerschwingversuchen ist insofern kompliziert, dass bei Kunststoffen infolge der Relaxation oder Retardation die Mittelspannung abnimmt oder die Mitteldehnung zunimmt.
- Speziell bei unverstärkten Thermoplasten treten Strukturveränderungen auf, die sich in Form von Dehnungsvergrößerungen äußern und die ohnehin hohe Streuung der Messergebnisse noch vergrößern.

Die Wöhler-Versuche werden in der Regel unter mehreren Lasthorizonten bis zu einem definierten Versagen bzw. bis zu einer festgelegten Grenzschwingspielzahl mithilfe einer Folge von Einstufenschwingversuchen mit konstanten Amplituden σ_a und Mittelspannungen σ_m durchgeführt [73, 74]. Die Versuchsergebnisse werden in einem doppellogarithmischen Diagramm (Abbildung 1.51) dargestellt, wobei die Nennspannungsamplitude σ_a über der ertragbaren Schwingspielzahl N aufgetragen wird.

Die Wöhler-Linien (Abbildung 1.51) verdeutlichen, dass mit abnehmender Spannungsamplitude σ_a eine Zunahme der Schwingspielzahl N zu verzeichnen ist. Diese Darstellung zeigt weiterhin, dass bei Metallen die Wöhler-Linie oberhalb Grenzschwingspielzahl N_D annähernd in eine Horizontale übergeht, was bedeutet, dass auch nach unendlich vielen Schwingspielen kein Bruch auftritt. Die dieser Grenzschwingspielzahl N_D entsprechende Spannungsamplitude σ_a wird als Dauerschwingfestigkeit oder kurz als Dauerfestigkeit σ_D bezeichnet.

Bei unverstärkten Kunststoffen fällt die Wöhler-Linie auch bei sehr hohen Schwingspielzahlen weiter ab. Deshalb wird bei diesen Werkstoffen eine auf $7 \cdot 10^7$ Schwingspiele bezogene Dauerschwingfestigkeit σ_D festgelegt, obwohl auch bei noch höheren Schwingspielzahlen Ermüdungsbrüche auftreten können.

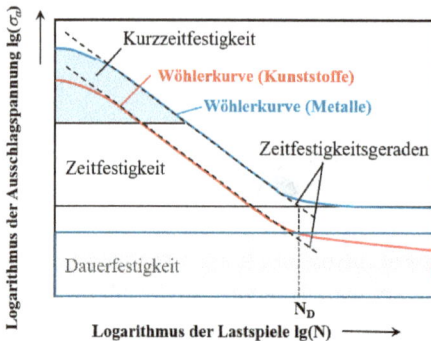

Begriffe:
- Die Kurzzeitschwingfestigkeit charakterisiert das Versagen unterhalb von ca. 10^4–10^5 Schwingspielen.
- Die Zeitfestigkeit kennzeichnet den Versagensbereich zwischen 10^4–$2 \cdot 10^6$ Schwingspielen, in dem die Wöhler-Kurve bei doppellogarithmischer Darstellung nahezu gerade verläuft.
- Unterhalb der Dauerfestigkeit σ_D kann ein Bauteil prinzipiell beliebig viele Schwingspiele ertragen.

Abb. 1.51: Schematische Gegenüberstellung einer Wöhler-Kurve für Kunststoffe im Vergleich zu einer Kurve von metallischen Werkstoffen nach [74]

Vor allem zur Realisierung von Leichtbaueffekten werden in der industriellen Praxis, besonders aber in der Luft- und Raumfahrt sowie im Fahrzeug- und auch im Maschinen- und Anlagenbau, Bauteile oder Baugruppen nicht dauerfest, sondern betriebsfest ausgelegt[21] [75, 76]. Dabei beschreibt die sogenannte Betriebsfestigkeit die Fähigkeit von Maschinenelementen, Baugruppen oder Anlagen statische, dynamische und andere Beanspruchungen, die in der Regel zu einem Beanspruchungskollektiv zusammengefasst werden, im Rahmen eines vorherbestimmten realen Zeitraumes ohne Ausfall oder unzulässiger Degradation zu ertragen [77]. Dieses Beanspruchungskollektiv wird im Wesentlichen dadurch charakterisiert, welche Spannungsamplituden wie oft auftreten, welche Mittelspannung vorliegt und, das ist besonders bei dynamisch beanspruchten Kunststoffbauteilen von besonderer Bedeutung, wie hoch die Temperaturbeanspruchung ist und ob zusätzlich auch schlag- und stoßartige Belastungen auftreten.

Bei der Betrachtung der Betriebsfestigkeit befindet man sich im Bereich der Zeitfestigkeit, in welcher zwischen der Kurzzeitfestigkeit und der Dauerfestigkeit (Abbildung 1.51) nur eine begrenzte Anzahl an Lastwechseln ertragen wird. Diese ertragene Schwingspielzahl kann mithilfe statistischer Analysen anhand von Wöhler-Kurven vorhergesagt werden, wobei Methoden der Schadensakkumulation etwa nach Miner, Palmer und Langer zur Anwendung gelangen [78, 79]. Speziell für Kunststoffe sind u. a. in [80–82] entsprechende Werkstoffkennwerte in Form von Datenblättern und Diagrammen archiviert.

---

21 Heutzutage werden in zahlreichen Bereichen der Technik Betriebsfestigkeitsnachweise geführt. Dabei ist der Betriebsfestigkeitsnachweis ein wichtiges Arbeitsmittel bei der beanspruchungsgerechten Auslegung und Optimierung von Bauteilen. Deshalb haben sich an vielen Hochschulen und anderen Forschungseinrichtungen Betriebsfestigkeitszentren etabliert, wie etwa an der TU Dresden oder dem Fraunhofer-Institut für Betriebsfestigkeit oder der IABG (Industrieanlagen-Betriebsgesellschaft mbH).

Bei betriebsfesten Bemessungen von Maschinen und Anlagen sollten sicherheitsrelevante Bauteile idealerweise lediglich durch Verformung und nicht durch Bruch versagen, denn die Dehnungen von unverstärkten Kunststoffteilen steigen bereits bei niedrigen Belastungen langsam und gleichmäßig, was auf Strukturveränderungen und überlagerte Kriechprozesse zurückzuführen ist. Von Bedeutung dabei ist, dass betriebsfeste Bauteile, die bis zu einer bestimmten Schwingungsamplitude ausgelegt werden, nach dem Überschreiten dieser Grenzdehnung versagen dürfen.

Analog der im Abschnitt 1.5.3 vorgestellten Prinzipien der dehnungsbezogenen Bemessung von Kunststoffstrukturen, gelten auch bei dynamischen Beanspruchungen erstmals auftretende ausgeprägte Dehnungserhöhungen, die auf überproportionale Kennwertänderungen hinweisen, als Beanspruchungsgrenzen. Beispielsweise werden aus konkreten Anwendungen abgeleitete Dehnungsgrenzen, wie etwa die zulässigen Zahnkopfverformungen bei Kunststoffzahnrädern, meist bei niedrigeren Lastwechselzahlen erreicht als der, auf Ermüdung beruhende, Zahnfußbruch.

1.6.4 Mediale Beständigkeiten und Alterung

1.6.4.1 Medieneinfluss

Die Resistenz vieler Kunststoffe gegenüber aggressiven Medien ist ein wesentlicher Aspekt für den Einsatz dieser Werkstoffe in weiten Bereichen der Technik. Seit Beginn der Anwendung von Hochpolymeren in der Praxis wurden intensive Untersuchungen zur Medienbeständigkeit dieser relativ neuen Werkstoffe durchgeführt. Dabei hat sich gezeigt, dass es nicht zweckmäßig ist, die Beständigkeit polymerer Werkstoffe gegenüber Einzelmedien darzustellen, sondern diese jeweiligen Mediengruppen zuzuordnen. Dazu werden 19 Gruppen ausgewählt, die zur hinreichenden Charakterisierung der chemischen Beständigkeit benötigt werden (Tabelle 1.38).

Weiterhin ist es auch angebracht, die Kunststoffe entsprechend ihrer „Verwandtschaft" ebenfalls in Gruppen bzw. Familien einzuteilen. So unterscheidet man etwa 20 verschiedene Arten von Kunststofffamilien, wie etwa die Polyamide, die thermoplastischen Polyester oder die Polyolefine (Abschnitt 1.3.1).

In Anbetracht des breiten Spektrums an vorhandenen Informationen soll auf diese Problematik an dieser Stelle nicht tiefer eingegangen werden. Stattdessen soll auf diverse Datenblätter bzw. -banken und die Literatur verwiesen werden. In [35], z. B., erfolgt in diesem Zusammenhang eine umfassende Beschreibung des heutigen Wissens über die Beständigkeit Hochpolymeren.

In der Praxis ist es auch üblich, die Beständigkeit gegenüber ausgewählten Medien branchenspezifisch aufzubereiten. Ein Beispiel für die hier im Mittelpunkt stehenden thermoplastischen Kunststoffe für vorwiegend tribologische Anwendungen ist in Tabelle 1.39 gezeigt.

Tab. 1.38: Mediengruppen

Mediengruppe	Charakterisierung
Alkohole	sind Verbindungen, die an unterschiedliche aliphatische Kohlenstoffatome gebundene Hydroxygruppen (–O–H) besitzen.
Aldehyde	gehören zu den Carbonylverbindungen, die eine oder mehrere Aldehydgruppen (–CHO) im Molekül enthalten.
Ester	ist eine Stoffgruppe, die durch die Reaktion von Säure mit Alkoholen unter Abspaltung von Wasser entsteht.
Ether	sind organische Verbindungen, die als funktionelle Gruppe eine Ethergruppe (R_1–O–R_2) besitzen.
Aromatische Kohlenwasserstoffe	sind cyclische und chemisch relativ stabile Kohlenwasserstoffe mit einem aromatischen System, welches durch ein delokalisiertes π-Elektronensystem charakterisiert ist.
Aliphatische Kohlenwasserstoffe	sind nicht aromatische organische Verbindungen, die aus Kohlenstoff und Wasserstoff zusammengesetzt sind.
Halogenkohlenwasserstoffe	sind Kohlenwasserstoffe, bei denen mindestens ein Wasserstoffatom durch eines der Halogene Fluor, Chlor, Brom oder Jod substituiert wurde.
Halogene	sind die chemischen Elemente Fluor, Chlor, Brom und Jod.
Oxidierende Verbindungen	oder Oxidationsmittel sind Elemente und Verbindungen mit einem hohen Redoxpotenzial wie Sauerstoff, Ozon oder Wasserstoffperoxid.
Organische Säuren	oder Carbonsäuren sind Kohlenwasserstoffe, die eine oder mehrere Carboxylgruppen (R–COOH) besitzen.
Anorganische Säuren	sind chemische Verbindungen, die in wässriger Lösung Protonen (Wasserstoffionen) abgeben können.
Basen	sind chemische Verbindungen, die in wässriger Lösung in der Lage sind, Hydroxidionen (OH^-) zu bilden.
Salze	sind chemische Verbindungen, die aus positiv geladenen Ionen und negativ geladenen Ionen aufgebaut sind.
Wasser	ist eine chemische Verbindung aus den Elementen Sauerstoff und Wasserstoff.
Fette und Öle	sind Ester des dreiwertigen Alkohols Glycerin mit drei aliphatischen Monocarbonsäuren (Fettsäuren).
Mineralöle	sind durch Destillation von Erdöl oder anderer fossiler Rohstoffe hergestellte Öle.
Kraftstoffe	sind Stoffe, die zur direkten Verbrennung in einer Verbrennungskraftmaschine genutzt werden (Benzin, Diesel).
Amine	sind Kohlenwasserstoffe, bei denen ein oder mehrere Wasserstoffatome durch Alkyl- oder Arylgruppen substituiert sind.

Tab. 1.39: Mediale Beständigkeiten ausgewählter thermoplastischer Kunststoffe für Lager und Zahnräder [57, 89]

Mediengruppe	Chemikalie	POM	PA66	PA46	PPA	PET	PBT	PEEK	PPS	PF
Alkohole	Methanol	+	O	+	+	+	+	+	+	+
	Ethanol	+	O	+	+	+	+	+		+
	Propanol	+	O	+	+	+	+	+		
Wasser	Kalt	+	+	+	+	+	+	+	+	+
	Heiß	O	O	O		−	−	+	O	O
Kraftstoffe	Benzin	+	+	+	+	+	+	+	+	O
	Diesel	+	+	+	+	+	+	+	+	
Anorganische Säuren	Salzsäure	−	−	−	−	−	O	O		
	Schwefelsäure	−	−	−	−	−	−	−		
	Stark	−	−		−	O	−	O		−
	Schwach	O	−		−	+	O	+		O
Laugen (Basen)	Kaliumhydroxid	+	+			−	−	+		
	Natriumhydroxid	+	+				−	+		
	Stark	+	O		+	−	+	+		−
	Schwach	+	O		O	O	+	+		O

+ Beständig O Bedingt beständig − Unbeständig

1.6.4.2 Alterung polymerer Werkstoffe

Im engen Zusammenhang mit dem Medieneinfluss steht die Alterung polymerer Werkstoffe. Nach [84] versteht man unter Alterung „die Gesamtheit aller im Laufe der Zeit in einem Material irreversibel ablaufenden chemischen und physikalischen Vorgänge".

Die Alterung läuft unter natürlichen Umweltbedingungen ab, die in speziellen Fällen jedoch besondere Merkmale aufweisen kann, wie erhöhte Temperaturen, Chemikalienangriff und mechanische Beanspruchung [85]. Dabei wird in [84] „zwischen einer inneren und einer äußeren Alterung unterschieden. Die innere Alterung, Abbau von Eigenspannungen, Nachkristallisation, Phasentrennung bei Mehrstoffsystemen, Weichmacherwanderung oder Ähnliches, ist auf thermodynamisch instabile Zustände des polymeren Werkstoffs zurückzuführen. Die äußere Alterung, wie Spannungsrissbildung, Ermüdungsrisse, thermooxidativer Abbau, Quellung oder etwas Ähnliches, beruht auf physikalischen oder chemischen Einwirkungen der Umgebung auf den polymeren Werkstoff. Die Unterscheidung nach chemischen und physikalischen Alterungsvorgängen ist nicht immer eindeutig möglich, da normalerweise komplexe Wirkungen vorliegen."

Die Alterung kann ggf. aber auch zu einer Verbesserung ausgewählter Eigenschaften führen. Beispielsweise können Nachkristallisationsprozesse, die im Sinne der DIN 50035 physikalische Alterungsvorgänge darstellen, ähnlich wie bei Temperprozessen, zu einer Vergrößerung der Kristallite und des Ordnungszustandes der Struktur teilkristalliner Thermoplaste führen (Tabelle 1.40). Dadurch können die Härte und die E-Moduln polymerer Materialien gesteigert werden. Die Zähigkeit dieser Werkstoffe nimmt allerdings ab und die Volumenkontraktionen können zu Eigenspannungen und Verzugserscheinungen führen.

Tab. 1.40: Schematische Darstellung der thermischen Nachbehandlungen auf die Struktur hochpolymerer Werkstoffe nach [35]

Ausgangsstruktur	Behandlung	Endstruktur
\n\nUnvollständig kristallisierte Polymerstruktur	Thermisch induzierte Nachkristallisation\n\n→	\n\nNachkristallisierter teilkristalliner Kunststoff
\n\nOrientierte Molekülketten	Thermische Nachbehandlung\n\n→	\n\nVerknäulte Makromoleküle
\n\nAusgehärteter Duroplast	Thermisch induzierte Nachvernetzung\n\n→	\n\nNachvernetztes Duromer

Bei amorphen Thermoplasten können etwa spritzgussbedingte Orientierungen der Makromoleküle durch Temperatureinflüsse abgebaut werden. Die Polymerketten relaxieren und verknäulen sich und bilden so eine thermodynamisch günstigere Struktur. Weiterhin können viele Duromere, aber auch einige Thermoplaste, wie z. B. PE, unter dem Einfluss von energiereicher Strahlung und/oder erhöhter Temperatur nachvernetzt werden.

Somit ist es durch Werkstoffnachbehandlungen, die im grundlegenden Sinne Alterungsprozesse darstellen, möglich, Materialien oder Bauteile anwendungsgerecht zu modifizieren.

In der Regel versteht man unter dem Begriff der Alterung aber die oben aufgeführten physikalisch/chemischen Prozesse, die eine Degradation der Werkstoff- und Bauteileigenschaften zur Folge haben. Dabei werden die Alterungsprozesse durch verschiedene, sich meist überlagernde Faktoren beeinflusst. So können durch den Einfluss energiereicher Strahlungen oder UV-Licht Makromoleküle aufgespalten oder Nebenketten abgespalten werden. Die so gebildeten niedermolekularen Verbindungen können ausdiffundieren, es entstehen reaktionsfähige Radikale und in der Polymerstruktur können Risse und Inhomogenitäten entstehen, in welche Bestandteile der umgebenden Atmosphäre, wie Wasser oder Sauerstoff, eindringen. So können die Polymere oxidativ abgebaut werden oder, aus den Bruchstücken des Polymers bilden sich zusammen mit den eindiffundierten Substanzen neue chemische Verbindungen.

Weiterhin können die entstandenen Bruchstücke auch miteinander reagieren. Das äußert sich in Form von Oberflächenveränderungen von Kunststoffbauteilen, wie etwa durch Glanzverlust oder durch die Erhöhung der Rauigkeit.

Außerdem sind zunehmende Degradationserscheinungen der Werkstoff- und Bauteileigenschaften sowie Verzugserscheinungen zu verzeichnen, die auf den Abbau von aufgezwungenen inneren Spannungen durch alterungsbedingte Relaxationsprozesse zurückzuführen sind.

In diesem Zusammenhang kommen in der Praxis in einigen Branchen spezielle Tests zu Simulationen dieser umweltbedingten Form der Alterung zur Anwendung. Diese Prüfverfahren von Polymerwerkstoffen, anderen Materialien oder Bauteilen werden als Bewitterung[22] bezeichnet.

Die schematischen Darstellungen in Tabelle 1.41 zeigen exemplarisch den thermooxidativen Abbau von Makromolekülen sowie den thermisch induzierten Polymerkettenabbau.

---

22 Die Bewitterung (ISO 2810) dient meist der Qualitätssicherung. Demnach wird das Maß der Erhaltung ausgewählter Eigenschaften meist als Bewitterungsstabilität bezeichnet. Dabei werden diese Bewitterungstests entweder durch Auslagerung (Freibewitterung) praxisbezogen im Freien (meist an ausgewählten exponierten Orten) oder unter Laborbedingungen, bevorzugt bei beschleunigter Bewitterung, durchgeführt.

Tab. 1.41: Schematische Darstellung von Abbaureaktionen polymerer Strukturen nach [35]

Ausgangsstruktur	Abbaureaktion	Endstruktur
Konsolidierte Polymerstruktur	Thermisch oder strahlentechnisch induzierte Kettenspaltungen →	Polymerkettenspaltung
Konsolidierte Polymerstruktur	Oxidativer Abbau von Polymerketten →	Oxidierter Kunststoff

1.7 Formteil- und Bauteilbemessung

1.7.1 Voraussetzungen

Im Abschnitt 1.5 wurden die Grundlagen zur Auslegung und Bemessung von Kunststoffbauteilen vorgestellt und im Abschnitt 1.6 sind ausgewählte Einflüsse auf das mechanische Eigenschaftsniveau polymerer Werkstoffe knapp dargestellt worden. Aus diesen Grundlagen ist abzuleiten, dass bei der Dimensionierung von Bauteilen aus polymeren Materialien werkstofftypische Gegebenheiten zu beachten sind, die bei „klassischen Konstruktionswerkstoffen", wie Stahl oder Aluminium, vor allem in Bereich der Normaltemperaturen eher eine untergeordnete Rolle spielen wie etwa:
– das viskoelastische Materialverhalten;
– der signifikante Einfluss von Temperatur, Medium, Zeit und Größe der Belastung auf die Kennwerte bzw. Kennfunktionen;
– die mangelnden Erfahrungen vieler Konstrukteure und Projektanten im Umgang mit derartigen Konstruktionswerkstoffen;
– der große Einfluss der Ver- und Bearbeitung auf die Bauteileigenschaften.

Als Grundlage für die Auslegung möglichst optimaler Kunststoffbauteile ist einerseits eine systematische Herangehensweise des Konstrukteurs an die Dimensionierungsprobleme unabdingbar und andererseits ist eine anwendungstechnische Aufbereitung und übersichtliche Darstellung notwendiger Werkstoffkennwerte bzw. -funktionen erforderlich.

1.7.2 Werkstoffvorauswahl und Grobdimensionierung

1.7.2.1 Werkstoffvorauswahl

In der ersten Stufe der Werkstoffvorauswahl sollte auf der Basis einer verbalen, zahlenmäßigen und zusammenhangbezogenen Einordnung der Eigenschaftsbreite der Kunststoffe sowohl zur Orientierung für den Einsatz als auch für die grundsätzliche Werkstoffsuche erfolgen. Das bedeutet, dass für den Konstrukteur, der mit polymeren Werkstoffen arbeitet, die Bereitstellung belastbarer werkstoffmechanischer Kenndaten und -funktionen von elementarer Bedeutung ist. In der Konzeptphase einer Bauteilentwicklung, die, wie oben dargestellt, durch einen Werkstoffvergleich und eine Grobdimensionierung gekennzeichnet ist, genügt in der Regel eine Kennwertdarstellung in Form einer Kurzcharakterisierung. In den Tabellen des Anhanges A werden für ausgewählte Polymerwerkstoffe die wesentlichen Daten für eine Kurzcharakterisierung zusammengefasst und dienen vor allem für die Werkstoffauswahl als Entscheidungshilfen wie z. B.:

Entscheidungshilfe 1: verbale Einordnung der Polymerwerkstoffe;

Entscheidungshilfe 2: zahlenmäßige Einordnung (Vergleich der Dauergebrauchstemperaturen oder der Steifigkeiten bzw. der Festigkeiten);

Entscheidungshilfe 3: zusammenhangsorientierte Einordnung (Betrachtung der Zusammenhänge von Spannung und Dehnung etwa in Form von Wertepaaren oder Spannungs-Dehnungs-Diagrammen);

Entscheidungshilfe 4: Kenntnis von Grenzwerten (z. B. der Streckgrenzen und Ersatzstreckgrenzen sowie der Festigkeiten oder der Grenzdehnungen).

1.7.2.2 Grobdimensionierung

Im Rahmen der Grobbemessung bzw. der Vordimensionierung sollen mit einfachen Mitteln und möglichst belastbaren Kennwerten konstruktive Entscheidungen getroffen werden. Dieser Entwicklungsschritt besitzt einen hohen Stellenwert aus folgenden Gründen:

– Bereits in dieser frühen Phase der Projektbearbeitung ist es bei dem Auftreten von Problemen mit relativ geringem Aufwand möglich, das konstruktive Konzept zu überarbeiten.

– Im Ergebnis der Vordimensionierung wird folgende technologische Grundsatzentscheidung getroffen: Ist das Bauteil mit dem favorisierten Herstellungsverfahren (z. B. dem Spritzgießen) zu fertigen? Welche Alternativen sind möglich (Gießen, Pressen oder Spanen)?

– Letztendlich ist es bereits in diesem Bearbeitungsstadium möglich, erste Aussagen zum zu erwartenden Materialeinsatz und damit zu den Herstellungskosten zu treffen.

Hinweise: In der Praxis wird für eine systematische Herangehensweise an die Vordimensionierung von Maschinenelementen und anderen Bauteilen häufig die Verwendung von Flussdiagrammen genutzt.

An diesem Punkt der Entwicklung ist es oftmals zweckmäßig den „gesunden Menschenverstand" einzusetzen und komplizierte Bauteilgeometrien oder Belastungen auf relativ einfache geometrische bzw. mechanische Modelle zu reduzieren, deren Lösung unkompliziert und mit einfachen ingenieurtechnischen Mitteln zu realisieren ist.

1.7.3 Berechnungs- und Bemessungsmethoden

1.7.3.1 Spannungs- und dehnungsbezogener Berechnung

Wie bereits aufgeführt, werden Bauteile und Strukturen aus Kunststoffen entweder auf der Basis einer spannungsbezogenen Berechnung oder auf der Grundlage zulässiger Dehnungen berechnet. In der Tabelle 1.42 werden diese unterschiedlichen Vorgehensweisen einander gegenübergestellt.

Tab. 1.42: Vergleich der Abläufe der spannungs- und dehnungsbezogenen Berechnung von Bauteilen und anderen Strukturen aus Kunststoffen

Prinzipielle Herangehensweise an die spannungsbezogene Bemessung	Prinzipielle Herangehensweise an die dehnungsbezogene Bemessung
Berechnung der Beanspruchung im betrachteten Querschnitt (ggf. Bestimmung einer Vergleichsspannung):	Berechnung der größten auftretenden Dehnung ε_{max} (für Nennspannung die σ_n in Abhängigkeit von Zeit und Temperatur):
$$\sigma_z, \sigma_d, \sigma_b, \tau, \sigma_v$$	$$\varepsilon_{max} = \frac{\sigma_n}{E_{t,T}} \qquad (1.39)$$
$\downarrow$	$\downarrow$
Berechnung der zulässigen Spannung aus dem Dimensionierungskennwert R dem Sicherheitsbeiwert S_σ und ggf. der Werkstoffabminderung $W_{n\sigma}$:	Festlegung der zulässigen Dehnung ε_{zul} aus der Dehngrenze ε_{grenz} des Werkstoffes, dem Sicherheitsbeiwert S_ε und ggf. der Werkstoffabminderung $W_{n\varepsilon}$:
$$\sigma_{zul} = \frac{R}{S_\sigma \cdot W_{\sigma\varepsilon}} \qquad (1.40)$$	$$\varepsilon_{zul} = \frac{\varepsilon_{grenz}}{S_\varepsilon \cdot W_{n\varepsilon}} \qquad (1.41)$$
$\downarrow$	$\downarrow$
Überprüfung der Festigkeitsbedingung:	Überprüfung der Dehnungsbedingung:
$$\sigma_{max} < \sigma_{zul} \qquad (1.42)$$	$$\varepsilon_{max} < \varepsilon_{zul} \qquad (1.43)$$

1.7.3.2 Sicherheitsbeiwerte

In der folgenden Übersicht sind einige Gesichtspunkte aufgeführt, unter denen die Sicherheitsbeiwerte festgelegt werden. Dabei unterliegen diese Gesichtspunkte einer gewissen Dynamik, die vom jeweiligen Erkenntnisstand von Anwendung, Forschung und Technik bestimmt werden.

- Für technisch relevante Anwendungen sind in entsprechenden Normen, Richtlinien aber auch in Firmenschriften Sicherheitsbeiwerte festgelegt, die meist auf Erfahrungswerten und Untersuchungsergebnissen beruhen. (Hinweis: Bei gleicher Ausgangslage können diese Werte in internationalen Standards variieren.)
- Die Art und Größe möglicher Gefährdungen von Menschen und der Umwelt bestimmen diese Sicherheitsbeiwerte. (Hinweis: Meist wird dabei eine bewusste Überdimensionierung in Kauf genommen.)
- Je genauer die Beanspruchungsparameter bekannt sind und je sicherer die Berechnungsverfahren inklusive der verwendeten Werkstoffgesetze bewertet werden können, umso niedriger kann der Sicherheitsbeiwert festgesetzt werden.
- Sind bei der Berechnung Stabilitätsprobleme zu erwarten, sind höhere Sicherheitsbeiwerte anzusetzen. Das gilt auch, wenn die Belastungen nicht exakt bekannt sind.
- Bei duktilen Werkstoffen, wie teilkristallinen Polymeren, sind die Sicherheitsbeiwerte vergleichsweise kleiner anzusetzen als bei amorphen Polymeren oder Duromeren.

Meist genügt es auch, die Sicherheitsbeiwerte allgemein nach der Einordnung in Konstruktionsgruppen festzulegen (Tabelle 1.43). Die Sicherheitszahlen, die für die spannungsbezogene Berechnung zu berücksichtigen sind, entsprechen in etwa denen, die für die dehnungsbezogene Bemessung Anwendung finden.

Tab. 1.43: Sicherheitsbeiwerte für ausgewählte Konstruktionsgruppen [4]

Konstruktionsgruppe	Sicherheitsbeiwerte für Bruchversgen S_σ bzw. gegen Überschreitung der zulässigen Dehnung S_ε
Allgemeine Formteile	1,1–1,5
Funktionsteile	1,5–1,8
Funktionsentscheidende Teile	1,8–2,7

1.7.3.3 Abminderungsfaktoren

Wie im Abschnitt 1.5.2 dargelegt, werden für die *spannungsbezogene Bauteilberechnung* sogenannte Dimensionierungskennwerte R herangezogen (1.40). Diese Kennwerte sind charakteristische Spannungen ($\sigma_B, \sigma_S, \sigma_X$), die aus der Art der jeweiligen

Spannungs-Dehnungs-Kurven (Tabelle 1.22) abgeleitet werden. Grundsätzlich genügen diese Werkstoffkennwerte zur Dimensionierung von Kunststoffbauteilen nur dann, wenn alle beanspruchungsbedingten Einflüsse (Abschnitt 1.6) durch sogenannte Abminderungsfaktoren[23] $W_{n\sigma}$ abgedeckt werden [3]. Dabei setzten sich die Werkstoffabminderungsfaktoren $W_{n\sigma}$ aus Teilfaktoren (partielle Werkstoffabminderungsfaktoren) der Einzeleinflüsse multiplikativ zusammen (1.44):

$$W_{n\sigma} = W_{1\sigma} \cdot W_{2\sigma} \cdot W_{3\sigma} \cdot W_{4\sigma} \cdot \ldots \qquad (1.44)$$

Die Indizierung der partiellen Werkstoffabminderungsfaktoren erfolgt durch die Kürzel σ bei der spannungsbezogenen Berechnung und ε im Fall der dehnungsbezogenen Bemessung von Kunststoffbauteilen sowie durch Zahlen, wobei die 1 gewöhnlich für den Zeiteinfluss, die 2 für die Temperatureinwirkung und die 3 für die Beeinflussung durch Medien steht. Für die *dehnungsbezogene Bauteilberechnung* werden entweder auch die Abminderungsfaktoren $W_{n\sigma}$ verwendet oder, wenn möglich, die zutreffenden Abminderungsfaktoren aus den Spannungs-Dehnungs-Beziehungen in Abhängigkeit von der jeweiligen zulässigen Dehnung ε_{zul} ermittelt (Tabellen 1.44 und 1.45).

Die Zahl der Teilabminderungsfaktoren kann entsprechend der Beanspruchungsanalyse beliebig erweitert werden. Bekannt sind weiterhin:

$W_{4\sigma}$ – Faktor zur Berücksichtigung des Fertigungseinflusses (Spritzgießen oder Spanen);

$W_{5\sigma}$ – Faktor für den Kerbeinfluss (für statische und dynamische Belastung);

$W_{6\sigma}$ – Faktor, der die Unsicherheit bei der Ermittlung der Kennwerte – etwa durch Extra- oder Interpolation – berücksichtigt;

$W_{7\sigma}$ – Faktor, der die Werkstoffalterung berücksichtigt.

Prinzipiell ist es aber auch möglich, und in der Praxis durchaus üblich, beanspruchungsbedingte Einflüsse bei der Festlegung der Dimensionierungskennwerte zu berücksichtigen. Beispielsweise kann für R eine – mithilfe der Auswertung von Spannungsgrenzlinien eines Dehnungs-Zeit-Diagramms – bei verschiedenen Spannungshorizonten gewonnene Grenzspannung verwendet werden. Dann ist der Teilabminderungsfaktor $W_{n\sigma} = 1$ zu setzen, da sonst der Zeiteinfluss doppelt berücksichtigt wird.

Diese Praxis ist aber, folgt man der Logik und der Systematik der Verwendung von Abminderungsfaktoren, inkonsequent. Deshalb sollten, für den Fall, dass die beanspruchungsbedingten Einflüsse auf die Dimensionierungskennwerte bekannt sind, abgeminderte Kennwerte ermittelt und diese unter Verwendung der Kurzzeitwerte zu entsprechenden Teilabminderungsfaktoren $W_{n\sigma}$ umgerechnet werden. In diesem Zusammenhang werden Möglichkeiten für die Ermittlung von Werten für $W_{1\sigma}$, $W_{2\sigma}$ und $W_{3\sigma}$ exemplarisch anhand von PA66-Werten vorgestellt.

---

23 In der Literatur, in Firmenschriften und in Standardwerken werden diese Abminderungsfaktoren meist mit A bezeichnet und meist variieren auch die Indizes.

W_1 (Zeiteinfluss)

Grundsätzlich können die Abminderungsfaktoren grafisch bestimmt werden (Tabelle 1.44). Das setzt voraus, dass entsprechende isochrone Spannungs-Dehnungs-Diagramme in relevanten Datenbanken vorhanden sind.

Tab. 1.44: Bestimmung von Zeitabminderungsfaktoren aus Spannungs-Dehnungs-Kurven (Dehnung $\varepsilon = 2\,\%$, Zugbeanspruchung 10.000 h) von luftfeuchtem PA66 (Ultramid A3K, CAMPUS)

Auswertung von isochronen und isothermen Spannungs-Dehnungs-Kurven von PA66 (lf) für eine Grenzdehnung von 2 %.

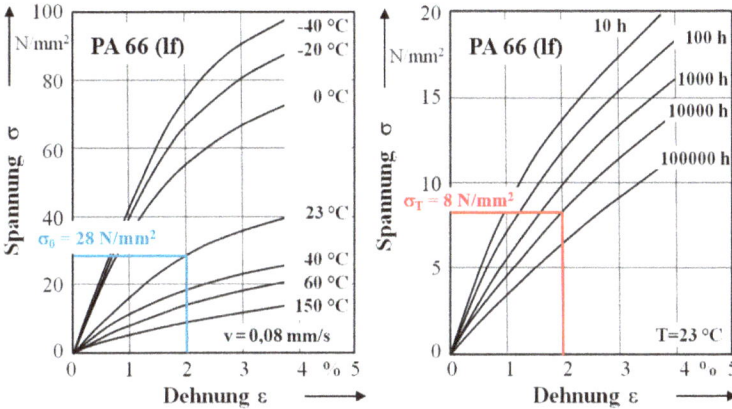

Abminderungsfaktor:

$$W_{1\varepsilon} = \frac{\sigma_0}{\sigma_t} = \frac{28\,\text{N/mm}^2}{8\,\text{N/mm}^2}$$

$$W_{1\varepsilon} = 3,5$$

Weiterhin lassen sich die Abminderungsfaktoren W_1 mithilfe der Informationen aus den Kurzcharakteristika ausgewählter polymerer Werkstoffe (Anhang A) rechnerisch bestimmen. In der Tabelle 1.45 ist dazu eine Beispielrechnung für die Ermittlung eines Zeitabminderungsfaktors $W_{1\varepsilon}$ (Dehnung $\varepsilon = 2\,\%$) für eine Struktur aus PA66 (lf) bei einer quasistatischen Zugbeanspruchung von 10.000 h dargestellt.

Nach [3] und [86] können die Abminderungsfaktoren $W_{1\sigma}$ von thermoplastischen Kunststoffen in Abhängigkeit von ihrer Grundstruktur und der Art der Langzeitbeanspruchung (statisch oder dynamisch) auch mithilfe der in der Tabelle 1.46 Daten abgeschätzt werden.

Tab. 1.45: Beispielrechnung für die Bestimmung eines Abminderungsfaktors $W_{1\varepsilon}$ unter Verwendung entsprechender Daten aus der Kurzcharakteristik für PA66

Grundlagen und Daten	Beispielrechnung

1. Bestimmung des Kriechmoduls nach (1.32)

Daten aus der Kurzcharakteristik:

$E\,(\text{lf}) = 1600\,\text{N/mm}^2$

$c_c = 0,68$

$M = 31$

$t = 10.000\,\text{h}$

$t_0 = 1\,\text{h}$

$$E_c(t) \approx E \cdot \frac{3 - (1 - c_c) \cdot \log_{10}\left(\frac{t}{t_0}\right)}{3 + 2 \cdot (1 - c_c)}$$

$$E_c(t) \approx 1600\,\text{N/mm}^2 \cdot \frac{3 - (1 - 0,68) \cdot \log_{10}\left(\frac{10.000\,\text{h}}{1\,\text{h}}\right)}{3 + 2 \cdot (1 - 0,68)}$$

$$= 756\,\text{N/mm}^2$$

2. Berechnung der Spannung $\sigma(t)$ bei 2 % Dehnung und 10.000 h Beanspruchung nach (1.35)

Daten aus der Kurzcharakteristik:

$a_c = 2,5$

$k_c = 0,9$

$t_0 = 1\,\text{h}$

$$\sigma(t) = \frac{E_c(t)}{a_c \cdot M - k_c \cdot \ln\left(\frac{t}{t_0}\right)} \cdot \left(1 - e^{-\left(a_c \cdot M - k_c \cdot \ln\left(\frac{t}{t_0}\right) \cdot \varepsilon\right)}\right)$$

$$\sigma(t) = \frac{756\,\text{N/mm}^2}{2,5 \cdot 31 - 0,9 \cdot \ln(10.000)} \cdot \left(1 - e^{-(2,5 \cdot 31 - 0,9 \cdot \ln(10.000) \cdot 0,02})\right)$$

$$= 8,2\,\text{N/mm}^2$$

3. Berechnung der Spannung σ_0 bei 2 % Dehnung und Kurzzeitbeanspruchung nach (1.14)

Daten aus der Kurzcharakteristik:

E-Modul $E\,(\text{lf}) = 1600\,\text{N/mm}^2$

$$\sigma_0 = \frac{E}{M} \cdot (1 - e^{-M \cdot \varepsilon}) = \frac{1600\,\text{N/mm}^2}{31} \cdot (1 - e^{-31 \cdot 0,02})$$

$$= 23,8\,\text{N/mm}^2$$

4. Berechnung des Abminderungsfaktors

$$W_{1\varepsilon} = \frac{\sigma_0}{\sigma(t)} = \frac{23,8}{8,2} = 2,9$$

Tab. 1.46: Abminderungsfaktoren $W_{1\sigma}$ von thermoplastischen Kunststoffen in Abhängigkeit von ihrer Grundstruktur und der Art der Beanspruchung (nach [35, 86])

Thermoplast	Statische Belastung			Dynamische Beanspruchung	
	Kurzzeitig		Langzeitig	$n \le 10^7$	
	Einmalig	Mehrmalig		Teilkristallin	Amorph
Teilkristallin (duktil)	1,00–1,25	1,25–1,70	1,70–2,00	3,30–5,00	–
Amorph (spröde)	1,25–1,50	1,50–2,00	2,00–2,50	–	5,00–6,20
GF-verstärkt	1,40–1,80	2,20–2,90	2,20–2,90	4,00	6,00

W_2 (Temperatureinfluss)

Wie in Abschnitt 1.6.1 schon dargelegt, ist besonders bei Thermoplasten der Temperatureinfluss besonders zu beachten. Nach [3] kann der Faktor $W_{2\sigma}$ mithilfe der erweiterten Beziehungen (1.15) oder (1.16) und der in der Tabelle 1.30 aufgeführten k-Faktoren bestimmt werden. Sind entsprechende isotherme Spannungs-Dehnungs-Diagramme vorhanden, so können, analog der Vorgehensweise zur Bestimmung der $W_{1\sigma}$-Faktoren, die Abminderungsfaktoren $W_{2\sigma}$ grafisch abgeschätzt werden (Tabelle 1.47).

Tab. 1.47: Beispiel für die Bestimmung von Temperaturabminderungsfaktoren von luftfeuchtem PA 66 (Ultramid A3K, CAMPUS) für eine Grenzdehnung von 2 % bei einer Temperatur von 60 °C

Abschätzung des Faktors $W_{2\varepsilon}$ unter Verwendung entsprechender Daten aus der Kurzcharakteristik für PA66	Abschätzung des Faktors $W_{2\varepsilon}$ durch Auswertung der isothermen Spannungs-Dehnungs-Kurven
Berechnung nach Gleichung (1.16) u. (1.18) $$E(T) = k_{TF} \cdot E \cdot T^{k_{TE}}$$ PA66: $M = 31$ $k_{TF} = 12$ $k_{TE} = 0,735$ $k_{MT} = 0,064$ $E(T) = 850 \, \text{N/mm}^2$ $$\sigma(T) = \frac{E(T)}{M \cdot (1 - k_{MT} \cdot (T - 20))} \cdot \left(1 - e^{-M(1-k_{MT}\cdot(T-20))\cdot\varepsilon}\right)$$ $\sigma(T) = 15,2 \, \text{N/mm}^2$ Aus Tabelle 1.45: $\sigma_0 = 23,8 \, \text{N/mm}^2$	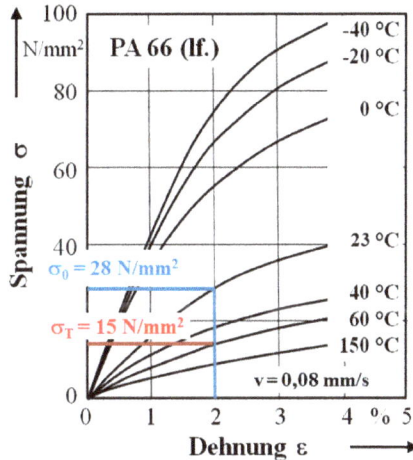

Abminderugsfaktor:

$$W_{2\varepsilon} = \frac{\sigma_0}{\sigma_{(T)}} = \frac{23,8 \, \text{N/mm}^2}{15,2 \, \text{N/mm}^2} = 1,83 \qquad\qquad W_{2\varepsilon} = \frac{\sigma_0}{\sigma_{(T)}} = \frac{28 \, \text{N/mm}^2}{15 \, \text{N/mm}^2} = 1,88$$

Branchenbezogen werden in der Praxis auch Temperatur- und Zeitabminderungsfaktoren kombiniert angegeben (Tabelle 1.48).

Tab. 1.48: Zusammengefasste Zeit- und Temperaturabminderungsfaktoren für thermoplastische Rohrwerkstoffe nach [87] ($W_{2\sigma1}$ für 1 Jahr, $W_{2\sigma2}$ für 10 Jahre)

Tempe-ratur °C	PE-LD		PE-HD		PP-H		PP-C		PVC		PVDF	
	$W_{2\sigma1}$	$W_{2\sigma2}$	$W_{2\sigma1}$	$W_{2\sigma2}$	$W_{2\sigma1}$	$W_{2\sigma2}$	$W_{2\sigma1}$	$W_{2\sigma2}$	$W_{2\sigma1}$	$W_{2\sigma2}$	$W_{2\sigma1}$	$W_{2\sigma2}$
20	1,3	1,4	1,5	1,6	2,0	2,2	1,8	1,9	1,7	1,9	1,6	1,6
30			1,5	1,6	2,1	2,4	1,8	2,0	1,9	2,1	1,6	1,6
40	1,3	1,4	1,3	1,9	2,3	2,7	1,9	2,2	2,0	2,3	1,6	1,6
50	1,3	2,0	1,6	2,5	2,3	2,7	2,0	2,4	2,3	2,7	1,6	1,6
60	1,8	2,4	2,1		2,7	3,2	2,1	2,7	2,8	3,4	1,6	1,6
70	3,0		2,7		2,9	3,7	2,3	3,3			1,6	1,6
80			3,3		3,3	5,3	2,5	4,3			1,6	1,6

W_3 (Medieneinfluss)

Als Medium kommt vor allem Wasser in Betracht. Besonders bei Polyamiden treten deutliche Einflüsse des Wassergehaltes auf die Eigenschaften auf. Sind die Abhängigkeiten bekannt, kann man die Abminderungsfaktoren etwa wie folgt bestimmen (Tabelle 1.49).

Tab. 1.49: Auswertung von Spannungs-Dehnungs-Kurven von unterschiedlich konditioniertem PA66 (Ultramid A3K, CAMPUS) zur Ermittlung der Abminderungsfaktoren $W_{3\sigma}$ und $W_{3\varepsilon}$ (bei einer Grenzdehnung von 2 %)

Abminderungsfaktor $W_{3\sigma}$	Abminderungsfaktor $W_{3\varepsilon}$

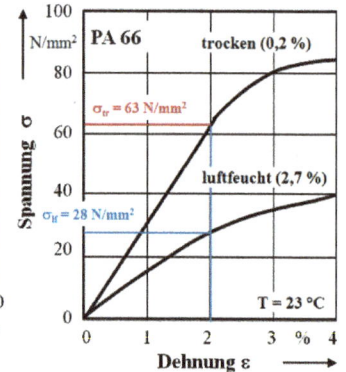

Abminderungsfaktor $W_{3\sigma}$:

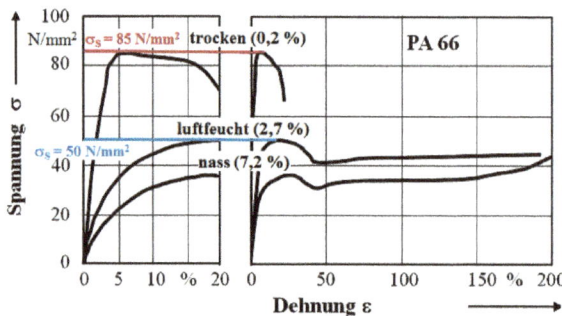

$$W_{3\sigma} = \frac{\sigma_{S0,2}}{\sigma_{S2,7}} = \frac{84\,\text{N/mm}^2}{50\,\text{N/mm}^2}$$

$$W_{3\sigma} = 1,7$$

Abminderungsfaktor $W_{3\varepsilon}$:

$$W_{3\varepsilon} = \frac{\sigma_{tr}}{\sigma_{lf}} = \frac{63\,\text{N/mm}^2}{28\,\text{N/mm}^2}$$

$$W_{3\varepsilon} = 2,25$$

Ausführliche Informationen zur medialen Beständigkeit von Kunststoffen sind in dem Standardwerk [35] zu entnehmen Weiterhin werden in der Literatur [86] branchenspezifische Medienabminderungsfaktoren $W_{3\sigma}$ für typische Thermoplastrohrwerkstoffe angegeben, die wiederum meist mit dem Temperatureinfluss gekoppelt sind. Darüber hinaus sei an dieser Stelle auf die Medienlisten 40 in Quelle [88] verwiesen, in welcher vor allem für Rohr- und Behälterwerkstoffe Abminderungsfaktoren für mediale Beanspruchungen zusammengestellt sind.

Literatur der Einleitung und des Kapitels 1

[1]   Hufenbach, W. (2007): Textile Verbundbauweisen und Fertigungstechnologien für Leichtbaustrukturen des Maschinen- und Fahrzeugbaus. SDV – Die Medien AG. ISBN 978-3-00-022109-5.

[2]   Ehrenstein, G. W. (2007): Mit Kunststoffen konstruieren. Carl Hanser Verlag. München, Wien. ISBN-10: 3-446-41322-7.

[3]   Erhard, G. (2008): Konstruieren mit Kunststoffen. Carl Hanser Verlag, München, Wien. ISBN 978-3-446-41646-8.

[4]   Knauer, B.; Wende, A. (1988): Konstruktionstechnik und Leichtbau. Akademie-Verlag, Berlin. ISBN 3-05-500290-3.

[5]   Hufenbach, W.; Weimann, C.; Zengh, Q.; Richter, H.; Kunze, K.; Langkamp, A.; Behnisch, T.; Böhm, R. (2007): Fibre reinforced ceramic matrix composites for advanced tribological Applications. In: 16th International Conference on composite materials (ICCM 16), Kyoto (Japan).

[6]   Hufenbach, W.; Bijwe, J.; Langkamp, A.; Kunze, K. (2004): Development of Bearing Material and High-Performance Bearings for Dry Applications Under Harsh Operating Conditions. In: 11th European Conference on Composite Materials, Rhodes, Greece. www.escm.eu.org/docs/eccm/B083.pdf.

[7]   Friedrich, K.; Schlarb, A. (2008): Tribology of Polymeric Nanocomposites. In: Briscoe, B. J. (Hrsg.), Tribology and interface engineering Series, 55, Kapitel: Polymer composite bearings with engineered tribo-surfaces, S. 483–500. Elsevier Ltd. ISBN 978-0-444-53155-1.

[8]   Hufenbach, W.; Adam, F.; Füssel, R.; Krahl, M.; Weck, D. (2012): Manufacturing and Process-based Property Analysis of Textile-Reinforced Thermoplastic Spacer Composites. In: Applied Composite Materials 19, S. 839–851. https://doi.org/10.1007/s10443-011-9197-8.

[9]   Abel, F. (1998): Schweißen in der Kunststofftechnik, Hochfrequenz, Ultraschall, Heizelement. Firmenschrift der A. Früchtling GmbH. Hamburg.

[10] Illig, A. (2016): Thermoformen in der Praxis. Hanser. ISBN 978-3-446-44403-4.

[11] Kroll, L. (2005): Berechnung und technische Nutzung von anisotropiebedingten Werkstoff- und Struktureffekten für multifunktionale Leichtbauanwendungen. Habilitation, TU Dresden.

[12] Langkamp, A. (2002): Bruchmodebezogene Versagensmodelle für faser- und textilverstärkte Basisverbunde mit polymeren, keramischen sowie metallischen Matrices. Dissertation, TU Dresden.

[13] Soutis, C. (2005): Fibre reinforced composites in aircraft construction. In: Progress in Aerospace Sciences 41, S. 143–151. doi:10.1016/j.paerosci.2005.02.004.

[14] Neitzel, M.; Mitschang, P.; Breuer, U. (2014): Handbuch Verbundwerkstoffe. Carl Hanser Verlag, München. ISBN 978-3446-43696.

[15] Künkel, R. (2005): Auswahl und Optimierung von Kunststoffen für tribologisch beanspruchte Systeme. Dissertation, Universität Erlangen-Nürnberg.

[16] Haupert, F.; Friedrich, K. (2001): Highly loadable thermoplastic composite bearings. In: Eherenstein, G. W. (Hrsg.), Maschinenelemente aus Kunststoffen – Zahnräder und Gleitlager, S. 128–137. Springer-VDI-Verlag, Düsseldorf. ISBN 3-935065-04-3.

[17] Haldenwanger, H.-G. (1997): Zum Einsatz alternativer Werkstoffe und Verfahren im konzeptionellen Leichtbau von Pkw-Rohkarosserien. Dissertation, TU Dresden.

[18] Hufenbach, W.; Kroll, L. (2002): Neue Leichtbaulösungen durch kraftflussgerechte textile Verstärkungen. In: Tagungsband Dresdner Leichtbausymposium, Dresden.

[19] Böhm, R. (2008): Bruchmodebezogene Beschreibung des Degradationsverhaltens textilverstärkter Verbundwerkstoffe. Dissertation, TU Dresden.

[20] Matyjaszewski, K.; Davis, T. P. (2002): Handbook of Radical Polymerization. Wiley-VCH. ISBN 9780471392743.

[21] Kaiser, W. (2016): Kunststoffchemie für Ingenieure. Carl Hanser. München. ISBN 978-3-446-44638-0.

[22] Tieke, B. (2014): Makromolekulare Chemie. Wiley-VCH. Weinheim. ISBN 978-3-527-66227-2.

[23] Lechner, M. D.; Gehrke, K.; Nordmeier, E. H. (2010): Makromolekulare Chemie. Birkhäuser Verlag. S. 119–136. ISBN 978-3-7643-8890-4.

[24] Vieweg, R.; Müller, A. (1966): Kunststoff-Handbuch, Band 6: Polyamide. Hanser. https://doi.org/10.1002/ange.196707922128.

[25] Domininghaus, H.; Elsner, P.; Eyerer, P.; Hirth, T. (2012): Kunststoffe: Eigenschaften und Anwendung. Springer (Verlag). Berlin, Heidelberg. ISBN 978-3-642-16173-5.

[26] Hellerich, W.; Harsch, G.; Haenle, S. (2010): Werkstoff-Führer Kunststoffe: Eigenschaften – Prüfungen – Kennwerte. Carl Hanser Verlag. ISBN 3-446-21437-2.

[27] Buddrus, J. (2011): Grundlagen der Organischen Chemie. Walter de Gruyter Verlag. Berlin. ISBN 978-3-11-024894-4.

[28] White, J. L.; Choi, D. (2005): Polyolefins: Processing, Structure Development, and Properties. Hanser. ISBN 978-1-56990-369-8.

[29] Vasile, C. (2000): Handbook of Polyolefins. CRC Press. ISBN 9780824786038.

[30] Maier, C.; Calafut, T. (1998): Polypropylene: the definitive user's guide and databook. William Andrew. ISBN 9781884207587.

[31] Hellerich, W.; Harsch, G.; Baur, E. (2010): Werkstoff-Führer Kunststoffe: Eigenschaften, Prüfungen, Kennwerte. Carl Hanser Verlag. München. ISBN 978-3-446-42436-4.

[32] Elias, H.-G. (2003): Makromoleküle, Band 4: Anwendungen von Polymeren. Wiley-VCH, Weinheim. ISBN 3-527-29962-9.

[33] Cassidy, P. E.; Aminabhavi, T. M.; Reddy, V. S. (2000): Heat-Resistant Polymers. John Wiley & Sons, Inc. ISBN 0471238961.

[34] Neufingerl, F. (2006): Chemie 1 – Allgemeine und anorganische Chemie. Jugend & Volk. Wien. ISBN 978-3-7100-1184-9.

[35] Ehrenstein, G. W.; Pongratz, S. (2007): Beständigkeit von Kunststoffen. Carl Hanser Verlag. ISBN 978-3-446-21851-2.

[36] Reimer, W.; Sandner, H. (2007): Polyaryletherketon (PAEK). In: Kunststoffe. 97, S. 134–136.

[37] Bonten, C. (2014): Kunststofftechnik Einführung und Grundlagen. Hanser. ISBN 978-3-446-46471-1.

[38] Rattaa, V.; Stancika, E. J.; Ayambemc, A.; Pavatareddyb, H.; McGrathc, J. E.; Wilkes, G. L. (1999): A melt-processable semicrystalline polyimide structural adhesive based on 1,3-bis(4-aminophenoxy) benzene and 3,3',4,4'-biphenyltetracarboxylic dianhydride. In: Polymer 40, S. 1889–1902.

[39] Firmenschrift Polytron Kunststofftechnik GmbH & Co. KG (2003): Ingenieurlösungen mit technischen Kunststoffen. Bergisch Gladbach. www.techpilot.it/servlets/DownloadConnector?companydocumentID=20815&lngCode=it.

[40] Baur, E.; Brinkmann, S.; Osswald, T. A.; Schmachtenberg, E. (2007): Saechtling Kunststoff Taschenbuch. Carl Hanser Verlag GmbH & Co. KG. ISBN 978-3-446-40352-9.

[41] Becker, G. W.; Braun, D.; Bottenbruch, L. (1994): Kunststoffhandbuch, Band 3/3: Polyarylate, Thermotrope Polyester, Polyimide, Polyetherimide, Polyamidimide, Polyarylensulfide, Polysulfone, Polyetheretherketone. Hanser Fachbuch-Verlag. ISBN 9783446163706.

[42] Ellis, D. A.; Mabury, S. A.; Martin, J. W.; Muir, D. C. G. (2001): Thermolysis of fluoropolymers as a potential source of halogenated organic acids in the environment. In: Nature 412, S. 321–324. https://doi.org/10.1038/35085548.

[43] Schürmann, H. (2007): Konstruieren mit Faser-Kunststoff-Verbunden. Springer-Verlag. S. 269. ISBN 978-3-540-72189-5.

[44] Krauß, W.; Kittel, H. (1998): Lehrbuch der Lacke und Beschichtungen, Band 2: Bindemittel für lösemittelhaltige und lösemittelfreie Systeme. Hirzel Verlag. ISBN 978-3-7776-0886-0.

[45] Jakubke, H-D.; Karcher, R. (2003): Lexikon der Chemie in 3 Bänden. Spektrum Akademischer Verlag, Heidelberg. ISBN 978-3-8274-1151-8.

[46] Wikipedia (o. J.): Polyesterharze. Onlineinformation Spektrum Akademischer Verlag, Heidelberg 1998, unter: https://www.spektrum.de\T1\guilsinglrightlexikon\T1\guilsinglrightchemie\T1\guilsinglrightpolyesterharze, (abgerufen am 07.07.2021).

[47] Ehrenstein, G. W. (2006): Faserverbund-Kunststoffe, Werkstoffe – Verarbeitung – Eigenschaften. Carl Hanser Verlag GmbH & Co. KG, München. ISBN 978-3-446-22716-3.

[48] Lechner, M. D. (2009): Makromolekulare Chemie: Ein Lehrbuch für Chemiker, Physiker, Materialwissenschaftler und Verfahrenstechniker. Birkhäuser. Basel. ISBN 3-7643-8890-0.

[49] Ehrenstein, G. W. (1999): Polymer-Werkstoffe: Struktur – Eigenschaften – Anwendung. Carl Hanser Verlag. München, Wien. ISBN 3-446-21161-6.

[50] Menges, G.; Haberstroh, E.; Michaeli, W.; Schmachtenberg, E. (2002): Werkstoffkunde Kunststoffe. Hanser Verlag. ISBN 3-446-21257-4.

[51] Wikipedia (o. J.): Glasübergangstemperatur. Onlineinformation des Kunststoffrohrverbandes e. V. (KRV), unter: https://www.krv.de/artikel/glasuebergangstemperatur, (abgerufen am 11.06.2019).

[52] Röthemeyer, F.; Sommer, F. (2006): Kautschuktechnologie. Carl Hanser Verlag. München, Wien. S. 304–310. ISBN 978-3-446-40480-9.

[53] Oberbach, K. (1981): Berechnung von Kunststoffbauteilen, Berechnungsmethoden und zulässige Werkstoffanstrengungen. In: 11. Konstruktionssymposium der DECHEMA 91, S. 181–196.

[54] Ferrano, F.; Lipka, A.; Stommel, M. (2015): Einfluss von Prozessparametern auf das mechanische Verhalten kurzfaserverstärkter Kunststoffbauteile in Lenksystemen. Kunststofftechnik. doi:10.3139/O999.04042015.

[55] Oberbach, K.; Saechtling, H. (2001): Kunststoff-Taschenbuch, 28. Hanser Fachbuch. ISBN 9783446216051.

[56] Starke, L. (1981): Konstruktiver Plasteinsatz. VEB Deutscher Verlag für Grundstoffindustrie, Leipzig. ISBN VLN 152-915/48/81.

[57] VDI 2736 (2016): Thermoplastische Zahnräder. Beuth-Verlag. Blatt 1 bis 4. Verein Deutscher Ingenieure e. V., Düsseldorf.

[58] Frank, U. (1994): Die Querkontraktionszahl von Kunststoffen, dargestellt am Beispiel amorpher Thermoplaste. Dissertation, Universität Stuttgart.

[59] Dallner, C.; Ehrenstein, G. W. (2006): Thermische Einsatzgrenzen von Kunststoffen Teil I: Kriechverhalten unter statischer Belastung. In: Zeitschrift Kunststofftechnik/Journal of Plastics Technology 23, S. 1–31. Carl Hanser Verlag, München.

[60] Michaeli, W. (2003): Kunststoffkunde Vorlesungsunterlagen. Institut für Kunststoffverarbeitung IKV, RWTH Aachen, und WAK, Erlangen.

[61] Pahl, M.; Gleißle, W.; Laun, H. M. (1995): Praktische Rheologie der Kunststoffe und Elastomere. VDI-Verlag. ISBN 978-3-18-234192-5.

[62] Wikipedia (o. J.): Viskoelastisches Werkstoffverhalten. Onlineinformation der Polymer Service GmbH Merseburg, unter: https://wiki.polymerservice-merseburg.de, (abgerufen am 13.08.2018).

[63] Findley, W. N. (1944): Creep Characteristic of Plastics, Symposium of Plastics. ASTM.

[64] Müller, D. et al. (1981): Untersuchung des Verhaltens von Kunststoffen unter statischer Beanspruchung. In: Materialprüfung 32, Nr. 12.

[65] Kunz, J. (2004): Kriechbeständigkeit- ein Kennwert für das Kriechverhalten. In: Kunststoffe 94, S. 30–31. Carl Hanser Verlag, München.

[66] Kunz, J. (2014): Kriechmodul-Abschätzung und Kriechbeständigkeit. In: Separatdruck aus KunststoffXtra 3, S. 23–26.

[67] Mennig, G.; Meyer, F. (1997): Anwendung der Temperatur-Zeit-Analogie für die Prognose des Langzeit-Deformationsverhaltens bei Biegebeanspruchung. In: 15. Fachtagung über Verarbeitung und Anwendung von Polymeren TECHNOMER. P20, Chemnitz, Germany.

[68] Moser, K. (1992): Faser-Kunststoff-Verbund: Entwurfs- und Berechnungsgrundlagen. VDI-Verlag Düsseldorf. ISBN 978-3-642-63469-7.

[69] Kiraly, C. (1995): Kriechversuche mit Polypropylen auf der Grundlage der Temperatur-Zeit-Analogie. In: Periodica Polytechnica Mechanical Engineering 39, Nr. 3-4, S. 203–209.

[70] Lüpke, T. (2015): Grundlagen mechanischen Verhaltens. In: Grellmann, W.; Seidler, S. (Hrsg.), Kunststoffprüfung. Carl Hanser Verlag, München. ISBN 978-3-446-44350-1.

[71] Wikipedia (o. J.): Zeit-Temperatur-Verschiebungsgesetz. Onlineinformation der Polymer Service GmbH Merseburg, unter: https://wiki.polymerservice-merseburg.de, (abgerufen am 13.08.2019).

[72] Williams, M. L.; Landel, R. F.; Ferry, J. D. (1955): The Temperature Dependence of Relaxation Mechanism in Amorphous Polymers and other Glass-forming Liquids. In: J. Am. Chem. Soc. 77, S. 3701–3707.

[73] Wikipedia (o. J.): Dauerfestigkeit, Dauerschwingfestigkeit. Onlineinformation, unter: https://www.maschinenbau-wissen.de/skript3/mechanik/festigkeitslehre/, (abgerufen am 10.07.2021).

[74] Wikipedia (o. J.): Dauerfestigkeit oder Dauerschwingfestigkeit. Onlineinformation der Polymer Service GmbH Merseburg, unter: https://wiki.polymerservice-merseburg.de/index.php/Dauerfestigkeit, (abgerufen am 07.07.2021).

[75] Wikipedia (o. J.): Schwingfestigkeit. Onlineinformation, unter: https://de.wikipedia.org/wiki/Schwingfestigkeit, (abgerufen am 03.05.2021).

[76] Radaj, D.; Vormwald, M. (2007): Betriebsfestigkeit. In: Ermüdungsfestigkeit. Springer Verlag, Berlin, Heidelberg (3). ISBN 978-3-540-71458-3.

[77] Wikipedia (o. J.): Erprobung und Betriebsfestigkeit. Onlineinformation, unter: https://www.iabg.de/fileadmin/media/Broschueren/AM/AM_Betriebsfestigkeit_de.pdf, (abgerufen am 10.07.2021).

[78] Miner, M. A. (1945): Cumulative damage in fatigue. In: Journal of applied mechanics 12, S. 159–164.

[79] Wikipedia (o. J.): Schadensakkumulation. Onlineinformation, www.einbock-akademie.de/schadensakkumulation-erklaerung-und-empfehlung-der-miner-regel/.

[80] Oberbach, K. (2004): Das Verhalten von Kunststoffen bei kurzzeitiger und langzeitiger Beanspruchung, Kennwerte und Kennfunktionen. In: Materialwissenschaft und Werkstofftechnik 265, S. 281–291. https://doi.org/10.1002/mawe.19710020602.

[81] Dallner, C.; Ehrenstein, G. W. (2006): Thermische Einsatzgrenzen von Kunststoffen Teil II: Dynamisch-mechanische Analyse unter Last. In: Zeitschrift Kunststofftechnik/Journal of Plastics Technology 24, S. 1–33. Carl Hanser Verlag, München.

[82] Oberbach, K. (1987): Schwingfestigkeit von Thermoplasten – ein Bemessungskennwert? In: Kunststoffe 77(4), S. 409–414.

[83] Dallner, C.; Ehrenstein, G. W. (2006): Thermische Einsatzgrenzen von Kunststoffen Teil I: Kriechverhalten unter statischer Belastung. In: Zeitschrift Kunststofftechnik/Journal of Plastics Technology 2(3), S. 1–31. Carl Hanser Verlag München.

[84] Wikipedia (o. J.): Alterung. Onlineinformation der Polymer Service GmbH Merseburg, unter: https://wiki.polymerservice-merseburg.de/index.php/Kategorie:Alterung, (abgerufen am 17.06.2021).

[85] Langer, B.; Schoßig, M.; Reincke, K.; Grellmann, W. (2012): Charakterisierung des Alterungsverhaltens von Polymerwerkstoffen. In: Borsutzki, M.; Moginger, G. (Hrsg.), Fortschritte in der Werkstoffprüfung für Forschung und Praxis. Tagung Werkstoffprüfung, 06. bis 07. Dezember 2012, Bad Neuenahr, Tagungsband. S. 145–152. ISBN 978-3-514-00794-9.

[86] Oberbach, K. (1987): Kunststoff-Kennwerte für Konstrukteure. Hanser Fachbuchverlag. ISBN 978-3446129535.

[87] Richtlinie DVS 2205-1 (01/2015): Berechnung von Behältern und Apparaten aus Thermoplasten – Kennwerte.

[88] DIBt – Deutsches Institut für Bautechnik (2019): Medienlisten 40 für Behälter, Auffangvorrichtungen und Rohre aus Kunststoff, November 2019.

[89] Boenig, H. V. (1973): Structure and Properties of Polymers. Georg Thieme Publishers. Stuttgart. doi.org/10.1002/cite.330470119.

2 Tribologische Eigenschaften von Polymerwerkstoffen

2.1 Grundlagen der Beschreibung tribologischer Vorgänge und Systeme

2.1.1 Tribologisches System

Zunächst sei darauf hingewiesen, dass das allgemeine tribologische System nach dem GfT-Arbeitsblatt 7[1] [1] ein künstliches oder natürliches Gebilde ist, welches durch Wechselwirkungen (Kontaktvorgänge) zwischen mindestens zwei Systemelementen gekennzeichnet ist. Diese auf einer Relativbewegung basierenden Kontaktvorgänge zwischen aufeinander einwirkenden Oberflächen werden im Allgemeinen in Form von Reibungs- und Verschleißmechanismen zusammengefasst und sind in ihrer Erscheinungsform und Ausprägung von zahlreichen Faktoren abhängig [2]. Reibung und Verschleiß sind daher systemgebunden und nicht nur von den stofflichen Eigenschaften der Reibpartner abhängig, sondern werden auch von allen, am tribologischen Prozess beteiligten, stofflichen Elementen sowie dem Beanspruchungskollektiv signifikant geprägt. Dazu ist das tribologische System in seiner allgemeinen Form in der Tabelle 2.1 schematisch dargestellt.

Das von außen auf die Struktur wirkende Beanspruchungskollektiv, welches Energie in das System einleitet und damit zur Verrichtung mechanischer Arbeit führt, ist durch die vom Tribosystem zu erfüllenden technischen Funktionen (Nutzgrößen) geprägt und verursacht systematische Reibungs- und Verschleißkenngrößen. Die in das System eingeleitete Energie teilt sich zu verschiedenen Anteilen in die Elemente des Systems auf. Der Vorgang während der tribologischen Beanspruchung wird Reibung genannt. Die Reaktion des Systems ist der Verschleiß. Zur Erläuterung sind in der Tabelle 2.2 die Funktion und die einzelnen Parameter des allgemeinen tribologischen Systems dargestellt.

2.1.1.1 Beanspruchungskollektiv

Das Beanspruchungskollektiv setzt sich aus den in Tabelle 2.2 dargestellten Komponenten zusammen, die immer – wie alle anderen Parameter des tribologischen Systems[2] – in ihrem zeitlichen Verlauf zu beachten sind.

---

1 Die Zusammenstellung enthält überwiegend Begriffe, Definitionen und Vorschriften aus den Normen DIN 50281, DIN 50320, DIN 50322, DIN 50323, DIN 50324. Das GfT-Arbeitsblatt ist erforderlich geworden, weil diese Normen wegen fehlender turnusmäßiger Überarbeitung 1997 zurückgezogen worden sind.
2 Der Begriff Tribologie stammt aus dem Griechischen: „tribein" entspricht „reiben".

https://doi.org/10.1515/9783110746280-003

Tab. 2.1: Schematische Darstellung und Struktur des allgemeinen tribologischen Systems [1, 3]

Schema des tribologischen Systems	Struktur des tribologischen Systems
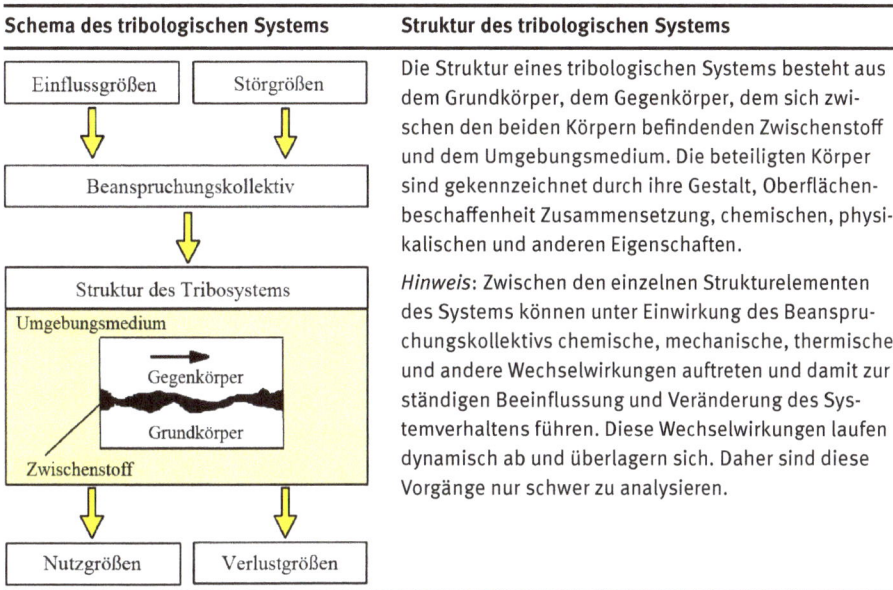	Die Struktur eines tribologischen Systems besteht aus dem Grundkörper, dem Gegenkörper, dem sich zwischen den beiden Körpern befindenden Zwischenstoff und dem Umgebungsmedium. Die beteiligten Körper sind gekennzeichnet durch ihre Gestalt, Oberflächenbeschaffenheit Zusammensetzung, chemischen, physikalischen und anderen Eigenschaften.

Hinweis: Zwischen den einzelnen Strukturelementen des Systems können unter Einwirkung des Beanspruchungskollektivs chemische, mechanische, thermische und andere Wechselwirkungen auftreten und damit zur ständigen Beeinflussung und Veränderung des Systemverhaltens führen. Diese Wechselwirkungen laufen dynamisch ab und überlagern sich. Daher sind diese Vorgänge nur schwer zu analysieren.

Tab. 2.2: Funktion des allgemeinen tribologischen Systems [3]

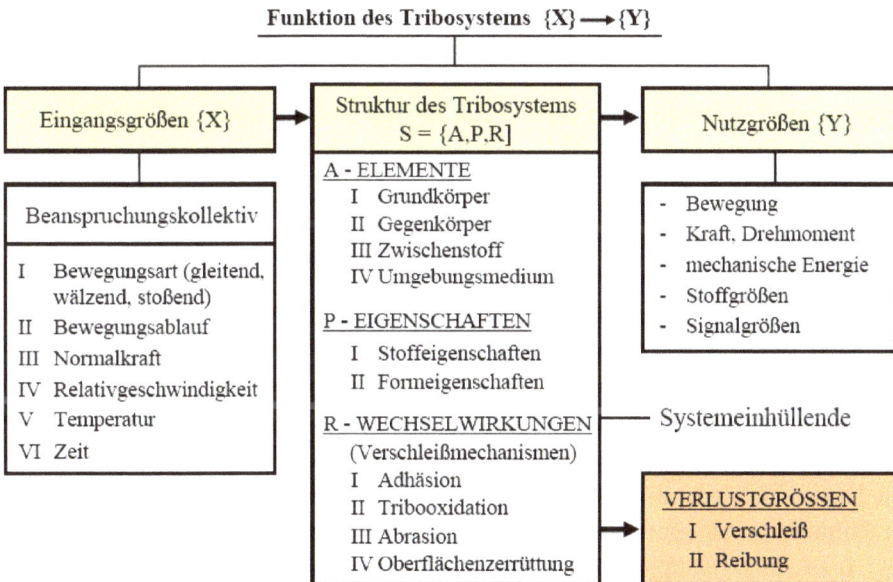

2.1.1.2 Umgebungsmedium

In den meisten Fällen ist das Umgebungsmedium Luft, seltener ein anderer Stoff. Es ist zu beachten, inwieweit im Umgebungsmedium aggressive Stoffe enthalten sind und in welcher Menge und Größe Fremdstoffe als Partikel das Umgebungsmedium bestimmen. Weiterhin können auch gasförmige Bestandteile (Dämpfe von Benzin und anderen Lösungsmitteln, aber auch von Wasser) das tribologische System beeinflussen. Darüber hinaus ist die konstruktive Umgebung (Gehäusebauteile, andere Bauelemente) der tribologischen Paarung zu beachten. Diese Umgebungsbauteile üben z. B. durch ihre geometrischen Abmessungen, ihre Wärmeleitfähigkeit und ihre eigene Temperatur einen signifikanten Einfluss auf die Wärmebilanz der Gleitpaarung aus.

2.1.1.3 Wechselwirkungen der Systemelemente

Zwischen den Einzelelementen des tribologischen Systems können unter Einwirkung des Beanspruchungskollektivs chemische, mechanische, thermische und andere Wechselwirkungen auftreten und damit zur ständigen Beeinflussung und Veränderung des Systemverhaltens führen. Diese Wechselwirkungen laufen dynamisch ab und überlagern sich. Daher sind diese Vorgänge nur schwer zu analysieren. Es ist z. B. schwierig, den Einfluss der Gleitgeschwindigkeit auf Reibung und Verschleiß isoliert zu bestimmen, weil bei erhöhter Geschwindigkeit unvermeidlich (zumindest örtlich) die Temperatur steigt und diese auch das tribologische System beeinflusst.

2.1.2 Allgemeine Theorie der äußeren Reibung

Eine allgemeine Formulierung der Reibung als „Wechselwirkung zwischen sich berührenden Stoffbereichen" ist in [1] dargestellt. Konkret ist die Reibung der Widerstand, der einer Relativbewegung dieser sich berührenden Stoffbereiche entgegengerichtet ist und sich durch einen Verlust an mechanischer Energie äußert.

In Hinsicht auf die sich kontaktierenden Stoffbereiche wird die Reibung allgemein in die

–   äußere Reibung zwischen verschiedenen Stoffbereichen und
–   innere Reibung innerhalb des Stoffes selbst

unterschieden. Obwohl gerade in Hinsicht auf das hervorragende Dämpfungsvermögen der meisten polymeren Werkstoffe die Betrachtung und Erfassung der inneren Reibung in der Technik eine gewisse Bedeutung besitzt, liegt hier der Fokus der Betrachtungen vorwiegend auf dem Bereich der äußeren Reibung.

Die äußere Reibung wirkt als mechanischer Widerstand, der im Fall der statischen Reibung eine Relativbewegung kontaktierender Körper verhindert (Haftreibung) oder bei der dynamischen Reibung einer Relativbewegung entgegenwirkt. Die Reibung beschreibt also einen Wechselwirkungsprozess kontaktierender Körper oder Stoffe. Die in der Tabelle 2.2 angeführte dynamische Verlustgröße Reibung ist nach [2] „diejenige Größe, die einer Relativbewegung sich berührender Oberflächen entgegenwirkt. Als Ergebnis dieses Prozesses tritt einerseits eine Energiedissipation auf, wobei in aller Regel der überwiegende Anteil der zur Aufrechterhaltung der Bewegung aufzuwendenden mechanischen Energie in thermische Energie umgewandelt wird. Andererseits verursacht die Reibung, besonders im Fall einer Trockenreibung, eine Schädigung der Oberfläche, die als Verschleiß in Erscheinung tritt."

Dabei ist zu beachten, dass jegliche Reibungsmessgröße nicht die Eigenschaft eines einzelnen Körpers oder Stoffes darstellt, sondern als makroskopische Größe an ein ganz bestimmtes tribologisches System (Tabelle 2.2) gekoppelt ist. Dies bedeutet, dass die Reibungszahl μ kein klassischer Werkstoffkennwert ist, sondern vielmehr einen „Systemkennwert" symbolisiert und eine Rechengröße (Proportionalitätsfaktor) in einem Modellansatz darstellt.

Der Reibungskoeffizient (oder die Reibungszahl) μ ist nach dem „amontons-coulombschen Gesetz" (2.1) definiert als:

$$\mu = \frac{F_R}{F_N} \qquad (2.1)$$

Dabei ist F_R die Reibungskraft, also die einer Bewegung entgegenwirkende Widerstandskraft, und F_N ist die senkrecht zur Reibungsfläche wirkende Normalkraft.

Die Reibkraft ist die bedeutendste physikalische Messgröße der Reibung und wirkt immer in entgegengesetzter Richtung zum Geschwindigkeitsvektor. Weiterhin ist die Reibungskraft immer direkt proportional zur wirkenden Normalkraft.

2.1.2.1 Reibungskategorien

Je nach der vorliegenden Relativbewegung oder der Art und des Zustandes des Tribokontaktes der Reibpartner kann man die äußere Reibung in die in der Tabelle 2.3 dargestellten Hauptreibungsarten bzw. -kategorien unterschieden, die insbesondere bei technischen Anwendungen auch in Kombination auftreten können [2].

Tab. 2.3: Einteilung der Reibung in Hauptreibungsarten bzw. -kategorien

Kinematisch definierte Reibungskategorien	Über den Kontaktzustand der Reibpartner definierte Reibungskategorien
– *Gleitreibung* (Gleiten eines Festkörpers entlang eines anderen) – *Rollreibung* (Rollen eines Körpers auf einer Unterlage) – *Wälzreibung* (kombiniertes Rollen und Gleiten eines Festkörpers auf einer Unterlage) – *Bohrreibung* (Rotation eines Körpers um eine vertikale Achse auf einem horizontalen und ebenen Gegenkörper)	– *Flüssigkeitsreibung* (Reibung in einem die Reibpartner lückenlos trennenden flüssigen Film) – *Gasreibung* (Reibung in einem die Reibpartner lückenlos trennenden gasförmigen Film) – *Festkörperreibung* (Reibung bei unmittelbarem Kontakt fester Körper) – *Mischreibung* (Festkörperreibung kombiniert mit Flüssigkeits- bzw. Gasreibung) – *Grenzreibung* (Festkörperreibung bei Kontakt über einen molekularen Film)

2.1.2.2 Reibungsmechanismen

Unter Reibungsmechanismen versteht man die im Kontaktbereich eines tribologischen Systems auftretenden bewegungshemmenden Elementarprozesse, die zu einer Energiedissipation führen. Dabei stellt jeder Kontakt einen elementaren Bewegungswiderstand dar, wobei die Anzahl der Mikrokontakte nahezu linear mit der Normalkraft zunimmt. Die Tabelle 2.4 bietet dazu einen Überblick der grundlegenden Reibungsmechanismen sowie eine kurze Beschreibung der auftretenden Elementarprozesse.

Hinweise:
- Welche elementaren Reibungsmechanismen das tribologische System dominieren, ist abhängig von der Art des Kontaktvorgangs.
- Aus der Summe der einzelnen Elementarwiderstände ergibt sich die Reibkraft F_R.
- Da diese elementaren Reibungsmechanismen in realen Tribosystemen grundsätzlich kombiniert auftreten, sich gegenseitig überlagern, zeitlich nicht konstant sind (d. h., ihr Anteil ändert sich mit den Betriebsbedingungen stark) sowie quantitativ kaum bestimmt werden können, ist die Einteilung von Reibungsprozessen in einzelne Mechanismen allenfalls von akademischer Bedeutung und für die Praxis tribologischer Untersuchungen kaum relevant.

Tab. 2.4: Beschreibung der grundlegenden Reibungsmechanismen [2, 6]

Grundlegende Reibmechanismen (schematische Darstellung nach [2, 6])	Kurzbeschreibung der elementaren Reibungsmechanismen
	- *Scherung durch Adhäsion* (Unter Adhäsion versteht man alle Arten physikalischer zwischenmolekularer Wechselwirkungen zwischen Festkörpern, wie etwa van der Waals-Kräfte.) - *Plastische Deformation* (Der deformativ bedingte Reibungsanteil ergibt sich aus der notwendigen Energie zur Überwindung formschlüssiger Kontakte.) - *Furchen* (durch Abrieb- oder Verschleißpartikel bzw. Unebenheiten) - *Energiedissipation* (durch mechanische Dämpfung; innere Reibung)

2.1.2.3 Stick-Slip-Reibung

Ein spezielles Phänomen, welches speziell bei der Festkörperreibung auftreten kann, ist das sogenannte Ruckgleiten, das sich in einer starken Geräuschentwicklung und einer Energiedissipation in Form von Schwingungen äußert. Dieser besondere Reibungsmechanismus beruht auf den elastischen Eigenschaften, speziell der Schwingungsfähigkeit, von Grund- und Gegenkörper. Der Stick-Slip-Effekt kann im Modell mit einem Masse-Feder-Dämpfer-System etwa dem Voigt-Kelvin-Modell dargestellt werden [5].

Bei einem adhäsiv geprägten Mikrokontakt und einer Relativbewegung der Körper entlang der Ebene ihrer geometrischen Kontaktfläche erfährt das Kontaktvolumen eine elastische Verformung, was im Modell mit einer Auslenkung der Feder beschrieben werden kann. Beim Überschreiten eines kritischen Energieniveaus löst sich die Adhäsionsbindung, die Rauheit springt weiter und im Modell entspannt sich die Feder wieder. Um eine Rauheit mit einer diskreten Kontaktfläche durch das Wirken einer Schubspannung um einen Abstand weiterzubewegen, muss eine Arbeit verrichtet werden. Nach dem Lösen des Kontaktes ist die zurückgegebene Energie infolge der Dämpfung um einen gewissen Betrag kleiner. Dieser beschreibt die Verlustenergie. Durch eine periodische Wiederholung dieser Vorgänge werden Schwingungen im Körper und mit der umgebenden Luft Schall induziert. Liegt die Frequenz dieser Erregung im Bereich der Eigenfrequenz des Bauteils oder der Baugruppe, so können deren Funktionen massiv beeinträchtigt werden.

In der Literatur existieren mehrere Ansätze für eine mathematisch/physikalische Beschreibung der Stick-Slip-Effekte. Diese reichen von relativ einfachen Modellen [5, 7] bis zu Beschreibungsansätzen, die die Mikro- und Nanostruktur der Kontaktzonen berücksichtigen [2, 21, 22].

Die Stick-Slip-Mechanismen sind besonders dann ausgeprägt, wenn die Haftreibungszahl deutlich höher ist als der Gleitreibungskoeffizient. Um den negativen Effekten derartiger Reibungsmechanismen entgegenzuwirken, werden in der Praxis, etwa durch innere oder äußere Schmierung, entweder die Ursachen beseitigt oder durch konstruktive Mittel das Schwingungssystem verstimmt und damit die Wirkung minimiert.

2.1.3 Verschleiß

2.1.3.1 Definition

Verschleiß ist nach [1] der fortschreitende Materialverlust aus der Oberfläche eines festen Körpers, der durch mechanische Ursachen (Kontakt und Relativbewegung dieses Grundkörpers mit einem Gegenkörper)[3] hervorgerufen wird und durch physikalisch-chemische Prozesse, die während des Reibvorganges auf den Reibflächen und den Grenzschichten ablaufen, charakterisiert wird. Er äußert sich im Auftreten von losgelösten Teilchen (Verschleißpartikeln) sowie in Stoff- und Formänderungen der tribolo-

---

3 Die Kennzeichnung der Verschleißpartner als „Grundkörper" und Gegenkörper richtet sich nach dem jeweiligen konkreten Verschleißfall. Im Allgemeinen wird derjenige Verschleißpartner als „Grundkörper" bezeichnet, dessen Verschleiß für den jeweiligen Verschleißfall besonders wichtig erscheint [1].

gisch beanspruchten Oberflächenschicht. Der Verschleiß resultiert also aus Reibvorgängen und ist deshalb wie die Reibung abhängig vom vorliegenden tribologischen System[4].

2.1.3.2 Verschleißmechanismen

Analog zur Reibung werden die im Kontaktbereich eines tribologischen Systems auftretenden physikalischen und chemischen Elementarprozesse als Verschleißmechanismen bezeichnet [2]. Die grundlegende Einteilung der Mechanismen erfolgt in Adhäsion, Abrasion, Oberflächenzerrüttung und tribochemische Reaktion. Dazu erfolgt in der Tabelle 2.5 eine Beschreibung der grundlegenden Verschleißmechanismen sowie der typischen Verschleißerscheinungsformen [1, 23].

Tab. 2.5: Beschreibung der grundlegenden Verschleißmechanismen und typische Verschleißerscheinungsformen [1, 6, 25]

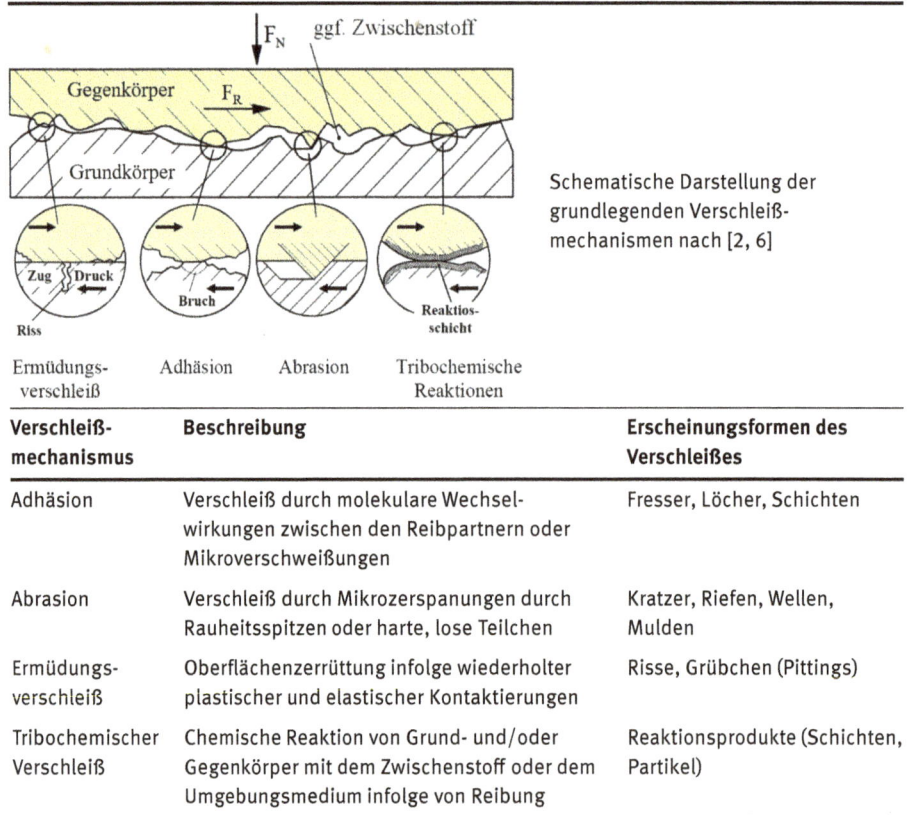

Schematische Darstellung der grundlegenden Verschleißmechanismen nach [2, 6]

Verschleiß-mechanismus	Beschreibung	Erscheinungsformen des Verschleißes
Adhäsion	Verschleiß durch molekulare Wechselwirkungen zwischen den Reibpartnern oder Mikroverschweißungen	Fresser, Löcher, Schichten
Abrasion	Verschleiß durch Mikrozerspanungen durch Rauheitsspitzen oder harte, lose Teilchen	Kratzer, Riefen, Wellen, Mulden
Ermüdungs-verschleiß	Oberflächenzerrüttung infolge wiederholter plastischer und elastischer Kontaktierungen	Risse, Grübchen (Pittings)
Tribochemischer Verschleiß	Chemische Reaktion von Grund- und/oder Gegenkörper mit dem Zwischenstoff oder dem Umgebungsmedium infolge von Reibung	Reaktionsprodukte (Schichten, Partikel)

---

4 Die Zerstörung eines Werkstoffs infolge nichtmechanischer Beanspruchungen, wie etwa die chemische Korrosion, ist nach dieser Definition kein Verschleiß!

Hinweise:
- Ähnlich wie bei den Reibungsprozessen können sich in der Praxis die einzelnen Verschleißmechanismen überlagern [24].
- Analog der Differenzierungen, die bei der Betrachtung der Reibung (Reibungskategorien) getroffen wurden, werden in der Praxis noch Verschleißarten (Gleit-, Roll- und Furchungsverschleiß u. a.) und Verschleißzustände (Festkörper-, Grenzschicht-, Misch-, Gas- und Flüssigkeitsverschleiß) definiert.

2.1.3.3 Verschleißmessgrößen

Der durch Verschleiß hervorgerufene Materialverlust kann nach [1] in direkte und bezogene Größen gegliedert werden. Direkte Verschleißmessgrößen werden in Form von Längen-, Flächen-, Volumen- und Massenänderungen ermittelt und als linearer (W_l), planimetrischer (W_p), volumetrischer (W_v) und massemäßiger Verschleiß (W_m) bezeichnet.

Um Messergebnisse besser vergleichen zu können, werden in der Technik bevorzugt bezogene Verschleißmessgrößen verwendet. Dazu wird die mathematische Ableitung der Verschleißgröße nach der Bezugsgröße gebildet. Diese werden auch als Verschleißraten bezeichnet und lassen sich nach [1] in drei Gruppen untergliedern:
- die Verschleißgeschwindigkeit (zeitbezogene Verschleißrate $w_{l/t}$),
- das Verschleiß-Weg-Verhältnis (wegbezogene Verschleißrate $w_{l/s}$ bzw. die Verschleißintensität I_h) und
- das Verschleiß-Durchsatz-Verhältnis (durchsatzbezogene Verschleißrate).

Hinweise:
- Die Angabe eines Verschleiß-Durchsatz-Verhältnisses ist nur für offene tribologische Systeme (z. B. bei Transporteinrichtungen für Schüttgut) sinnvoll.
- Die Verschleißgeschwindigkeit stellt die Ableitung des Verschleißbetrages nach der Beanspruchungsdauer *t* dar, während die Verschleißintensität eine auf den zurückgelegten Beanspruchungsweg *s* bezogene Messgröße ist.

In der Technik wird der lineare Verschleiß W_l in der Regel auf die beiden Größen Weg *s* oder Zeit *t* bezogen, wobei man jeweils von linearen Verschleißraten spricht (2.2) und (2.3) (Angaben z. B. in µm/km oder µm/h):

$$w_{l/s} = \frac{W_l}{s} \qquad (2.2)$$

$$w_{l/t} = \frac{W_l}{t} \qquad (2.3)$$

Um neben dem Einfluss der Beanspruchungsdauer *t* bzw. des Verschleißweges *s* auch noch die äußere Last F_N zu berücksichtigen, ist in der DIN 31680 der Verschleißkoeffizient *k* definiert (2.4):

$$k = \frac{W_V}{F_N \cdot s} = \frac{w_{V/s}}{F_N} \qquad (2.4)$$

Der Verschleißkoeffizient wird auch als spezifische Verschleißrate bezeichnet und bei der Beurteilung des tribologischen Verhaltens von Werkstoffen verwendet. Dabei ist die volumetrische Verschleißrate $w_{V/s}$ der Quotient aus dem Verschleißvolumen W_V und dem Gleitweg s (2.5):

$$w_{V/s} = \frac{W_V}{s} \qquad (2.5)$$

2.1.4 Energetische Betrachtung tribologischer Größen

2.1.4.1 Begriffe und Grundlagen

Eine grundlegende Klärung der Probleme von Reibung und Verschleiß wurde in der Vergangenheit auf unterschiedliche Weise versucht. Dabei reichen die bisher durchgeführten Arbeiten von Modellvorstellungen die von einer rein spannungs-verformungs-bezogenen Betrachtung (geometrisch-mechanisches Modell) ausgehen, bis zu einer energetisch orientierten Betrachtungsweise von Reibungs- und Verschleißprozessen.

Die bedeutendsten Arbeiten auf dem Gebiet der geometrisch-mechanischen Modellierung leisteten Bowden und Tabor [26] sowie Kragelski [27] bereits in der Mitte des letzten Jahrhunderts. Die von ihnen aufgestellten Theorien führen Reibung und Verschleiß hauptsächlich auf das Vorhandensein von Kräften und Spannungen in den tribologisch beanspruchten Materialstrukturen zurück.

Versuche einer Klärung dieses Problems auf energetischer Grundlage führten zum „energetischen Modell" von Reibung und Verschleiß. Diese Methode basiert im Wesentlichen auf Arbeiten von Tross [28] und Fleischer [29]. Grundlage dieser Theorie ist die Aussage, dass Reibung und Verschleiß durch energetische Vorgänge, die sich im makro-, mikro- und submikroskopischen Bereich abspielen, charakterisiert werden. Das heißt, Reibung und Verschleiß sind immer an energetische Vorgänge gebunden.

Die energetische Betrachtungsweise bietet gegenüber geometrisch – mechanischen Modellvorstellungen vor allem den Vorteil der Verallgemeinerungsfähigkeit der Ansätze für verschiedene Beanspruchungsarten (z. B. keine Unterscheidung zwischen deformativen und adhäsiven Vorgängen). Da sich der gesamte Reibungs- und Verschleißprozess als die Summe vieler stochastischer Einzelvorgänge darstellt, erscheint die Energie durch ihren statistischen Charakter als Beschreibungsgröße besonders geeignet.

2.1.4.2 Energetisches Modell von Reibung und Verschleiß

Ausgangspunkt für das „energetische Modell von Reibung und Verschleiß" ist der Begriff der Energiedichte e. Sie ist die auf ein bestimmtes Stoffvolumen V bezogene Energie E eines Körpers. Da sich die Betrachtungen hier auf den durch Reibung auftretenden Verschleiß beziehen, ergibt sich die Definitionsgleichung für die Reibungsenergiedichte e_R (2.6):

$$e_R = \frac{E_R}{V_R} \qquad (2.6)$$

Dabei ist E_R die prozessbedingte Reibungsenergie und V_R das durch Reibung beanspruchte Volumen. Da sich im Gegensatz zum beanspruchten Volumen das abgetragene Stoffvolumen (Verschleißvolumen) W_V wesentlich leichter bestimmen lässt, führt die Abwandlung der Gleichung (2.6) zu einer scheinbaren Reibungsenergiedichte e_R^* (2.7):

$$e_R^* = \frac{E_R}{W_V} \tag{2.7}$$

2.1.4.3 Klassische Form der „energetischen Verschleißgrundgleichung"

Die scheinbare Reibungsenergiedichte beschreibt also die zum Loslösen eines konkreten Verschleißvolumens aufgewendete Gesamtenergie. (Dieser Wert gibt den physikalischen Sachverhalt eines kritischen Energieniveaus umso besser wieder, je weniger andere Verschleißmechanismen neben dem adhäsiv bedingten Abtragen auftreten.) Unter Einbeziehung der bereits vorgestellten linearen Verschleißrate $w_{l/s}$, die auch unter dem Begriff der linearen Verschleißintensität bekannt ist, und der an der Reibfläche auftretenden Schubspannung (2.8)

$$\overline{\tau} = \frac{F_R}{A_a} = f \cdot \frac{F_N}{A_a} = f \cdot \overline{p} \tag{2.8}$$

erhält die scheinbare Reibungsenergiedichte schließlich die Form der von Fleischer [29] definierten „energetischen Verschleißgrundgleichung" (2.9):

$$e_R^* = \frac{\overline{\tau}}{w_{l/s}} \tag{2.9}$$

Es liegt nahe, die „scheinbar ertragbare Reibungsenergiedichte" aus Werkstoff- und Kontaktgrößen etwa mithilfe von FE-Simulationen zu bestimmen. In Hinsicht auf die Komplexität des tribologischen Systems können derartige Abschätzungen nur dann punktuell zum Erfolg führen, wenn die Parameter des Systems qualitativ und quantitativ bekannt sind und ihre Anzahl eng begrenzt ist. Sind derartige Einschränkungen praktisch nicht zu realisieren, ist eine vollständige Beschreibung tribologischer Prozesse auch auf dieser Grundlage derzeit nicht möglich. Wenn trotz dieser Einschränkungen mit diesen energetischen Größen gearbeitet wird, liegt das neben den schon aufgeführten Gründen daran,

– dass die „scheinbar ertragbare Reibungsenergiedichte" auch bei komplexem Auftreten verschiedener Verschleißmechanismen Aussagen über das Reibungsenergieaufnahmevermögen eines Werkstoffes zulässt,
– dass die „energetische Verschleißgrundgleichung" zur Erfassung von Messwerten aufgrund ihrer Einfachheit sehr gut geeignet ist und
– dass die Darstellung der Ergebnisse in entsprechenden Schaubildern (Kapitel 3, Abbildung 3.30) eine gute Widerspiegelung der Verschleißeigenschaften unterschiedlicher Werkstoffpaarungen zulässt.

Ein derartiges Schaubild lässt sich in Form eines doppeltlogarithmischen Diagramms darstellen, indem man die scheinbare Reibungsenergiedichte als Funktion der linearen Verschleißrate und der reibungsinduzierten Schubspannung aufträgt.

2.1.4.4 Modifizierte „energetische Verschleißgrundgleichung"

Die klassische Form der Darstellung der „energetischen Verschleißgrundgleichung", bei der die „scheinbar ertragbare Reibungsenergiedichte" aus dem Quotienten der mittleren Schubspannung der linearen Verschleißrate gebildet wird, erschwert den Vergleich von Versuchen mit verschiedenen Flächenpressungen, da bei höherer Pressung und konstantem Reibungskoeffizienten automatisch die Schubspannung steigt. Wenn die Flächenpressung eliminiert wird, erhält man als scheinbare Reibungsenergiedichte den auf den Verschleißkoeffizienten k bezogenen Reibungskoeffizienten μ und die "energetische Verschleißgrundgleichung" kann wie folgt formuliert werden (2.10):

$$e_R^* = \frac{\mu}{k} \qquad (2.10)$$

Ein auf der Gleichung (2.10) basierendes Schaubild ermöglicht eine sehr übersichtliche Darstellung aller wichtigen tribologischen Größen in einem Diagramm. In Abbildung 2.1 sind dazu Ergebnisse von tribologischen Versuchen mit dem Modellprüfsystem „Klötzchen/Ring" dargestellt.

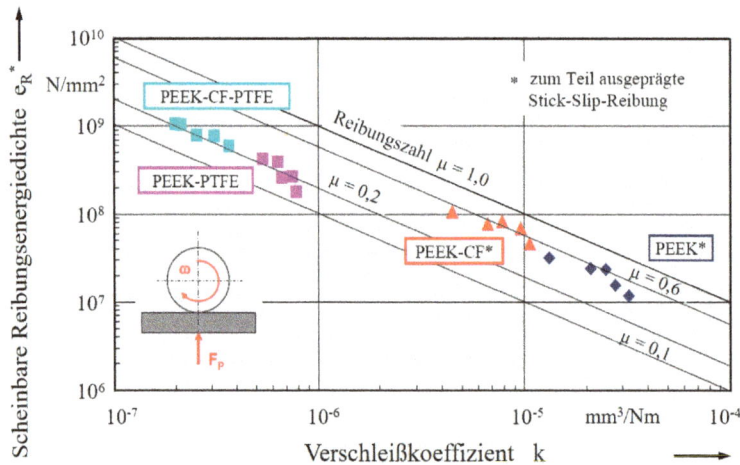

Abb. 2.1: Reibungsenergiedichten (e_R^*) – Reibungszahlen (μ) – Verschleißkoeffizienten (k) – Schaubild für PEEK-Modifikationen

Die Abbildung 2.1 zeigt exemplarisch, welchen Einfluss gezielte Modifikationen des thermoplastischen Hochleistungskunststoffs PEEK auf dessen Reibungs- und Verschleißkenngrößen hat. Das Ausgangsmaterial ist unmodifiziertes PEEK, welches sich durch eine ausgeprägte Stick-Slip-Reibung, hohe Reibungszahlen und eine geringe Verschleißfestigkeit auszeichnet. Diese Darstellung zeigt deutlich, dass durch die Modifikation mit PTFE (PEEK-PTFE) die Reibungszahlen deutlich gesenkt werden können [7, 30] und eine textile Gewebeverstärkung (PEEK-CF) auch die Verschleißfestigkeit verbessert. (Auf diese Problematik wird in Kapitel 3 näher eingegangen.) Weiterhin kann durch eine zusätzliche Modifikation der tribologisch beanspruchten Oberflächen des CF-PEEK-Verbundes mit PTFE die Verschleißfestigkeit um etwa zwei Größenordnungen erhöht werden [6].

Zusammenfassend kann festgehalten werden, dass die „energetische Verschleißgrundgleichung" und ihre Aufbereitung zu Reibungsenergiedichten-Reibungszahlen-Verschleißkoeffizienten- Schaubildern zur Erfassung und vor allem zur Darstellung von Messwerten aufgrund ihrer Einfachheit sehr gut geeignet ist.

2.1.5 Spezifische Tribosysteme

2.1.5.1 Systemanalyse

Wie bereits ausgeführt, ist aufgrund der Komplexität tribologischer Systeme eine durchgängige wissenschaftliche Beschreibung von Reibung und Verschleiß sowohl auf der Basis geometrisch-mechanischer Ansätze als auch auf der Grundlage energetischer Analysen derzeit nicht möglich. Um sinnvolle Abschätzungen tribologischer Sachverhalte durchführen zu können, sind die Freiheitsgrade des allgemeinen tribologischen Systems einzuschränken und die Systemparameter qualitativ und quantitativ zu konkretisieren. Dafür wird in der zurückgezogenen DIN 50 320 bzw. in [6] eine Konzeption (Tabelle 2.6) für eine systematische Analyse tribologischer Prozesse vorgestellt.

Tab. 2.6: Konzept zur Analyse tribologischer Prozesse [3, 6]

I. Technische Funktion des Systems
II. Beanspruchungskollektiv
– Belastung ⎫
– Bewegung ⎬ Zeitlicher Verlauf
– Temperatur ⎭
III. Struktur des Tribosystems S = {A, P, R}
A: *Elemente*
– Grundkörper
– Gegenkörper
– Zwischenstoff
– Umgebungsmedium
P: *Eigenschaften*
R: *Wechselwirkungen der Elemente*
IV. Reibungs- und Verschleißkenngrößen
– Verschleißbetrag
– Erscheinungsform von Reibung und Verschleiß

TRIBOLOGISCHES SYSTEM

Durch eine Systemanalyse sollen sowohl die einzelnen Parameter als auch die Struktur des tribologischen Systems möglichst genau definiert werden.

Hinweis: Je exakter die technische Funktion definiert ist und je konkreter die Kenntnisse zum Beanspruchungskollektiv sind, umso größer ist die Wahrscheinlichkeit einer erfolgreichen Projektbearbeitung. Deshalb ist es in der Praxis üblich, dass diese Daten und Informationen nach einer Machbarkeitsstudie in einem Lastenheft fixiert werden.

2.1.5.2 Zugeschnittene Tribosysteme

Der wesentlichste Punkt bei der Konkretisierung des tribologischen Systems ist die Gewährleistung der technischen Funktion der vorliegenden Anwendung (Tabelle 2.2). Von dieser leitet sich die Struktur des spezifischen Systems ab. So lassen sich für die unterschiedlichen technischen Gebilde wie etwa Lager, Zahnräder, Kupplungen, Anlaufscheiben und Führungen speziell zugeschnittene Tribosysteme ableiten, die durch das durch klar abgegrenzte Beanspruchungskollektiv geprägt werden.

Allerdings sind bei derartigen bauteilspezifischen tribologischen Systemen zusätzliche stoff- und formpaarungsspezifische Besonderheiten zu beachten. Beispielsweise werden bei Zahnrädern oder Keilriemenscheiben die tribologischen Effekte durch schwellende Biegebeanspruchungen überlagert, wodurch das Tribosystem etwa durch innere Reibung zusätzlich beeinflusst wird. In Abbildung 2.2 ist dazu exemplarisch das spezifische Tribosystem eines Keilriemenantriebes als integraler Bestandteil der Bauteilgesamtbeanspruchung dargestellt.

Bei der Bestimmung der Strukturelemente wie der Auswahl und konstruktiven Gestaltung der der Reibpartner sowie der Festlegung der Schmierungsbedingungen hat der Konstrukteur bzw. Produktentwickler die meisten Freiheitsgrade. In diesem Bereich finden die eigentlichen Innovationen statt, denn auf der Basis von Erfahrungen, Recherchen, Berechnungen und Prüfungen werden die Strukturelemente projektiert (Werkstoff- und Schmierstoffauswahl, Oberflächengestaltung), optimiert und an die vorgegebenen tribologischen und konstruktiven Randbedingungen angepasst.

Bei der Bestimmung der Strukturelemente wie der Auswahl und konstruktiven Gestaltung der der Reibpartner sowie der Festlegung der Schmierungsbedingungen hat der Konstrukteur bzw. Produktentwickler die meisten Freiheitsgrade. In diesem Bereich finden die eigentlichen Innovationen statt, denn auf der Basis von Erfahrungen, Recherchen, Berechnungen und Prüfungen werden die Strukturelemente projektiert (Werkstoff- und Schmierstoffauswahl, Oberflächengestaltung), optimiert und an die vorgegebenen tribologischen und konstruktiven Randbedingungen angepasst.

Im letzten Schritt erfolgt eine Analyse der Verlustgrößen (Tabelle 2.2). Dabei werden die Reibungsverluste (Bestimmung der Gleitflächen- und mittleren Bauteiltemperaturen) und der zu erwartende Verschleiß abgeschätzt und mit den, meist in Lasten- oder Pflichtenheften fixierten, Vorgaben zur Lebensdauer und Effizienz der zu entwickelnden Bauteilen oder anderen Anwendung verglichen.

Tribosystem „Keilriemen/Keilrille"

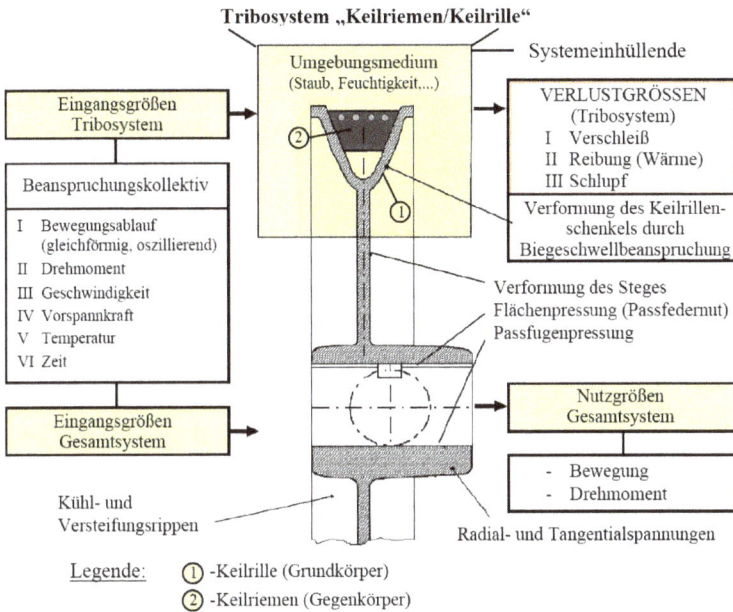

Abb. 2.2: Das spezifische Tribosystem „Keilriemen/Keilrille" als Bestandteil der Gesamtbeanspruchung eines Keilriemenantriebes

2.2 Reibung und Verschleiß von Kunststoffen

2.2.1 Kunststoffe für tribologisch beanspruchte Maschinenelemente

In den 1950er- und 1960er-Jahren des vergangenen Jahrhunderts entwickelte sich die Kunststofftechnik rasant. Thermoplastische Konstruktionspolymere drängten auf den Markt und fanden auch im Maschinen- und Anlagenbau technische Anwendungsgebiete, die bis dahin klassischen, meist metallischen, Werkstoffen vorbehalten waren. Die schon angesprochenen speziellen Eigenschaften dieser hochpolymeren Materialien, wie hohe Zähigkeit, Medienbeständigkeit und vor allem das teilweise ausgezeichnete Reibungs- und Verschleißverhalten im Trockenlauf sowie das gute Dämpfungsvermögen von Schwingungen und Stößen, prädestinieren diese neuen Werkstoffe für Anwendungen bei tribologisch beanspruchten Maschinenelementen und ähnlichen technischen Strukturen.

So wurde der Umfang der bereits auf diesem technischen Sektor etablierten polymeren, in der Regel duromeren, meist phenolharzbasierten Konstruktionswerkstoffe, wie z. B. Hartgewebe [8], bedeutend erweitert. Diese neue Werkstoffklasse wurde unter Laborbedingungen und in der Praxis getestet, die Ergebnisse analysiert und bewertet. Im Ergebnis entstanden dazu einige, mittlerweile zu den Standardwerken zählenden

Veröffentlichungen [4, 9–18], in denen die gewonnenen Erkenntnisse zur Tribologie von Polymeren grundlegend erläutert, katalogisiert und zusammengefasst wurden. In den letzten Jahrzehnten wurde die Palette der technischen Kunststoffe für tribologische Anwendungen dahin gehend erweitert, dass eine Vielzahl von Hochleistungskunststoffen auf den Markt drängten [10, 19, 20].

2.2.2 Polymere Werkstoffe in Tribosystemen

Bei diesen Systemen werden die teilweise hervorragenden selbstschmierenden Eigenschaften polymerer Werkstoffe genutzt, d. h., dass auf eine zusätzliche Schmierung entweder ganz verzichtet wird oder eine Schmierung nur in Form einer Initialschmierung – etwa einer einmaligen Fettschmierung – erfolgt. Diese Tribopaarungen sind also wartungsfrei[5].

Derartige, durch Trockenreibung[6] charakterisierte Tribosysteme sind daher technische Gebilde, welche sich dadurch auszeichnen, dass innerhalb der Systemgrenzen Wechselwirkungen zwischen Grund- und Gegenkörpern, Zwischenstoffen sowie den Umgebungsmedien unter Einwirkung von Beanspruchungskollektiven auftreten, wobei hauptsächlich energetische Eingangsgrößen wiederum in energetische und stoffliche Ausgangsgrößen umgewandelt werden. Sie werden deshalb auch als energiedeterminierte tribologische Systeme bezeichnet, bei denen entweder Luft oder der Abrieb von Grund- oder Gegenkörpern als Zwischenstoff fungiert [2, 25, 109].

Entsprechend der oben beschriebenen Definition werden die Strukturelemente dieses speziellen tribologischen Systems in den folgenden Abschnitten weiter präzisiert.

2.2.3 Grundkörper

Bei tribologisch beanspruchten Bauelementen spielen sich an der Oberfläche Reibungs- und Verschleißprozesse ab, die – wie bereits beschrieben – nicht vermieden werden können. Die Oberfläche und die Gefügestruktur der darunterliegenden

---

5 In diesem Zusammenhang ist der Begriff der Wartungsfreiheit deutlich weiter gefasst. Er beinhaltet auch mediengeschmierte Reibpaarungen. Bei diesen werden beispielsweise die hervorragende Medienbeständigkeit und/oder physiologische Unbedenklichkeit vieler Kunststoffbauteile in Fördersystemen oder Verarbeitungsmaschinen genutzt. Hier dienen die Medien (Chemikalien, Lebensmittel oder andere flüssige bzw. pastöse Verarbeitungsgüter) als Schmierstoffe. Da derartige Tribopaarungen keiner Zusatzschmierung bedürfen, gelten sie zwar als wartungsfrei, sind aber nicht trockenlaufend.
6 Die Trockenreibung (Festkörperreibung) wird in der DIN 31680 als Reibungszustand definiert, bei dem zwei zuvor entfettete und gereinigte Reibungsflächen ohne Schmierung von außen in Kontakt stehen.

Schichten sind daher entscheidend für das tribologische Verhalten. Da der reibungs- und verschleißbeanspruchte Oberflächenbereich immer als Bestandteil der gesamten Struktur zu sehen ist, spielt die Bauteilmorphologie hier eine besondere Rolle.

So lassen sich aus der Gefügestruktur z. B. die mechanischen Bauteileigenschaf- ten und die Ausdehnung der verschiedenen morphologischen Schichten (Rand- und Kernschicht) ableiten [6].

2.2.3.1 Thermoplastische Grundkörper

Für die Herstellung von tribologisch beanspruchten Maschinenelementen und ande- ren Bauteilen haben in der Praxis meist nur teilkristalline thermoplastische Kunst- stoffe Bedeutung erlangt [13]. Diese zeichnen sich gegenüber von amorphen Polymer- werkstoffen durch eine deutlich höhere tribomechanische Beanspruchbarkeit aus (Kapitel 1). Am besten lässt sich das anhand eines Vergleiches der Temperaturabhän- gigkeit der mechanischen Eigenschaften verdeutlichen. In der Tabelle 1.31 (Kapitel 1) sind dazu die Zustandsdiagramme von amorphen und teilkristallinen Thermoplasten gegenübergestellt.

Wie im Kapitel 1 dargestellt, treten bei den teilkristallinen Werkstoffen neben den amorphen Phasen Bereiche auf, in denen sich die Makromoleküle in Form von Kristal- len organisieren, die wiederum Überstrukturen, sogenannte Sphärolithe, bilden kön- nen.

Betrachtet man die Morphologie[7] von teilkristallinen Spritzgussteilen, so kann man erkennen, dass die Strukturen schichtenweise aufgebaut sind. In den äuße- ren Schichten sind neben einem Phasenunterschied (amorpher Randbereich) auch ein deutlicher Unterschied in den Kristallgrößen und der Kristalldichte zu erkennen (Abbildung 2.3). Das heißt, in den Einzelschichten sind unterschiedliche Kristallisa- tionsgrade vorhanden. Für das Reibungs- und Verschleißverhalten spritzgegossener Bauteile ist das insofern von Bedeutung, dass die Einzelschichten auch unterschied- liche tribologische Charakteristika aufweisen. Konkret bedeutet das, dass sich erst nach dem verschleißbedingten Abtrag der amorphen Randschichten und der darun- terliegenden Grenzbereiche stationäre tribologische Bedingungen einstellen können. Je nach Struktur und Ausprägung dieser Schichten äußert sich das in der Praxis durch mehr oder weniger ausgeprägte Einlaufprozesse.

Auch die mechanischen Werkstoffkennwerte korrespondieren mit den tribologi- schen Größen. Nach [25] stellt für polymere Werkstoffe die Fläche unter dem Span- nungs-Dehnungs-Diagramm bis zur Streckgrenze ein repräsentatives Maß für die

---

7 Die Morphologie wird maßgeblich vom Spritzgussprozess beeinflusst. Neben dem Nachdruck und der Massetemperatur sind hier vor allem die Werkzeugtemperatur und Abkühlgeschwindigkeit der Kunststoffmasse zu nennen [6].

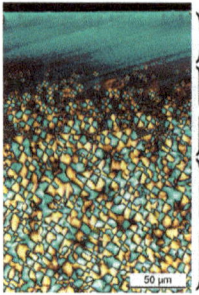

> Amorphe Randschicht
>
> Inhomogener Übergangsbereich (randnahe Schicht, gekennzeichnet durch ein feinsphärolitisches Gefüge)
>
> Kernbereich (grobsphärolitisches Gefüge)

Abb. 2.3: Gefügeausbildung bei einem PA66-Spritzgussteil [6]

Arbeitsaufnahme[8] und damit für seine Verschleißfestigkeit, also für die scheinbar ertragbare Reibungsenergiedichte e_R^* dar.

Neben der Arbeitsaufnahmefähigkeit, der Morphologie[9] und dem Polymerisationsgrad werden in der Literatur folgende physikalischen und mechanischen Materialeigenschaften als tribologisch vorteilhaft bzw. „verschleißmindernd" beschrieben:

- Steigerung der Steifigkeit, [5, 6, 25];
- Erhöhung der Oberflächenhärte etwa durch die Verbesserung der kristallinen Struktur bis in die Bauteilrandzonen [5];
- Verbesserung der Ermüdungsfestigkeit [25];
- Erhöhung der Bruchzähigkeit bzw. Verringerung der Sprödigkeit (Vermeidung von abrasivem Verschleiß) sowie verbessertes Dämpfungsverhalten [6, 25, 31];
- Verringerung der Oberflächenspannung bzw. Verringerung der Polarität (Senkung des adhäsiven Verschleißanteils kombiniert mit kleinerer Reibungszahl und damit niedrigerem Wärmeeintrag) [2, 25].

Allerdings ist in Anbetracht der Komplexität des tribologischen Systems ist eine Quantifizierung der Einflussparameter äußerst schwierig.

2.2.3.2 Duromere Grundkörper

Bei duroplastischen Kunststoffen ist die Abhängigkeit der tribomechanischen Eigenschaften von der Temperatur vergleichsweise gering (Kapitel 1, Abbildung 1.36a).

Aber auch bei diesen Werkstoffen können die mechanischen und tribologischen Eigenschaften durch verarbeitungstechnische Maßnahmen und/oder eine thermische

---

8 Das Spannungs-Dehnungs-Diagramm wird durch die Temperatur dominiert. Besonders bei Bauteiltemperaturen oberhalb der Glastemperatur T_g nehmen die Arbeitsaufnahmefähigkeit (Tabelle 1.1, Kapitel 1) und damit die Verschleißfestigkeit deutlich ab [6].

9 Bei derartigen Gefügen spricht man von metastabilen Strukturen, denn die Morphologie kann sich durch thermische Beanspruchungen auch infolge tribologischer Prozesse verändern (Nachkristallisation).

Nachbehandlung (Tempern) gezielt verändert werden. Beispielsweise ist durch eine Steigerung des Vernetzungsgrades ein deutlicher Anstieg der Steifigkeit zu erzielen. Im Kapitel 1, Abbildung 1.36b, ist dieser Sachverhalt für den Schubmodul exemplarisch dargestellt.

2.2.4 Gegenkörper

Der Gegenkörper besteht bei den meisten Anwendungen aus Stahl und ist in der Regel der härtere der beiden Gleitpartner. Die Oberflächenhärten des Gegenkörpers sollten HRC > 50 betragen, da bei geringerer Härte metallische Verschleißpartikel entstehen können, die unter Umständen – ähnlich den Körnern in einer Schleifscheibe – stark abrasiv auf den Gegenkörper wirken und somit den Gesamtverschleiß erhöhen.

Im Gegensatz zum polymeren Grundkörper, bei dem die Oberflächentopografie eher eine untergeordnete Rolle spielt, beeinflusst die die Struktur der Oberfläche des Gegenkörpers das tribologische Verhalten der Reibpaarung dominant. Von Bedeutung ist insbesondere die Oberflächenrauheit des Gegenkörpers und die Richtung der Bearbeitungsriefen. Diese haben einen signifikanten Einfluss auf die Größe des Reibungskoeffizienten, die wirkenden Verschleißmechanismen (Tabelle 2.5) und damit auf die Höhe des Verschleißes. Das ist insofern zu beachten, als dass sich die Verschleißfestigkeit eines Polymers in Abhängigkeit von der Rauheit des Gegenkörpers (verschleißbedingte Glättung oder Aufrauhung der Oberflächen) verändern kann, insbesondere dann, wenn mit der Variation der Rauheit auch ein Wechsel der Verschleißmechanismen verbunden ist.

2.2.4.1 Geringe Oberflächenrauheit
Bei glatten Gegenkörpern dominieren adhäsive Kontaktmechanismen das Reibungs- und Verschleißverhalten. Insbesondere bei polaren Polymeren (z. B. bei Polyamiden) als Grundkörper führen geringe Rauheiten vorwiegend zu adhäsiven Verschleißprozessen, die sich etwa in Form von Rissen in der Gleitfläche des Polymers quer zur Gleitrichtung dokumentieren. Außerdem tritt meist auch eine ausgeprägte Stick-Slip-Reibung auf.

2.2.4.2 Hohe Oberflächenrauheit
Bei großen Rauheiten dringen die Rauheitsspitzen[10] in das Polymer ein und es kommt zu einer plastischen oder elastischen Deformation diskreter Volumenanteile des

---

10 Speziell die Schärfe der Erhebungen beeinflusst das Verschleißverhalten maßgeblich. Allerdings ist diese Größe messtechnisch nicht zugänglich. Am aussagefähigsten ist die Charakterisierung der Oberflächen der Gegenwerkstoffe anhand gemittelter Rauheitswerte – etwa dem R_Z-Kennwert [32, 33].

Kunststoffs. Es dominieren Triboprozesse, bei denen der Grundkörper wiederholt deformiert wird. Dadurch kommt es zu Rissbildung und Brüchen, was wiederum einen Materialabtrag zur Folge hat. Dieser Mechanismus wird als Oberflächenzerrüttung oder Ermüdungsverschleiß bezeichnet.

Bei plastischem Kontakt umfließt der Kunststoff einzelne Unebenheiten der Oberfläche des härteren Gleitpartners. In Abhängigkeit von der Scherfestigkeit des Polymers hört aber ab einer bestimmten Eindringtiefe das plastische Verdrängen (Mikropflügen) auf und geht in einen abrasiven Verschleiß (Mikroschneiden) über. (Bei praktischen Anwendungen sind derartige Verschleißmechanismen unbedingt zu vermeiden.)

Entsprechend der sich überlagernden Verschleißmechanismen setzt sich auch der Gleitreibungskoeffizient μ aus einer adhäsiv und einer deformativ bedingten Komponente zusammen (2.11):

$$\mu = \mu_a + \mu_d \qquad (2.11)$$

Die Wichtung der beiden Anteile an der Reibungszahl ist relativ diffizil und hängt in erster Linie von den elastischen Eigenschaften des Grundkörpers ab (Tabelle 2.7).

Tab. 2.7: Abhängigkeit der Reibungszahl von der Elastizität des Kunststoffgrundkörpers und von der Rauheit des Gegenkörpers nach [20]

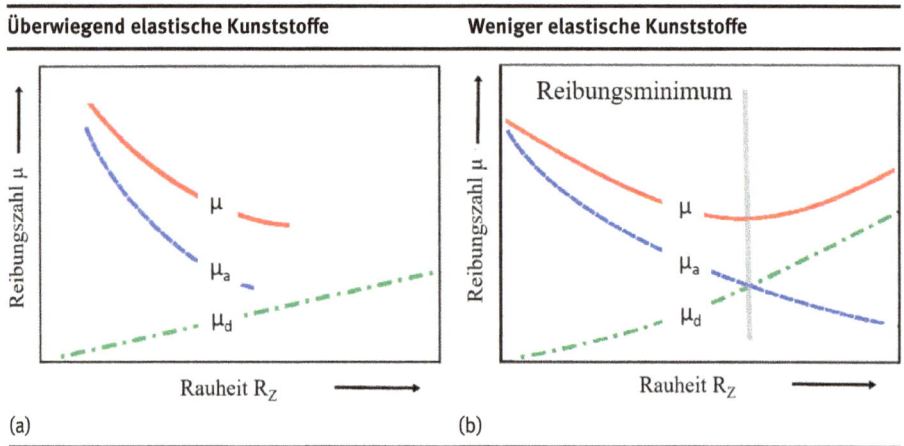

Es lässt sich für jeden Kunststoff eine experimentell ermittelte optimale Gegenkörperrauheit[11] angeben, die etwa bei $R_z = 0,5 \dots 3,0\,\mu m$ liegt. Künkel [6] hat in diesem Zusammenhang für unterschiedliche Kunststoffe optimale Rauheiten bestimmt (Abbildung 2.4).

---

11 Die Bearbeitungsriefen der Gegenkörper sollten, wenn möglich, in Bewegungsrichtung verlaufen.

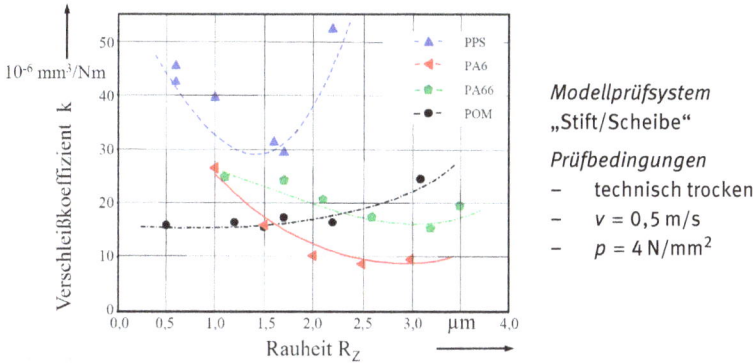

Abb. 2.4: Einfluss der Oberflächenrauheit des Gegenkörpers auf das Verschleißverhalten ausgewählter Polymerwerkstoffe [6]

Bei vielen technischen Anwendungen sind für die Gewährleistung möglichst optimaler thermodynamischer Bedingungen die Wärmeleitfähigkeit sowie die geometrischen Abmessungen des Gegenkörpers von großer Bedeutung.

2.2.5 Einflüsse und Wechselwirkungen der Systemparameter

2.2.5.1 Beanspruchungskollektiv

Speziell bei thermoplastischen Kunststoffen sind aufgrund des temperaturabhängigen Werkstoffverhaltens (Tabelle 1.1, Kapitel 1) die tribomechanischen Beanspruchungsgrenzen von dem sich einstellenden Temperaturniveau abhängig. Für den Fall eines stationären tribologischen Prozesses, d. h., dass die Temperaturfelder keiner zeitlichen Abhängigkeit unterliegen, ergibt sich die Temperaturdifferenz aus dem Gleichgewicht zwischen induzierter Reibungswärme und der thermischen Energie, die als Verlustgröße das tribologische System verlässt.

Es kann davon ausgegangen werden, dass etwa 95 % der aufgewendeten Reibungsenergie in Wärme umgesetzt wird. Nach [34] kann die erzeugte Wärmemenge mithilfe der Gleichung (2.12) bestimmt werden:

$$Q_{\mathrm{erz}} = 0{,}946 \cdot F_{\mathrm{N}} \cdot v \cdot \mu \tag{2.12}$$

Die erzeugte Wärmemenge ist also abhängig von der Reibungszahl der Gleitgeschwindigkeit und der Normalkraft.

Wie bereits beschrieben, beeinflussen sich die Parameter des tribologischen Systems untereinander, sodass die Wirkungen einzelner nur schwer zu quantifizieren sind.

2.2.5.2 Reibungszahl

Im Allgemeinen zeigt sich im stationären Betriebszustand, der durch gleichbleibende Reibungsmechanismen gekennzeichnet ist, keine grundlegende Beeinflussung der Reibungszahl in Abhängigkeit der Gleitflächentemperatur. Das gilt nur für den Fall, dass die Grenztemperatur nicht überschritten ist.

2.2.5.3 Gleitgeschwindigkeit

Die Gleitgeschwindigkeit wirkt sich durch die Beeinflussung der Temperatur nur indirekt auf das Reibungs- und Verschleißverhalten von Kunststoffen aus [5]. (Prüfungen, bei denen die Gleitflächen intensiv gekühlt wurden, haben gezeigt, dass weder die Reibungszahl noch der Verschleiß von der Gleitgeschwindigkeit signifikant abhängig ist.)

2.2.5.4 Normalkraft

In der Praxis wird die Normalkraft meist auf die beanspruchte Fläche bezogen und in Form der nominellen oder realen Flächenpressung angegeben. Im Zusammenhang mit der Oberflächenrauheit spielt die Höhe der Pressung bei den sich einstellenden Reibungs- und Verschleißzuständen eine Rolle. Das äußert sich nicht nur in der Temperatur, sondern auch in der Belastung des Gesamtbauteils. Zu hohe Normalkräfte und damit zu große Pressungen können z. B. bei Zahnrädern zu einer Überlastung der Zahnflanken oder des Zahnfußes führen.

Analysiert man den in Tabelle 2.4 bzw. der Gleichung (2.11) dargestellten Sachverhalt, zeigt die Reibungszahl eine Abhängigkeit von Normalkraft mit einem im Allgemeinen nicht sehr ausgeprägten Minimum, wobei bei geringer Normalkraft die adhäsiv bedingte Komponente (Coulomb-Bereich) überwiegt. Im Amontons-Bereich, der bei hoher Normalkraft vorliegt, wird die maximale Eindringtiefe nahezu erreicht und die Reibungszahl ändert sich nur noch wenig (Abbildung 2.5).

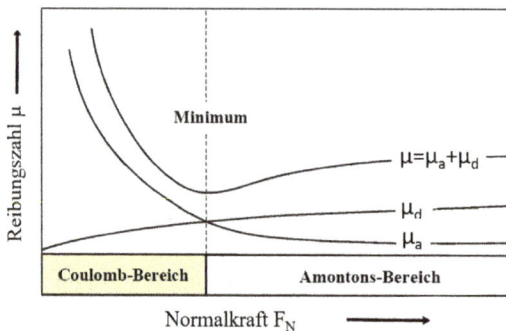

Abb. 2.5: Abhängigkeit der Reibungszahl von der Normalkraft [22]

Weiterhin kann man für den Einfluss der Normalkraft auf das Reibungs- und Verschleißverhalten polymerer Grundkörper folgende Aussagen treffen:

– Das Minimum entspricht bei äußerer Reibung fester Körper dem Übergang von der überwiegend elastischen zur plastischen Deformation und ist umso weniger ausgeprägt, je geringer die adhäsiv bedingte Komponente der Reibungszahl ist.
– Der abrasive Verschleißanteil erhöht sich bei steigender Eindringtiefe, die u. a. von der Höhe der aufgebrachten Normalkraft abhängig ist.

2.2.5.5 Temperatur

Kunststoffe besitzen eine maximale Einsatztemperatur, die durch den Molekülaufbau bestimmt wird. Mit zunehmender thermischer Belastung, hervorgerufen durch die Reibungswärme oder durch die Umgebungstemperatur, nehmen die mechanischen Eigenschaften, wie Steifigkeit und Festigkeit, und damit auch die tribologischen Eigenschaften ab, wobei zwischen diesen eine gewisse Korrelation zu beobachten ist. Für POM erfolgt dazu exemplarisch in Abbildung 2.6 eine vergleichende Gegenüberstellung der Abhängigkeit des Schubmoduls und des Verschleißkoeffizienten von der Temperatur.

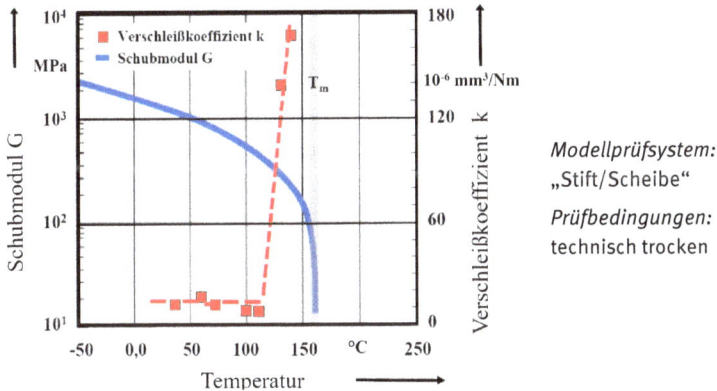

Abb. 2.6: Einfluss der Temperatur auf den Schubmodul [35] und den Verschleißkoeffizient [6] von POM-H

Man sieht deutlich den dramatischen Anstieg des Verschleißes kurz unterhalb des Bereichs der Kristallitschmelztemperatur, die wiederum durch einen extremen Abfall des Schubmoduls gekennzeichnet ist.

2.2.5.6 $p \cdot v$-Kennwert

In Auswertung der Gleichung (2.12) liegt es nahe, die für die Induzierung der Reibungswärme maßgeblichen Belastungsgrößen Normalkraft und Gleitgeschwindigkeit

gemeinsam mit der nominellen beanspruchten Fläche zu einer Beanspruchungskenn-
größe, dem $p \cdot v$-Wert, zusammenzufassen. Sind bei konkreten Anwendungen ther-
modynamischen Verhältnisse nicht ausreichend bekannt, so wird für die Dimensionierung in der Praxis oft ein $p \cdot v$-Grenzwert herangezogen. Für eine erste Auslegung
ist diese Vorgehensweise durchaus angebracht. Für die Feindimensionierung und die
Nachrechnung reicht die reine Betrachtung des $p \cdot v$-Wertes für eine fundierte Aussage
über eine Belastungsgrenze tribologisch beanspruchter Maschinenelemente und anderer Bauteile nicht aus. Hier muss das Tribosystem als integrativer Bestandteil der
Bauteilgesamtbeanspruchung gesehen werden und ist somit von vorliegenden thermischen, konstruktiven und kinematischen Verhältnissen abhängig. Auch die Darstellung von Messwerten als Funktion des $p \cdot v$-Werts ist nur dann sinnvoll und zuläs-
sig, wenn eine der Belastungskenngrößen als Konstante vorgegeben wird.

2.2.5.7 Wechselwirkungen der Systemparameter

Speziell bei Kunststoffgrundkörpern wird im Trockenlauf der Effekt der Selbstschmie-
rung technisch ausgenutzt. Dieses Phänomen beruht darauf, dass im Betrieb durch
Abrieb kleiner Partikel die Rauheitstäler zugesetzt werden. Dabei kann es durch einen selektiven Werkstoffübertrag zur Bildung von geschlossenen Transferfilmen auf
dem Gegenkörper kommen[12]. Im Idealfall spielt dabei die Ausgangsrauheit für den
Verschleiß vorwiegend nur in der Einlaufphase eine Rolle. Das bedeutet, dass sich
unter speziellen Bedingungen eine selbstregenerierende dünne Gleitschicht – ein
sogenannter *third body* – ausbilden kann [36]. Bei stationärem Betrieb können diese,
aus Verschleißpartikeln gebildeten Gleitschichten das tribologische System dominieren. Die Haftung der Schicht auf dem Gegenkörper und ihre Stärke ist von mehreren
Faktoren abhängig. Dabei kann die Schichtdicke bis zu mehreren Zehntelmillime-
tern betragen. Die Abbildung 2.7 zeigt dazu einen massiven Werkstoffübertrag von
einem PTFE-modifizierten duromeren Polyurethan (Abbildung 2.7b) auf einen stranggepressten Aluminiumgegenkörper (Abbildung 2.7a).

2.3 Prüfkonfigurationen für tribologische Untersuchungen

2.3.1 Grundlagen und Motivation

2.3.1.1 Teststufen tribologischer Untersuchungen

Je nach der Struktur des konkret vorliegenden tribologischen Systems sind Untersuchungen zur Charakterisierung des Reibungs- und Verschleißverhaltes von Werk-

---

12 Die Nutzung des Effektes der selektiven Werkstoffübertragung bei tribologischen Prozessen, etwa
zur Regeneration verschlissener Bauteile durch Reibbeschichtungen, ist in der Technik bereits seit
Langem eingeführt [36].

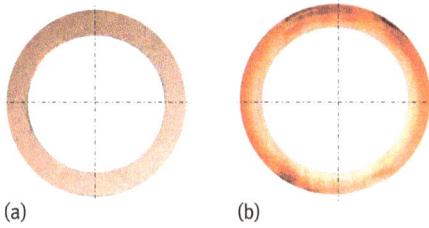

Grundkörper
  PTFE-modifiziertes PU
Gegenkörper
stranggepresstes Aluminium
Modellprüfsystem
  „Stift/Scheibe"
Prüfbedingungen
–   technisch trocken
– $v = 0,3\,\text{m/s}$
– $p = 3\,\text{N/mm}^2$

(a)   (b)

Abb. 2.7: Beispiel für die Ausbildung von Gleitschichten (Transferfilmen) aus Abriebpartikeln eines polymeren Grundkörpers (b) auf einen stranggepressten Aluminiumgegenkörper (a)

stoffpaarungen oder ganzer Bauteilkomplexe mit unterschiedlichen Aufwendungen in Hinsicht auf die Prüftechnik, die Versuchszeiten und vor allem auch auf die Ökonomie verbunden [37]. Ein Schema dazu zeigt die Tabelle 2.8.

In Auswertung dieser Laborgrundlagenuntersuchungen ist es in der Praxis üblich, mit allen an der Entwicklung beteiligten Partnern entsprechende Pflichten- oder Lastenhefte zu erarbeiten, in denen die notwendigen Forschungs- und Entwicklungsschritte sowie die anzuwendenden Methoden und Vorgehensweisen in Form von Leistungsbeschreibungen und Prüfspezifikationen dokumentiert werden. Erst auf der Basis eines klar abgesteckten Entwicklungszieles und einer hierarchisch aufgebauten Bearbeitungsstruktur können auch die z. T. hohen Kosten derartiger Forschungs- und Entwicklungsprojekte abgeschätzt und ggf. minimiert werden. Im Arbeitsblatt 7 der

Tab. 2.8: Schematische Darstellung von Prüfstufen bei der tribologischen Charakterisierung von Werkstoff- und Bauteilpaarungen unter Laborbedingungen

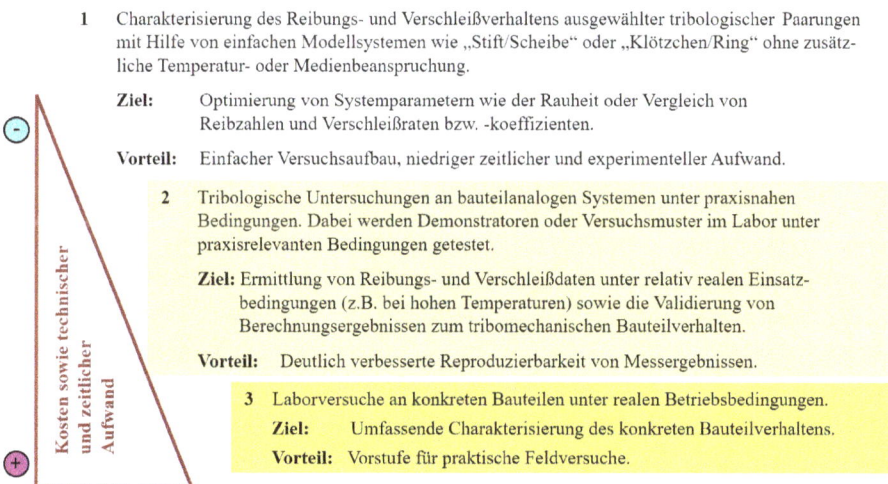

1   Charakterisierung des Reibungs- und Verschleißverhaltens ausgewählter tribologischer Paarungen mit Hilfe von einfachen Modellsystemen wie „Stift/Scheibe" oder „Klötzchen/Ring" ohne zusätzliche Temperatur- oder Medienbeanspruchung.

Ziel: Optimierung von Systemparametern wie der Rauheit oder Vergleich von Reibzahlen und Verschleißraten bzw. -koeffizienten.

Vorteil: Einfacher Versuchsaufbau, niedriger zeitlicher und experimenteller Aufwand.

2   Tribologische Untersuchungen an bauteilanalogen Systemen unter praxisnahen Bedingungen. Dabei werden Demonstratoren oder Versuchsmuster im Labor unter praxisrelevanten Bedingungen getestet.

Ziel: Ermittlung von Reibungs- und Verschleißdaten unter relativ realen Einsatzbedingungen (z.B. bei hohen Temperaturen) sowie die Validierung von Berechnungsergebnissen zum tribomechanischen Bauteilverhalten.

Vorteil: Deutlich verbesserte Reproduzierbarkeit von Messergebnissen.

3   Laborversuche an konkreten Bauteilen unter realen Betriebsbedingungen.
    Ziel: Umfassende Charakterisierung des konkreten Bauteilverhaltens.
    Vorteil: Vorstufe für praktische Feldversuche.

Kosten sowie technischer und zeitlicher Aufwand

Gesellschaft für Tribologie (GfT) [1] sind in diesem Zusammenhang die einzelnen Entwicklungsschritte detailliert dargestellt. In Abbildung 2.8 sind dazu exemplarisch die hierarchischen Strukturebenen für die Entwicklung tribologisch optimierter *bushes* für Strahltriebwerke dargestellt.

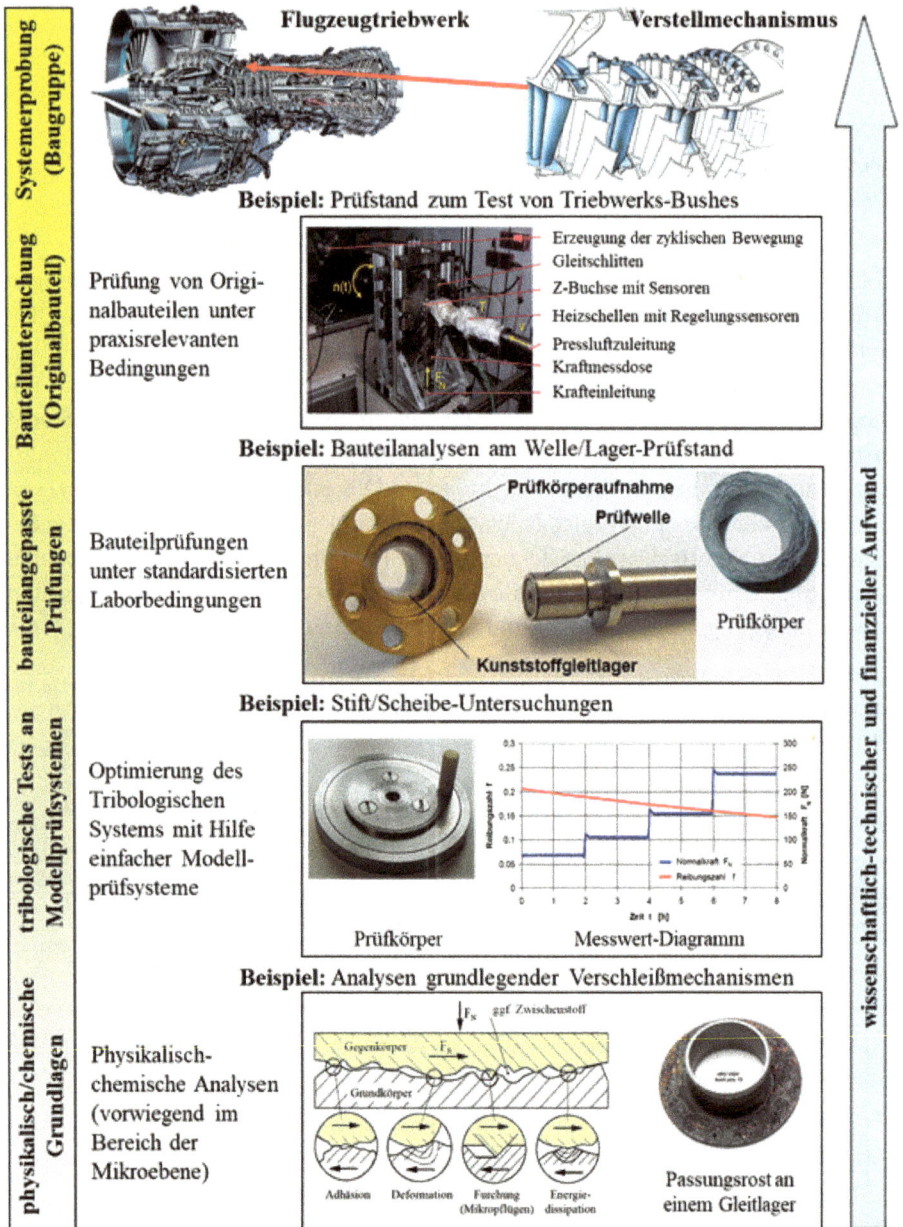

Abb. 2.8: Hierarchische Strukturebenen für die Entwicklung tribologisch optimierter Bauteile aus Verbundwerkstoffen

In dieser Publikation stehen lediglich tribologische Grundlagenuntersuchungen an Kunststoffen entsprechend der in der Tabelle 2.8 dargestellten und der in der der DIN ISO 7148 [38] spezifizierten Prüfbedingungen im Mittelpunkt der Betrachtungen.

2.3.1.2 Kommerzielle Technik für tribologische Untersuchungen

Wie generell im Maschinenbau ist auch der Prüfmaschinenmarkt hart umkämpft. Da bildet auch der Bereich der Tribometer keine Ausnahme. Weltweit gibt es eine Reihe von Anbietern [39–41], die Produkte basierend auf den unterschiedlichsten Prüfanordnungen vertreiben. Die technischen Lösungen, auf denen diese Prüfmaschinen meist basieren, lassen in der Regel nur einen speziellen Prüfaufbau (z. B. für eine Stift-Scheibe-Prüfung) zu, der entsprechend diverser Normen, etwa der etwa der DIN ISO 7148 [38] oder der ASTM G99 – 17 [116], spezifiziert ist.

Dabei sind die Prüfkörperabmessungen meist vorgegeben und sowohl die Bedienung der Technik als auch die Auswertung der Versuche zeichnet sich durch einen hohen Automatisierungsgrad und damit einem hohen Komfort aus. Die unter diesen Bedingungen gewonnenen Ergebnisse sind meist sehr gut reproduzierbar.

2.3.1.3 Prüftechnische Anforderungen

Wie im vorangegangenen Kapitel beschrieben wurde, ist das für einfache Prüfanordnungen, die vor allem am Anfang der Entwicklungskette Verwendung finden, relativ unproblematisch.

Die Analyse tribomechanisch beanspruchter Bauteile oder bauteilanaloger Strukturen setzt dagegen eine speziell auf diese Anwendung bezogene Prüf- und Messtechnik voraus. Dazu wird meist in Zusammenarbeit zwischen dem Anwender und dem Prüfmaschinenhersteller ein Versuchsstand konzipiert und gebaut. Diese Form der Ausgestaltung tribologischer Laboratorien zeichnet sich allerdings durch folgende Nachteile aus:

–   Eine nachträgliche Anpassung der kommerziellen Prüf- und Auswertetechnik an veränderte Parameter des tribologischen Systems – etwa einer zusätzlichen Beanspruchung mit hohen bzw. niedrigen Temperaturen oder der Umstellung von einer rotatorischen in eine oszillierende Gleitbewegung – ist in der Regel selbst bei einfachen Prüfanordnungen nicht möglich oder erfordert wiederum die Mitarbeit des Prüfmaschinenherstellers.

–   Weiterhin ist es möglich, dass hoch spezialisierte und teure Prüfaufbauten nach der Beendigung einer konkreten F&E-Aufgabe durch mangelnde Flexibilität so lange nicht mehr genutzt werden können, bis wieder ähnlich gelagerte Forschungsaufgaben anstehen.

–   Viele F&E-Einrichtungen sind meist infolge ökonomischer Restriktionen darauf angewiesen, Prüftechnik unterschiedlicher Anbieter zu erwerben. Diese Technik zeichnet sich neben unterschiedlichen Antriebs- und Messsystemen vor allem durch miteinander inkompatibler Steuer- und Auswertungsprogramme aus. Konkret bedeutet das, dass bei einer notwendigen Modifizierung der Grundsoftware der Steuer- und Messrechner, etwa bei einer Umstellung auf ein neues Betriebssystem, unterschiedliche, teurere Updates erworben werden müssen. Ist ein Prüfstandlieferant zu diesem Zeitpunkt nicht mehr auf dem Markt präsent, so besteht weiterhin die Möglichkeit, dass die betroffene Versuchstechnik nicht mehr – oder nur eingeschränkt – nutzbar ist.

– Reibungs- und Verschleißversuche sind in der Regel sehr zeitaufwendig, d. h., um in einer vertretbaren Zeit und mit einer ausreichenden statistischen Sicherheit befriedigende Messergebnisse erhalten zu können, ist es zweckmäßig, mehrere Versuche gleichzeitig durchzuführen. In der Regel ist das nur möglich, wenn mehrere Versuchsstände mit gleichen Grundfunktionen zum Einsatz kommen, was wiederum hohe Investitionen voraussetzt.

Um die Entwicklungskette vom „maßgeschneiderten" Werkstoff bis zum tribomechanisch optimierten Bauteil ganzheitlich bearbeiten zu können, ist eine flexible, dem jeweilig herrschenden tribologischen System angepasste Versuchstechnik notwendig. Dabei ist der konstruktiven Vielfalt der tribologisch beanspruchten Maschinenelemente, Bauteile und Strukturen möglichst Rechnung zu tragen. Da die modernen Werkstoffe und Beschichtungen für derartige technische Elemente hohen Ansprüchen an Verschleißfestigkeit und Funktionalität genügen müssen, sind für diese Reibungs- und Verschleißuntersuchungen ein erheblicher Zeitaufwand und eine äußerst sensible Messtechnik notwendig. Weiterhin ist es vor allem aus ökonomischen Gründen erforderlich, die Prüftechnik so komplex auszulegen, dass mehrere gleichgeartete Prüfungen zeitlich parallel ausgeführt werden können.

Um den genannten Anforderungen Rechnung zu tragen, wurde ein multifunktionales Prüfstandskonzept entworfen und umgesetzt, welches eine modular gestaltete Grundstruktur besitzt und welches neben einer hohen Funktionssicherheit auch einen erheblichen Rationalisierungseffekt ermöglicht [42, 43]. Das gewählte Konstruktionsprinzip lässt sowohl Prüfungen entsprechend diverser Normen als auch praxisorientierte Bauteil- oder bauteilanaloge Untersuchungen zu.

2.3.1.4 Verwendete Prüftechnik
Grundaufbau

Wie angesprochen, besitzt der Versuchskomplex einen modularen Grundaufbau und besteht aus separaten Versuchseinheiten. Dabei wird jeder Antriebsstrang einzeln mit einem frequenzgesteuerten Drehstromservomotor angetrieben, dessen Drehzahl sich bei nahezu konstantem Drehmoment stufenlos regeln lässt. Zur Gewährleistung einer weiteren Flexibilisierung der Antriebsdrehzahl besteht der Antriebskomplex weiterhin aus einem Zahnriementrieb und einer Drehspindeleinheit, an welche der rotierende Teil des Prüfmoduls mithilfe eines Hydrodehnspannfutters montiert wird. Um weitgehend auszuschließen, dass sich die einzelnen Prüfstränge gegenseitig beeinflussen, werden die jeweils zur Anwendung kommenden statischen Komponenten der Prüfeinrichtungen auf schwingungstechnisch optimierten Einzelfundamenten montiert. Insgesamt besteht der tribologische Versuchsstandkomplex aus drei Hauptfundamenten, auf dem vier bzw. drei separate Prüfstränge installiert sind.

Die wesentlichsten Komponenten der Versuchseinrichtung sind die Prüfköpfe oder -modul. Diese werden je nach der Art der durchzuführenden Untersuchungen ausgewählt, mit dem Antriebssystem verbunden und auf dem zugehörigen Einzelfundament fixiert. Für einfache, z. B. für die in der DIN ISO 7148 [38] beschriebenen Prüfanordnungen besitzen die zugehörigen Moduln keine eigenen Messsysteme. Es werden nur die dem jeweiligen Prüfstrang zugeordneten Messvorrichtungen genutzt. Das garantiert eine hohe Flexibilität, da jeder Antriebsstrang mit jedem Prüfkopf ausgerüstet werden kann.

Antriebe und Belastungseinrichtungen

Jeder Versuchsstrang besitzt eine separate elektrisch steuerbare Einspeiseeinheit, welche mit dem Rechner der Gesamtanlage gekoppelt ist. Die Einleitung der Kräfte in den jeweiligen Prüfkopf erfolgt in der Regel auf pneumatischer Basis, die sowohl statische als auch dynamische und darüber hinaus stochastische Beanspruchungen zulässt. Generell ist jedem Antriebsstrang einer Pneumatikeinheit zugeordnet. Optional besteht – etwa zur Realisierung mehrachsiger Beanspruchungen – die Möglichkeit, pneumatische Krafteinleitungselemente benachbarter Prüfeinheiten zusätzlich zu nutzen. Außerdem ist es möglich, die notwendigen Prüfkräfte auch mithilfe von speziellen Druckfedervorrichtungen, aber auch unter Nutzung von Gewichtskräften, in die Prüfvorrichtungen einzuleiten. Dabei besitzt die – zugegebenermaßen nicht sehr flexible – Lasteintragung mithilfe von Massenkräften den Vorteil, dass auf Steuerungs- und Regelvorrichtungen verzichtet werden kann, was vor allem bei sehr langen Versuchszeiten zur Anwendung kommt.

Prozesssteuerung und Messwerterfassung

Eine eigens für diese Problematik entwickelte Software auf der Basis des Windows®-Betriebssystems steuert und überwacht den Versuchsablauf. Des Weiteren erfasst sie die Messwerte und bereitet diese ingenieurmäßig auf. Dieses Programmpaket bildet zusammen mit einer speziell angepassten PC-Hardware einen hochflexiblen Komplex, der jederzeit erweitert bzw. modifiziert werden kann. Entsprechend der Grundstruktur dieser Versuchstechnik ist auch die Software modular aufgebaut. Das heißt, jeder Antriebsstrang besitzt ein jeweils gleich aufgebautes Basisprogramm (Steuermodul) zur Gewährleistung der Grundfunktionen (Steuerung der Antriebsmotoren und der Pneumatik) dem, entsprechend des installierten Prüfkopfes, der zugehörige Mess- und Steuermodul rechentechnisch zugewiesen wird. Dabei werden alle Prozessdaten (Kräfte, Temperaturen und Momente) online erfasst und einerseits in Dateien gespeichert, andererseits zur Prozesssteuerung herangezogen. Dadurch werden eine gute

Reproduzierbarkeit der ermittelten Kennwerte und eine hohe Prozesssicherheit realisiert. Die entwickelte Software bereitet die ermittelten Daten ingenieurmäßig auf, sodass diese in Form von Grafiken oder Tabellen ausgegeben oder mit diversen Programmen weiterverarbeitet werden können.

2.3.2 Modellprüfsysteme für Standarduntersuchungen

In der DIN ISO 7148 [38] werden verschiedene Modellprüfsysteme mit unterschiedlicher Kontaktgeometrie festgelegt, wobei das jeweils zu verwendende System der konkreten praktischen Anwendung möglichst gut entsprechen sollte. Von den in dieser Norm beschriebenen Versuchsaufbauten sind für den tribologischen Prüfkomplex jeweils drei Prüfköpfe für die Testsysteme „Welle/Lager", „Stift/Scheibe" und „Klötzchen/Ring" realisiert worden. Zu den Grundlagenuntersuchungen kommt weiterhin das Modellprüfsystem „hohler Spurzapfen" zum Einsatz. Dieser Versuchsaufbau, der nicht in der DIN ISO 7148-2 verankert ist, eignet sich besonders gut zur Simulation der tribologischen Verhältnisse bei Axialgleitlagern bzw. Anlaufscheiben. Im Anhang B werden der konstruktive Aufbau und die Wirkungsweise dieser Moduln sowie die Grundlagen der Versuchsauswertung kurz beschrieben.

2.3.2.1 System „Stift/Scheibe"

Dieser Versuchsaufbau ist sicher das in der Praxis am meisten verbreitete Modellprüfsystem. Es treten keine verschleißbedingten Änderungen der Kontaktverhältnisse während des Versuches auf. So ist es relativ einfach, über die gesamte Versuchszeit gleichbleibende Pressungsverhältnisse zu garantieren. Sowohl die Messwerterfassung als auch die Versuchsauswertung sind unkompliziert und einfach. Dieser Versuchsaufbau ist besonders geeignet für vergleichende Untersuchungen, etwa im Rahmen von Ringversuchen unterschiedlicher Prüfanstalten.

2.3.2.2 System „Welle/Lager"

Das Modellprüfsystem „Welle/Lager" ist der einzige in der DIN ISO 7148-2 beschriebene Versuchsaufbau, mit dem sowohl bauteilanaloge („praxisangenäherte") als auch Prüfungen von Originallagern oder Bauteiluntersuchungen mit maßstabsgetreu angepassten Einheiten realisiert werden können.

Diese Untersuchungen stellen vergleichsweise hohe Ansprüche an die Versuchs- und Messtechnik. Außerdem ist eine vergleichende Interpretation der gewonnenen Messwerte relativ aufwendig, besonders dann, wenn diese – etwa durch Ähnlichkeitsbetrachtungen – zur Auslegung realer Praxisbauteile herangezogen werden sollen. So sind im Vergleich zu den Modellsystemen „Stift/Scheibe" oder „hohler Spurzapfen" die Kontaktverhältnisse zwischen Welle und Lager nicht einfach zu beschreiben. Um vergleichbare Beanspruchungen simulieren zu können, müssen die Messdaten ausgewertet und anschließend zur Prozesssteuerung herangezogen werden. Das setzt voraus, dass diese Kontaktverhältnisse – also die Pressungsverteilungen im Lager – analytisch ausreichend gut zu beschreiben sind. Das gilt sowohl für den Betriebsfall als auch bei statischer Lagerbelastung, also bei Stillstand der Welle unter ruhender Last.

Lagerpressung bei statischer Beanspruchung

In der Praxis werden bereits seit Beginn des technischen Einsatzes von Kunststoffgleitlagern unterschiedliche Verfahren zur Abschätzung der statischen Lagerbeanspruchungen herangezogen, vgl. hierzu etwa [44]. Diese ingenieurmäßigen Ansätze beruhen vorwiegend auf der hertzschen Theorie oder der Annahme einer cosinusförmigen Pressungsverteilung im Lagerkörper. In der Tabelle 2.9 sind dazu zwei in der Technik eingeführte Berechnungsansätze (Gleichungen (2.13) bis (2.17)) dargestellt.

Mit dem Ziel der Verifikation dieser analytischen Berechnungsverfahren ist das Verformungsfeld eines statisch beanspruchten Experimentalkunststoffgleitlagers mithilfe des Grauwertrasterverfahrens ARAMIS bestimmt worden. Außerdem erfolgte eine numerische Berechnung der Lagerverformung mithilfe des FEM-Programms ANSYS. In Abbildung 2.9 wird dafür beispielhaft eine Verformungsgröße aus dem

Tab. 2.9: Statische Beanspruchung von Kunststoffgleitlagern sowie Ansätze zur analytischen Bestimmung der Lagerpressung

Beanspruchung	Analytische Berechnungsansätze

a) Nach Platonov/Gitter [34, 45]

Eindringwinkel

$$\widehat{\varphi}_D = \arccos\left(\frac{\Delta_r}{\Delta_r + \Delta_h}\right) \quad (2.13)$$

Druckspannung

$$\sigma_{Dmax} = \frac{\Delta_h}{s_K} \cdot E_K \quad (2.14)$$

mittlere Lagerpressung $\overline{p}$

$$\overline{p} = \sigma_{Dmax} \cdot \left[\frac{\widehat{\varphi}_D}{2} + \frac{1}{4}\sin(2 \cdot \varphi_D) \right.$$

$$\left. - \frac{\Delta_r}{\Delta_h}\left(\sin\varphi_D - \frac{\widehat{\varphi}_D}{2} - \frac{1}{4}\sin(2 \cdot \varphi_D)\right) \right] \quad (2.15)$$

bzw. $\quad \overline{p} = \dfrac{F_N}{b \cdot d_W} \quad (2.16)$

b) Nach Erhard/Strickle [44]

$$\Delta_h = \frac{1,8 \cdot F_N}{\left(\frac{d_W}{s_K} + 1\right) \cdot b \cdot E_K} \quad (2.17)$$

Experiment dem entsprechenden FE-Berechnungsergebnis für eine Experimentalla-gerung gegenübergestellt.

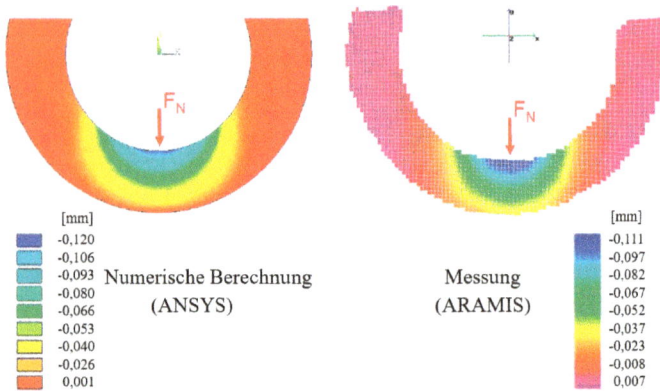

[mm]		[mm]	
-0,120		-0,111	
-0,106		-0,097	
-0,093	Numerische Berechnung	-0,082	
-0,080		-0,067	
-0,066	(ANSYS)	-0,052	
-0,053	Messung	-0,037	
-0,040	(ARAMIS)	-0,023	
-0,026		-0,008	
0,001		0,007	

Abb. 2.9: Vergleich der Ergebnisse von numerischer Berechnung und optischer Messung der Verfor-mungsgrößen einer Experimentallagerung (PU-Lager/Stahlwelle) [89]

Diese Grafiken belegen, dass bei einer statischen Lagerbeanspruchung eine cosinus-förmige Pressungsverteilung angenommen werden kann. Weiterhin werden mithilfe der Grauwertkorrelation die numerisch bestimmten Ergebnisse bestätigt. Besonders aus praktischer Sicht ist ein Vergleich mit den analytischen Berechnungsansätzen in-teressant. Die Abbildung 2.10 zeigt dazu die Ergebnisse der unterschiedlichen Berech-nungsansätze im Vergleich mit den experimentell ermittelten Daten.

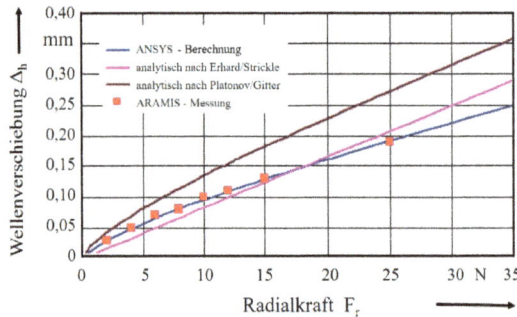

Abb. 2.10: Vergleich der Ergebnisse analytischer Berechnungsansätze mit denen der numerischen Simulationen und entsprechender ARAMIS-Messungen

Fazit

Im Ergebnis dieser Untersuchungen kann festgehalten werden, dass die, seit Jahrzehnten eingeführten, ingenieurmäßigen Berechnungsansätze – besonders der Ansatz von Erhard/Strickle – zur Bestimmung der Lagerverformung bei ruhender Last und ohne überlagerte Reibmomentbeanspruchung ausreichend genaue Berechnungsergebnisse zulassen.

Lagerpressung bei statischer Beanspruchung und überlagertem Reibmoment

Die Beschreibung des Verformungsverhaltens von Kunststoffgleitlagern bei kombinierter Beanspruchung ist äußerst problematisch, weshalb keine analytischen Ansätze zur Verformungsberechnung vorliegen. Deshalb beschränken sich die Analysen hier auf FE-Rechnungen und entsprechende ARAMIS-Messungen (Abbildung 2.11).

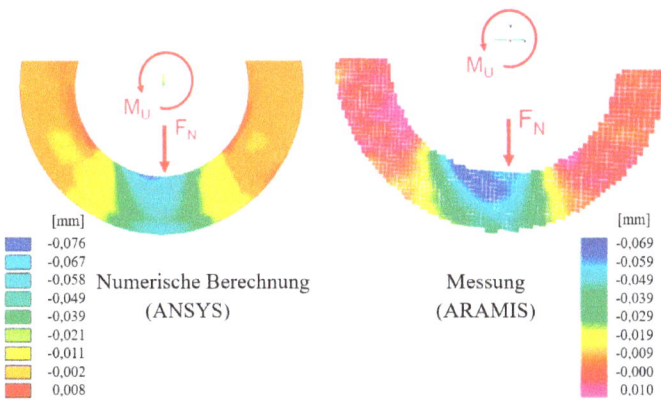

Abb. 2.11: Gegenüberstellung der Ergebnisse aus numerischer Simulation und entsprechender ARAMIS-Messung der Lagerverformung bei statischer Normalkraft und überlagertem Moment in Umfangsrichtung

Eine Auswertung der Darstellungen in Abbildung 2.9 belegt, dass das Verformungsfeld, welches durch die kombinierte Beanspruchung induziert wird, eine unsymmetrische Struktur besitzt und dass sein Schwerpunkt außerhalb der Symmetrieachse (y-Achse) liegt.

Die meisten „Welle/Lager"-Prüfsysteme besitzen eine gewisse Nachgiebigkeit in Umfangsrichtung. Dieser Umstand sowie variable Lagerspiele und -steifigkeiten bewirken, dass speziell bei der Prüfung von Kunststoffgleitlagern der Angriffspunkt der Normalkraft F_N gegenüber der in der Symmetrieachse angreifenden Kraft auf den Prüfkopf, der hier der Lagerkraft F_L entspricht, einen deutlichen Winkelversatz ρ aufweist. Dieser kann sich im Versuchsverlauf durchaus ändern. Die Abbildung 2.12 zeigt diesen Zusammenhang schematisch.

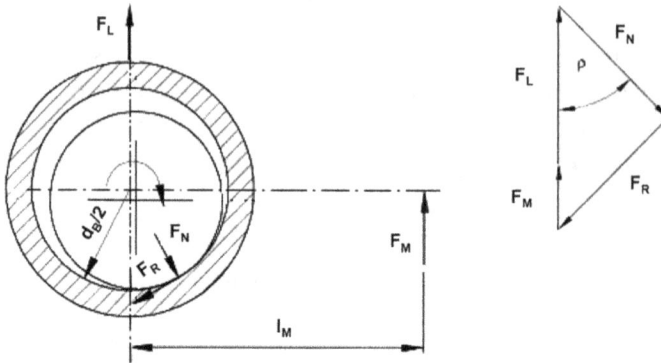

Abb. 2.12: Kräfte und wesentliche geometrische Daten am Prüfmodul des Modellprüfsystems „Welle/Lager" [1, 25]

Grundlagen für die Ableitung notwendiger Steuer- und Regeldaten

Die Gleitreibungszahl wird definitionsgemäß [38] von der Normalkraft F_N abgeleitet. Will man annähernd reproduzierbare Pressungsverhältnisse realisieren, ist die Normalkraft als feste Größe für die Prüfung vorzugeben und die Lagerkraft mithilfe der Beziehung (2.18) zu regeln[13].

$$F_L = F_M \cdot \sqrt{\frac{4 \cdot l_M^2}{d_B^2} \cdot \left[\left(\frac{F_N \cdot d_B}{2 \cdot F_M \cdot l_M} \right)^2 + 1 \right]} \qquad (2.18)$$

Dabei ist F_M die an der Kraftmessdose zur Bestimmung des Reibmomentes gemessene Kraft, l_M der Abstand des Angriffspunktes von F_M vom Wellenmittelpunkt (Hebelarm, Abbildung 2.12) und d_B der Innendurchmesser des Lagers.

Fazit

Dieser praxisnahe Bauteilversuch erfordert einen vergleichsweisen hohen Aufwand bei der Herstellung und der Präparation der Prüfkörper, lange Prüfzeiten und große Aufwendungen für die Mess- und Regelungstechnik (Anhang B). Auch die Ermittlung der Verschleißkenngrößen ist recht aufwendig. Aus diesen Gründen ist es meist erforderlich, die hier gewonnenen Aussagen zum tribologischen Bauteilverhalten durch zusätzliche Prüfungen, auf der Basis einfacherer Modellprüfsysteme (etwa dem System „Klötzchen/Ring"), zu bestätigen bzw. zu ergänzen.

---

13 In der Prüfdatei wird die Regelgröße F_N ausgegeben, deshalb ist für die Bestimmung der Reibungs- und Verschleißkenngrößen die Beziehung (2.18) entsprechend umzuformen (Anhang B).

2.3.2.3 System „Klötzchen/Ring"

Die Form des Prüfklötzchen für das Modellsystem „Klötzchen/Ring" ist zwar in der ASTM G77-98 [115] bzw. der DIN ISO 7148-2 festgeschrieben, allerdings kommen in der Praxis Prüfkörpervarianten (Tabelle 2.10) zum Einsatz, deren Abmessungen sich lediglich an den Vorgaben dieser Norm orientieren.

Tab. 2.10: Modifikationen des Modellprüfsystems „Klötzchen/Ring"

Versuchsaufbau nach DIN ISO 7148-2	Modifikationen des Modellprüfsystems	
	Flaches Klötzchen mit einer Kalotte nach DIN ISO 7148-2	Flaches Klötzchen mit ebener Auflagefläche
ω F_P	ω F_P	ω F_P

In [38] wird gefordert, dass die Länge des Klötzchens viel kleiner ist als der Durchmesser des Ringes. Außerdem wird in dieser Norm festgelegt, dass das Klötzchen mit Kalotte mit einem vorgegebenen Radius zu versehen ist. Der Radius ist etwas größer zu wählen als der Ringhalbmesser, wobei sich die Größe dieser Differenz mit etwa 0,2–0,4 % vom Ringdurchmesser am Mindestlagerspiel einer Vergleichslagerung orientieren soll.

Unter diesen Bedingungen kann angenommen werden, dass sich nach einer kurzen Einlaufphase das tribologisch bedingte Verformungsfeld ähnlich ausbildet wie das, welches sich beim Modellsystem „Welle/Lager" (Anhang B) einstellt. Besonders bei geschmierten tribologischen Paarungen soll die Kalotte einen sich verengenden Schmierspalt simulieren und so das geschmierte tribologische System „Welle/Lager" möglichst gut abbilden. Mit dieser Ausführung des Versuchsaufbaus sollen die Ergebnisse aufwendiger „Welle/Lager"-Versuche statistisch abgesichert werden, denn die linearen wegbezogenen- und zeitbezogenen Verschleißraten sollten – gleichbleibende Bedingungen im Tribosystem vorausgesetzt – in einer vergleichbaren Größenordnung liegen.

Bei den Varianten mit vorgeformter (in der Regel spangebend hergestellten) Kalotte treten ähnliche Probleme auf wie beim Modellprüfsystem „Welle/Lager". Auch in diesen Fällen weist der Angriffspunkt der Normalkraft F_N gegenüber der in der Symmetrieachse angreifenden Kraft auf den Prüfkopf F_P einen deutlichen Winkelversatz auf. Diesem Umstand ist auch hier bei der Prozesssteuerung und der Versuchsauswertung Rechnung zu tragen. Lediglich bei der Variante mit flachem Klötzchen und ebener Auflagefläche kann diese Winkelabweichung vernachlässigt werden[14].

2.3.2.4 System „hohler Spurzapfen"

Bei diesem Modellprüfsystem wird ein rotierender Spurzapfen mit der Stirnseite gegen einen ebenen Grundkörper gedrückt[15]. Der Kunststoffgrundkörper kann einerseits in segmentierter Form vorliegen (Anhang B), andererseits ist es möglich, dass der Spurzapfen vollflächig aufliegt. Da bei diesem Prüfaufbau über den gesamten Testzeitraum keine verschleißbedingten Änderungen der Größe der Reibfläche auftreten, sind die Pressungsbedingungen konstant und die Messergebnisse in der Regel gut reproduzierbar.

Konstruktiv ist dieser Prüfaufbau so gestaltet, dass in dessen Grundstruktur die Moduln für folgende Systeme appliziert werden können[16]:

- Mit dem Versuchsaufbau „hohler Spurzapfen" werden in der Regel Grundlagenversuche mit einfachen Prüfkörpern durchgeführt. Diese Prüfungen dienen zur Ermittlung und zum Vergleich tribologischer Grundeigenschaften und zur ersten Beurteilung von Werkstoffpaarungen. Weiterhin bietet dieses Modellprüfsystem die Möglichkeit zur Simulation der tribologischen Verhältnisse bei Axialgleitlagern oder Anlaufscheiben. Ziel dabei ist es, die Ergebnisse dieser z. T. sehr aufwendigen Bauteilversuche in gewissen Grenzen statistisch abzusichern.
- Ein zweites Modul dient zu Bauteiluntersuchungen an Axialgleitlagern oder Anlaufscheiben.

2.3.3 Mess- und Auswertungsverfahren

2.3.3.1 Messung von Kräften, Temperaturen und Momenten

Wie bereits vorgestellt, werden alle Prozessdaten online erfasst und einerseits in Dateien gespeichert, andererseits zur Prozesssteuerung herangezogen. Bei den Standardmodellprüfsystemen erfolgt die Messung der mittleren Prüfkörpertemperaturen mithilfe von Thermoelementen. Dazu werden die Proben entsprechend durch Bohrungen präpariert. Die Abschätzung der Gleitflächentemperaturen erfolgt rechnerisch (Anhang B). Die Bestimmung der Reibmomente wird für die Modellsysteme

---

14 Ein Vergleich der Eignung der unterschiedlichen Variationen des Modellprüfsystems unter praktischen Gesichtspunkten erfolgt in Abschnitt 2.3.4.

15 Dieses bewährte Modellprüfsystem ist in der Technik seit Langem unter dem Begriff „Tribotest nach Siebel und Kehl" eigeführt [113, 114].

16 In der Regel werden die Versuche im Trockenlauf durchgeführt. Bei Bedarf kann aber jeder Versuchsaufbau zusätzlich mit einem Schmierungs- bzw. Medienmodul ausgerüstet werden (Abschnitt 2.3.4).

„Stift/Scheibe" und „hohler Spurzapfen" durch den Einsatz von berührungslosen Drehmomentmesswellen realisiert. Bei den anderen Systemen erfolgt die Erfassung dieser Momente unter Verwendung eines Hebelarmes und einer Kraftmessdose (Anhang B).

Die in die Prüfmoduln eingeleiteten Kräfte werden wiederum mit Kraftmessdosen ermittelt.

2.3.3.2 Auswertung und Aufbereitung der Messdaten

Nach Ende des Versuchs liegen die Messdaten der Tribologieprüfstände in Form von Textdateien vor. Zur Auswertung werden diese in eingeführte Tabellenkalkulationsprogramme exportiert, für die mehr oder weniger komfortable Auswertungstools vorliegen.

2.3.3.3 Bestimmung des Prüfkörperverschleißes

Eine Onlineerfassung von Verschleißdaten, etwa durch Messung der Prüfkopfverlagerung, ist kaum möglich, da aufgrund von beanspruchungsbedingten Verformungen der tatsächliche Verschleiß fehlerhaft interpretiert werden kann[17]. Deshalb erfolgt die Bestimmung von Verschleißkenngrößen auf der Basis eines Masse- und/oder Geometrievergleiches der Probekörper vor und nach der tribologischen Beanspruchung.

a) Verschleißauswertung durch Bestimmung des Masseverlustes

Nach dem GfT-Arbeitsblatt 7 [1] kann der durch Verschleiß hervorgerufene Materialverlust als direkte Verschleißmessgröße eine Längen-, Flächen-, Volumen- oder auch eine Masseänderung sein. In der Praxis wird allerdings meist mit linearen oder volumetrischen Verschleißgrößen gearbeitet (DIN ISO 7148, [38]), weshalb der massemäßige Verschleiß W_m mithilfe der Dichte in volumetrische Verschleißkenngrößen umgerechnet werden muss. Bei dieser Herangehensweise muss u. a. Folgendes beachtet werden:
– Einige Werkstoffe, wie etwa die Polyamide, nehmen Wasser auf und geben dieses bei höheren Temperaturen wieder ab. Um Fehler bei der massebezogenen Verschleißauswertung einzugrenzen, sollte deshalb eine Trocknungswaage zum Einsatz kommen. So werden die Proben vor und nach dem Versuch getrocknet und gewogen. Bei Praxistests kommt diese Herangehensweise kaum zur Anwendung, denn in diesen Fällen werden die Probekörper in der Regel konditioniert eingebaut und getestet.

---

17 Prinzipiell ist es möglich, Onlinemessprotokolle von der verschleißabhängigen Wellenabsenkung zu erstellen und diese entsprechend der im Anhang B vorgestellten Verschleißauswertung zu korrigieren.

- Bei vielen Experimentalwerkstoffen liegen oftmals keine exakten Aussagen zur Dichte vor oder es treten Schwankungen dieses Kennwertes auf. (Beispielsweise ist die Dichte von Polyamiden auch vom Feuchtigkeitsgehalt abhängig.) So ist es meist notwendig, die Dichte experimentell zu bestimmen.
- Aufgrund des viskoelastischen Materialverhaltens der meisten polymeren Lagerwerkstoffe treten infolge von Kriechprozessen besonders bei höheren Temperaturen Materialverlagerungen auf, die sich im sogenannten „Formänderungsverschleiß" dokumentieren. Durch die Bestimmung der Massedifferenz werden diese Verschleißerscheinungen nicht mitberücksichtigt. Das gilt auch für den Fall, dass sich Abrieb, etwa durch Sinterprozesse, auf tribologisch unbeanspruchten Bereichen der Probekörper fest ablagert (Tabelle 2.11).

Tab. 2.11: Informationen zur optischen Verschleißauswertung (Modellprüfsystem „Klötzchen/Ring")

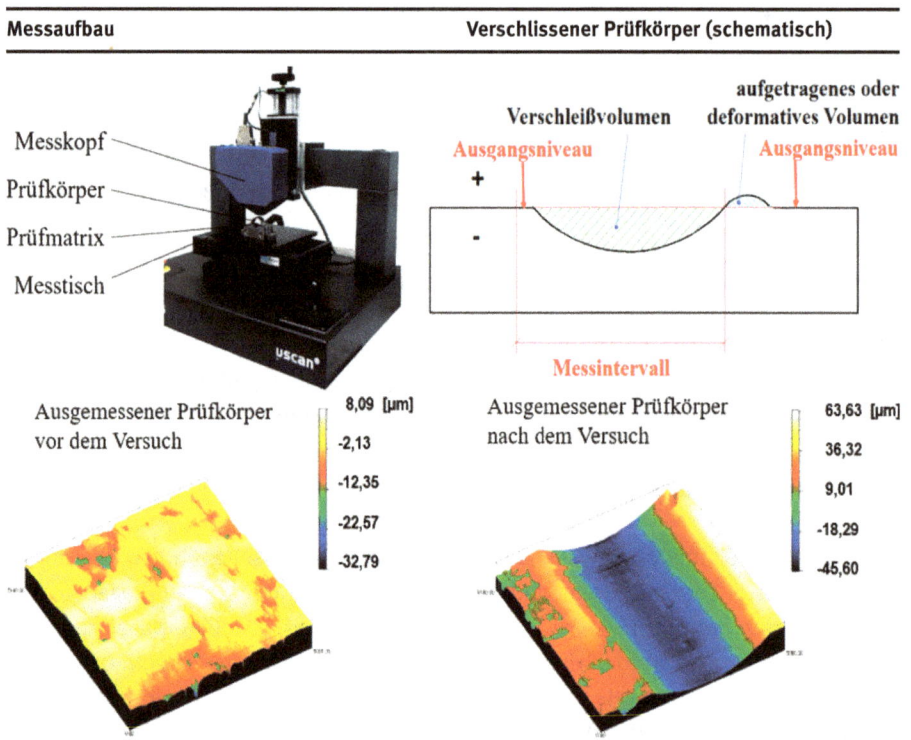

| Messaufbau | Verschlissener Prüfkörper (schematisch) |

b) Verschleißauswertung mithilfe mechanischer Messmittel

Bei Prüfaufbauten mit einfacher Kontaktgeometrie, konkret bei den Modellprüfsystemen „hohler Spurzapfen" und „Stift/Scheibe", kommen in der Regel mechanische Messmittel wie Mikrometerschrauben und Taster zum Einsatz.

c) Einsatz optischer Messmittel

Bei dem Modellprüfsystem „Klötzchen/Ring", aber besonders beim Aufbau „Welle/Lager" sind die Verschleißspuren geometrisch komplex und die Auswertung ist nicht trivial. Für diese tribologischen Standardprüfverfahren kann zur Verschleißmessung daher ein optisches System verwendet[18] werden. Zur automatisierten Auswertung des Prüfkörperverschleißes kommt dabei in der Regel eine spezielle Vorrichtung und eine angepasste Software [46] zum Einsatz. In der Tabelle 2.12 sind dazu die wesentlichen Informationen zusammengestellt. Mithilfe dieses Programms kann die Verschleißspur nicht nur visualisiert werden, sondern es ist auch möglich, diese exakt zu vermessen.

Ein Vorteil dieser optischen Auswertetechnik besteht darin, dass auch die Oberfläche der Gegenkörper mit ausgewertet werden kann. So können Verschleißerscheinungen auf beiden Reibpartnern verglichen und auch quantitativ bestimmt werden.

Zur Bestimmung der Verschleißdaten von Gleitlagern ist das hier beschriebene Verfahren nicht geeignet, weil sich die Lagerinnenflächen einer derartigen optischen Vermessung entziehen. Deshalb kommt in diesem Fall wiederum ein Grauwertrasterverfahren[19] zum Einsatz, was ebenfalls zur Bestimmung des thermischen Ausdehnungsverhaltens (Versuchsaufbau in Abbildung 2.13) und von Qualitätsparametern der zu analysierenden Lagerbuchsen verwendet wird.

Mithilfe dieses Systems können die Prüfkörper dreidimensional vermessen werden. Die Ermittlung der gesuchten Verschleißkennwerte erfolgt bei diesem Beispiel durch einen Vergleich der 3-D-Scans der Prüfbuchsen. Dabei erfolgt eine Visualisie-

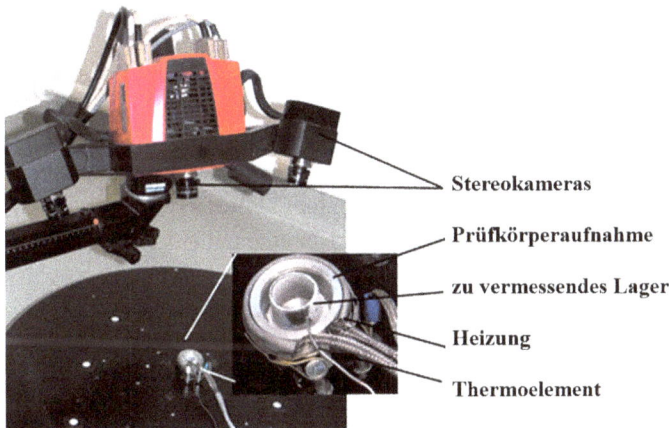

Stereokameras

Prüfkörperaufnahme

zu vermessendes Lager

Heizung

Thermoelement

Abb. 2.13: Prüfaufbau zur Bestimmung des thermischen Verformungsverhaltens

---

18 Konkret kommt das System µScan der Fa. NanoFocus AG zum Einsatz, welches auch für die Bestimmung des Profils und der Oberflächenrauheiten der Gegenkörper Verwendung findet (Anhang B).
19 In diesem Fall kommt das System ATOS der Firma GOM zum Einsatz.

rung der Verschleißspur, der thermischen Ausdehnungsdaten oder von Toleranzen bzw. Formabweichungen der zu analysierenden Lagerbuchsen. In der Tabelle 2.12 wird diese Vorgehensweise kurz beschrieben. Weiterhin werden das Verschleißvolumen und daraus die bezogenen Verschleißkenngrößen, wie die Verschleißrate oder der Verschleißkoeffizient, berechnet.

Tab. 2.12: Bestimmung der Qualitätsdaten von Gleitlagern mithilfe des optischen Grauwertrasterverfahrens ATOS

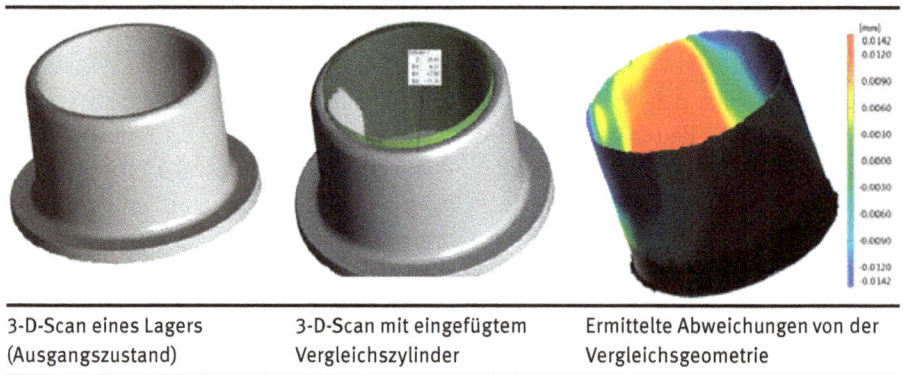

| 3-D-Scan eines Lagers (Ausgangszustand) | 3-D-Scan mit eingefügtem Vergleichszylinder | Ermittelte Abweichungen von der Vergleichsgeometrie |

2.3.4 Vergleich und Wertung der Standardmodellsysteme

2.3.4.1 Variantenvergleich des Modellprüfsystems „Klötzchen/Ring"

Wie bereits beschrieben, unterscheiden sich die Varianten des Modellprüfsystems „Klötzchen/Ring" durch die Form des zu prüfenden Klötzchens. Die einfachste Klötzchenform ist die ohne Kalotte. Hier kommen quaderförmige Prüfkörper zum Einsatz, die etwa spangebend aus DIN-gerechten Zugprüfkörpern gewonnen werden können. Die Herstellung der Prüfkörpervarianten mit vorgeformter Kalotte ist deutlich aufwendiger, denn diese muss entweder mit einem Spezialfräser oder auf einer Drehmaschine spangebend aus dem Klötzchen herausgearbeitet werden. Auch der Justierung der Proben in der Aufnahme muss vergleichsweise mehr Beachtung geschenkt werden. Außerdem sind die Kalotten für die Verschleißbestimmung jeweils vor und nach dem Versuch zu vermessen.

Mit dem Ziel einer Minimierung des Versuchsaufwandes erfolgt deshalb ein Variantenvergleich. Als Grundwerkstoff dient Polyetheretherketon (PEEK), welches in verschiedenen Konzentrationen mit PTFE modifiziert worden ist. Diese Werkstoffe wurden ausgewählt, weil sie ein breites Spektrum an tribologischen Eigenschaften abdecken. Unmodifiziertes PEEK zeichnet sich eher durch schlechte tribologischen Eigenschaften aus, wohingegen die PTFE-modifizierten Werkstoffvarianten z. T. sehr gute Reibungs- und Verschleißeigenschaften aufweisen.

Exemplarisch sind dazu in der Tabelle 2.13 die ermittelten tribologischen Kenngrößen für einen kommerziell erhältlichen PEEK/PTFE-Compound (chemisch gekoppeltes Copolymerisat mit 20 % PTFE) als Werkstoff mit herausragenden tribologischen Eigenschaften vergleichend zusammengestellt. Die Diagramme in dieser Tabelle zeigen für den „Klötzchen/Ring"-Versuch ohne Kalotte einen deutlichen Einlaufbereich

Tab. 2.13: Vergleich der ermittelten Reibungs- und Verschleißkenngrößen von 80Vestakeep®3300P (PEEK + 20 % PTFE) in Abhängigkeit von der gewählten Modifikation des Modellprüfsystems „Klötzchen/Ring"[20]

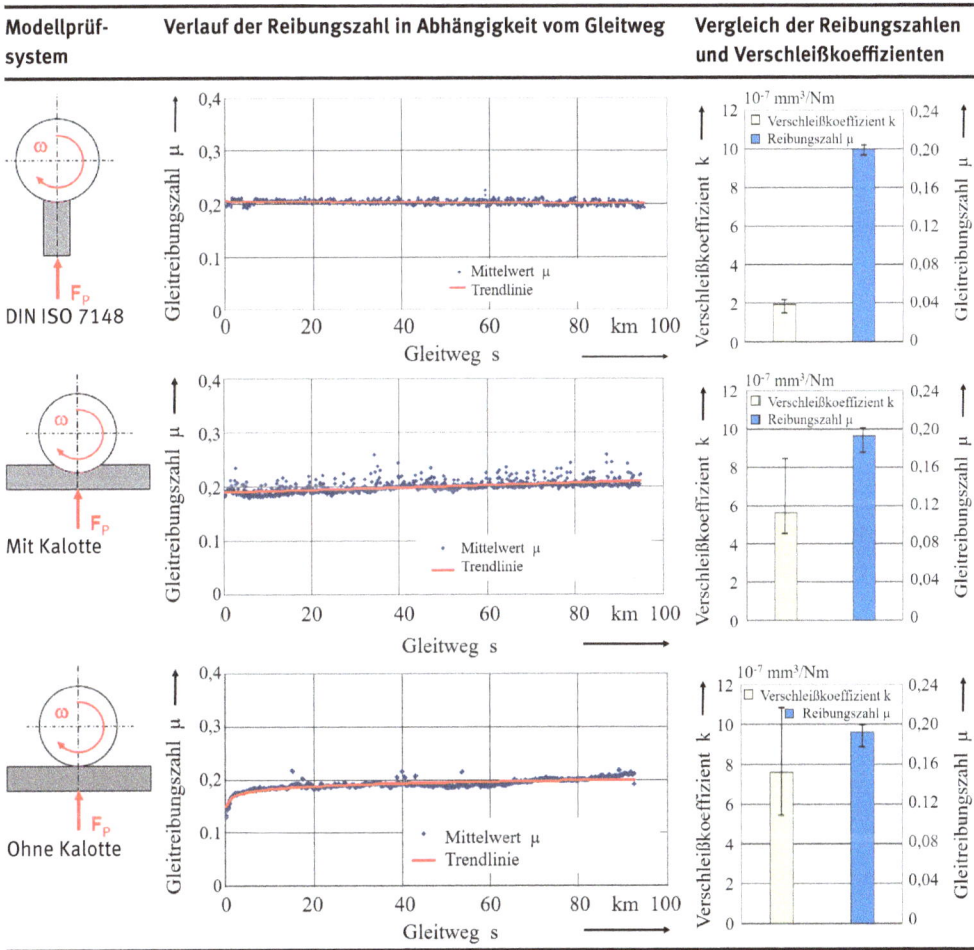

Modellprüfsystem	Verlauf der Reibungszahl in Abhängigkeit vom Gleitweg	Vergleich der Reibungszahlen und Verschleißkoeffizienten
DIN ISO 7148		
Mit Kalotte		
Ohne Kalotte		

---

20 Einheitliche Prüfbedingungen: technisch trocken, Normalkraft: F_N = 200 N, Gleitgeschwindigkeit: v_G = 0,37 m/s, Gegenwerkstoff: Stahl 100Cr6 (56-60 HRC, R_z = 3,2 µm), Gleitweg s = 95 km. Die angegebenen Daten sind die Mittelwerte bzw. die Mittelwertkurven aus 4 Einzelversuchen.

von ca. 5 km, der durch einen Anstieg der Gleitreibungszahl gekennzeichnet ist. Nach dem Einlaufen steigt der Reibwert nur noch geringfügig an. Bei den Systemen mit Kalotte ist die Gleitreibungszahl über den gesamten Prüfzeitraum nahezu konstant. Zurückzuführen ist dieses Phänomen einerseits darauf, dass durch die spanende Formgebung der Kalotte die durch den Spritzgussprozess bedingte Randschicht mit veränderter Struktur abgetragen wird, wohingegen beim Prüfaufbau ohne Kalotte diese Schicht erst verschleißen muss. Andererseits ändert sich dadurch auch die Maximalpressung. Bei konstanter Normalkraft liegt zu Beginn des Versuches quasi eine Linienberührung vor, die durch eine hohe lokale Pressung gekennzeichnet ist. Im Laufe des Versuches nimmt die maximale Pressung verschleißbedingt ab. Aus diesen Gründen ist der Verschleiß (charakterisiert durch den Verschleißkoeffizienten) bei diesem Prüfprinzip deutlich höher als bei den Testvarianten mit vorgeformter Kalotte. Weiterhin treten vergleichsweise auch große Streuungen der Messwerte auf. In Abbildung 2.14 sind dazu die Ergebnisse vergleichender Untersuchungen an PTFE-PEEK-Modifikationen dargestellt. Es zeigt sich deutlich, dass mit den Prüfungen an Proben mit der in der DIN ISO 7148 vorgeschrieben Kalotte die kleinsten Verschleißkoeffizienten ermittelt wurden.

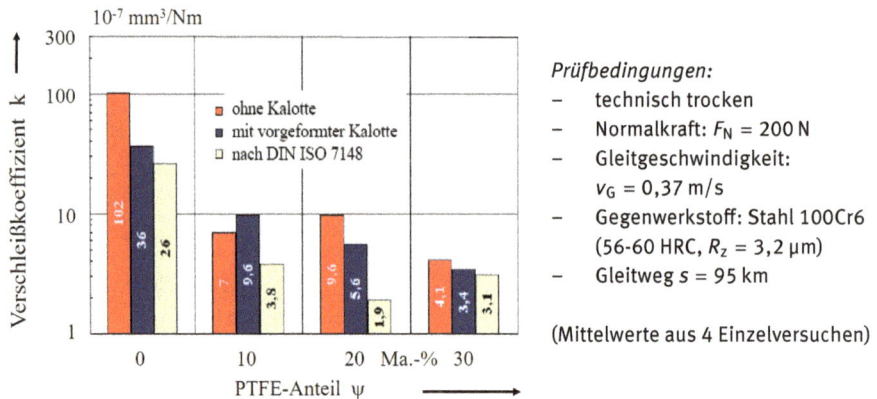

Abb. 2.14: Vergleich der Varianten des Modellprüfsystems „Klötzchen/Ring" anhand der ermittelten Verschleißdaten von PTFE-modifiziertem PEEK

2.3.4.2 Zusammenfassung und Wertung
-   In Hinsicht auf die gemessenen Reibungszahlen sind die Unterschiede gering. Eliminiert man den Einlaufbereich, so können mit diesem einfachen Versuchsaufbau die Messungen, die mithilfe der anderen beiden Varianten der „Klötzchen/ Ring"-Tests ermittelt wurden, bestätigt werden. Auch die Streuung der Reibungszahlen ist gering.

- Eine spangebende Herstellung der Kalotte vorausgesetzt, zeigt der Versuchsaufbau nach DIN ISO 7148 für steife und tribologisch günstige Werkstoffe eine vergleichsweise niedrige Streuung der Verschleißmesswerte. Die ermittelten Größen korrelieren recht gut mit denen, die mit dem Modellsystem „Welle/Lager" gemessen wurden. Der Prüfaufbau eignet sich sehr gut zur Simulation der tribologischen Verhältnisse, die bei Bauteilen vorliegen, die spangebend hergestellt oder nachgearbeitet werden. Aufgrund schwingungstechnischer Probleme (ungünstige Einspannungsverhältnisse) ist diese Variante des Modellprüfsystems „Klötzchen/Ring" zur Prüfung von Reibpaarungen mit hoher Reibungszahl und der Neigung zur Stick-Slip-Reibung nicht geeignet.
- Prüfungen an flachen Klötzchen mit Kalotte sollten dann durchgeführt werden, wenn aufgrund der oben aufgeführten Probleme Untersuchungen mit dem Normaufbau nicht möglich sind.
- Tribologische Untersuchungen an flachen Spritzgussklötzchen ohne Kalotte sind einfach und preiswert und sind zur Simulation spritzgegossener Strukturen durchaus geeignet, denn auch bei realen Einsatzfällen treten hohe Streuungen der Verschleißkennwerte auf, was auf die speziellen Randschichten von Spritzgussteilen (Abbildung 2.3) zurückzuführen ist.

2.3.4.3 Vergleich unterschiedlicher Modellprüfsysteme

Für den Vergleich der vorgestellten tribologischen Modellprüfsysteme erfolgten entsprechende Untersuchungen an PEEK-PTFE-Modifikationen. Dazu sind in Abbildung 2.15 die Ergebnisse von Reibungs- und Verschleißuntersuchungen an einer PEEK-Matrix mit 20 Masse-% PTFE (80 % Vestakeep® 3300P) exemplarisch zusammengestellt.

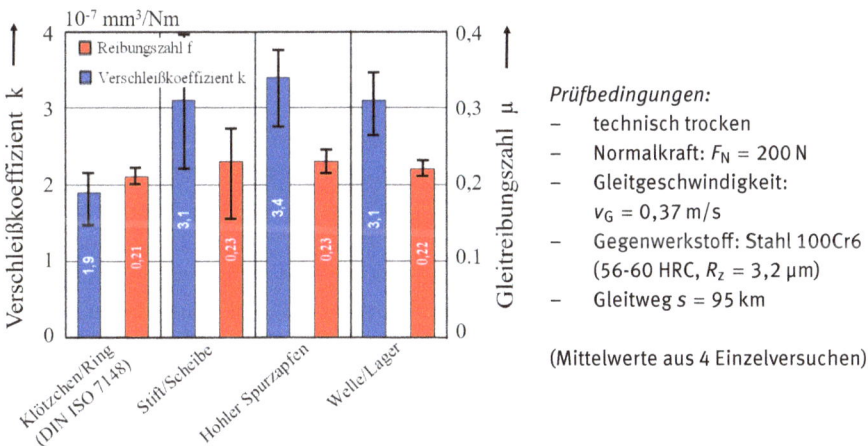

Prüfbedingungen:
- technisch trocken
- Normalkraft: F_N = 200 N
- Gleitgeschwindigkeit: v_G = 0,37 m/s
- Gegenwerkstoff: Stahl 100Cr6 (56-60 HRC, R_z = 3,2 μm)
- Gleitweg s = 95 km

(Mittelwerte aus 4 Einzelversuchen)

Abb. 2.15: Vergleich der Ergebnisse von tribologischen Untersuchungen an einem PEEK-PTFE-Compound bei Verwendung unterschiedlicher Modellprüfsysteme

Das Diagramm in Abbildung 2.15 zeigt deutlich, dass bei diesem sehr guten Tribowerkstoff die ermittelten Reibungs- und Verschleißkennwerte (speziell die Reibungszahlen) keiner hohen Streuung unterliegen und jedes Modellsystem zur tribologischen Charakterisierung trockenlaufender Tribopaarungen mit Kunststoffgrundkörpern grundsätzlich geeignet ist.

Das gilt besonders für den Fall, dass ein reiner Werkstoffvergleich durchgeführt werden soll. Dennoch sind einige Differenzierungen notwendig:

– Das Modellprüfsystem „Welle/Lager" ist der einzige in der DIN ISO 7148-2 beschriebene Versuchsaufbau, mit dem sowohl bauteilanaloge („praxisangenäherte") als auch Prüfungen von Originallagern oder Bauteiluntersuchungen mit maßstabsgetreu angepassten Einheiten realisiert werden können. Da die Versuche relativ aufwendig sind, ist es aufgrund der guten Korrelation mit den Ergebnissen der normierten „Klötzchen/Ring"-Untersuchungen im Sinne einer Verbesserung der Aussagewahrscheinlichkeiten angebracht, „Welle/Lager"-Untersuchungen durch entsprechende Prüfungen mit diesem Modellsystem zu ergänzen.

– Beanspruchungen, wie sie etwa bei Geradführungen auftreten, lassen sich am besten mit den Modellsystemen „Stift/Scheibe" und „hohler Spurzapfen" simulieren.

2.3.5 Erweiterte Prüfaufbauten

2.3.5.1 Tribologische Untersuchungen von Dichtungselementen

Ohne größeren Aufwand können durch Modifikationen der konstruktiven Grundlagen der Prüfmoduln für tribologische Standarduntersuchungen neuartige Prüfkonfigurationen für anwendungsorientierte Untersuchungen von Funktionselementen, wie etwa Gleitringdichtungen, Radialwellendichtringe oder Segmente von Stopfbuchsen, installiert werden. Derzeit können folgende Prüfungen an Dichtungswerkstoffen bzw. -elementen durchgeführt werden [47]:

– Für die grundlegende Beschreibung des Reibungs- und Verschleißverhaltens von Werkstoffen für Stopfbuchsen kann der Standardmodul „Klötzchen/Ring" (ohne Kalotte) verwendet werden. Dabei werden meist nur trockenlaufende Paarungen oder solche mit Mangelschmierung untersucht.

– Das System „Gleitringdichtung" ist in der Technik weit verbreitet. Die prinzipielle Wirkungsweise derartiger Dichtungen besteht darin, dass gegen einen Ring, der als Stator fungiert, ein rotierender Gegenkörper (ebenfalls ein Ring) mit einer definierten Anpresskraft gedrückt wird, um durch diesen Festkörperkontakt Leckagen weitgehend zu vermeiden. Etwa im Gegensatz zu Labyrinthdichtungen tritt bei dieser konstruktiven Ausführung sowohl im Stillstand als auch im Betrieb eine Dichtwirkung auf. Die Effektivität dieses Maschinenelementes hängt in erster Linie von der Werkstoffpaarung, der konstruktiven Ausführung und den herrschenden Betriebsbedingungen ab. Um diesen Umständen Rechnung zu tragen, ist auf der Basis des Standardprüfaufbaus „hohler Spurzapfen" ein Prüfaufbau (Anhang B) konzipiert worden, mit dem die Reibungs- und Verschleißeigenschaften der Reibpartner jeweils in Abhängigkeit von der Anpresskraft, den Schmierungsbedingungen (Trockenlauf, Mangelschmierung oder Öllauf) und der Gleitgeschwindigkeit untersucht werden. Weiterhin wird dieses tribologische System signifikant von der Werkstoffpaarung und der Oberflächenbeschaffenheit der Gleitringe bestimmt[21].

– Radialwellendichtringe werden in der Praxis ebenfalls sehr häufig eingesetzt. Deshalb ist ein Prüfmodul (Anhang B) entwickelt worden, mit dem es möglich ist, die tribologischen Bedingungen zu simulieren, die beim praktischen Einsatz derartiger Maschinenelemente vorherrschen. Mithilfe dieses Prüfmoduls kann die Dichtwirkung unterschiedlicher Wellendichtringe jeweils in Abhängigkeit vom Achsversatz, den Schmierungsbedingungen, der Schmiermitteltemperatur, der Ölviskosität sowie der Gleitgeschwindigkeit untersucht werden. Auch bei diesem Tribosystem ist die Dichtwirkung von der Werkstoffpaarung und der Oberflächenbeschaffenheit des Gegenkörpers (Prüfring) abhängig. Besondere Bedeutung bei der Wirkungsweise dieses Maschinenelements hat die konstruktive Gestaltung der Dichtlippen, weshalb der Verschleiß an diesem Teil der Dichtung mithilfe eines Messmikroskops[22] erfolgt. Die Bestimmung möglicher Leckagen erfolgt wie beim Prüfaufbau „Gleitringdichtung" optisch durch fotografische Messungen an einer Ölstandskapillare.

2.3.5.2 Zusatzvorrichtungen für Tests bei hohen Prüfkörpertemperaturen

Bei einer Reihe von Einsatzgebieten von trockenlaufenden Gleitlagern – etwa bei den oben erwähnten *bushes* für Flugzeugtriebwerke – und auch bei Gleitführungen, z. B. beim redundanten Gleitsystem des Transrapid, werden die tribologischen Systeme durch hohe Temperaturen bestimmt. Zur Simulation derartiger Bedingungen können die tribologischen Modellsysteme „Welle/Lager" und „Stift/Scheibe" zusätzlich mit entsprechenden Heizsystemen ausgerüstet werden [48]. Diese stufenlos regelbaren Heizeinheiten lassen Prüftemperaturen bis ca. 400 °C zu[23].

---

21 Derartige Untersuchungen sind in der Regel sehr zeitaufwendig, weshalb meistens nur Prüfungen zur Bestimmung der Belastungsgrenzen des Systems durchgeführt werden.

22 Einsatz des Systems μScan der Fa. NanoFocus AG.

23 Dieser Temperaturbereich stellt sowohl an die zu verwendenden Werkstoffe des Prüfstandes als auch an die Messtechnik erhöhte Anforderungen. So kommen für die Prüfköpfe hochwertige temperaturbeständige Chrom-Nickel-Stähle, aber auch Keramiken zum Einsatz und die Messtechnik wird etwa durch Kühlrippen, die ggf. auch mittels Pressluft zwangsgekühlt werden können, vor Übertemperatur geschützt.

2.4 Schmierung polymerer Gleitwerkstoffe

2.4.1 Einleitung und Systematisierung

Die Vorteile von tribologisch beanspruchten Bauteilen aus Kunststoffen und Kunststoffverbunden kommen besonders im Bereich des Trockenlaufes (Nutzung von Selbstschmiereffekten) und der Mangelschmierung voll zur Geltung. Allerdings sind den technisch trocken gleitenden Metall-Kunststoff- bzw. Kunststoff -Kunststoff-Paarungen in Bezug auf die tribologische Beanspruchbarkeit gewisse Grenzen gesetzt. Um diese Grenzen wirksam zu erweitern, ist eine Schmierung unumgänglich. Die Tabelle 2.14 gibt dazu einen schematischen Überblick über die Möglichkeiten des Schmierstoffeinsatzes in Tribosystemen mit polymeren Grund- und/oder Gegenkörpern. Dabei liegt hier der Schwerpunkt auf der Entwicklung und Analyse von polymeren Gleitwerkstoffen mit inkorporierten Festschmierstoffen (in der Tabelle 2.14 farbig hinterlegt).

Tab. 2.14: Schematische Darstellung der Schmierung von Gleitpaarungen mit polymeren Reibpartnern

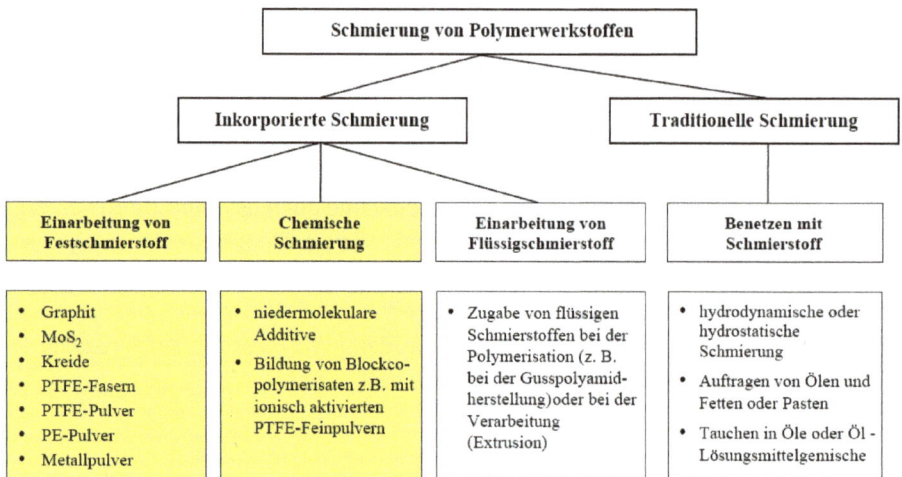

2.4.2 Traditionelle Schmierung

Bei der traditionellen Schmierung besteht die Funktion von Schmierstoffen darin, relativ zueinander bewegte Bauteile durch Schmierschichten voneinander zu trennen, die Last ohne Festkörperberührung zu übertragen und einen Teil der an der Reibstelle induzierten Wärme abzuführen.

In diesem Fall dominiert das Schmiermittel das tribologische System und die oben genannten spezifischen Vorteile von Polymeren kommen nicht zum Tragen.

Der Einsatz von Kunststoffen und polymerbasierten Verbundwerkstoffen in traditionellen hydrostatischen oder hydrodynamischen Tribosystemen ist nur dann sinnvoll, wenn dies aus technischen und wirtschaftlichen Gründen erforderlich ist oder mit einem häufigen Wechsel von Stillstand und Bewegung zu rechnen ist, denn in diesem Fall können die hervorragenden Notlaufeigenschaften polymerer Gleitwerkstoffe genutzt werden. Als Faustregel gilt, dass bei Ölschmierungen etwa die dreifachen $p \cdot v$-Grenzwerte angenommen werden können als ohne Schmierung [60].

Ein gewisser Unsicherheitsfaktor bei der traditionellen Schmierung durch Öle und Fette besteht darin, dass in vielen Fällen nicht bekannt ist, welchen Einfluss der Schmierstoff auf das Langzeitverhalten der Polymerwerkstoffe hat, denn unter Umständen kann es durch die Einwirkung von Schmiermitteln zur Quellung, Gelierung, Auflösung oder zum Abbau der Polymere kommen. Das heißt, dass bei dieser Art der Schmierung die Verträglichkeit[24] zwischen dem Schmierstoff und dem Polymer eine entscheidende Rolle spielt. Erst wenn die Grundölart, die Viskosität sowie der Anteil und die Art der Schmierstoffadditive auf den jeweiligen Kunststoff abgestimmt ist, kann ein Dauererfolg bei der Schmierung von Polymerwerkstoffen erreicht werden.

Eine Sonderform der traditionellen Schmierung stellt das Tauchen von endkonturnahen Halbzeugen in Öle oder Öl-Lösungsmittel-Gemische dar. Besonders bei Polyamiden und anderen Kunststoffen, die zur Wasseraufnahme neigen, ist diese Technologie sehr effektiv. Dabei wird ein konditioniertes Halbzeug über eine längere Zeit (ca. 6–8 h) in einem heißen Schmierstoffbad getempert. Bei Temperaturen von 60 bis 80 °C verdunstet das Wasser. In die entstandenen Hohlräume im Oberflächenbereich diffundiert dann das Schmiermittel. (Ist die Viskosität oder die Oberflächenspannung Schmierstoffs für diesen Prozess zu hoch, besteht die Möglichkeit, das Öl mit einem Lösungsmittel zu modifizieren.) Neben den tribologischen Effekten, die damit zu erzielen sind, bietet eine derartige Nachbehandlung[25] folgende Vorteile:

- Durch das Tempern tritt eine Nachpolymerisation auf, d. h., die Polymerisations- und Kristallisationsgrade steigen und es bilden sich große Überstrukturen (Sphärolithe) aus. Weiterhin werden eingefrorene Spannungen im Halbzeug in Form von Verformungen frei.

---

24 Im Allgemeinen kann davon ausgegangen werden, dass unpolare Kunststoffe in unpolaren Schmierstoffen beständig sein können, wohingegen polare Polymere in polaren Schmiermitteln quellen können oder gar löslich sind. In der Regel sind polare Kunststoffe gegenüber unpolaren Schmierstoffen beständig. In der Praxis erweisen sich polare Schmierstoffe infolge ihrer guten Bindung an die Stahlgleitpartner in Hinsicht auf die Schmierwirkung als besonders effektiv. Allerdings altern die polaren Schmierstoffe relativ schnell und es können sich Produkte bilden, die das tribologische System maßgeblich beeinflussen können [60].

25 Da diese Temperprozesse durch Schwindungs- und Verzugserscheinungen begleitet werden, ist es in der Regel notwendig, die getemperten Halbzeuge nachträglich spangebend zu bearbeiten.

– Während des stationären Betriebes wird ein dünner und stabiler Schmiermittelfilm an der Oberfläche erzeugt. Im Stillstand werden die Schmierstoffe durch die Kapillarwirkung der Hohlräume im Bereich der Werkstoffoberfläche deponiert, was einerseits den Verlust von Schmiermittel eindämmt, andererseits ein erneutes Eindringen von Feuchtigkeit in das Bauteil verhindert.

Eine ähnliche Wirkung zeigt die Inkorporation flüssiger Schmierstoffe in Kunststoffhalbzeuge im Verlauf ihrer Herstellung. Hier wird dem Kunststoff während der Extrusion oder der kontinuierlichen Schnellpolymerisation von Gusspolyamiden Öl beigemischt, welches nach der Konsolidierung in Tröpfchenform in der Matrix dispers verteilt vorliegt. Als Schmierstoffe kommen Paraffin-, Getriebe-, Silikon-[26] und Spezialöle zum Einsatz. Die Einarbeitung von 0,5 bis 3,5 Masse-% Öl sind dabei in der Technik üblich [50–52].

Die Wirkung dieser flüssigen Schmierstoffe beruht auf einem dünnen Schmierfilm, der sich nach einer kurzen Einlaufphase ausbildet. Ähnlich wie bei gebrauchsdauergeschmierten Sintermetallgleitanwendungen ist die Bildung dieses, sich regenerierenden aber zeitlich begrenzten Schmiermittelfilms auf der Diffusion des Öls durch den polymeren Grundkörper zurückzuführen. Diese Form der Schmierung reicht in der Regel nicht zur Ausbildung eines reinen hydrodynamischen Tragverhaltens, aber es bilden sich Mischreibungsprozesse aus, die das Reibungs- und Verschleißverhalten derartiger Tribopaarungen signifikant beeinflussen. Die Lebensdauer des Ölfilms hängt von verschiedenen Faktoren wie vom Belastungskollektiv nach Art, Größe und Verlauf, der Wärme- und Alterungsbeständigkeit des Schmiermittels usw., ab. Sind die Schmierstoffe verbraucht, tritt allmählich wieder Festkörperreibung auf, was zur Folge hat, dass die Gleitreibungszahl ansteigt und wieder Stick-Slip-Reibung auftreten kann. Auch das Verschleißverhalten ändert sich deutlich. Während im stationären Mischreibungsbetrieb kaum Abtragverschleiß auftritt, dominieren nach dem Aussetzen der Schmierung wieder die für den Trockenlauf typischen Verschleißmechanismen das tribologische System[27].

2.4.3 Polymermodifikationen und inkorporierte Schmierung

Mit Ausnahme der inkorporierten Flüssigschmierstoffe beruht die Wirkungsweise dispers verteilter Schmierstoffe in der Matrix des Grundkörpers darauf, dass der Abrieb die Funktion des Zwischenstoffes, also des Schmierfilms, übernimmt (Abbildung 2.7).

---

[26] Silikonprodukte als Additive in Kunststoffen sind wegen vielfältiger Störwirkungen in den verschiedensten Bereichen der Technik unerwünscht!

[27] Ein ähnlicher Verlauf des Reibungs- und Verschleißverhaltens tritt auf, wenn wartungsfreie Systeme mit einer Initialschmierung – etwa einer, in der Praxis üblichen, einmaligen Fettschmierung – ausgerüstet werden.

Dabei wird angestrebt, dass sich der inkorporierte feste Schmierstoff in diesem Abriebfilm anreichert und ggf. als Transferfilm auf dem Gegenkörper anlagert (Abbildung 2.7).

Dieser Mechanismus der Ausbildung eines Transferfilmes wurde schon früh erkannt und auch technisch genutzt [53]. Neben filmbildenden Modifikationsmitteln auf der Basis von Metallsalzen [54] und -oxiden [55] kamen bereits in den 1970er-Jahren vor allem PTFE-Partikel als inkorporierter Schmierstoff zum Einsatz [56, 57]. Weiterhin wurde auch PTFE als Matrixmaterial für Lagerwerkstoffe genutzt [58, 59]. Zur Verbesserung der Kriechbeständigkeit, Druckfestigkeit und der Wärmeleitung kamen dabei in der Regel globuläre Füllstoffe wie Bronzepartikel, Hartbrandkohle, Grafit, MoS_2 und Blei zur Anwendung. Neben diesen Zieleffekten wurde weiterhin angestrebt, dass sich ein stabiler Transferfilm auf dem Gegenkörper bildet.

Auch für die Entwicklung weiterer tribologisch optimierter Kunststoffe gilt daher, dass durch technische/technologische Maßnahmen diese Selbstschmiereffekte von Kunststoffen durch gezielten Einsatz von inkorporierten Schmierstoffen zu optimieren ist. In der Regel bestehen die angestrebten Zieleffekte einer Werkstoffmodifizierung in Hinsicht auf eine Optimierung des tribologischen Systems nicht ausschließlich nur in der Verbesserung der selbstschmierenden Eigenschaften, sondern es sollen weitere Faktoren zur Leistungssteigerung tribologischer Werkstoffpaarungen verbessert werden:

- Wärmeleitfähigkeit zur Minimierung der Temperaturbeanspruchung an der Reibstelle;
- mechanisch-thermisches Festigkeits- und Steifigkeitsverhalten vor allem bei höheren Temperaturen.

Neben diesen Primärforderungen gilt es zunehmend auch weitere anwendungsbezogene Spezialparameter zu verbessern, wie etwa die Oxidations-, Hydrolyse- und UV-Beständigkeit sowie die Kompatibilität zu Bereichen der Textil-, Lebensmittel-, Pharma- und Medizintechnik.

Die ausgezeichneten technischen Möglichkeiten für die Modifikation und die Verstärkung von Kunststoffen sowie für die Entwicklung von Blends und Copolymerisaten haben diesen Materialien tribologische Anwendungsgebiete erschlossen, die sich auf dem Markt in einer Vielzahl von kundenspezifisch zugeschnittenen Gleitwerkstoffen dokumentieren. Auf diesem Weg lassen sich selbst amorphe Kunststoffe, die sonst ein ungünstiges tribologisches Verhalten aufweisen, zu hochbeanspruchbaren Gleitwerkstoffen modifizieren. Weiterhin bieten modifizierte Hochleistungskunststoffe derzeit einen Gebrauchstemperaturbereich von −250 bis etwa 400 °C.

Obwohl in der Literatur [56–60] Ansätze für die Beschreibung der Wirkungen spezieller Additive auf spezifische Tribosysteme dargestellt sind, ist eine durchgängige Systematik bei der Produktentwicklung nicht zu erkennen. Weiterhin werden in diesen Arbeiten die Reibungs- und Verschleißdaten losgelöst von den, für den

Konstrukteur unbedingt notwendigen, thermomechanischen Werkstoffkennwerten[28] dargestellt.

2.4.4 Systematisierung und Formulierung der Zieleffekte

2.4.4.1 Faserverstärkung

Die Verstärkung von duromeren Hochpolymeren erfolgt zumeist mithilfe von Endlosfasern die in *Roving*-Form oder als textile Gebilde vorliegen. Diese Fasergebilde (Preforms) werden mit Reaktionsharzen getränkt und meist unter Druck konsolidiert. Derartige Faserverbundwerkstoffe besitzen im Tribokontakt mit den meisten Gegenkörpern in der Regel sehr schlechte Reibungs- und Verschleißeigenschaften.

Für Anwendungen in der Tribotechnik haben faserverstärkte Thermoplaste dagegen bereits ein breites Anwendungsfeld gefunden. Dabei liegen die Verstärkungen in der Regel als Kurzfasern vor. Diese Faserverbunde werden meist noch mit weiteren globulären Füll- oder Verstärkungsmitteln modifiziert. Derartig tribomechanisch optimierte Verbundwerkstoffe werden zumeist im Spritzguss verarbeitet und stellen den Stand der Technik dar. Diese Verbunde sind, wie bereits erwähnt, in der Praxis eingeführt.

Anders sieht es bei der Ertüchtigung endlosfaserverstärkter duro- und thermoplastischer Kunststoffe für tribomechanisch beanspruchte Strukturen und Bauteile aus. Hier besteht nach wie vor ein großer Forschungsbedarf. In diesem Zusammenhang werden im Kapitel 3 dieser Ausarbeitung einige Ergebnisse aktueller Forschungen auf diesem Gebiet vorgestellt.

2.4.4.2 Globuläre Modifikationsmittel

Während durch den Einsatz faserförmiger Verstärkungswerkstoffe vorwiegend das Energieaufnahmevermögen der polymeren Matrizes und damit die Verschleißfestigkeit verbessert werden kann, ist die Wirkungsweise globulärer Modifikationsmittel deutlich differenzierter. Neben der primären Forderung, das Reibungs- und Verschleißverhalten ausgewählter Matrixwerkstoffe zu verbessern, können durch derartige Modifikationen weitere Werkstoffeigenschaften wie die Wärme- und elektrische Leitfähigkeit, die Wärmedehnung und Schwindung sowie das Kriechverhalten beeinflusst werden. Dazu sind in der Tabelle 2.15 einige teilchenförmige Füll- und Verstärkungswerkstoffe und deren Wirkungsweise auf das tribologische Werkstoffverhalten kurz aufgeführt.

---

28 Bei marktüblichen Gleitwerkstoffen sind diese Angaben selbstverständlich vorhanden, aber es werden verständlicherweise kaum Angaben über die konkreten Werkstoffzusammensetzungen gemacht.

Tab. 2.15: Übersicht über globuläre Modifikationsmittel zur gezielten Beeinflussung des Reibungs- und Verschleißverhaltens polymerer Gleitwerkstoffe

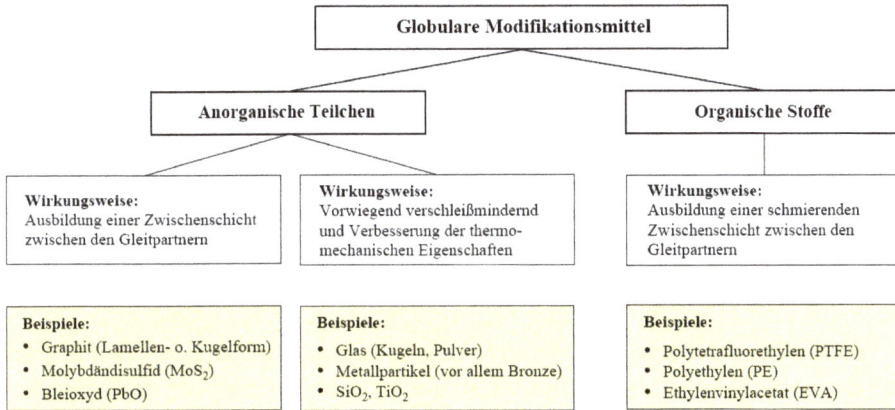

Wie in Abschnitt 2.4.3 schon angesprochen wurde, ist in der Vergangenheit diesbezüglich eine Vielzahl von thermoplastischen Kunststoffen mit dem Ziel der Verbesserung der tribomechanischen Eigenschaften mittels globulärer Modifikationsmittel gefüllt bzw. verstärkt worden. Dabei standen anfangs vor allem PTFE-basierte Werkstoffe im Mittelpunkt [61]. Später rückten auch Konstruktionspolymere [62, 63] und thermoplastischen Hochleistungskunststoffe [44] in den Fokus derartiger Werkstoffentwicklungen.

Ergänzend dazu sei noch angefügt, dass sich derartige Aktivitäten nicht nur auf die Herstellung etwa von Lager- oder Zahnradmaterialien, die sich durch geringe Reibungszahlen auszeichnen sollen, beschränken, sondern auch auf solche Materialien, die sich bei einer großen Verschleißfestigkeit durch hohe Gleitreibungswerte auszeichnen und bevorzugt für Kupplungs- und Bremsanlagen Anwendung finden [64–67].

2.4.4.3 Nanoskalierte Modifikationsmittel

In der letzten Zeit haben nanoskalierte[29] Modifikationsmittel auch in der Tribologie für Aufsehen gesorgt [68]. Nanopartikel können also einen unterschiedlichen chemischen Aufbau – es existieren sowohl anorganische als auch organische Nanopartikel – und eine differenzierte äußere Gestalt besitzen. Unter Nanokompositen versteht

---

[29] Nach [68] umfasst der Nanomaßstab den Größenbereich von 1 bis etwa 100 nm. Von Nanoobjekten spricht man, wenn Material mit einem, zwei oder drei Außenmaßen im Nanomaßstab vorliegt. Dazu zählen die Nanopartikel, also Nanoobjekte mit allen drei Außenmaßen im Nanomaßstab. Nanoplättchen sind Nanoobjekte mit einem Außenmaß im Nanomaßstab und zwei wesentlich größeren Außenmaßen. Nanofasern besitzen zwei ähnliche Außenmaße im Nanomaßstab und ein drittes Außenmaß, das wesentlich größer als die beiden anderen Außenmaße ist.

man Verbundwerkstoffe, bei denen mindestens eine Komponente in Form eines Nano-objektes vorliegt.

Die Wirkung von Nanopartikeln beruht auf der, gegenüber größeren Partikeln, um Größenordnungen größeren Oberfläche und einer deutlich höheren Teilchenzahl. Nanoobjekte können andere mechanische, elektrische oder chemische Eigenschaften besitzen als größere Teilchen. Das ist auf deren enorme Oberflächen-Masse-Verhält-nisse zurückzuführen. Denn Atome oder Moleküle, die sich direkt Partikeloberfläche befinden, weisen ganz andere Eigenschaften auf, als ihre Pendants im Inneren der Werkstoffe und je kleiner ein Partikel ist, desto höher ist der Anteil an Atomen oder Mo-lekülen an dessen Oberfläche. Aufgrund dieser Oberflächenverhältnisse lagern sich Nanopartikel häufig aneinander und bilden Agglomerate, sodass sich diese Modifika-tionsmittel nur sehr schwer in einer Polymermatrix dispergieren lassen.

In der Praxis der Entwicklung von Gleitwerkstoffen werden meist Compounds auf der Basis von Mischverbunden konzipiert, bei denen unterschiedliche globuläre Mo-difikationsmittel Anwendung finden. Um spezielle Anforderungen an die Werkstoffe zu erfüllen, werden weiterhin auch Kurzfaserverbunde zusätzlich mit globulären Füll-und Verstärkungsstoffen ausgerüstet.

Um eine möglichst gute Ver- und Zerteilung der agglomerierten, nanoskalierten Modifikationsmittel in duromeren Matrixsystemen zu erzielen, kommen in der Re-gel spezielle Zahnscheibenrührer zum Einsatz. Auch der Aufwand zur Dispergierung der Nanopartikel in thermoplastische Matrizes ist recht hoch. Nach [69] lassen sich hochwertige Nanokomposite durch Mehrfachextrusion herstellen, wobei gleichläu-fige Doppelschneckenextruder mit optimierten Schneckenkonfigurationen Verwen-dung finden. Hierbei ist allerdings zu beachten, dass aufgrund der intensiven ther-momechanischen Beanspruchungen, die bei diesen Mehrfachextrusionen auftreten, mit z. T. erheblichen Matrixdegradationen zu rechnen ist [70].

Zur Verbesserung der tribologischen Eigenschaften thermoplastischer Gleitwerk-stoffe ist in der letzten Zeit eine Vielzahl von Nanokompositen entwickelt worden, wo-bei die unterschiedlichsten Modifikationsmittel zum Einsatz kamen [7, 71–76]. Von praktischer Relevanz sind allerdings nur kommerziell verfügbare und wirtschaftlich sinnvolle Nanopartikel [69]. Dazu zählt vor allem Titandioxid[30] (TiO_2), welches bis zu einem Volumenanteil von etwa 8 % in die entsprechenden Matrizes dispergiert wer-den kann.

Im Ergebnis von vergleichenden tribomechanischen Untersuchungen an TiO_2-modifiziertem Polyamid und Polyetheretherketon konnte in [69] gezeigt werden, dass die Nanokomposite (15 nm-TiO_2-Nanopartikel) im Vergleich zu entsprechenden Mo-difikationen mit Mikropulvern (300 nm-TiO_2-Mikropartikel) bessere mechanische Ei-genschaften aufweisen. Dieser Trend kehrt sich in Hinsicht auf die tribologischen

---

30 Nach [69] haben diese kommerziellen TiO_2-Partikel eine sphärische Form, liegen als Agglomerat vor und sind aus arbeitssicherheitstechnischen Gründen unbedenklich.

Kennwerte allerdings um, d. h., dass durch die Modifikation polymerer Gleitwerkstoffe mit einer ausgewogenen Mischung von TiO_2-Nano- und entsprechenden Mikroteilchen eine Verbesserung der Verschleißrate etwa um den Faktor 4 erreicht werden kann.

Ergänzend soll auch hier angefügt werden, dass ebenfalls polymere Werkstoffe für Kupplungs- und Bremsbeläge zunehmend mit nanoskalierten Partikeln modifiziert werden [76–78].

2.4.4.4 Angestrebte Zieleffekte

Im Zusammenhang mit den eingangs formulierten globalen Zielsetzung sollen im Rahmen der, hier im Mittelpunkt der Betrachtung stehenden, Untersuchungen Werkstoffmodifikationen entwickelt und tribomechanisch charakterisiert werden, die folgenden grundlegenden Ansprüchen genügen sollen:
– Als Basismaterialien für diese Compounds sollen sowohl Konstruktions- als auch Hochtemperaturkunststoffe eingesetzt werden können.
– Das Reibungs- und Verschleißverhalten der Verbundwerkstoffe soll sich im Vergleich zu den Matrixpolymeren signifikant verbessern.
– Eine wesentliche Aufgabe dabei ist weiterhin die Aufbereitung dieser Verbundwerkstoffe mit dem Ziel der Gewährleistung einer guten Verarbeitbarkeit im Spritzguss bzw. durch spezielle Extrusionsprozesse etwa zu Fasern oder Folien.
– In diesem Zusammenhang sollten sich die zu entwickelnden Compounds grundsätzlich als Matrixwerkstoff für tribomechanisch hoch beanspruchte Verbundstrukturen eignen.

Nach umfangreichen Voruntersuchungen ist hier ein Modifikationssystem auf der Basis der reaktiven Extrusion ausgewählt worden, bei dem sowohl Konstruktionskunststoffe als auch polymere Hochleistungswerkstoffe mit PTFE-Partikeln chemisch gekoppelt bzw. kompatibilisiert werden können. Dabei wurden diese Compounds dahin gehend optimiert, dass die oben angeführten Ziele weitgehend erreicht wurden.

2.5 PTFE als inkorporierter Schmierstoff

2.5.1 Werkstoffeigenschaften

2.5.1.1 Struktur und chemischer Aufbau

Wie bereits Kapitel 1.3.2.6 dargestellt, ist Polytetrafluorethylen ein hochteilkristalliner unpolarer HT-Kunststoff (dauerverwendbar im Bereich von −200 bis 260 °C) mit einer Kristallinität von 94 %, gehört zu der Gruppe der Florpolymere und wird durch radikalische Polymerisation hergestellt. Polytetrafluorethylen besitzt im Vergleich zu den meisten technischen und Hochtemperaturkunststoffen eine überragende Beständigkeit gegen Chemikalien. Dies ist auf die besonders starke Bindung zwischen den Fluor- und den Kohlenstoffatomen und die spezielle Struktur dieses Polymers zurückzuführen.

So gelingt es den meisten Agenzien nicht, die Bindungen aufzubrechen und mit PTFE chemisch zu reagieren. In der Tabelle 2.16 sind die chemischen Grundlagen der PTFE-Synthese sowie ein Strukturmodell dieses Werkstoffes dargestellt.

Tab. 2.16: Grundlagen der PTFE-Synthese sowie eine schematische Darstellung der Struktur dieses Werkstoffes

Herstellung von Polytetrafluorethylen	**Strukturmodell von PTFE**
PTFE wird aus monomeren Tetrafluorethen (TFE) radikalisch polymerisiert: Tetrafluorethen wird katalytisch aus Chloroform (CHCl$_3$) durch Fluorierung mit Fluorwasserstoff in 2 Stufen hergestellt: $$CHCl_3 + 2HF \rightarrow CHClF_2 + 2HCl$$ $$2CHClF_2 \rightarrow C_2F_4 + 2HCl$$	

Dieses Fluorpolymer hat von allen festen Werkstoffen im Trockenlauf die niedrigste Gleitreibungszahl, wobei der dynamische und der statische Reibungskoeffizient nahezu gleich sind, was diesen Werkstoff für den Einsatz in den verschiedensten tribologischen Systemen prädestiniert.

Weiterhin zeichnet sich PTFE durch gute elektrische und dielektrische sowie ausgezeichnete tribologische Eigenschaften aus.

Allerdings besitzt dieser zähelastische, hochmolekulare Werkstoff mit einem Polymerisationsgrad von $P = 10.000$ bis 100.000 bei einer vergleichsweise hohen Dichte von ca. $2{,}2\,g/cm^3$ ein sehr geringes mechanisches Eigenschaftsniveau, verbunden mit einer hohen Kriechneigung und thermischen Ausdehnung. Weiterhin bedingt die große molare Masse von PTFE (10^6–10^7 g/mol) bei 380 °C eine hohe Schmelzviskosität von ca. $10\,GPa \cdot s$, weshalb dieser Werkstoff mithilfe von herkömmlichen Schmelzeverarbeitungsmethoden, wie Spritzgießen oder Extrudieren, weder verarbeitet noch modifiziert werden kann.

2.5.1.2 PTFE als Gleitwerkstoff

Trotz dieser Einschränkungen wird PTFE in einer Vielzahl von tribologischen Anwendungen eingesetzt. Abgesehen von Anwendungen in der Dichtungstechnik kommt dieses Fluorpolymer als Werkstoff für tribologisch beanspruchte Bauteile meist nur in modifizierter und/oder verstärkter Form zum Einsatz. Dabei kommt den Modifikationsmitteln – wie etwa Glas- oder Kohlenstofffasern, Grafit-, Bronze- und MoS_2-Partikeln, Hartbrandkohle oder anderen Werkstoffen – einerseits die Aufgabe zu, die mechanischen Eigenschaften, vor allem das Kriechverhalten, deutlich zu verbessern, und andererseits, die ausgezeichneten tribologischen Kennwerte des Matrixmaterials nicht signifikant zu verschlechtern. Bei der Verarbeitung werden die Verbundkomponenten meist physikalisch gemischt und durch isostatisches Heißpressen zu kompakten Halbzeugen oder Bauteilen gesintert. In der Technik finden diese Verbunde bereits seit über einem halben Jahrhundert sowohl in massiver Form als auch als Beschichtungen auf den unterschiedlichsten Trägersubstraten eine breite Verwendung [22, 79].

2.5.2 PTFE als inkorporierter Schmierstoff für polymere Matrixsysteme

Wie bereits angedeutet, eignet sich PTFE als inkorporiertes Schmiermittel, mit welchem insbesondere polymere Matrixsysteme ausgerüstet werden können, um deren Reibungs- und Verschleißeigenschaften zu verbessern. Allerdings sind herkömmliche PTFE-Rohpolymerisate für derartige Mehrkomponentensysteme wenig geeignet, denn sowohl die Suspensions- als auch die Emulsionspolymerisate besitzen eine faserig filzige Struktur [80], wodurch diese Partikel bei der Einarbeitung in polymere Matrixwerkstoffe zum Agglomerieren oder Sedimentieren neigen. Das gilt auch für PTFE-Pulver, die etwa durch kryogenes Mahlen mechanisch aufbereitet werden. Die Folge ist, dass die angestrebte disperse Verteilung der PTFE-Partikel in der Matrix kaum realisiert werden kann. Das Modifikationsmittel ist heterogen verteilt und liegt als Agglomerat in Form von Nestern in der Matrix vor. Weiterhin geht dieser Fluorwerkstoff durch seine abweisenden, antiadhäsiven Eigenschaften (Hydro- bzw. Oleophobie) keinerlei Bindung mit der Matrix ein, was zur Folge hat, dass diese Agglomerate wie klassische Lunker wirken. In Abbildung 2.16a wird dies anhand einer Bruchfläche eines unzureichend verarbeiteten PTFE-ABS-Compounds exemplarisch hervorgehoben. In diesem Beispiel ist deutlich zu erkennen, dass relativ große PTFE-Agglomerate schlecht dispergiert sind und keine Bindung zur Matrix vorhanden ist.

Insbesondere bei spannungsrissempfindlichen und wenig duktilen Matrixwerkstoffen kann das zu einer deutlichen Verschlechterung der Festigkeitskennwerte bei Zug- und Biegebeanspruchung führen. Außerdem ist Weiterverarbeitung dieser Verbundwerkstoffe – etwa durch Verspinnen zu Fasern – stark eingeschränkt oder unmöglich.

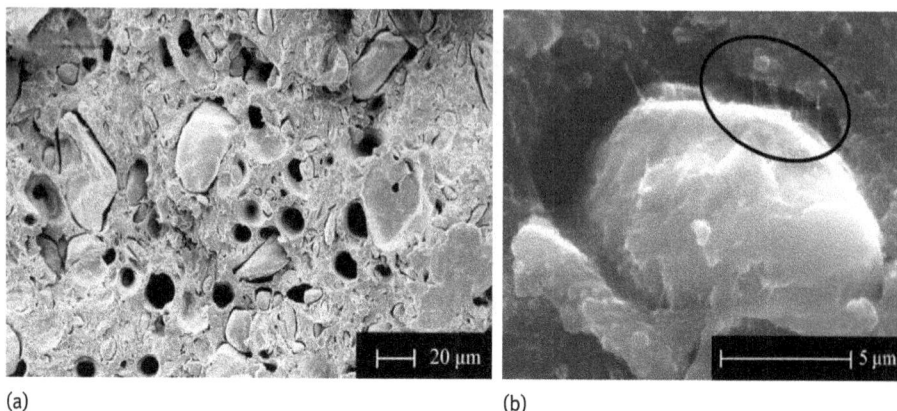

(a)   (b)

Abb. 2.16: REM-Aufnahmen der (a) Granulatbruchfläche von ABS+30 % PTFE bei 1400-facher Vergrößerung [106] und (b) einem speziellen PTFE-Kautschuk-Verbund [100]

2.5.3 Strahlenchemisch funktionalisiertes Polytetrafluorethylen

Für den Einsatz des Polytetrafluorethylens als dispers verteiltes Additiv sind nur niedermolekulare PTFE-Mikropulver geeignet. Die Herstellung derartiger Feinpulver kann über Direktpolymerisation oder bevorzugt durch den strahlenchemischen Abbau von hochmolekularem PTFE erfolgen [80, 81, 112]. PTFE-Mikropulver sind vergleichsweise kurzkettige Polymere mit einer molaren Masse von $2,5 \cdot 10^4$ bis $25 \cdot 10^4$ g/mol und einem Partikeldurchmesser von < 5 µm. Die Voraussetzung für die Herstellung von Mikropulvern durch den strahlenchemischen Abbau ist die geringe Beständigkeit von PTFE gegen energiereiche Strahlungen. Die Herstellung von feindispersen, rieselfähigen PTFE-Mikropulvern basiert auf dem partiellen Abbau der Polymerketten, wobei als Ausgangswerkstoff sowohl Rohpolymerisat als auch Recyclingmaterial, wie Dreh- und Frässpäne, oder Fehlchargen zum Einsatz kommen können [82].

Bei der Aufbereitung der PTFE-Ausgangsmaterialien zu funktionalisierten Mikropulvern werden etwa durch die energiereichen Elektronenstrahlen die C–C- und C–F-Bindungen stochastisch aufgespalten, wobei vor allem die amorphen Bestandteile abgebaut werden. Bei der Bestrahlung, die in Gegenwart von Sauerstoff stattfindet, erfolgt eine sukzessive Kettenverkürzung und durch Abspaltung von Carbonyldifluorid (COF_2) entstehen über mehrere Zwischenreaktionen am PTFE funktionelle Gruppen und auch langlebige freie Radikale[31]. Diese funktionellen Gruppen sind vor allem Carbonylfluorid (COF)-Gruppen, die in Gegenwart von Luftfeuchtigkeit zu Carboxyl (COOH)-Gruppen hydrolysieren. Dass sich durch eine derartige strahlenchemische

---

[31] Werden diese freien Radikale für chemische Kopplungen nicht benötigt, können diese durch Temperprozesse abgebaut werden.

Behandlung langlebige funktionelle Gruppen an den PTFE-Partikeln erzeugen lassen, ist bereits seit einiger Zeit bekannt [80–83]. Eine Nutzung dieser Gruppen zur Herstellung von PTFE-Copolymeren mit anderen Kunststoffen oder zumindest zu einer Kompatibilisierung ist erst in der letzten Zeit erfolgreich durchgeführt worden [82]. In [89–95] werden dazu die Herstellung sowie die chemischen, physikalischen und die tribomechanischen Eigenschaften einer Vielzahl von hochwertigen Compounds auf der Basis technischer Polymere und Hochleistungskunststoffe mit PTFE vorgestellt.

In der Tabelle 2.17 sind die Verfahrensschritte zur Herstellung dieser Polymer-PTFE-Verbundwerkstoffe schematisch dargestellt.

Tab. 2.17: Schematische Darstellung der Funktionalisierung von PTFE-Mikropulver mithilfe energiereicher Strahlung (Elektronen-, Röntgen- oder γ-Strahlung)

Funktionalisierung von PTFE durch Strahlenmodifizierung

Ausgangsmaterial
Rieselfähiges PTFE-Granulat aus:
- Neuware (Suspensions- oder Emulsionspolymerisate)
- PTFE-Regeneraten (auch GF-verstärkt)

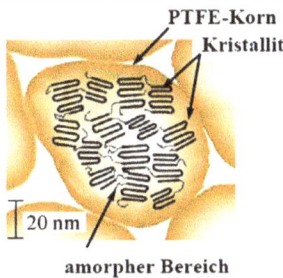

PTFE-Korn
Kristallit
20 nm
amorpher Bereich

Einflussparameter
- Strahlungsart und Dosis
- Atmosphäre
- Modifikatoren (Luft, Öl…)
- Absorbermaterial
- Schüttdichte
- PTFE-Typ

Reaktionsmodell zur Bildung von PTFE-O-O • Radikalen

↓ Bestrahlung ↓

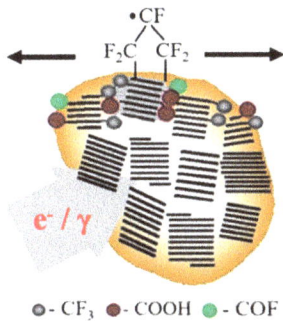

Reaktionsmodelle zur Bildung von funktionellen Gruppen

C – F – Spaltung:

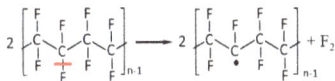

Radikalbildung:

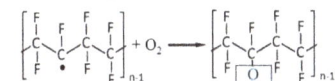

Nebenreaktion:

$F_2 + 2 H_2O \longrightarrow H_2O_2 + 2 HF$

•CF
F_2C CF_2

e⁻ / γ

⊘ - CF₃   ● - COOH   ● - COF

C – C – Spaltung:

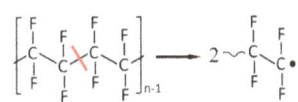

Bildung von Carbonylfluoridgruppen:

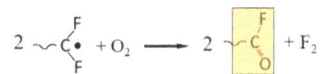

Bildung von Carboxylgruppen:

Chemische Kopplung von PTFE-Radikalen mit
- *Schmierstoffen* (Mineralölen, Esterölen…)
- *Olefinisch ungesättigten Polymeren* (ABS, SBS, PP…)
- *Elastomeren* (NBR, EPDM…)

Auf funktionellen Gruppen basierte chemische Kopplung von PTFE mit
- *Technischen Kunststoffen* (PA, POM, PBT…)
- *HPP-Polymeren* (PAEK, PAI, PPS, PSU…)

Durch den strahlenchemischen Abbau lassen sich nicht nur originale PTFE-Suspensions- oder -Emulsionspolymerisate zu funktionalisierten Mikropulvern verarbeiten, es ist – wie schon angedeutet – auch möglich, Abfälle, die etwa bei der spanenden Bearbeitung von PTFE-Halbzeugen entstehen, zu derartigen Modifikationsmitteln aufzubereiten [96, 97].

Die Tabelle 2.17 belegt weiterhin deutlich, dass eine Vielzahl von Parametern die Herstellung rieselfähiger und in Polymerschmelzen gut dispergierbarer PTFE-Partikel beeinflusst. Besonders die Partikelgrößen und die Anzahl und die Art der peripheren funktionellen Gruppen bzw. der persistenten Radikale bestimmen die tribomechanischen Eigenschaften späterer Polymerverbunde maßgeblich. Die Abbildung 2.17 zeigt schematisch den Zusammenhang zwischen der Bestrahlungsdosis und den verwendeten Modifikatoren mit den hergestellten PTFE-Korngrößen und der erzielten Anzahl der funktionellen Gruppen bzw. der Radikale.

Die Abbildung 2.17 verdeutlicht, dass die Anzahl der persistenten Radikale und der funktionellen Gruppen mit der Bestrahlungsdosis ansteigt, die Molmasse der PTFE-Werkstoffe jedoch abnimmt. Durch Beaufschlagung mit Gasen (z. B. O_2) bzw. Benetzung mit Flüssigkeiten, bevorzugt Wasser, lässt sich bei gegebener Dosis der Funktionalisierungsgrad beeinflussen. Weiterhin hat das verwendete Absorbermaterial[32] auch einen gewissen Einfluss auf die Funktionalisierung [111].

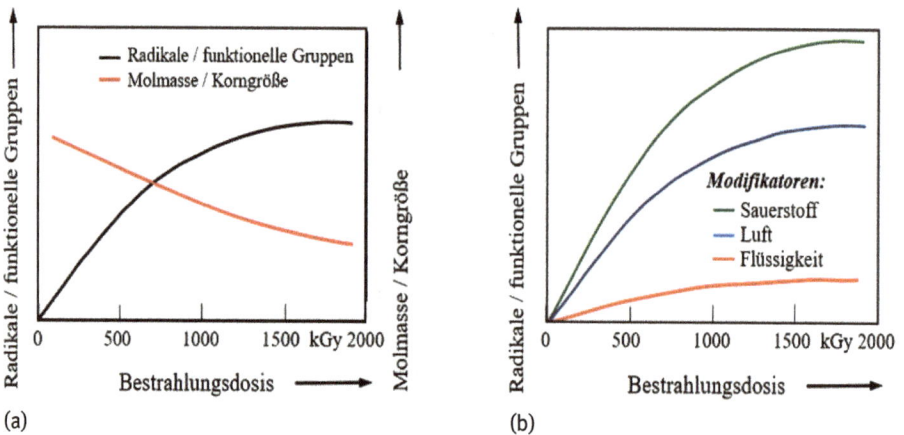

Abb. 2.17: (a) Einfluss der auf die herstellbaren PTFE-Korngrößen und (b) der Bestrahlungsdosis in Kombination mit verwendeten Modifikatoren auf die erzielte Anzahl der funktionellen Gruppen bzw. der Radikale

---

32 Die den PTFE-Partikeln beigemischten Absorber sind Substanzen, die die Nebenprodukte der Strahlenbehandlung, wie Fluorwasserstoff, aufnehmen.

2.6 Gleitwerkstoffe auf der Basis von PTFE-Compounds

2.6.1 Verbundherstellung

2.6.1.1 Reaktive Extrusion

Die Mischung von mindestens zwei verschiedenen thermoplastischen Kunststofftypen erfolgt in der Regel durch Extrusion, wobei meist eine Kombination der spezifischen Eigenschaften der Einzelkomponenten angestrebt wird. Dabei unterscheidet man homogene oder heterogene, meist physikalische, Polymermischungen, bei denen ein Polymer die Matrix und ein weiteres das Modifikationsmittel darstellt. Als heterogene Polymermischungen bezeichnet man Zweiphasensysteme, bei denen die Komponenten untereinander unverträglich sind. Dagegen stellen homogene Mischungen Einphasensysteme dar, bei denen die Komponenten vollkommenen miteinander verträglich sind [98].

Bei der extrusiven Einarbeitung unmodifizierter PTFE-Partikel in polymere Matrixsysteme entsteht ein heterogener Verbund bei dem das PTFE als unlösliche und unverträgliche Zweitkomponente vorliegt und zwischen den PTFE-Partikeln und dem Matrixpolymer lediglich Dispersionswechselwirkungen auf der Basis von van der Waals-Kräften auftreten.

Die reaktive Extrusion stellt einerseits eine effektive Möglichkeit dar, chemisch gekoppelte PTFE-Polymer-Compounds, etwa in Form von Blockcopolymerisaten herzustellen, die sich durch eine weitgehend homogene Struktur auszeichnen. Andererseits können mit diesem Verfahren auch physikalische Mischungen hergestellt werden, bei denen das PTFE in der Matrix sehr gut dispergiert vorliegt und punktuell mit dem umgebenden Kunststoff chemisch gekoppelt ist. Die Grundlage für diese spezielle Form der Verbundbildung besteht in der strahlenchemischen Kompatibilisierung der PTFE-Mikropulver. Das bedeutet, dass diese PTFE-Partikel deshalb gut mit anderen Polymerwerkstoffen homogenisiert werden können, weil durch die vorhandenen funktionellen Gruppen die abweisenden Eigenschaften, also die Hydrophobie und Oleophobie, des PTFE signifikant abgemindert werden können [99]. Die durch die Bestrahlung der an der Oberfläche der PTFE-Partikel induzierten funktionellen Gruppen, wie der Carboxyl- oder der Carbonylfluoridgruppe, reagieren meist nicht „automatisch" mit der umgebenden Matrix in Form einer chemischen Bindung. Deshalb wurden durch Lehmann und Klüpfel [100, 101] eine Vielzahl von speziell zugeschnittenen chemischen Reagenzien entwickelt, mit denen die PTFE-Partikel dahin gehend modifiziert werden, dass sie möglichst optimal mit dem jeweiligen Matrixmaterial chemisch reagieren können.

Grundsätzlich dient auch bei dem reaktiven Verarbeitungsverfahren der Extruder der kontinuierlichen Aufbereitung und Verarbeitung von Kunststoffen. Durch die Materialscherung im Extruder sollen die PTFE-Partikel möglichst optimal zer- und verteilt werden. Das ist von großer Bedeutung, denn durch die Elektronenbestrahlung können zwar rieselfähige Pulver hergestellt werden, die durch diesen Prozess aber statisch aufgeladen sind und somit stark zum Agglomerieren neigen. In der Tabelle 2.18 ist dazu ein Agglomerat im Vergleich mit PTFE-Einzelpartikeln dargestellt.

Tab. 2.18: (a) Elektronenbestrahltes PTFE-Agglomerat im Vergleich zu (b) fein verteilten PTFE-Mikropartikeln[33] [103]

Agglomerat (Ausgangszustand)	Ziel des Extrusionsprozesses →	Dispers verteilte PTFE-Partikel

Die Besonderheit dieser reaktiven Extrusion besteht aber darin, dass der Extruder auch als chemischer Reaktor dient, in dem chemische Synthesen etwa in Form von Polykondensationsreaktionen oder auch radikalischen bzw. ionischen Polymerisationsreaktionen unter nachfolgenden Bedingungen durchgeführt werden können [102].

2.6.1.2 Verfahrensschritte

– Die Reaktionskomponenten und eventuelle Katalysatoren und/oder Zusätze müssen unter vorgegebenen Bedingungen mischbar sein, eine weitgehende homogene Schmelze bilden und die Verarbeitungstemperatur muss geringer als die Zersetzungstemperatur der Einzelkomponenten sein.
– Bei der reaktiven Aufbereitung muss die Reaktionsgeschwindigkeit der Komponenten so hoch sein, dass ein ausreichender Umsatz innerhalb der in einem Extruder maximal verfügbaren Verweilzeit erreicht wird.

In der Regel erfolgt die reaktive Aufbereitung mit einem Doppelschneckenextruder, wobei man den Gesamtprozess in folgende 3 Schritte unterteilen kann [104]:
– *Dosierung*: In diesem Verfahrensschritt werden dem beheizten Extruder die Ausgangsstoffe durch eine volumetrische oder gravimetrische Dosierung zugeführt.
– *Plastifizierung*: Das Verfahren kann in die Schritte Aufschmelzen, Mischung, Entgasung und Druckaufbau unterteilt werden. Dabei werden die einzelnen Segmen-

---

33 Durch eine Bedampfung mit Gold kann die statische Aufladung eliminiert werden, wodurch das PTFE-Agglomerat in fein verteilte Partikel zerfällt.

te des Extruders unterschiedlich temperiert, wodurch die für die Plastifizierung und die chemische Reaktion erforderlichen Temperaturen gezielt eingestellt werden können. Beim Plastifizierungsprozess werden zunächst die Ausgangsstoffe direkt hinter dem Einfüllbereich aufgeschmolzen und durch eine abgestufte Verringerung der Kanalvolumina kontinuierlich verdichtet. Im Anschluss findet durch Knet-, Misch- und Rückförderelemente die Mischung und Homogenisierung der Komponenten statt. Bei diesem Prozess wird die chemische Reaktion durch Temperaturführung oder durch Zugabe von Initiatoren aktiviert. Anschließend wird die Schmelze komprimiert. Vor der Verdichtung und vollständigen Plastifizierung erfolgt eine Entgasung flüchtiger Reaktionsnebenprodukte oder mitgeschleppter Luft.

- *Austragung, Kühlung und Granulierung*: Im Rahmen dieser Verfahrensschritte wird ein Schmelzestrang aus einer Düse ausgetragen, in einem geeigneten Medium gekühlt und abschließend in einem Granulator zerkleinert.

2.6.1.3 Nachweis der chemischen Kopplung/Kompatibilisierung

Der Nachweis einer guten Dispergierung der PTFE-Feinpulver in der Matrix sowie der chemischen Kopplung der Compoundbestandteile lässt sich einerseits durch Gefügeuntersuchungen und andererseits für teilkristalline Thermoplaste durch DSC-Analysen[34] führen (Tabelle 2.19).

Im Gegensatz zu der in der linken REM-Aufnahme der Abbildung 2.16a dargestellten schlechten Dispergierung der PTFE-Mikropulver in einer ABS-Matrix, sind in Abbildung 2.16b deutliche Koppelstellen in Form von fadenartige Strukturen zwischen einem chemisch modifiziertem PTFE-Partikel und einer vulkanisierten Kautschukmatrix zu erkennen, woraus geschlussfolgert werden kann, dass das PTFE sehr gut in der Matrix ver- und zerteilt vorliegt. Da solche Phänomene bei physikalisch eingelagertem PTFE nicht entstehen können, ist dies auf eine chemische Kopplung zwischen der Matrix und den Modifikationsmittel zurückzuführen.

Bei teilkristallinen Matrixmaterialien, wie den Polyamiden oder Polyaryletherketonen, kann diese Strukturanalyse noch durch DSC-Untersuchungen ergänzt werden [105], wobei das Phänomen der fraktionierten Kristallisation genutzt wird. Der Effekt der fraktionierten Kristallisation ist bei Compounds aus unmischbaren Polymeren unter bestimmten Bedingungen zu beobachten [106]. So muss es sich u. a. bei der dispersen Phase (hier dem PTFE) um ein teilkristallines Polymer handeln und die Kris-

---

34 Die Differenzialkalorimetrie (*differential scanning calorimetry*, DSC) ist ein Verfahren der Thermoanalyse, bei welchem physikalische und chemische Eigenschaften eines Polymers als Funktion der Temperatur oder Zeit gemessen werden, wobei die Probe einem kontrollierten Temperaturprogramm unterworfen wird [106]. In diesem konkreten Beispiel sind Ausschnitte von Abkühlscans des Wärmestroms über der Temperatur dargestellt. Dabei wird das Kristallisationsverhalten der Polymerverbunde durch differenzierte Energiefreisetzungen bei charakteristischen Temperaturen beschrieben und in Form der Senkung der Werkstoffenthalpie diagrammatisch dargestellt.

Tab. 2.19: Nachweise der chemischen Kopplung/Kompatibilisierung von PTFE mit thermoplastischen Matrixwerkstoffen mithilfe einer (a) REM-Aufnahme und (b) einer DSC-Analyse

REM-Aufnahme der Schnittfläche von ABS+20 % PTFE (MP1100) bei 3700-facher Vergrößerung [106]	Ausschnitte von DSC-Untersuchungen an chemisch gekoppelten und physikalisch gemischten PTFE-PEEK-Compounds [30]

Bildunterschrift (a): REM-Aufnahme; Maßstab 10 µm

Bildunterschrift (b): DSC-Diagramm, Normierter Wärmestrom (W/g) über Temperatur (°C); exo (Abkühlung: 10 K/min); PEEK + 20 % PTFE (physikalisch gemischt); PEEK + 20 % PTFE (chemisch gekoppelt); 315,0 °C PTFE-Bulkkristallisation; 304,1 °C PEEK-Bulkkristallisation; 306,5 °C PEEK+PTFE cg Kristallisation

tallitschmelztemperatur (Tm) des Matrixpolymers muss niedriger liegen als die der dispersen Phase. Charakterisiert wird die fraktionierte Kristallisation dadurch, dass das Matrixmaterial das erwartete Kristallisationsverhalten zeigt, wohingegen das disperse PTFE in zwei Stufen kristallisiert. Die erste Fraktion ist gekennzeichnet durch die „normale" Bulkkristallisation des Polytetrafluorethylens und die zweite beschreibt die Kristallisation der chemisch gekoppelten feindispersen Phase, die bei deutlich geringeren Temperaturen abläuft. Dieser Effekt kann als ein Beleg für den Grad der Ver- und Zerteilung des PTFE in der Polymermatrix fungieren.

Exemplarisch sind dazu in Tabelle 2.19b Ausschnitte von DSC-Untersuchungen an chemisch gekoppelten und physikalisch gemischten PTFE-PEEK-Compounds dargestellt.

Bei unzureichender Verarbeitung in reaktiven Extrusionsprozessen oder bei physikalisch eingearbeiteten PTFE-Partikeln ist jeweils ein Peak für die Bulkkristallisation des Polytetrafluorethylens und für die PEEK-Matrix (blaue Linie) nachweisbar. Werden die PTFE-Mikropulver chemisch gekoppelt und unter optimalen Verarbeitungsbedingungen, etwa mit einer gut scherenden Schnecke, verarbeitet, erhöht sich die Verteilungsgüte in der Form, dass nur noch die fraktionierte Kristallisation und keine Bulkkristallisation[35] mehr nachweisbar ist (Tabelle 2.19b, grüne Linie). Dabei ist die Kristallisationstemperatur dieser Phase etwas höher als die der Bulkkristallisation der PEEK-Matrix.

---

35 Unter Bulkkristallisation versteht man eine durch entsprechende Keime hervorgerufene Massenkristallisation.

Auch in mehrfachen Aufheiz- und Abkühlzyklen bleiben die DSC-Kurven identisch, was auf eine ausreichende Kompatibilisierung der unverträglichen Komponenten durch Blockcopolymerbildung und folglich auf eine hohe Stabilität der Morphologie hindeutet.

2.7 Verbundcharakterisierung und -optimierung

2.7.1 Tribologische Eigenschaften

Für den Nachweis der Wirkung von PTFE als inkorporierter Schmierstoff ist eine Vielzahl von technischen Kunststoffen, thermoplastischen Hochtemperatur (HT)-Kunststoffen und Duromeren als Matrixsysteme analysiert worden.

Für trockenlaufende Gleitpaarungen kann generell konstatiert werden, dass bei allen Matrixwerkstoffen ab einer Grenzkonzentration von ca. 10 Volumen-% an inkorporierten Festschmierstoffen auf der Basis von PTFE-Partikeln deutlich verbesserte Reibungs- und Verschleißkennwerte erzielt werden können.

Exemplarisch sind dazu in Abbildung 2.18 die linearen Verschleißraten und die Gleitreibungszahlen verschiedener PTFE-modifizierter (30 Masse-%) Matrixwerkstoffe dargestellt. Für den Vergleich wurden zwei typische Gleitlagerwerkstoffe (PA6 und PA66), ein Hochtemperaturwerkstoff (PEEK) und mit ABS ein ausgesprochen schlechter Gleitwerkstoff ausgewählt. Die Versuche wurden im Trockenlauf durchgeführt, der Gegenwerkstoff war Stahl (100Cr6, gehärtet HRC~56 und geschliffen) und als Modellprüfsystem fungierte der Prüfaufbau „Klötzchen/Ring" ohne vorgeformte Kalotte.

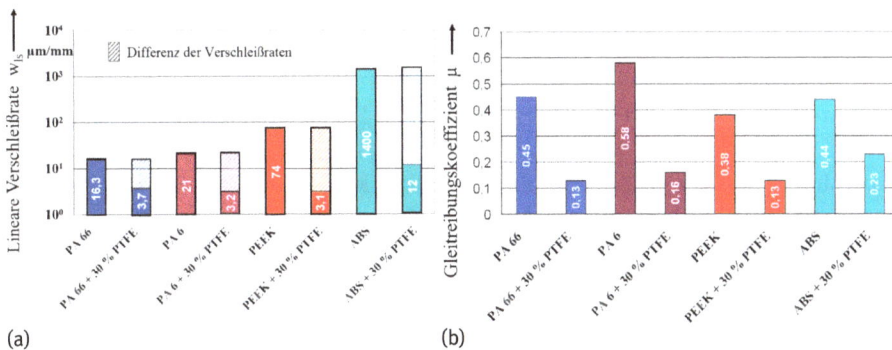

(a)   (b)

Abb. 2.18: Vergleich der (a) Gleitreibungszahlen und (b) der Verschleißraten (Mittelwerte) verschiedener PTFE-modifizierter Matrixsysteme (30 Masse-% mit 500 kGy bestrahltes PTFE-Feinpulver)

Einen guten Vergleich der ermittelten Reibungs- und Verschleißkenngrößen ermöglicht die Darstellung der Ergebnisse in einem Verschleißraten-Reibungsenergiedichten-Reibungszahlen-Schaubild (Abbildung 2.19; Gleichung 2.10).

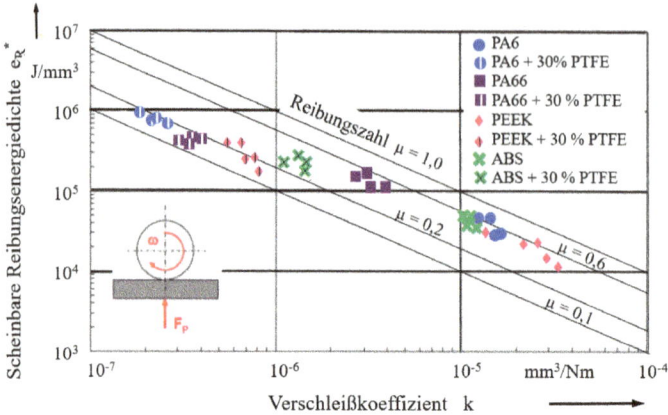

Abb. 2.19: Verschleißraten-Reibungsenergiedichten-Reibungszahlen-Schaubild verschiedener PTFE-modifizierter thermoplastischer Matrixsysteme

In Auswertung dieser Versuche können folgende Schlüsse gezogen werden:
- Je geringer die Verschleißfestigkeit des Matrixwerkstoffes ist, umso größer ist die Wirkung der PTFE-Modifizierung. Bei ABS, einem schlechten Gleitwerkstoff, beträgt die Differenz der Verschleißraten z. B. ca. 2 Größenordnungen.
- Im Durchschnitt sinken die Gleitreibungskoeffizienten durch die Modifikation mit 30 % PTFE auf ein Viertel des Ausgangswertes und es tritt kein Ruckgleiten mehr auf. Diese deutlichen Verbesserungen der tribologischen Kennwerte sind in erster Linie auf die, bereits in Abschnitt 2.2.5.7 kurz beschriebenen, selektiven Werkstoffüberträge zurückzuführen. Unter optimierten Bedingungen können diese dann zur Bildung von geschlossenen Transferfilmen auf dem Gegenkörper führen. Das heißt, der Selbstschmiereffekt derartig modifizierter Kunststoffe beruht auf der Schmierwirkung eines dünnen und sich selbst regenerierenden Films aus Abriebpartikeln, in dem sich PTFE als inkorporierter Schmierstoff anreichern kann.

Dazu sind in der Tabelle 2.20 eine einfache mikroskopische sowie AFM[36]-Aufnahmen derartiger Transferschichten auf Stahloberflächen dargestellt.

Anhand der Abbildungen in Tabelle 2.20 lassen sich deutliche Unterschiede der Oberflächeneigenschaften in Abhängigkeit vom PTFE-Gehalt feststellen. Die hellen Bereiche im Phasenbild weisen auf niedrige Adhäsion hin. Mit zunehmendem PTFE-

---

36 Mithilfe der Rasterkraftmikroskopie (*atomic force microscopy*, AFM), einem wichtigen Werkzeug der Oberflächenanalyse, werden die Oberflächen mechanisch abgetastet und die atomaren Kräfte im Bereich der Nanometerskala gemessen und grafisch dargestellt. (Helle Bereiche charakterisieren eine geringe Schichthaftung, was hier auf einen hohen PTFE-Anteil schließen lässt. Die dunklen Bereiche stehen für eine vergleichsweise größere Haftung, was auf eine Anreicherung von Partikeln des Matrixwerkstoffes hindeutet.)

Tab. 2.20: Mikroskopische und AFM-Aufnahmen von Transferschichten

Reibfläche (Gegenkörper) der Tribopaarung PEEK+30 % PTFE/Stahl	AFM-Aufnahmen von Reibflächen (Gegenkörper) der Tribopaarung PA66/Stahl [108]

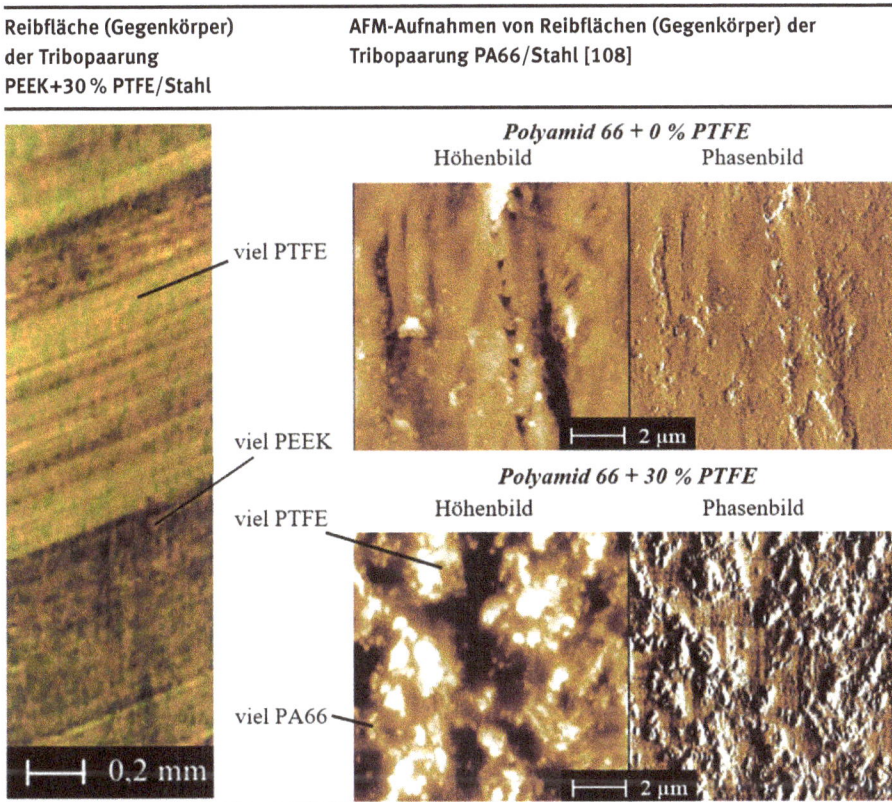

Bei den AFM-Aufnahmen verläuft die Reibrichtung senkrecht. Links ist das Höhenbild, rechts das Phasenbild einer Probe abgebildet.

Gehalt werden diese Bereiche größer. Diese Aufnahmen machen den Prozess der vor allem in der Einlaufphase stattfindenden Oberflächenmodifizierung der Gegenkörper deutlich. Durch die Umlagerung von abgeriebenem PTFE aus PTFE-reichen Domänen in matrixwerkstoffreiche Gebiete und Fixierung des Polytetrafluorethylens im Transferfilm wird die Reiboberfläche des Gegenkörpers mit PTFE angereichert [107]. Es kann prozentual mehr PTFE im Reibspalt zur Wirkung kommen, als im Compound enthalten ist. Das Resultat ist eine, sich im Idealfall ständig regenerierende, Kunststoff-Kunststoff-Reibpaarung, die sich durch extrem niedrige Verschleißraten und Gleitreibungszahlen auszeichnet.

2.7.2 Mechanische Kennwerte

PTFE hat im Vergleich zu den meisten polymeren Matrixwerkstoffen vergleichsweise geringe Festigkeits- und Steifigkeitskennwerte, eine höhere Dichte sowie sehr gute Kerbschlagzähigkeit. Mithilfe der linearen Mischungsregel (Gleichung 2.19) ist es möglich, für PTFE/Polymer-Verbunde ausgewählte mechanische Werkstoffeigenschaften in Abhängigkeit vom PTFE-Anteil rechnerisch abzuschätzen[37].

$$X_{VW} = X_{VM} \, \psi \, \frac{\rho_{MM}}{\rho_{VM}} + X_{MM} \left(1 - \psi \, \frac{\rho_{MM}}{\rho_{VM}} \right) \tag{2.19}$$

Dafür gelten folgende Formelzeichen und Indizes:

Formelzeichen: X – mechanische Kenngröße

ρ – Dichte

ψ – Masseanteil (des Modifikationsmittels, hier PTFE)

Indizes: VW – Verbundwerkstoff

VM – Modifikationsmittel

MM – Matrixmaterial

Dabei ermöglicht ein Vergleich der mit dieser Beziehung theoretisch ermittelten Werte mit den entsprechenden Messwerten einen Hinweis auf die Qualität der PTFE-Polymer-Compounds. In Abbildung 2.20 sind dazu die Festigkeits- und Steifigkeitswerte von PA6-PTFE-Compounds exemplarisch dargestellt. In den Diagrammen ist deutlich zu erkennen, dass die Messwerte der chemisch gekoppelten Verbunde deutlich eher den theoretisch möglichen Grenzwerten entsprechen als die der physikalisch ge-

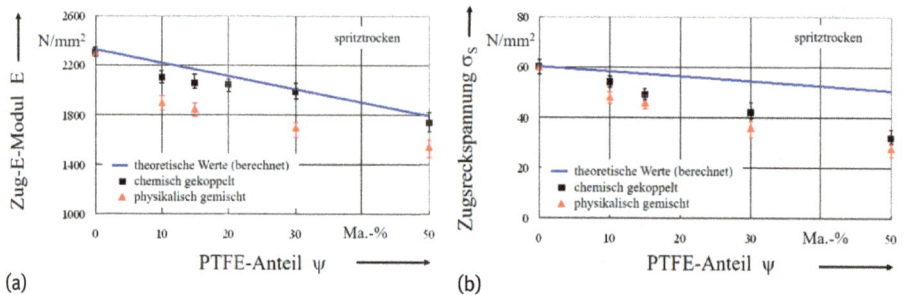

Abb. 2.20: Vergleich der berechneten mechanischen Eigenschaften mit Messwerten von physikalisch modifizierten und chemisch gekoppelten PA6-PTFE-Compounds [110]

---

[37] Die Berechnungen mit der linearen Mischungsregel eignen sich besonders für die Abschätzung der Dichten und Steifigkeiten sowie mit Abstrichen auch für die Streckspannungen. Für die rechnerische Bestimmung der Schlageigenschaften und auch der Bruchdehnungen bzw. der Dehnungen an der Streckgrenze ist diese Beziehung eher nicht geeignet.

mischten Compounds, was als indirekter Beleg für eine hohe Qualität der Verbunde dienen kann.

Um diese Aussagen zu bestätigen, sind in Abbildung 2.21 wiederum für PA6-, PA66- sowie für PEEK- und ABS-Compounds (30 Masse-% PTFE; mit 500 kGy bestrahlt) die Festigkeits- und Steifigkeitskennwerte zusammenfassend dargestellt. Es zeigt sich deutlich, dass die gemessenen E-Moduln gut mit den rechnerisch ermittelten Werten übereinstimmen, wohingegen die Festigkeitswerte im Mittel um ca. 18 % voneinander abweichen.

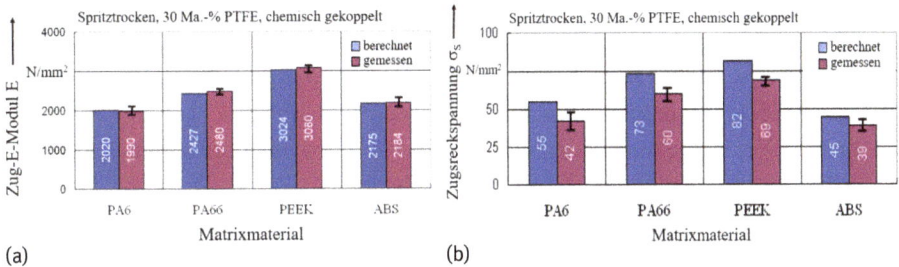

Abb. 2.21: Vergleich der berechneten mechanischen Eigenschaften mit Messwerten von PTFE-modifizierten (30 Masse-%) PA6-, PA66- sowie von PEEK- und ABS-Matrixwerkstoffen

Analysiert man die quasistatischen Zug- und Druckversuche an PTFE-modifizierten teilkristallinen Thermoplasten, so zeigt sich eine Tendenz zur Änderung des Verformungsverhaltens (Abbildung 2.22). Während die unmodifizierten Matrixmaterialien (als Beispiel dient hier PEEK) eine ausgeprägte Streckgrenze (Tabelle 2.7) aufweisen, nimmt mit steigendem PTFE-Anteil diese Ausprägung ab.

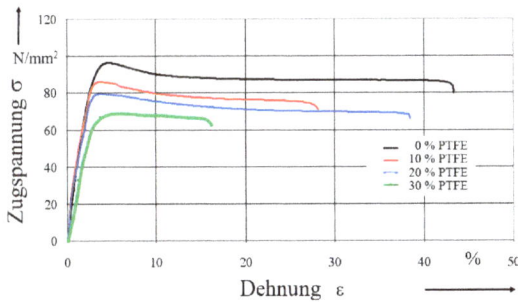

Abb. 2.22: Spannungs-Dehnungs-Diagramm (Zugversuch) von PEEK mit unterschiedlichen PTFE-Anteilen (chemisch gekoppelt/kompatibilisiert)

2.7.3 Verbundoptimierung

Nach dem Nachweis der tribologischen Wirksamkeit einer PTFE-Modifizierung unterschiedlicher thermoplastischer Matrixwerkstoffe sind diese Compounds in Hinsicht auf ihr tribomechanisches Eigenschaftsniveau und auch unter ökonomischen Gesichtspunkten zu optimieren.

Dabei spielen Preisrelationen zwischen dem Matrixwerkstoff und dem PTFE als Modifikationsmittel eine besondere Rolle. Konstruktionskunststoffe wie die Polyamide, Polyacetale oder die thermoplastischen Polyester sind deutlich billiger als die PTFE-Feinpulver, wohingegen die Hochtemperaturkunststoffe (PAI, PAEK oder PI) meist viel teurer sind als diese Modifikationsmittel. Weiterhin beeinflusst die Bestrahlungsdosis, die für die Funktionalisierung der PTFE-Partikel aufgewendet werden muss, den Preis dieser inkorporierten Schmierstoffe signifikant. (Je höher die Dosis ist, umso höher ist die Anzahl der funktionellen Gruppen und der freien Radikale. Die PTFE-Teilchen werden feiner und auch deutlich teurer.)

Unter Beachtung der Tatsache, dass die meisten mechanischen Kennwerte mit zunehmendem PTFE-Anteil abnehmen, sind diese Verbunde dahin gehend zu optimieren, dass sie ein ausgezeichnetes tribologisches Verhalten im Trockenlauf besitzen, gut zu verarbeiten sind, ein ausreichendes mechanisches Eigenschaftsniveau aufweisen und im Vergleich zu Konkurrenzprodukten möglichst auch ökonomische Vorteile bieten.

2.7.3.1 Einfluss der Bestrahlungsdosis

Zur Bewertung des Kopplungsgrades zwischen der Matrix ist ein PA6-Basispolymer mit unterschiedlich bestrahlten PTFE-Feinpulvern ausgerüstet worden. In Abbildung 2.23 sind dazu exemplarisch die ermittelten linearen Verschleißraten derartiger Compounds in Abhängigkeit vom PTFE-Anteil und der für die Aufbereitung der PTFE-Feinpulver aufgewendeten Bestrahlungsdosis dargestellt.

In diesem Diagramm ist deutlich zu erkennen, dass mit steigender Bestrahlungsdosis die Verschleißfestigkeit der Verbunde geringfügig abnimmt. Thermoplast-PTFE-Verbunde mit zu feinen PTFE-Partikeln und einem hohen Kopplungsgrad stellen aus tribologischer Sicht keine optimalen Lösungen dar, da es in vielen Fällen nicht zur Ausbildung einer stabilen Transferschicht mit einem überproportionalen Modifikationsmittelanteil kommt. Bestätigt werden diese Erkenntnisse durch tribologische Untersuchungen an PTFE-modifizierten Hochleistungskunststoffen[38]. Den Diagrammen

---

38 Die chemische Kopplung von PTFE, welches mit einer Dosis von 500 kGy bestrahlt wurde, mit ausgewählten Hochleistungskunststoffen (PAI, PEEK, PI) erfolgte nicht wie üblich durch reaktive Extrusion, sondern in Lösung. Nach dem Ausfällen der derart hergestellten Compounds wurden die gewonnenen Feinpulver gereinigt und dann, wie die physikalisch hergestellten Polymermischungen auch, durch isostatisches Heißpressen zu entsprechenden Prüfkörpern verarbeitet [87, 88].

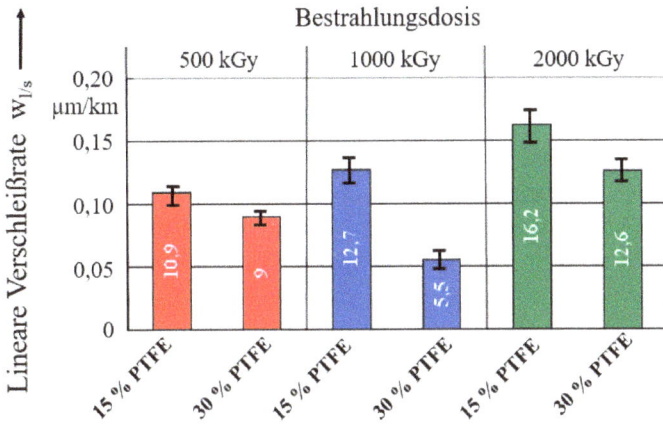

Abb. 2.23: Abhängigkeit des Verschleißverhaltens von chemisch gekoppelten PA6-PTFE-Compounds von der Bestrahlungsdosis

der Abbildung 2.24 ist zu entnehmen, dass die Unterschiede der tribologischen Kennwerte zwischen den physikalischen und chemischen Verbunden nur gering ausfallen.

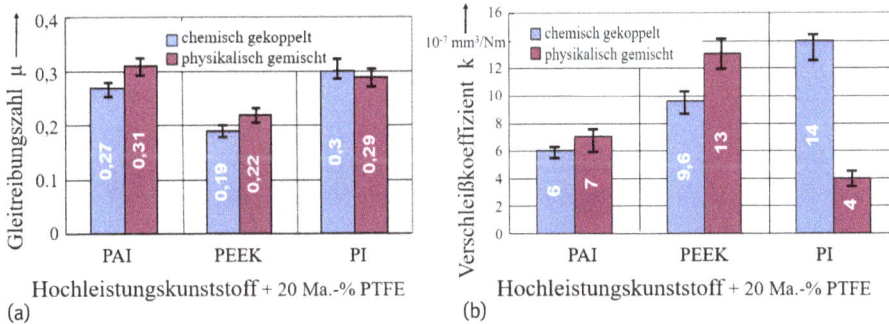

Abb. 2.24: Abhängigkeit des (a) Reibungs- und (b) Verschleißverhaltens von Hochleistungsthermoplast-PTFE-Verbunden von der Art der Compoundherstellung

Zusammenfassend kann dazu festgehalten werden, dass sich nur aus tribologischen Gesichtspunkten optimierte Compounds in der Regel nicht durch eine hohe Kopplungsrate und sehr feine PTFE-Partikel auszeichnen. Für Anwendungen, bei denen vorwiegend Druckbeanspruchungen dominieren, wie etwa bei Gleitführungen oder -lagern, ist das Reibungs- und Verschleißverhalten relativ unabhängig davon, ob das PTFE in der Matrix chemisch gekoppelt oder nur physikalisch eingearbeitet vorliegt. Die chemisch gekoppelten Verbunde weisen dagegen eine deutlich verbesserte Duktilität und höhere mechanische Kennwerte auf.

Für spezifische tribologische Systeme, die durch überlagerte Zug- oder Biegebeanspruchungen charakterisiert werden, wie z. B. bei Zahnrädern oder Keilriemenscheiben (Abbildung 2.2), sollten chemisch gekoppelte Verbundvarianten zur Anwendung kommen.

Weiterhin ist zu beachten, dass eine Weiterverarbeitung der PTFE-Polymer-Verbunde etwa zu Fasern oder Folien mit physikalischen Mischungen kaum zu realisieren ist (Kapitel 3). Abgesehen davon, dass für die unterschiedlichen Verbunde aus anwendungs- und verarbeitungstechnischer Sicht meist Anpassungen notwendig sind, kann eingeschätzt werden, dass – relativ unabhängig vom verwendeten Matrixwerkstoff – aus tribomechanischer und auch aus ökonomischer Sicht der Einsatz von mit 500 kGy bestrahltem PTFE-Mikropulver als Modifikationsmittel ein gewisses Optimum darstellt.

2.7.3.2 Einfluss des Modifikationsmittelanteils

Da mit steigendem PTFE-Anteil die mechanischen Verbundeigenschaften größtenteils nachlassen und eine nachhaltige Verbesserung der Reibungs- und Verschleißeigenschaften erst ab einer gewissen Grenzkonzentration an PTFE erzielt werden kann, sind diese Verbunde, wie bereits erwähnt, auch in Hinsicht auf einen bestmöglichen PTFE-Anteil zu optimieren. Dazu wurden wiederum die zwei typischen Gleitlagerwerkstoffe (PA6 und PA66), ein Hochtemperaturwerkstoff (PEEK) und mit ABS ein ausgesprochen schlechter Gleitwerkstoff mit unterschiedlichen PTFE-Anteilen durch reaktive Extrusion chemisch modifiziert und tribologisch analysiert. Die Ergebnisse dieser Reibungs- und Verschleißversuche sind in der Tabelle 2.21 zusammengefasst. Zur grafischen Aufbereitung der Ergebnisse sind in dieser Tabelle sowohl die Gleitreibungszahlen als auch die Verschleißkoeffizienten als relative Größen gemittelt dargestellt. (Dazu wurden jeweils die tribologischen Kennwerte der unmodifizierten Matrixwerkstoffe als 100 % gesetzt.)

Die Diagramme in dieser Tabelle zeigen deutlich, dass ab einem PTFE-Anteil von etwa 20 Masse-% die tribologischen Kennwerte nicht mehr signifikant verbessert werden können. Damit werden Versuchsergebnisse bestätigt, die bereits in [103] veröffentlicht wurden. Unterhalb dieses Grenzwertes sind sie zumeist deutlich schlechter und es können Stick-Slip-Erscheinungen nicht ausgeschlossen werden. Diese Untersuchungen belegen, dass sich aus tribologischer Sicht bereits bei einem Masseeinsatz von 20 ± 3 % mit 500 kGy bestrahltem PTFE-Feinpulver sich sehr gute chemisch gekoppelte PTFE-Polymer-Verbunde herstellen lassen.

Tab. 2.21: Vergleich des (a) Reibungs- und (b) Verschleißverhaltens ausgewählter chemisch gekoppelter PTFE-Polymer-Verbunde in Abhängigkeit vom PTFE-Anteil (mit 500 kGy bestrahltes PTFE-Feinpulver)

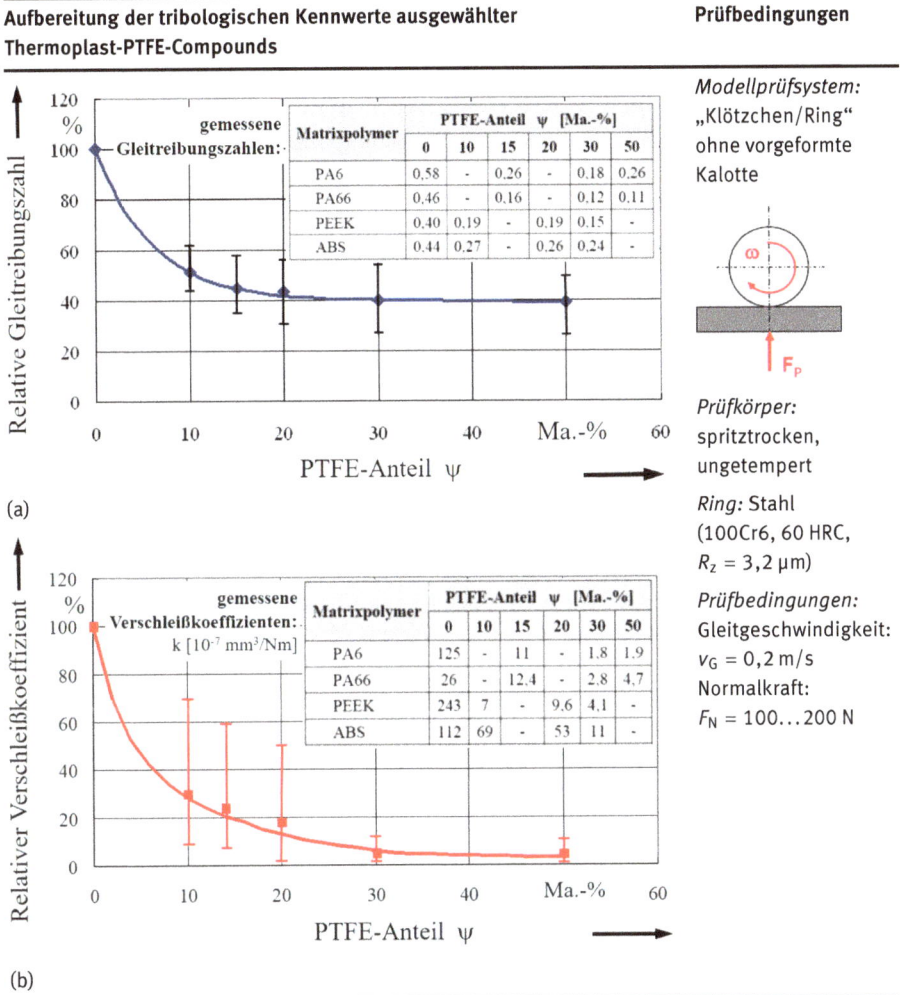

Aufbereitung der tribologischen Kennwerte ausgewählter Thermoplast-PTFE-Compounds	Prüfbedingungen

(a)

gemessene Gleitreibungszahlen:

Matrixpolymer	PTFE-Anteil ψ [Ma.-%]					
	0	10	15	20	30	50
PA6	0,58	-	0,26	-	0,18	0,26
PA66	0,46	-	0,16	-	0,12	0,11
PEEK	0,40	0,19	-	0,19	0,15	-
ABS	0,44	0,27	-	0,26	0,24	-

(b)

gemessene Verschleißkoeffizienten: k $[10^{-7}\ mm^3/Nm]$

Matrixpolymer	PTFE-Anteil ψ [Ma.-%]					
	0	10	15	20	30	50
PA6	125	-	11	-	1.8	1.9
PA66	26	-	12.4	-	2.8	4.7
PEEK	243	7	-	9.6	4.1	-
ABS	112	69	-	53	11	-

Modellprüfsystem: „Klötzchen/Ring" ohne vorgeformte Kalotte

Prüfkörper: spritztrocken, ungetempert

Ring: Stahl (100Cr6, 60 HRC, $R_z = 3,2\ \mu m$)

Prüfbedingungen: Gleitgeschwindigkeit: $v_G = 0,2\ m/s$ Normalkraft: $F_N = 100...200\ N$

2.7.3.3 Fazit

Trotz relativ hoher Streuungen ist zusammenfassend zu konstatieren, dass sich durch eine chemische Kopplung oder zumindest einer Kompatibilisierung von PTFE-Partikeln mit anderen polymeren Matrixwerkstoffen, etwa durch reaktive Extrusion, hochwertige Verbundwerkstoffe herstellen lassen. Besonders geeignet sind die mittlerweile kommerziell erhältlichen, mit 500 kGy bestrahlten PTFE-Mikropulver.

Bereits bei einem PTFE-Masseeinsatz von etwa 20 % sind für trockenlaufende Gleitpaarungen z. T. ausgezeichnete Reibungs- und Verschleißkennwerte zu erzielen[39] [84–86]. Diese Compounds lassen sich relativ problemlos herstellen und z. B. durch Spritzgießen weiterverarbeiten. Außerdem liegen die Festigkeits- und Steifigkeitskennwerte der Verbunde bei etwa 90 % der Ausgangswerte und sind somit als gut einzuschätzen.

Dazu befindet sich im Anhang C eine Zusammenfassung der tribomechanischen Eigenschaften ausgewählter Thermoplast-PTFE-Compounds.

Literatur

[1]   Arbeitsblatt 7 der Gesellschaft für Tribologie (GfT) (2002): Tribologie, Begriffe, Prüfung. Ausgabe August.

[2]   Czichos, H.; Habig, K.-H. (1992): Tribologie Handbuch: Reibung und Verschleiß. Vieweg Verlag, Braunschweig.

[3]   Römhild, I. (2004): Unterlagen der Lehrveranstaltung „Tribotechnik". TU Dresden, IMM.

[4]   Barz, W. J. (2001): Kunststoffe in der Gleitlagertechnik in Selbstschmierende und wartungsfreie Gleitlager: Typen, Eigenschaften, Einsatzgrenzen und Anwendungen. S. 134–161. Expert Verlag, Renningen.

[5]   Feulner, R. (2008): Verschleiß trocken laufender Kunststoffgetriebe – Kennwertermittlung und Auslegung. Dissertation, Universität Erlangen-Nürnberg.

[6]   Künkel, R. (2005): Auswahl und Optimierung von Kunststoffen für tribologisch beanspruchte Systeme. Dissertation, Universität Erlangen-Nürnberg.

[7]   Erhard, G. (2001): Stick-Slip-Effekte und ihre Auswirkungen auf das Bauteilverhalten. In: Ehrenstein, G. W. (Hrsg.), Maschinenelemente aus Kunststoffen – Zahnräder und Gleitlager, S. 25–35. Springer-VDI-Verlag, Düsseldorf.

[8]   Kühnel, R. (1952): Werkstoffe für Gleitlager. Springer Verlag, Berlin, Göttingen, Heidelberg.

[9]   Lancaster, J. K. (1972): Polymer-based bearing materials. In: Tribology 5(6), S. 249–255. doi:10.1016/0041-2678(72)90103-0.

[10]   Briscoe, B. J.; Tabor, D. (1978): Friction and wear of polymers: The role of mechanical properties. In: Brit. Poly.J. 10(1), S. 74–78. doi:10.1002/pi.4980100114.

[11]   Evans, D. C.; Lancaster, J. K. (1979): The Wear of Polymers. In: Scott, Douglas (Hrsg.), Treatise on Materials Science and Technology, Volume 13, S. 85–139. Elsevier.

[12]   Briscoe, B. (1981): Wear of polymers: an essay on fundamental aspects. In: Tribology International 14(4), S. 231–243. doi:10.1016/0301-679X(81)90050-5.

---

[39] Die Streuungen sind einerseits natürlich auf Materialunterschiede in Hinsicht auf deren Reibungs- und Verschleißverhalten zurückzuführen. So ist die Dynamik der Ausbildung einer tribologisch wirksamen Transferschicht bei den untersuchten Compounds meist recht unterschiedlich. Andererseits ist zu beachten, dass der Vergleich auf den Masseeinsatz von PTFE bezogen ist. Analog der Beeinflussung der Verbundsteifigkeiten und -festigkeiten hängen die tribologischen Eigenschaften vom tatsächlich vorliegenden PTFE-Volumen ab. Infolge der Dichteunterschiede der Matrixwerkstoffe schwanken diese Volumina natürlich.

[13] Bartenev, G. M.; Lavrentev, V. V.; Lee, L.-H.; Ludema, K. C. (1981): Friction and wear of polymers. Elsevier Scientific Pub. Co.; Distributors for the U.S. and Canada, Elsevier/North-Holland (Tribology series, v. 6), Amsterdam, New York, New York.

[14] Yamaguchi, Y. (1990): Tribology of plastic materials. Their characteristics and applications to sliding components, Tribology series, 16. Elsevier, Amsterdam, New York.

[15] Böhm, H.; Betz, S.; Ball, A. (1990): The wear resistance of polymers. In: Tribology International 23(6), S. 399–406. doi:10.1016/0301-679X(90)90055-T.

[16] Zhang, S. W. (1998): State-of-the-art of polymer tribology. In: Tribology International 31(1-3), S. 49–60. doi:10.1016/S0301-679X(98)00007-3.

[17] Stachowiak, G. W. (Hrsg.) (2005): Wear – Materials, Mechanisms and Practice. John Wiley & Sons Ltd, Chichester, England.

[18] Uetz, W.; Wiedemeyer, J. (1985): Tribologie der Polymere. Carl Hanser Verlag, München.

[19] Hufenbach, W.; Junghans, R.; Kunze, K.; Marx, S. (1995): Zum tribologischen Verhalten von wartungsfreien Gleitlagern aus thermoplastischen Hochleistungskunststoffen. In: Tribologie und Schmierungstechnik 42, Nr. 3, S. 144–147.

[20] Feulner, R.; Dallner, C.; Ehrenstein, G. W.; Schmachtenberg, W. (2007): Maschinenelemente aus Kunststoff. Kapitel 5: „Tribomechanische Untersuchungen an wartungsfreien Hochtemperaturgleitlagern aus modifizierten Polyimiden", S. 66–85. Springer-VDI-Verlag. Düsseldorf.

[21] Popov, V. L. (2009): Kontaktmechanik und Reibung. Ein Lehr- und Anwendungsbuch von der Nanotribologie bis zur numerischen Simulation. Springer-Verlag. ISBN 978-3-540-88836-9.

[22] Haupert, F.; Friedrich, K. (2001): Highly loadable thermoplastic composite bearings. In: Ehrenstein, G. W. (Hrsg.), Maschinenelemente aus Kunststoffen – Zahnräder und Gleitlager, S. 128–137. Springer-VDI-Verlag, Düsseldorf.

[23] Junghans, R.; Marx, S.; Friedrich, K.; Häger, A. M. (1995): HT-Thermoplast-Gleitlager. In: FKM Vorhaben Nr. 157, Abschlußbericht, Heft 199. Frankfurt/Main.

[24] Reinicke, R.; Friedrich, K.; Velten, K. (2002): Neuronale Netze – Innovatives Verfahren zur Vorhersage des Verschleißverhaltens von Werkstoffen. In: Tribologie und Schmierungstechnik 48, S. 5–7.

[25] Mäurer, M. (2003): Tribologische Untersuchungen an Radialgleitlagern aus Kunststoffen. Dissertation, Technische Universität Chemnitz.

[26] Bowden, F. P.; Tabor, D. (1959): Reibung und Schmierung fester Körper. Springer-Verlag. Berlin/Göttingen/Heidelberg.

[27] Kragelski, I. W. (1971): Reibung und Verschleiß. VEB Verlag Technik, Berlin.

[28] Tross, A. (1969): Die Mechanismen von Reibung und Verschleiß im Lichte einer neuen submikroskopischen und energetisch aufgebauten Festigkeitshypothese. In: Schmierungstechnik 6, S. 327–338.

[29] Fleischer, G. (1973): Energetische Methode der Bestimmung des Verschleißes. In: Schmierungstechnik 9, S. 269–274.

[30] Hufenbach, W.; Kunze, K.; Bijwe, J (2003): Sliding Wear Behaviour of PEEK-PTFE Blends. In: Synthetic Lubrication 20-3, S. 227–240.

[31] Friedrich, K.; Flöck, J.; Varadi, K.; Neder, Z. (2001): Experimental and numerical evaluation of the mechanical properties of compacted wear debris layers formed between composite and steel surfaces in sliding contact. In: Wear 251, S. 1201–1212.

[32] Faatz, P. (2002): Tribologische Eigenschaften von Kunststoffen im Modell und Bauteilversuch. Dissertation, Universität Erlangen-Nürnberg.

[33] Song, J. (1991): Reibung und Verschleiß eigenverstärkter Polymerwerkstoffe. Dissertation, VDI-Fortschrittsberichte Reihe 5 Nr. 220, VDI-Verlag, Düsseldorf.

[34] Gitter, J. (1975): Untersuchung selbstschmierender Gleitlagerwerkstoffe. Dissertation, TU Dresden.

[35]   Polzer, G.; Meissner, F. (1978): Grundlagen zu Reibung und Verschleiß. VEB Deutscher Verlag für Grundstoffindustrie, Leipzig.

[36]   Godet, M. (1984): The third-body approach: A mechanical view of wear. In: Wear 100, S. 437–452. https://doi.org/10.1016/0043-1648(84)90025-5.

[37]   Heinz, R. (1988): Bedeutung von Prüfmethoden für die Auslegung verschleißbeanspruchter Bauteile. In: Materialwissenschaft und Werkstofftechnik 19, S. 289–294.

[38]   DIN ISO 7148-2:2001-03 (1999): Gleitlager – Prüfung des tribologischen Verhaltens von Gleitlagerwerkstoffen – Teil 2: Prüfung von polymeren Gleitlagerwerkstoffen (ISO 7148-2:1999).

[39]   Produktinformationen (o. J.): Plint Tribology Products, Phoenix Tribology Ltd, Woodham House, Whitway, Newbury, RG20 9LF, England.

[40]   Produktinformationen (o. J.): Dr. Tillwich GmbH, Murber Steige 26, 72160 Horb-Ahldorf.

[41]   Produktinformationen (o. J.): Dr.-Ing. Georg Wazau Mess- und Prüfsysteme GmbH, Keplerstraße 12, 10589 Berlin.

[42]   Hufenbach, W.; Kunze, K. (1998): Tribologische Kenngrößen in kurzer Zeit ermitteln. In: Industrieanzeiger 38, S. 60–61.

[43]   Hufenbach, W.; Kunze, K. (1997): Multifunktionale Prüftechnik zur Bestimmung des Reibungs- und Verschleißverhaltens von Tribowerkstoffen und Funktionselementen. In: Tagungsunterlagen VDI-Werkstofftag, Neu-Ulm.

[44]   Erhard, G.; Strickle, E. (1985): Maschinenelemente aus thermoplastischen Kunststoffen. VDI – Verlag GmbH, Düsseldorf.

[45]   Platonov, V. F. (1960): Zur Berechnung von Plastgleitlagern. In: Automobilnaja Promyslennost 7, S. 24–27.

[46]   Kunze, S. (2006): Entwicklung von Software zur Auswertung tribologischer Standardversuche und deren Aufbereitung. Großer Beleg, TU Dresden.

[47]   Hufenbach, W.; Ochmann, H.; Kunze, K. (1999): Multifunktionaler Prüfkomplex zur Bewertung von Dichtungen und Dichtungswerkstoffen. In: 11. Internationale Dichtungstagung, Dresden. S. 507–516.

[48]   Kunze, S. (2008): Hochtemperaturbeständige Gleitlagerwerkstoffe – Vergleichende Untersuchungen zu Werkstoffkennwerten und tribologischen Eigenschaften. Diplomarbeit, TU Dresden.

[49]   Faigle, H. (1992): Grundzüge der Tribologie von Polymeren. In: Vortragsunterlagen des Symposiums „Polymere in Tribosystemen" der Österreichischen Tribologischen Gesellschaft, Wien. S. 19–35.

[50]   Kunze, K. (1983): Beitrag zum Reibungs- und Verschleißverhalten modifizierter Thermoplaste für wartungsfreie Gleitlager sowie zu deren Gestaltung und Dimensionierung. Dissertation, TU Dresden.

[51]   Firmenschrift der Licharz GmbH (o. J.): Konstruieren mit technischen Kunststoffen.

[52]   Bongardt, P. (2005): Wirkung von Additiven und Füllstoffen in Gleitwerkstoffen. In: Ehrenstein, G. W; Künkel, R. (Hrsg.), Maschinenelemente aus Kunststoffen – Mikrogetriebe, Zahnräder und Gleitlager, S. 111–152. Springer-VDI-Verlag, Düsseldorf.

[53]   Bahadur, S. (2000): The development of transfer layers and their role in polymer tribology. In: Wear 245(1-2), S. 92–99. doi:10.1016/S0043-1648(00)00469-5.

[54]   Bahadur, S.; Gong, D.; Anderegg, J. W. (1993): The investigation of the action of fillers by XPS studies of the transfer films of PEEK and its composites containing CuS and CuF_2. In: Wear 160(1), S. 131–138. doi:10.1016/0043-1648(93)90414-H.

[55]   Bahadur, S.; Sunkara, C. (2005): Effect of transfer film structure, composition and bonding on the tribological behavior of polyphenylene sulfide filled with nano particles of TiO_2, ZnO, CuO and SiC. In: Wear 258(9), S. 1411–1421. doi:10.1016/j.wear.2004.08.009.

[56] Pooley, C. M.; Tabor, D. (1972): Transfer of PTFE and related polymers in a sliding experiment. In: Nature-Physical Science 237, S. 88–98.

[57] Smurugov, V. A.; Senatrev, A. I.; Savkin, V. G.; Biran, V. V.; Sviridyonok, A. I. (1992): On PTFE transfer and thermoactivation mechanism of wear. In: Wear 158(1-2), S. 61–69. doi:10.1016/0043-1648(92)90030-C.

[58] Wang, Y.; Yan, F. (2006): Tribological properties of transfer films of PTFE-based composites. In: Wear 261(11-12), S. 1359–1366. doi:10.1016/j.wear.2006.03.050.

[59] Blanchet, T. A.; Kennedy, F. E.; Jayne, D. T. (1993): XPS Analysis of the Effect of Fillers on PTFE Transfer Film Development in Sliding Contacts. In: Tribology Transactions 36(4), S. 535–544. doi:10.1080/10402009308983193.

[60] Winkler, H. (1992): Inkorporierte und traditionelle Schmierung hochbelasteter Kunststoffteile. In: Vortragsunterlagen des Symposiums „Polymere in Tribosystemen" der Österreichischen Tribologischen Gesellschaft, Wien. S. 71–83.

[61] Bahadur, S.; Tabor, D. (1984): The wear of filled polytetrafluoroethylene. In: Wear 98, S. 1–13. doi:10.1016/0043-1648(84)90213-8.

[62] Bahadur, S.; Gong, D. (1992): The action of fillers in the modification of the tribological behavior of polymers. In: Wear 158(1-2), S. 41–59. doi:10.1016/0043-1648(92)90029-8.

[63] Weimin, L.; Chunxiang, H.; Ling, G.; Jianmin, W.; Hongxin, D. (1991): Study of the friction and wear properties of MoS_2-filled Nylon 6. In: Wear 151(1), S. 111–118. doi:10.1016/0043-1648(91)90350-4.

[64] Bahadur, S.; Gong, D. (1992): The role of copper compounds as fillers in the transfer and wear behavior of polyetheretherketone. In: Wear 154(1), S. 151–165. doi:10.1016/0043-1648(92)90251-3.

[65] Kolluri, D. K.; Satapathy, B. K.; Bijwe, J.; Ghosh, A. K. (2007): Analysis of load and temperature dependence of tribo-performance of graphite filled phenolic composites. In: Materials Science and Engineering: A 456(1-2), S. 162–169. doi:10.1016/j.msea.2006.12.027.

[66] Kolluri, D. K.; Boidin, X.; Desplanques, Y.; Degallaix, G.; Ghosh, A. K.; Kumar, M.; Bijwe, J. (2010): Effect of Natural Graphite Particle size in friction materials on thermal localisation phenomenon during stop-braking. In: Wear 268(11-12), S. 1472–1482. doi:10.1016/j.wear.2010.02.024.

[67] Aranganathan, N.; Bijwe, J. (2015): Special grade of graphite in NAO friction materials for possible replacement of copper. In: Wear 330-331, S. 515–523. doi:10.1016/j.wear.2014.12.037.

[68] Kunze, K.; Bauer, M.; Hufenbach, W.; Landeck, S. (2007): Saving Energy by High Performance Composites using Nanotechnology. In: Chemical Nanotechnology, S. 12. Talks VIII, Frankfurt/Main. Book of Abstracts.

[69] DIN CEN ISO/TS 27687 (2008): Nanotechnologien – Terminologie und Begriffe für Nanoobjekte – Nanopartikel, Nanofaser und Nanoplättchen.

[70] Walter, R.; Knör, N.; Haupert, F.; Burkhardt, T. (2009): Struktur-Eigenschaftsbeziehungen von nanopartikelverstärkten thermoplastischen Tribowerkstoffen. In: GfT-Tribologie-Fachtagung, Göttingen. ISBN 978-3-00-028824-1.

[71] Rong, M. Z.; Liu, H.; Zhang, M. Q.; Zeng, H.; Wetzel, B.; Friedrich, K. (2001): Microstructure and tribological behaviour of polymeric nanocomposites. In: Industrial Lubrication and Tribology 53, S. 72–77.

[72] Friedrich, K.; Schlarb, A. (2008): Tribology of Polymeric Nanocomposites. In: Briscoe, B. J. (Hrsg.), Tribology and interface engineering Series (55), Kapitel: Polymer composite bearings with engineered tribo-surfaces, S. 483–500. Elsevier.

[73] Burris, D. L. et al. (2007): Polymeric nanocomposites for tribological applications. In: Macromol. Mater. Eng. 292(4), S. 387–402.

[74]   Friedrich, K.; Chang, L.; D'Amore, A.; Acierno, D.; Grassia, L. (2010): On Sliding Wear of Nano-
       particle Modified Polymer Composites. In: V International Conference On Times Of Polymers
       (TOP) And Composites, Ischia (Italy). S. 240–242.
[75]   Xian, G.; Zhang, Z.; Friedrich, K. (2006): Tribological properties of micro- and nanopar-
       ticles-filled poly(etherimide) composites. In: J. Appl. Polym. Sci. 101(3), S. 1678–1686.
       doi:10.1002/app.22578.
[76]   Bijwe, J.; Dureja, N., A; Majumdar, N.; Satapathy, B. K. (2005): Influence of modified phenolic
       resins on the fade and recovery behavior of friction materials. In: Wear 259(7-12), S. 1068–
       1078. doi:10.1016/j.wear.2005.01.011.
[77]   Bijwe, J.; Aranganathan, N.; Sharma, S.; Dureja, N.; Kumar, R. (2012): Nano-abrasives
       in friction materials-influence on tribological properties. In: Wear 296(1-2), S. 693–701.
       doi:10.1016/j.wear.2012.07.023.
[78]   Chang, L.; Zhang, Z.; Ye, L.; Friedrich, K. (2007): Tribological properties of epoxy nanocompo-
       sites. In: Wear 262(5-6), S. 699–706. doi:10.1016/j.wear.2006.08.002.
[79]   Blanchet, T. A.; Kennedy, F. E. (1992): Sliding wear mechanism of polytetrafluoroethylene
       (PTFE) and PTFE composites. In: Wear 153(1), S. 229–243.
       doi:10.1016/0043-1648(92)90271-9.
[80]   Schierholz, K. (1999): Thermisches Verhalten von strahlenchemisch funktionalisierten Poly-
       tetrafluorethylen. Dissertation, TU Dresden.
[81]   Blanchet, T. A.; Peng, Y. L. (1996): Wear-resistant polytetrafluoroethylene via electron irradia-
       tion. In: Lubrication Engineering 52, S. 489–495.
[82]   Lehmann, D.; Hupfer, B.; Geissler, U.; Lappan, U.; Reinhardt, G.; Kunze, K. (2005): Ver-
       fahren zum Recycling von glasfaserverstärktem Polytetrafluorethylen (PTFE/GF) zu
       PTFE/GF-Polymer-Compounds und deren Anwendung. Deutsche Patentanmeldung DE 103
       26 058 B4 2005.11.17 (IPC C 08J 11/10) vom 17.11.2005.
[83]   Klüpfel, B.; Lehmann, D.; Heinrich, G.; Linhart, C.; Haberstroh, E.; Hufenbach, W.; Kunze, K.;
       Dallner, C.; Künkel, R.; Ehrenstein, G. W. (2005): Kopplung von PTFE und Kautschuk – Eine
       neue elastomere Werkstoffklasse. In: Kautschuk Gummi Kunststoffe 5, S. 226–229.
[84]   Geissler, U.; Kunze, K.; Kretzschmar, B.; Lunkwitz, K. (2000): Gleitlagerwerkstoffe auf der
       Basis von POM/PTFE-Compounds. In: Tribologie und Schmierungstechnik 47, S. 48–50.
[85]   Franke, R.; Lehmann, D.; Kunze, K. (2007): Tribological behaviour of new chemically bonded
       PTFE polyamide compounds. In: Wear 262, S. 242–252.
[86]   Lehmann, D.; Staudinger, U.; Hupfer, B.; Janke, A.; Kunze, K.; Franke, R.; Haase, I. (2005):
       Einflüsse von Verarbeitung und Feuchtegehalt auf die tribologischen Eigenschaften von
       chemisch gekoppelten PTFE-PA-6.6-Materialien. In: Tribologie und Schmierungstechnik 52,
       S. 13–18.
[87]   Lehmann, D.; Lehmann, S.; Langkamp, A.: Kunze, K.; Hufenbach, W. (2005): Chemisch ge-
       koppelte PTFE-Hochleistungspolymere. In: GfT-Tribologie-Fachtagung, Göttingen. ISBN 3-00-
       017102-9.
[88]   Klüpfel, B.; Lehmann, D. (2006): Functionalization of irradiated PTFE micropowder with me-
       thacryl- or hydroxy groups for chemical coupling of PTFE with different matrix polymers. In:
       J. Appl. Polym. Sci. 101(5), S. 2819–2824. doi:10.1002/app.22885.
[89]   Hufenbach, W.; Kunze, K.; Jaschinski, J. (2002): Lagerwerkstoffe auf der Basis von Polyure-
       than/PTFE-Verbunden für Gleitpartner aus Aluminium. In: PU Magazin 02, S. 246–249.
[90]   Franke, R.; Lehmann, D.; Kunze, K. (2002): Neue PTFE-Polyamid-Materialien für verschleißar-
       me, wartungsfreie Gleitlager – Teil 2: Tribologie der Polyamide. In: Bartz, Wilfried J. (Hrsg.),
       Lubricants, materials and lubrication engineering. 13th International Colloquium Tribology.
       Ostfildern.

[91] Gedan-Smolka, M.; Lehmann, D.; Marschner, A.; Kunze, K.; Franke, R.; Haase, I. (2011): Chemisch kompatibilisierte PAI-PTFE- cg-Gleitlacke. In: GfT-Tribologie-Fach-tagung, Göttingen.

[92] Hupfer, B.; Lehmann, D.; Reinhard, G.; Lappan, U.; Geißler, U.; Lunkwitz, K.; Kunze, K. (2001): PTFE Polyamide Compounds. In: Kunststoffe plast europe 91, S. 50–52.

[93] Kunze, K.; Lehmann, D.; Marks, H.; Taeger, A.; Hufenbach, W.; Heinrich, G. (2010): Herstellung, Aufbau und tribomechanische Eigenschaften von chemisch gekoppelten/kompatibilisierten HPP+PTFE-Compounds (mit den Hochleistungspolymeren PPS, PSU und PEEK) sowie von Polyamid+PTFE-Compounds. In: GfT-Tribologie-Fach-tagung, Göttingen.

[94] Lehmann, D.; Kunze, K.; Langner, C. (2010): Chemisch gekoppelte/kompatibilisierte ABS-PTFE-Materialien- mechanische und tribologische Eigenschaften. In: Bartz, Wilfried J. (Hrsg.), Solving friction and wear problems, Ostfildern.

[95] Lehmann, D.; Kunze, K.; Steiniger, C. (2009): Chemisch gekoppelte/kompatibilisierte PBT/PTFE-Materialien – mechanische und tribologische Eigenschaften. In: GfT-Tribologie-Fachtagung, Göttingen.

[96] Taeger, A.; Lehmann, D.; Marks, H.; Kunze, K. (2011): Vergleich modifizierter PTFE- und PTFE-Rezyklat – Produkte als Festschmierstoffkomponente in Tribomaterialien. In: GfT-Tribologie-Fachtagung, Göttingen.

[97] Lehmann, D.; Hupfer, B.; Lappan, U.; Geißler, U.; Reinhardt, G.; Kunze, K. (2005): Werkstoffentwicklung aus PTFE-Glasfaser-Compound-Abfällen. In: Tribologie und Schmierungstechnik 52, S. 20–24.

[98] Becker, G. W.; Braun, D.; Bottenbruch, L. (1992): Kunststoffhandbuch, 3/2: Technische Thermoplaste. Hanser.

[99] Engelhardt, T. (2009): Entwicklung, Herstellung und Charakterisierung von Fasermaterialien auf der Basis von PEEK+PTFE-Materialien. Diplomarbeit, TU Dresden.

[100] Lehmann, D.; Haberstroh, E.; Hufenbach, W.; Ehrenstein, G. W. (2007): Chemische Kopplung polymerer Werkstoffe mit funktionalisiertem PTFE-Mikropulver bzw. mit modifiziertem Polyethylen zur Verbesserung der tribologischen Eigenschaften. In: Abschlussbericht zum einem Verbundprojekt im Rahmen der DFG-Initiative „Vom Molekül zum Material" (DFG EH 60/82–2, HA 1299/12-2, HU 403/19-3, LE 1153/6-2).

[101] Haberstroh, E.; Linhardt, C.; Lehmann, D.; Klüpfel, B.; Kunze, K. (2004): Chemical coupling of rubber polymers with modified PTFE micro powder during the rubber mixing. In: Tagungsunterlagen, ANTEC 2004, Navy Pier and Sheraton Chicago Hotel & Towers, Chicago, Illinois, USA.

[102] Greifenstein, A. (1996): Reaktive Extrusion und Aufbereitung. Maschinentechnik und Verfahren. Hanser.

[103] Lehmann, D.; Janke, A.; Lehmann, S.; Langkamp, A.; Kunze, K.; Hufenbach, W. (2006): Chemische Kopplung von PTFE mit Hochleistungspolymeren wie PEEK und PAI sowie PI. In: Tagungsunterlagen, 15th International Colloquium Tribology, Stuttgart/Ostfildern, Germany. S. 241.

[104] Davis, W. M.; Biesenberger; A., J. (1992): Reactive Extrusion (Polymer Processing Institute Series). Hanser.

[105] Häussler, L.; Pompe, G.; Lehmann, D.; Lappan, U. (2001): Fractionated crystallization in blends of functionalized poly(tetrafluoroethylene) and polyamide. In: Macromolecular Symposia 164, S. 411–419.

[106] Lehmann, D.; Kunze, K.; Langner, C. (2009): Chemisch gekoppelte/kompatibilisierte ABS-PTFE-Materialien- mechanische und tribologische Eigenschaften. In: Tagungsunterlagen 50. GfT-Tribologie-Fachtagung „Reibung, Schmierung und Verschleiß", Göttingen. ISBN 978-3-00-028824-1.

[107] Erhard, G. (1999): Konstruieren mit Kunststoffen, 2. Auflage. Hanser-Verlag. München.

[108] Staudinger, U. (2003): Untersuchung des Reibungs- und Verschleißverhaltens von chemisch gekoppelten PTFE-PA-6.6-Materialien. Diplomarbeit, TU Dresden.

[109] Keuerleber, R. (1977): Selbstschmierende Thermoplaste. In: Kunststoffe 67(6), S. 345.

[110] Hufenbach, W.; Kunze, K.; Lunkwitz, K.; Geissler, U.; Lehmann, D. (1999): Tribologisch-mechanische Eigenschaften strahlenchemisch modifizierter PA 6/PTFE-Verbunde. In: 16. Fachtagung über Verarbeitung und Anwendung von Polymeren TECHNOMER '99, Chemnitz. ISBN 3-00-04710-7.

[111] Engelhardt, T.; Marks, H.; Lehmann, D.; Hoffmann, T.; Taeger, A.; Kunze, K. (2015): Chemisch modifiziertes PTFE – ein Werkstoff mit einzigartigen Möglichkeiten. In: SKZ Fachtagung „Innovationen mit Fluorpolymeren", Würzburg.

[112] Lunkwitz, K.; Lappan, U.; Lehmann, D. (2000): Modifikation of fluorpolymers by means of elektron beam. In: Radiation Physics and Chemistry 57, S. 373–376.

[113] Franke, R.; Kähling, J.; Scholz, H. (1986): Reibungs- und Verschleißuntersuchungen nach dem Laststeigerungsverfahren mittels einer neu konstruierten Prüfmaschine. In: IFL-Mitteilungen 25, S. 67–70.

[114] Murrenhoff, H. (2010): Umweltverträgliche Tribosysteme. Springer-Verlag, Berlin, Heidelberg. ISBN 978-3-642-04996-5. doi:10.1007/978-3-642-04997-2.

[115] ASTM G77-98 (2010): Standard Test Method for Ranking Resistance of Materials to Sliding Wear Using Block-on-Ring Wear Test. American Society for Testing Materials (ASTM International). West Conshohocken, PA, USA.

[116] ASTM G99-17 (2017): Standard Test Method for Wear Testing with a Pin-on-Disk Apparatus. ASTM International, West Conshohocken, PA, USA.

3 Grundlagen der Tribologie polymerbasierter Faserverbunde

3.1 Polymerbasierte Faserverbundwerkstoffe (Grundlagen)

3.1.1 Einführung/Motivation

Das Potenzial endlosfaser- und speziell textilverstärkter Polymerverbundwerkstoffe ist gekennzeichnet durch die Möglichkeit, mithilfe einer anwendungsorientierten Auswahl von Faser- und Matrixwerkstoffen sowie einer gezielten Gestaltung der Faserarchitektur ein ganz spezielles einsatzspezifisches Eigenschaftsprofil dieser Verbunde zu schaffen. Im Mittelpunkt dieser Entwicklungen steht dabei die Anpassung der im Kapitel 1 beschriebenen kunststoffspezifischen Eigenschaften, wie der Viskoelastizität oder der, im Vergleich zu Metallen, vergleichsweise niedrigen mechanischen Kennwerte an die dem Werkstoff aufgeprägten äußeren Beanspruchungen. So konnten sich bereits für eine Vielzahl von Anwendungen aus den verschiedensten technischen Bereichen textilverstärkte polymerbasierte Verbundwerkstoffe erfolgreich etablieren. Besonders in den Bereichen Luft- und Raumfahrt sowie in der Fahrzeugtechnik hat diesbezüglich in den letzten Jahren eine rasante Entwicklung stattgefunden.

Im Unterschied zu den isotropen Werkstoffen, etwa den Metallen, weisen faserverstärkte Verbundwerkstoffe eine ausgeprägte Materialanisotropie auf, die einerseits bei der Auslegung entsprechender FVW-Strukturen zu berücksichtigen ist und die andererseits gezielt in den Konstruktionsprozess implementiert werden kann. Die Aufgabe des Konstrukteurs, der mit diesen Werkstoffen arbeitet, besteht daher sowohl darin, das zu entwickelnde Bauteil zu konzipieren als auch in der beanspruchungsgerechten Konstruktion des zu verwendenden Werkstoffes selbst. Die Eigenschaftscharakteristik dieser „Werkstoffe nach Maß" wird dabei maßgeblich durch die Art und Beschaffenheit des verwendeten Verstärkungsgerüstes bestimmt. In der Praxis kommen zur Realisierung derartiger Strukturen hauptsächlich zugeschnittene Halbzeuge – sogenannte Preforms – aus technischen Textilien wie etwa Gelegen, Geweben, Geflechten oder Gewirken zur Anwendung. Die ur- oder umformtechnische Weiterverarbeitung dieser Preforms zu hoch beanspruchbaren Leichtbaustrukturen erfolgt in der Regel durch Laminier- oder Tränkprozesse bzw. mithilfe von Press- oder Autoklavtechnologien.

Diese werkstofftechnischen und technologischen Voraussetzungen eröffnen auch die Möglichkeit neben der Optimierung von Festigkeits- und Steifigkeitskennwerten weitere, für die Erfüllung spezieller Funktionen notwendige Komponenten in die FVW-Strukturen bereits im Zuge des Verarbeitungsprozesses zu implementieren. Für diese Form der Bauteilentwicklung hat sich in der Praxis der Begriff des „funktionsintegrativen Leichtbaus" etabliert. Neben der bereits in der Technik eingeführten

https://doi.org/10.1515/9783110746280-004

Integration elektrisch-elektronischer Zusatzfunktionen werden FVW-Bauteile zumindest punktuell auch tribologischen Beanspruchungen ausgesetzt. Im klassischen Konstruktionsprozess kommen zur Problemlösung meist handelsübliche separate Bauelemente wie Lager oder Führungen zum Einsatz. Das Ziel derzeitiger Entwicklungen besteht nun darin, tribologisch hoch beanspruchbare Bereiche in entsprechende FVW-Strukturen zu integrieren, die dann in der Praxis die Lagerungs- oder Führungsfunktionen übernehmen sollen, sodass auf eine Nachrüstung mit Maschinenelementen verzichtet werden kann.

Die Grundlage für eine erfolgreiche Entwicklung dieser speziell zugeschnittenen Werkstoffe besteht darin, dass – aufbauend auf der Kenntnis der mechanischen Eigenschaften und des Reibungs- und Verschleißverhaltens polymerbasierter Faserverbunde – einerseits die Verbundkomponenten und andererseits die Gegenkörper in Hinsicht auf eine hohe Funktionalität des tribologischen Systems (Kapitel 2) abgestimmt bzw. optimiert werden.

In diesem Zusammenhang werden im Folgenden die Grundlagen zu Beschreibung des mechanischen Werkstoffveraltens von polymerbasierten FVW (Stand der Technik) und das tribologische Verhalten dieser Werkstoffe knapp dargelegt.

3.1.2 Grundlagen zur Beschreibung polymerbasierter Faserverbundstrukturen

Grundsätzlich bestehen polymerbasierte Faserverbundwerkstoffe aus einer Kunststoffmatrix, die in der Praxis auch in modifizierter Form zur Anwendung kommt, und der Faserverstärkung, wofür in der Regel Kurz-, Lang- oder Endlosfasern in textiler Form Verwendung finden. Die Faserformen können wie folgt charakterisiert werden:

3.1.2.1 Kurzfasern
Hierbei handelt es sich um kurze Fasern, die für die Herstellung von Matten und Pressmassen oder zur Verstärkung von thermoplastischen Kunststoffen, die in der Regel im Spritzgießverfahren verarbeitet werden. Dabei können Kurzfasern verschiedene Längen besitzen:
- Faserflocken: 0,03–0,3 mm;
- Kurzfasern: etwa 5 mm;
- Lange Kurzfasern: bis 50 mm.

3.1.2.2 Herstellung von kurzfaserverstärkten Thermoplasten für die Spritzgussverarbeitung
Die Herstellung von kurzglasfaserverstärkten Thermoplasten erfolgt meist mithilfe eines Extrusionsprozesses. Dabei wird die Matrix im ersten Segment des Doppelschneckenextruders aufgeschmolzen und anschließend wird das Glas in Form von *Rovings* (Abschnitt 3.1.7.3) direkt in den Extruder eingezogen und durch die wirkenden

Scherkräfte in Kurzfasern zerbrochen[1]. Im hinteren Teil des Extruders wird die modifizierten Schmelze homogenisiert. Anschließend wird die Polymerschmelze durch eine Strangdüse gedrückt und der Strang in einem Wasserbad gekühlt. Die abschließende Herstellung von spritzgussfähigen Granulaten erfolgt mittels eines Stranggranulators. Der Faseranteil im Verbund wird dabei von der Anzahl der verwendeten Rovingstränge und der Drehzahl der Extruderschnecken bestimmt.

Komplizierter ist die Herstellung und Verarbeitung kurzfaserverstärkter Kohlenstofffaserverbunde. Bei einer klassischen Granulatherstellung mithilfe eines Extruderprozesses werden die empfindlichen Kohlenstofffasern (Abschnitt 3.1.3.2) stark geschädigt und zerbrechen zu sehr kurzen Fasersegmenten, deren Wirksamkeit im Verbund mäßig bis schlecht ist. Weiterhin werden die C-Fasern zusätzlich durch die Scherung bei der Homogenisierung der Schmelzen in den Spritzgießmaschinen geschädigt. Die Fertigung und Verarbeitung hochwertiger thermoplastbasierter C-Kurzfaser-Verbunde stellt somit eine hohe technologische Herausforderung dar. Aus diesem Grund haben derartige, auch sehr teure, Werkstoffe im Vergleich zu den glasfaserbasierten Verbunden nur wenige Anwendungen in der Praxis gefunden.

3.1.2.3 Endlosfasern

Eine bestimmte Anzahl von Endlosfasern (Einzelfilamenten) wird parallel angeordnet und zu textilen Zwischenprodukten, sogenannten Rovings oder Garnen, zusammengefasst. Diese Preforms werden dann entweder zur Herstellung unidirektional verstärkter Profile verwendet oder zu flächigen Halbzeugen wie Geweben, Gestricke, Multiaxialgeweben oder anderen Textilien weiterverarbeitet (Abschnitt 3.1.7.4).

Die Einlagerung von Fasern in verschiedene Matrizes[2] erlaubt es, durch Einflussnahme auf Art, Anteil und Orientierung der Fasern die Eigenschaften des Verbundes gezielt einzustellen. Somit gelingt es, die Vorzüge der eingebetteten Fasern wie hohe Steifigkeit und hohe Festigkeit mit den Vorzügen der Grundwerkstoffe zu verbinden und durch gegenseitige Wechselwirkungen der Verbundkomponenten bessere Verbundeigenschaften zu erzielen als die, durch die sich die jeweiligen Einzelkomponenten auszeichnen. So ist es möglich, dass damit Eigenschaften wie eine hohe Schadenstoleranz, hohe spezifische Festigkeiten und Steifigkeiten (Leichtbaueffekt) sowie ausgezeichnete Ermüdungseigenschaften erzielt werden, die mit monolithischen Werkstoffen nicht realisierbar sind.

Allerdings gelten folgende Voraussetzungen für die Wirksamkeit von faserförmigen Verstärkungen:

---

1 Eine weitere Möglichkeit der Herstellung von kurzfaserverstärkten Thermoplastcompounds mittels eines Extruderprozesses besteht in der Einarbeitung von Schnittglas.
2 Neben den polymerbasierten Faserverbunden „PMC" sind in der Technik auch Faserverbundwerkstoffe mit Metallmatrix „MMC" sowie Faserverbundwerkstoffe mit Keramikmatrix „CMC" im Einsatz. Auf diese Materialien wird hier nicht eingegangen.

- Die Verstärkungsfasern besitzen eine höhere Festigkeit als der Grundwerkstoff.
- Die Verstärkungsfasern haben eine höhere Steifigkeit als das Matrixmaterial.
- Die Matrix soll nicht vor den Fasern brechen.

Dabei hat die Kunststoffmatrix im Verbund folgende Aufgaben zu übernehmen:
- Fixierung der Fasern in der gewünschten Anordnung;
- Stützung der Fasern gegen Knicken bei Druckbelastung;
- Energieaufnahme bei Schlag und Bruch;
- Übertragung der Kräfte auf die Fasern (Krafteinleitung in die Faser über Schubspannungen in der Grenzfläche zwischen Faser und Matrix).

Je nach Anordnung der Fasern in der Kunststoffmatrix besitzen die Verbundwerkstoffe folgende isotrope oder anisotrope Eigenschaften:
- Ist die Orientierung der Fasern in allen Raumrichtungen statistisch gleich verteilt, was theoretisch nur mit Kurzfasern[3] ($l = 0,2 \ldots 0,4$ mm) zu realisieren ist, so führt das zur Isotropie, was bedeutet, dass der Verbundwerkstoff in allen Raumrichtungen die gleichen Eigenschaften besitzt.
- Sind alle Fasern in einer Richtung orientiert, so spricht man von einem unidirektionalen Verbund. In diesem Fall ist eine starke Anisotropie der Verbundeigenschaften zu verzeichnen. Es existiert also eine starke Richtungsabhängigkeit der Eigenschaften, wobei die besten Festigkeits- und Steifigkeitswerte in Faserrichtung auftreten. (Das gilt auch für flächige und dreidimensional verstärkte Endlosfaserverbunde.)

3.1.3 Faserwerkstoffe

Die in der Praxis verwendeten Fasermaterialien unterscheiden sich im chemischen Aufbau, der Struktur und der Stärke der Fasern. In der Praxis kommen Glas-, Kohlenstoff- und Aramidfasern mit Abstand am häufigsten zum Einsatz[4]. In den folgenden Abschnitten werden die wesentlichsten Informationen zu diesen Faserwerkstoffen zusammengefasst.

3.1.3.1 Glasfasern

Im Vergleich zu den anderen Faserarten haben die Glasfasern zur Verstärkung von Kunststoffen die bisher weiteste Verbreitung gefunden. Das gilt insbesondere für Fa-

---

3 Polymerbasierte Kurzfaserverbunde, die in der Regel im Spritzgussverfahren verarbeitet werden, sind Stand der Technik. Deshalb wird auch auf diese Materialien wird hier nicht explizit eingegangen.
4 In der Praxis kommen auch weitere Fasertypen basierend z. B. auf Polymeren (Polyamid, Polyester), Metallen (Stahl), Gesteinen (Basalt), aber auch zunehmend Naturfasern, etwa auf der Basis von Hanf, zum Einsatz.

sermaterialien aus dem sogenannten E-Glas[5], einem Material, das sich durch ein sehr gutes Preis-Leistungs-Verhältnis und Marktanteil von ca. 90 % auszeichnet. Der Glasfaserwerkstoff (Abbildung 3.1b) zeichnet sich durch die Struktur einer stark unterkühlten Flüssigkeit aus und besitzt daher eine amorphe Struktur (Abbildung 3.1a). Deshalb haben Glasfasern nahezu isotope mechanische Eigenschaften.

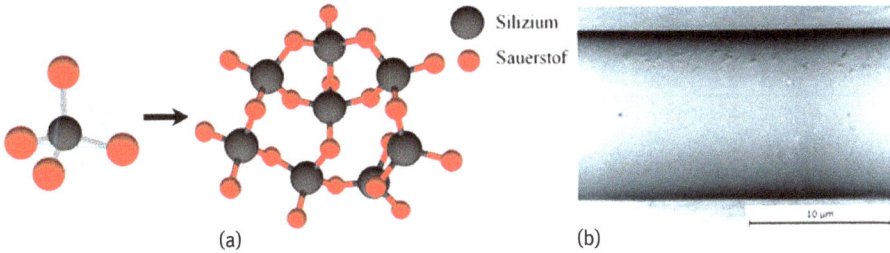

Silizium
Sauerstof

(a)   (b)

Abb. 3.1: (a) SiO_4-Quarz-Tetraeder und 3-D-Darstellung der Struktur des SiO_4-Netzwerkes von E-Glas[6] sowie (b) eine REM-Aufnahme der Oberfläche eines Glasfasereinzelfilaments von 2400 tex [1]

Während sich der Elastizitätsmodul von Glasfasern nur wenig von dem eines festen Körpers aus Glas unterscheidet, ist die Festigkeit deutlich höher als die eines Kompaktkörpers und je dünner die Faser ist, umso größer ist deren Festigkeit. Dieses Phänomen beruht auf dem sogenannten Größeneffekt (2. Paradoxon der Faserform; Abschnitt 3.1.5.2). Im Gegensatz zu den Polymerwerkstoffen verhalten sich Glasfasern bis zum Bruch ideal linear elastisch. Dazu sind in der Tabelle 3.1 die wesentlichsten Kennwerte von E-Glasfasern dargestellt.

Die Herstellung der Glasfasern erfolgt mittels verschiedener Schmelzspinnverfahren. Dazu gehören das Stab- und Düsenziehverfahren sowie die Herstellung durch Düsenblasen. Die verbreitetste Art der Faserherstellung für die Kunststoffverstärkung ist das Düsenziehverfahren, bei dem die homogenisierte, etwa 1300 °C heiße Glasschmelze unter Wirkung der Schwerkraft durch eine Vielzahl von Düsenöffnungen einer Spinnplatte fließt, wodurch es möglich ist, quasi unendlich lange Elementarfilamente herzustellen[7].

---

5 Ursprünglich kamen Glasfasern vor allem in der Elektroindustrie zum Einsatz. Daher stammt der Begriff E-Glas (Elektroglas). Es gibt noch Fasern aus weiteren Glaswerkstoffen, wie z. B. C-Glas (erhöhte chemische Widerstandsfähigkeit) oder R- bzw. S-Glas (für erhöhte mechanische Anforderungen).

6 Diese Darstellung zeigt eine idealisierte Struktur, denn zu einer gezielten Eigenschaftseinstellung werden der Quarzschmelze in der Praxis spezielle Modifikatoren wie Kaolin, Kalkstein und Borsäure zugesetzt. Weiterhin enthält E-Glas unterschiedliche Mengen von Metalloxiden. Diese Zusätze beeinflussen selbstverständlich die Werkstoffstruktur in der Form, dass diese unregelmäßig ausgebildet ist.

7 Die amorphen Glas- aber auch Basaltfasern, die direkt aus der Schmelze gefertigt werden, sind dadurch gekennzeichnet, dass an ihre Oberflächen während des Abkühlens Druckeigenspannungen entstehen, welche die die Festigkeit der Faser dadurch erhöhen, dass sie Anrisse der Faser vorbeugen.

Tab. 3.1: Kennwerte von E-Glasfasern [1]

Kenngröße	Einheit	E-Glasfasern
Dichte	g/cm^3	2,45–2,6
E-Modul	GPa	73–74
Zugfestigkeit	MPa	2400
Bruchdehnung	%	3,5–4
Thermischer Ausdehnungskoeffizient	$10^{-6}K^{-1}$	5
Filamentdurchmesser	µm	10–14
Wärmeleitfähigkeit	W/mK	0,6–0,99

3.1.3.2 Kohlenstofffasern

Kohlenstofffasern gehören zu den organischen Werkstoffen. Die für die Verstärkung von Kunststoffen relevanten Kohlenstofffasern werden industriell entweder aus Polyacrylnitril (PAN) Precursoren oder aus Pech hergestellt, wobei die PAN-basierten Fasern mit gezielt eingestellten anisotropen Eigenschaften die größte technische Bedeutung erlangt haben.

Nach der Verstreckung der PAN-Ausgangsfilamente ist der Faserwerkstoff stark orientiert und wird anschließend grafitiert. Je nach der Art der Temperaturbehandlung erhöht sich der Grafitanteil. Auch die Orientierung der Grafitstruktur wird verstärkt. Die Tabelle 3.2 zeigt dazu das Schema des aufwendigen Herstellungsprozesses von Kohlenstofffasern aus PAN-Filamenten.

Die derart hergestellten technischen Kohlenstofffasern bestehen zu über 95 % aus grafitartig strukturiertem Kohlenstoff und haben ausgeprägte anisotrope Eigenschaften. Diese sind auf die molekulare Struktur der PAN- Precursoren zurückzuführen (Abbildung 3.2).

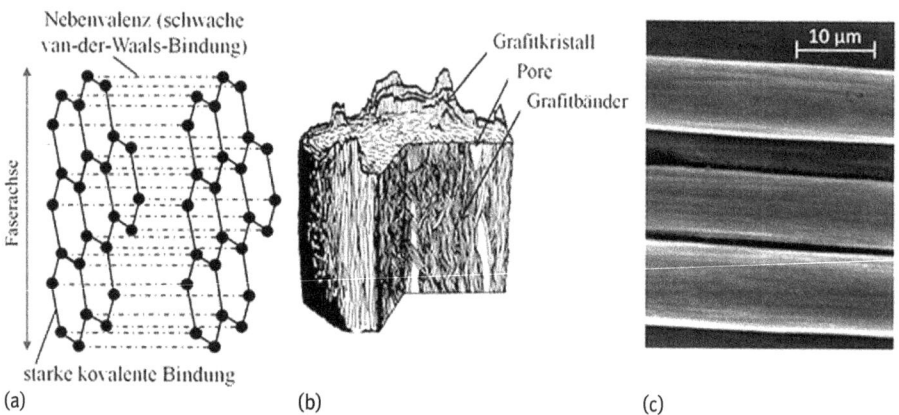

Abb. 3.2: (a) Modelldarstellungen einer PAN-basierten Kohlenstofffaser (idealisierte Grafitstruktur) nach [2], (b) ein 3-D-Modell der Struktur einer Kohlenstofffaser [3, 4] und (c) eine REM-Aufnahme von C-Faser-Filamenten [5]

Tab. 3.2: Schematische Darstellung des Herstellungsverfahrens PAN-basierter Kohlenstofffasern

Verfahrensschritt	Strukturformel	3-D-Struktur-Modell
1. PAN-Faserherstellung Herstellung von polymeren Faserhalbzeugen (Precursoren) in Form von gereckten Filamenten aus Polyacrylnitril (PAN) in einem Schmelzspinnprozess.		
2. Cyclisierung/Stabilisierung In diesem Prozess wird der Precursor unter Vorspannung bei 200–300 °C zu einem Leiterpolymer umgewandelt und cyclisiert.		
3. Dehydrierung Die so gewonnene Faser wird in einer sauerstoffhaltigen Atmosphäre unter Abspaltung von Cyanwasserstoff teilweise dehydriert und in eine unschmelzbare Polymerfaser umgewandelt.		
4. Carbonisierung/Grafitisierung Die Herstellung hochfester (HT-) Kohlenstofffasern erfolgt durch Pyrolyse unter Schutzgas bei ca. 1200–1500 °C. Die Weiterverarbeitung dieser Fasern zu hochmoduligen (HM-) C-Fasern erfolgt durch Grafitisierung bei 2000–3000 °C.		Struktursegment einer Kohlenstofffaser

Legende: ● Kohlenstoff; ● Stickstoff; ⌐ Wasserstoff

Die Struktur der Kohlenstofffasern ist dadurch geprägt, dass sich bei der Carbonisierung die Kohlenstoffketten in Form von molekularen Bändern ausbilden, die in ihrer Länge begrenzt sind und außerdem keine perfekte Grafitstruktur besitzen, sondern durch Fehler in der Gitterstruktur charakterisiert sind. Je höher die Temperaturen bei der Carbonisierung gewählt werden, umso besser sind die Bänder in Richtung der Faserorientierung ausgerichtet und umso geringer ist auch die Zahl der Gitterfehlstellen, was sich in den mechanischen Kennwerten der Fasern niederschlägt[8].

Man kann die Kohlenstofffasern in 5 Klassen einteilen. Dazu zeigt die Tabelle 3.3 eine mögliche Einteilung der Fasern in unterschiedliche Typen sowie deren Festigkeits- und Steifigkeitseigenschaften in Abhängigkeit von der Temperatur der Grafitisierung. Für die industrielle CFK-Herstellung kommen meist nur hochfeste und hoch-

---

[8] Diese für Kohlenstofffasern typische Anisotropie äußert sich vor allem darin, dass die Festigkeiten und Steifigkeiten der C-Fasern in Faserrichtung deutlich höher als quer zu ihr sind.

modulige Fasertypen zum Einsatz. Ergänzend zur Tabelle 3.3 sind in der Tabelle 3.4 weitere wesentliche Kennwerte dieser Kohlenstofffaserfasertypen dargestellt.

Tab. 3.3: Einteilung der Fasern in unterschiedliche Typen sowie deren Festigkeits- und Steifigkeitseigenschaften in Abhängigkeit von der Temperatur der Grafitisierung nach [6, 7]

Kohlenstofffasertyp	Temperatur der Grafitisierung in °C	E-Modul in kN/mm^2	Zugfestigkeit in kN/mm^2
Ultrahochmodul (UHM)-Fasern	2500–3000	> 500	ca. 2
Hochmodul (HM)-Fasern	ca. 2200	300–500	ca. 2,5
Hochfeste (HT)-Fasern	1100–1400	ca. 250	3–4,5
Niedermodul (LM)-Fasern		ca. 100	ca. 2
Intermediate-Modulus (IM)-Fasern		ca. 300	ca. 3

Tab. 3.4: Ausgewählte Eigenschaften von Kohlenstofffasern [9]

Kenngröße	Einheit	HT-Fasern	HM-Fasern
Dichte	g/mm^3	1,8	1,8
Bruchdehnung	%	1,5–1,7	1,2
Thermischer Ausdehnungskoeffizient	10^{-6}/K	−0,1	−4,1
Filamentdurchmesser	µm	ca. 6	ca. 6
Wärmeleitfähigkeit	W/mK	17	17

Das Spannungs-Dehnungs-Verhalten der Kohlenstofffilamente ist dadurch gekennzeichnet, dass dieses Verhältnis in Faserlängsrichtung ein überwiegend linear elastischen Charakter besitzt und nur in der Nähe der Bruchspannung einen progressiven Verlauf aufweist [4, 7]. Das Phänomen beruht dabei auf einer belastungsbasierten Ausrichtung der Grafitbänder [2, 3, 8]. Dagegen ist der Spannungs-Dehnungs-Verlauf quer zur Faserachse bis zum Bruch linear elastisch.

3.1.3.3 Aramidfasern

Aromatisches Polyamid (Aramid) wird vorwiegend in einer Polykondensationsreaktion aus *para*-Phenylendiamin und Terephthaloyldichlorid hergestellt und besteht aus über Amidverbindungen verknüpften Arylgruppen, konkret aus Poly-(*p*-phenylenterephthalamid) (Abbildung 3.3a). Dieser Polymerwerkstoff kommt zum großen Teil nur in Faserform zum Einsatz.

Zur Herstellung dieser Aramidfasern können herkömmliche Schmelzspinnanlagen nicht verwendet werden, da die Schmelztemperatur dieser Thermoplaste oberhalb der Zersetzungstemperatur liegen. Deshalb werden die Filamente aus einer flüssigkristallinen Lösung dieses Polymers in konzentrierter Schwefelsäure ersponnen, gesäubert und anschließend mechanisch gereckt. Dadurch erhalten die Einzelfibrillen einen hohen Orientierungsgrad und die Fasern eine sehr glatte Oberfläche (Abbildung 3.3b).

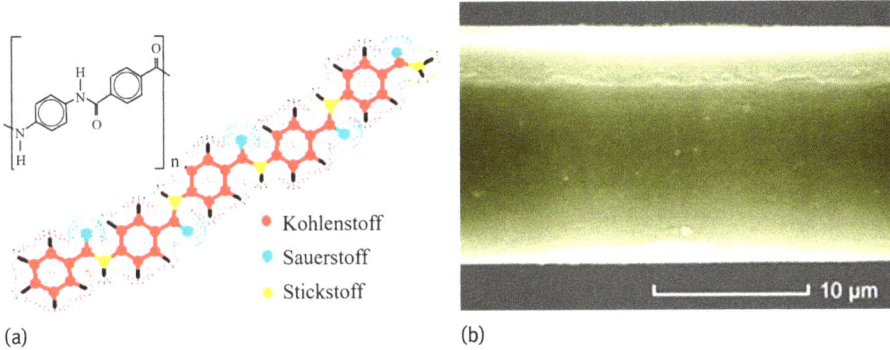

Abb. 3.3: Chemischer Aufbau von (a) aromatischem Polyamid und (b) Oberfläche eines Aramidein-zelfilaments

Aramidfasern haben einige außergewöhnliche Eigenschaften. In erster Linie sind das vor allem das große Arbeitsaufnahmevermögen, die hohen spezifischen (massebezogenen) Festigkeiten und Steifigkeiten sowie einen negativen Wärmeausdehnungskoeffizienten in Faserlängsrichtung. Generell differenziert man dabei in zwei Fasertypen (Tabelle 3.5), die sich vorwiegend durch ihre elastischen Eigenschaften (hochmodulige, HM, und niedermodulige, LM, Fasern) unterscheiden.

Hinweis: Wie alle Polyamide neigen auch Aramide zur Feuchtigkeitsaufnahme. Unter Normbedingungen (20 °C und 65 % relative Luftfeuchtigkeit) beträgt diese etwa 3,5 % und bei Wasserlagerung wird bis zu 7 % Wasser aufgenommen. Gegen die meisten Lösungsmittel sind diese Werkstoffe allerdings resistent. Angegriffen werden sie nur durch einige starke Laugen und Säuren.

Tab. 3.5: Ausgewählte Eigenschaften von Aramidfasern [10]

Kenngröße	Einheit	LM-Fasern	HM-Fasern
Dichte	g/mm^3	1,44	1,45
Zugfestigkeit	N/mm^2	2800	2900
Zug-E-Modul	kN/mm^2	59	127
Bruchdehnung	%	4	1,9
Thermischer Ausdehnungskoeffizient	10^{-6}/K	−2,3	−4,1
Zersetzungstemperatur	°C	550	550
Wärmeleitleitfähigkeit	W/mK	0,04	0,04

3.1.3.4 Weitere Verstärkungsfasern

Neben den „gängigen" Faserarten für die Herstellung von verstärkten Polymeren kommen in der Praxis für ausgewählte Anwendungen auch Faserfilamente aus anderen Werkstoffen zur Anwendung. Die Tabelle 3.6 zeigt dazu eine Auswahl weiterer Faserarten.

Tab. 3.6: Auswahl weiterer Faserarten

Faserart	Beschreibung
Keramikfasern	Keramikfasern bestehen aus Al_2O_3 bzw. einem Mischoxid aus Al_2O_3 und SiO_2, SiBCN, SiCN oder SiC. Sie sind teure Spezialfasern für Hochtemperaturanwendungen.
Borfasern	Diese teuren Fasern weisen einen hohen E-Modul und hohe Zug- und Druckfestigkeiten sowie eine geringe Scherempfindlichkeit auf. Somit ist sie der Kohlenstofffaser für Hochmodulverstärkungen überlegen.
Basaltfasern [a]	Diese preiswerten Mineralfasern werden aus einer Gesteinsschmelze gezogen und werden wegen ihrer guten chemischen und Temperaturbeständigkeiten vorwiegend im Behälter- und Fahrzeugbau verwendet.
Naturfasern	Die in der Praxis am häufigsten eingesetzten Fasern sind Holz-, Flachs- und Hanffasern sowie Jute-, Kenaf-, Ramie- oder Sisalfasern.
Polymerfasern	Polymerbasierte Fasern (PA, PET, PAN oder PE) weisen eine hohe Bruchdehnung auf und werden bevorzugt zur Verstärkung von Elastomeren oder zur Armierung von stoßbeanspruchten Bauteilen verwendet.
Stahlfasern	Stahlfilamente werden ebenfalls zur Verstärkung von Elastomeren (etwa für Reifen) und vor allem im Bauwesen zur Armierung von Beton verwendet.

[a] Die Basaltfaser besitzt im Vergleich zur Glasfaser eine um 15 % höhere Zugfestigkeit, eine höhere Druckfestigkeit (27 %) und einen größeren E-Modul (16 %). Diese Faser ist inert, ungiftig und nicht krebserregend. Weiterhin ist diese preiswerte Faser insbesondere gegen starke Säuren und Laugen sowie Lösemittel beständig und stellt somit für einige Anwendungen eine echte Alternative zur E-Glasfaser dar.

3.1.4 Faserausrüstungen und Oberflächenmodifizierungen

Um die textiltechnische Verarbeitbarkeit dieser endlosen Verstärkungsfasern zu gewährleisten, werden diese in der Regel in Form von Fasersträngen (Rovings), Garnen oder Zwirnen zusammengefasst, wobei diese unidirektionalen Gebilde aus einer Vielzahl von Einzelfilamenten bestehen. Dazu werden die Fasern direkt nach dem Spinnprozess durch Tauchen oder Sprühen mit einer Imprägnierflüssigkeit, einer sogenannten Schlichte, präpariert, die verschiedene Funktionen zu erfüllen hat. Einerseits haben diese Präparationen, für die auch der Begriff Faserausrüstungen geläufig ist, die Aufgabe, die Fasern miteinander zu verkleben und diese so widerstandsfähiger gegen mechanische und tribologische Beanspruchungen und geschmeidiger bei der Weiterverarbeitung zu machen. Andererseits sollen die Faserausrüstungen Leit- und anderen mechanische Komponenten der Verarbeitungsmaschinen (Web-, Flecht-, Wirk- oder Strickmaschinen) gegen abrasiven Verschleiß speziell durch die Glas- und Kohlenstofffasern schützen. Weiterhin werden in die Schlichte Haftvermittler und andere Hilfsmittel wie etwa Antistatika dispergiert. So soll gewährleistet werden, dass sowohl die Benetzbarkeit der Fasern durch die Matrix verbessert wird als auch dass durch eine Optimierung der Faser-Matrix-Grenzflächen gute mechanische Verbundeigenschaften und somit hohe Faserausnutzungsgrade realisiert werden.

Glasfaserverstärkungen sind in der Praxis seit Langem eingeführt und werden auch mit Abstand am häufigsten eingesetzt. So sind auch die Ausrüstungen der Glasfasern für die verschiedensten Matrixsysteme bereits ausreichend erforscht und am Markt verfügbar. Dabei hängt die Formulierung der Glasfaserschlichten selbstverständlich vom Matrixsystem ab, welches verstärkt werden soll. Für die Polyester- und Epoxidharze finden vorwiegend Amino- bzw. Epoxysilane als Haftvermittler Anwendung, die zusammen mit den anderen Zusatzstoffen bzw. Bindemitteln, wie Partikeln aus Polymeren bzw. Prepolymeren oder Polymerlösungen (Polyvinylalkohol) in Form von wässrigen Dispersionen als Schlichte eingesetzt werden.

Für die Verstärkung von Polyamiden eignen sich Polyester- und Epoxidharzschlichten und bei anderen Thermoplasten werden vorwiegend Polyurethanschlichten verwendet.

In der Regel verhindert das Wasser in der Faserausrüstung die Herstellung eines qualitativ hochwertigen Verbundes. Deshalb müssen die Faserstrukturen vor der Penetrierung mit Harzen bzw. vor der Konsolidierung getrocknet werden[9].

Der Aufbau von *Kohlenstofffasern* ist dadurch geprägt, dass durch die grafitähnliche Struktur der Fasern (Tabelle 3.2) alle Hauptvalenzen abgesättigt sind. Diese stabilen Verbindungen der Kohlenstoffatome miteinander und die Ausrichtung der oben beschriebenen Bänder in Faserrichtung bilden auch die Grundlagen für die außergewöhnlichen mechanischen Eigenschaften dieser Fasern. Quer zur Faserrichtung wirken dagegen nur Nebenvalenzen, etwa van der Waals-Kräfte (Abbildung 3.2), was einerseits die Ursache für die ausgeprägte Anisotropie der Fasereigenschaften ist und andererseits nur eine schlechte Faser-Matrix-Bindung ermöglicht. Fehlstellen in der Gitterstruktur der Fasern, die bei hochfesten C-Faser-Typen häufiger auftreten, ermöglichen zwar eine etwas bessere Bindung zur Matrix. Allerdings kann nur eine schlechte Ausnutzung der Fasereigenschaften im Verbund mit polymeren Matrixsystemen realisiert werden, was zu signifikanten Einschränkungen bei praktischen Anwendungen derartiger Werkstoffe führen kann.

Zur Verbesserung der Benetzbarkeit der Faseroberflächen einerseits und der Vergrößerung der Faser-Matrix-Bindung andererseits wurden in der Vergangenheit verschiedene Oberflächenmodifikationen und Faserausrüstungen entwickelt [11]. Bei der Modifikation der C-Faser-Oberflächen kann nach [12] zwischen oxidativen und nicht oxidativen Methoden unterschieden werden. Ein Ziel dabei ist die Applikation reaktiver Gruppen auf den Faseroberflächen, die dann chemische Bindungen mit der Matrix eingehen können. Weiterhin können auch unterschiedliche Plasmabehandlungen der Kohlenstofffaseroberflächen Anwendung finden [13]. Die Tabelle 3.7b zeigt dazu eine mikroskopische Darstellung von Kohlenstofffasern nach einer Behandlung mit einem

---

9 Bei diesen Trocknungsprozessen verbleibt in der Regel Restwasser in der Faserausrüstung, was etwa bei der Tränkung mit reaktiven Polymersystemen, z. B. mit aktivierten Lactamschmelzen (Gusspolyamiden), eine Inhibierung der Polymerisationsreaktion im Bereich der Grenzfläche zur Folge haben kann.

„kalten Plasma" [14]. Ziel dieser Modifikationen ist es, an den Faseroberflächen reaktive Gruppen, wie etwa Carboxyl- oder Carbonylgruppen, zu platzieren. Darüber hinaus wurde im Rahmen weiterer Entwicklungsarbeiten versucht, die Faseroberflächen dahin gehend zu strukturieren, dass die tatsächliche Faseroberfläche vergrößert wird.

Auch mithilfe der Nanotechnologie ist es möglich, eine Oberflächenmodifizierung zu realisieren. Um die physikalischen Haftungsmechanismen zwischen der Kunststoffmatrix und der Kohlenstofffaser zu verbessern, kann man beispielsweise Nanopartikel wie *carbon nanotubes* oder Ytterbiumfluorid (YbF$_3$) auf den Faseroberflächen abscheiden. Dazu ist in Tabelle 3.7a eine Kohlenstofffaser dargestellt, die mit YbF$_3$-Nanopartikeln partiell beschichtet ist [15].

Tab. 3.7: (a) Oberfläche einer mit YbF$_3$-Nanopartikeln beschichteten Kohlenstofffaser und (b) Oberflächen von Kohlenstofffasern nach einer Behandlung mit einem kalten Plasma [14, 15]

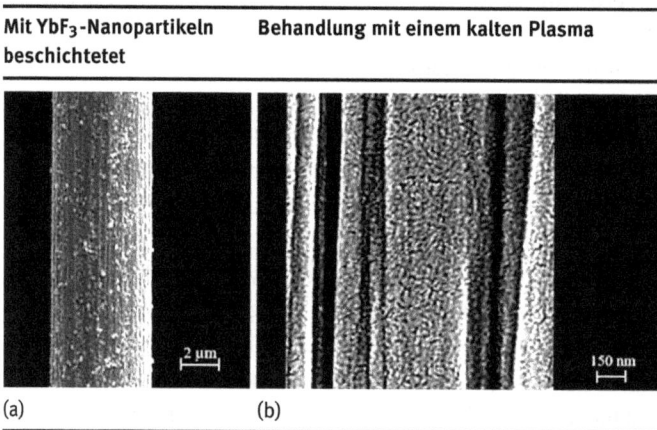

Mit YbF$_3$-Nanopartikeln beschichtetet	Behandlung mit einem kalten Plasma

(a)   (b)

Wie bei den Glasfasern ist es für eine gute Verarbeitbarkeit und optimale Verbundbildung notwendig, die C-Fasern mit einer entsprechenden Faserausrüstung auszustatten. Bedingt durch die Tatsache, dass der weitaus größte Teil der bisher für die Praxis entwickelten C-faser-verstärkten Strukturen eine Epoxidharzmatrix besitzen, sind die kommerziellen Schlichtesysteme in der Regel speziell auf diese EP-Harze zugeschnitten. Für andere Matrizes sind diese Faserausrüstungen meist nur eingeschränkt verwendbar. Deshalb ist es zur Herstellung von Verbunden mit guten Eigenschaften meist notwendig, die Garne, Rovings oder textilen Gebilde nachträglich aufwendig zu entschlichten und neu zu präparieren. Da derzeit vor allem kohlenstofffaserverstärkte Thermoplaste vermehrt auf den Markt drängen, werden von der Industrie massive Anstrengungen unternommen, geeignete Faserausrüstungen auch für diese Werkstoffe zu entwickeln.

Aramidfasern besitzen eine vergleichsweise geringe Dichte, ein hohes Arbeitsaufnahmevermögen und mit etwa 4 % eine große Bruchdehnung. Aus dieser Sicht stellen

Aramidfasern speziell für thermoplastische Kunststoffe ideale Verstärkungsmaterialien dar. Ähnlich wie bei den Kohlenstoffasern stehen derzeit allerdings für Aramidfasern noch keine geeigneten Haftvermittler zur Verfügung. Die Fasern sind lediglich mit einer Schlichte zur Verbesserung der textilen Verarbeitbarkeit ausgerüstet, die die Verbundbildung, wie schon dargelegt, in der Regel negativ beeinflusst.

Durch die chemisch inerten und glatten Faseroberflächen, die sich weiterhin durch eine niedrige Oberflächenenergie auszeichnen, und das oben erwähnte Fehlen geeigneter Faserausrüstungen, ist die Herstellung hochwertiger Verbunde extrem schwierig. Deshalb wurde in der Vergangenheit eine Vielzahl von Versuchen unternommen, Aramidfasertextilien in Hinsicht auf die Verbesserung der Faser-Matrix-Bindung nachträglich zu behandeln [16–18].

Ein Erfolg versprechender Ansatz zur Lösung dieses Problems wird in [19, 20] vorgestellt. Bei diesem Verfahren wird eine textile Preform nach entsprechenden Wasch- und Aufbereitungsvorgängen mithilfe von Dispersionen von nanoskaligen Seltenerdensalzen Ytterbiumfluorid (YbF_3) sowie Lanthanfluorid (LaF_3) in Ethanol korrosiv behandelt. Die Abbildung 3.4a zeigt dazu schematisch das Ziel dieser Oberflächenmodifikation. Einerseits sollen zur Gewährleistung chemischer Kopplungen funktionelle Gruppen auf der Faseroberfläche geschaffen werden, andererseits sollen durch oxidative und korrosive Prozesse Welligkeiten bzw. Porositäten erzeugt werden, die einen Formschluss zwischen Faser und Matrix ermöglichen. In Abbildung 3.4b ist dazu eine mit Ytterbiumfluorid modifizierte Oberfläche eines Aramidfilaments dargestellt.

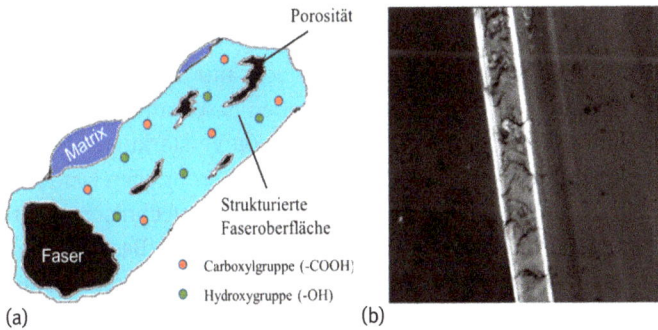

Abb. 3.4: (a) Schema einer Oberflächenstruktur [15] und (b) mikroskopische Darstellung einer mit YbF_3 modifizierten Oberfläche eines Aramidfilaments

Neben der erhöhten Faserrauheit konnten auch mithilfe der Fourier-Transform-Infrarotspektroskopie (FTIR-Spektroskopie) funktionelle Gruppen in Form von C=O und C–O–C-Verbindungen nachgewiesen werden.

Mithilfe der Oberflächenmodifizierung von Aramidfasertextilien mit nanoskaligen YbF_3-Partikeln (Teilchendurchmesser 40–80 nm) ist es möglich, ausgewählte mechanische Eigenschaften von entsprechenden Thermoplastverbunden im Durchschnitt von etwa 13,5 % bei einer Polyetherimid (PEI)-Matrix bzw. 14 % bei einer Polyamid-6-Matrix zu verbessern. In der Tabelle 3.8 sind dazu für einen PEI-Verbund ausgewählte mechanische Kennwerte dargestellt.

Tab. 3.8: Vergleich ausgewählter mechanischer Kennwerte von gewebeverstärkten Polyetherimid (PEI)-Aramidfaserverbunden mit und ohne Oberflächenbehandlung der Textilien

Oberflächenmodifizierung	E-Modul in GPa	Bruchkraft in kN	Scherfestigkeit in MPa
Unbehandeltes Gewebe	25,7	12,3	41,8
Mit YbF$_3$ modifiziertes Gewebe	31,1	13,7	45,3

3.1.5 Verstärkungswirkung der Fasern im Verbund

3.1.5.1 Faserwirkungsgrad

Bei qualitativ hochwertigen Verbunden mit optimalen Faser-Matrix-Bindungen ist der Mechanismus des Bruchversagens dadurch gekennzeichnet, dass beim Bruch eines Einzelfilaments die Beanspruchung durch das Wirken von Schubspannungen an die benachbarten Fasern übertragen wird. Dadurch kann die Beanspruchung zusätzlich von diesen Fasern mit aufgenommen werden. Das bedeutet, dass die gebrochene Faser ihr Tragvermögen nicht vollständig verliert, sondern dass die Lastaufnahme dieses Filaments nur im Bereich eines kleinen Teils ihrer Länge ausfällt. Inwieweit dieser Mechanismus optimal funktioniert, ist von der Wirkung der Grenzflächen, also von der Faser-Matrix-Haftung, abhängig. Ist diese Haftung nicht oder nur unzureichend gewährleistet, kann die Beanspruchung von einer gebrochenen Faser auf die Nachbarfasern nicht wirkungsvoll übertragen werden. Die Wirkung von Verstärkungsfasen in einem Verbund kann z. B. durch einen globalen Wirkungsgrad beschrieben werden.

Im Allgemeinen beschreibt ein Wirkungsgrad die Effizienz einer technischen Entwicklung, Einrichtung oder Anlage. Problemspezifisch werden für die Beschreibung derartiger Fragen weitere Bezeichnungen wie beispielsweise Nutzungsgrad oder Ausnutzungsgrad genutzt. Hier wird in diesem Zusammenhang der Begriff des Faserwirkungsgrades verwendet.

Im Fall einer Zugbeanspruchung eines unidirektional verstärken Endlosfaserverbundes in Faserrichtung kann man Faserwirkungsgrade η_c (3.1) als Quotienten aus den gemessenen und den mithilfe der einfachen Mischungsregel für in (3.2) bzw. (3.3) berechneten Verbundsteifigkeiten bzw. -festigkeiten unter folgenden Voraussetzungen definieren:
- Die Fasern sind endlos, gerade und parallel zueinander.
- Faser und Matrix verformen sich rein elastisch und sind bis zum Bruch fest miteinander verbunden.
- Die Beanspruchung wirkt kurzzeitig.

Weiterhin ist es auch üblich, einen Faserwirkungsgrad dahin gehend festzulegen, dass man die mechanischen Verbundeigenschaften auf die Faserkennwerte bezieht. In diesem Fall wird der Faserwirkungsgrad η_f (Gleichung 3.4) durch den Quotienten aus den gemessenen Verbundkennwerten und denen der Fasern beschrieben. Die Tabelle 3.9 zeigt dazu die Achsbezeichnungen eines UD-Faserverbundes und die entsprechenden Berechnungsgleichungen.

Tab. 3.9: Darstellung der Achsbezeichnungen und der Gleichungen (3.1)–(3.4)

Skizze: Achsbezeichnungen [a]

$$\eta_{c1(E)} = \frac{E_{1(gem)}}{E_{1(berech)}} \quad \text{bzw.} \quad \eta_{c1(\sigma)} = \frac{\sigma_{zB_1(gem)}}{\sigma_{zB_1(berech)}} \tag{3.1}$$

$$E_1 = E_f \cdot \varphi_f + E_m(1 - \varphi_f) \tag{3.2}$$

$$\sigma_{z,B_1} = \sigma_{f_{z,B}} \cdot \varphi_f + \sigma_{m_{z,B}}(1 - \varphi_f) \tag{3.3}$$

$$\eta_{f1(E)} = \frac{E_{1(gem)}}{E_{1f}} \quad \text{bzw.} \quad \eta_{f1(\sigma)} = \frac{\sigma_{zB_1(gem)}}{\sigma_{zBf}} \tag{3.4}$$

[a] Die Bezeichnungen ‖ und ⊥ stammen aus der Holztechnik und werden nur im deutschsprachigem verwendet. International werden die Achsen mit 1, 2 und 3 bezeichnet.

In der Tabelle 3.10 erfolgt dazu exemplarisch eine Gegenüberstellung der Faserwirkungsgrade von glas- und kohlenstofffaserverstärktem UP-Harz. Der Faservolumenanteil beträgt jeweils $\varphi_f = 0{,}4$ mit einer unidirektionalen (UD)-Endlosfaserorientierung. Die gewählte Zugbeanspruchung erfolgt in Faserrichtung (1, ‖).

Tab. 3.10: Vergleich von gemessenen und berechneten mechanischen Kennwerten von glas- und kohlenstofffaserverstärktem UP-Harz (unidirektionale Endlosfaserverstärkung; Faseranteil $\varphi = 0{,}4$; Beanspruchung in Faserrichtung) sowie Ableitung der Faserwirkungsgrade η_c und η_f

Zugkennwerte	Basismaterialien			Verbundkennwert				Faserwirkungsgrad			
	Fasern		Matrix	Gemessen		Berechnet		η_{c1}		η_{f1}	
	GF[a]	CF[b]	UP[c]	GFK	CFK	GFK	CFK	GFK	CFK	GFK	CFK
E-Modul in GPa	74	390	3,9	30	153	32	158	0,94	0,97	0,41	0,39
Festigkeit in MPa	2400	4700	80	680	700	1008	1928	0,67	0,36	0,28	0,15

[a] E-Glasfasern;
[b] HM-Kohlenstofffasern;
[c] UP-Harz.

Ein Vergleich der ermittelten Werte belegt, dass in Hinsicht auf die Verbundsteifigkeiten beide Verstärkungsmaterialien etwa gleiche Faserwirkungsgrade ermöglichen. Bei der Betrachtung der Verbundfestigkeiten ist dagegen zu konstatieren, dass beide Varianten der Faserwirkungsgrade der Glasfaserverstärkung größer sind als die der Verstärkung mit Kohlenstofffasern. Die Tabelle 3.10 verdeutlicht weiterhin, dass das sehr hohe Festigkeitspotenzial der C-Fasern im Verbund nur zu etwa 15 % ausgenutzt wird.

Dieses Phänomen ist einerseits darauf zurückzuführen, dass Glasfasern im Gegensatz zu C-Fasern (Abbildung 3.2) eine homogene isotrope Struktur besitzen (Abbildung 3.1). Andererseits sind die glasfaserspezifischen Haftvermittlersysteme, etwa auf Basis von Silanen, effektiver als die Haftvermittler, die bei Kohlenstofffasern zum Einsatz kommen.

Ein weiteres Problem bei der rechnerischen Abschätzung der Bruchspannung von polymerbasierten Verbunden ist die Streuung der Faserfestigkeiten. Nicht alle Fasern erreichen ihre Bruchfestigkeit zur gleichen Zeit. Prinzipiell brechen die schwächsten Fasern zuerst und induzieren somit zusätzliche Spannungen in den anderen Fasern. So ist z. B. die Bruchkraft eines Rovings (unidirektional ausgerichtetes Faserbündel) deutlich geringer als die Summe der Bruchkräfte der Einzelfasern.

In der Praxis finden diese Wirkungsgrade speziell bei der rechnerischen Abschätzung der Verbundsteifigkeiten und -festigkeiten dahin gehend Anwendung, dass man die einfachen Mischungsregeln (Gleichungen (3.5) bzw. (3.6)) mit den Faserwirkungsgraden[10] spezifiziert:

$$E_1 = E_f \cdot \varphi_f \cdot \eta_{c1(E)} + E_m(1 - \varphi_f) \tag{3.5}$$

$$\sigma_{z,B_1} = \sigma_{f_{z,B}} \cdot \varphi_f \cdot \eta_{c1(\sigma)} + \sigma_{m_{z,B}}(1 - \varphi_f) \tag{3.6}$$

Fazit:
- Der E-Modul polymerbasierter Faserverbunde kann mithilfe der erweiterten Mischungsregel rechnerisch gut abgeschätzt werden.
- Theoretisch berechnete Verbundfestigkeiten werden in der Regel nicht erreicht.
- Theoretische Festigkeiten aus Mischungsregeln eignen sich nur für eine grobe Vorabschätzung von Werkstoffeigenschaften, nicht für Bauteilberechnungen.
- Rechnerisch ermittelte Festigkeiten von polymerbasierten Faserverbundwerkstoffen sollten stets experimentell überprüft werden.

3.1.5.2 Besonderheiten der Festigkeit von Werkstoffen in Faserform

Faserverbundwerkstoffe besitzen je nach Faserart und -struktur bestimmte Festigkeitseigenschaften, die auf den ersten Blick nicht logisch erscheinen. In verschiedenen Quellen [21–24] werden diese Phänomene in Form von 4 Paradoxa beschrieben.

---

10 Für die unterschiedlichen Faser-Matrix-Systeme werden diese Faserwirkungsgrade in der Regel experimentell bestimmt.

1. Paradoxon des festen Werkstoffes

Dieses Paradoxon beruht auf den Untersuchungen des schweizerischen Physikers Fritz Zwicky, der bei Analysen der Bindungsenergien fester Stoffe festgestellt hat, dass wirkliche Festigkeit dieser Materialien sehr viel niedriger ist als die theoretisch berechnete. Ehrenstein [21] hat dazu eine Gegenüberstellung von dazu gemessenen und berechneten Steifigkeiten und Festigkeiten ausgewählter Werkstoffe erarbeitet (Tabelle 3.11). Die experimentell analysierten Werkstoffe lagen sowohl in kompakter als auch in faserförmiger Form vor.

Die in Tabelle 3.11 ebenfalls aufgeführten relativen Festigkeiten belegen einerseits, dass die berechneten Festigkeitswerte z. T. um eine Größenordnung von den gemessenen Werten abweichen, und andererseits, dass die Werkstoffe in Faserform eine deutlich höhere Festigkeit aufweisen als in kompakter Form, was auf das 2. Paradoxon überleitet.

Tab. 3.11: Vergleich theoretisch und experimentell ermittelter Zugwerte des E-Moduls und der Festigkeit ausgewählter Werkstoffe [21]

Werkstoff	E-Modul in N/mm^2			Zugfestigkeit in N/mm^2		
	Theoretisch	Experimentell		Theoretisch	Experimentell	
		Faserförmig	Kompakt		Faserförmig	Kompakt
Polyethylen	30.000	100.000 (33 %)	1.000 (0,33 %)	27.000	1.500 (5,5 %)	30 (0,1 %)
Polypropylen	50.000	20.000 (40 %)	1.600 (3,2 %)	16.000	1.300 (8,1 %)	38 (0,24 %)
Glas	80.000	80.000 (100 %)	70.000 (87,5 %)	11.000	4.000 (31 %)	55 (0,5 %)
Stahl	210.000	210.000 (100 %)	210.000 (1006 %)	21.00	4.000 (19 %)	1.400 (6,7 %)
Aluminium	76.000	76.000 (100 %)	76.000 (100 %)	7.600	800 (10,5 %)	600 (7,9 %)

2. Paradoxon der Faserform

Wie oben ausgeführt, besitzt ein Werkstoff in Faserform eine vielfach größere Festigkeit als das gleiche Material in kompakter Form. Und auf den britischen Ingenieur Alan Arnold Griffith geht die Entdeckung zurück, dass je dünner die Faser, umso größer ist deren Festigkeit. Die Abbildung 3.5 zeigt dazu den Einfluss des Durchmessers eines Glasfilaments auf dessen Festigkeit [21].

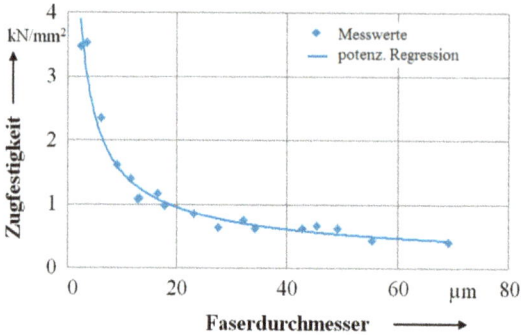

Abb. 3.5: Einfluss des Elementarfaserdurchmessers auf die Festigkeit von Glasfasern [21]

3. Paradoxon der Einspannlänge

Je kleiner die Einspannlänge, umso größer ist die gemessene Festigkeit einer Probe/ Faser. In [25] wird dazu erläutert, dass ein aus Fasern gefertigtes Garn bei der Zugprüfung eine umso geringere Zugfestigkeit aufweist, je höher die Einspannlänge ist. „Die Ursache hierfür liegt in der Ungleichmäßigkeit des Garnes. Je höher die Ungleichmäßigkeit des Garnes ist, umso größer ist der Festigkeitsabfall und umso niedriger wird der Ausnutzungsgrad zwischen Garnfestigkeit und Faserfestigkeit mit zunehmender Einspannlänge." Im Umkehrschluss bedeutet das, dass das Auftreten von Fehlern und ihre Auswirkung umso geringer sind, je dünner die Fasern sind (2. Paradoxon) und je kürzer sie eingespannt werden.

Faserverbundwerkstoffe bieten den Vorteil, dass bedingt durch eine gleichmäßige Fasereinbettung und eine optimale Faser-Matrix-Bindung in einen Kunststoff die Einspannlänge gegen null geht. So können durch Spannungsumlagerung lokale Faserfehler deutlich eingeschränkter zur Wirkung kommen und so der Faserwirkungsgrad erhöht werden.

4. Paradoxon der Verbundwerkstoffe

Der amerikanische Ingenieur und Verbundwerkstoffexperte Games Slayter formulierte bereits in der ersten Hälfte des zwanzigsten Jahrhunderts das 4. Paradoxon: „Ein Verbundwerkstoff kann als Ganzes Spannungen aufnehmen, bei denen die schwächere Komponente zerbrechen würde, während von der stärkeren Komponente im Verbund ein höherer Anteil seiner theoretischen Festigkeit übernommen werden kann, als wenn sie alleine belastet würde" (zitiert in [21]).

In [21] ist dazu ein Vergleich der Zugfaserfestigkeit im Laminat mit Zug-Bruch-Spannungen, gemessen an reinen Faserbündeln, etwa Rovings, durchgeführt worden. Die in der Tabelle 3.12 dargestellten Ergebnisse untermauern diese Aussagen und verdeutlichen, dass die Faserfestigkeit im Laminat höher ist als die Faserfestigkeit des Rovings ohne Matrix.

Tab. 3.12: Gegenüberstellung der Zugfestigkeiten der Fasern im Laminat mit denen der reinen Rovings (nach [21])

Faserwerkstoff	Faserfestigkeit im Laminat σ_{1fBL} in N/mm^2	Faserfestigkeit des Rovings σ_{1fBR} in N/mm^2	Verhältnis $\sigma_{1fBL}/\sigma_{1fBR}$
Glasfaser	2000	1400	1,42
Hochmodul C-Fasern	2800	1850	1,51
Hochfeste C-Fasern	4180	2320	1,80

Hinweis: Die in der Tabelle 3.12 dargestellten Bruchspannungsverhältnisse repräsentieren die Ergebnisse von Zugbelastungen der Einzelkomponenten bzw. der Verbunde. Tritt jedoch eine Druck-, Biege- oder Schubbelastung auf, vermögen die Einzelkomponenten für sich alleine häufig nicht einmal Bruchteile der im Verbund möglichen Kräfte aufzunehmen, besonders, wenn die Komponenten ihre geometrische Anordnung z. B. als Faser unter Lasteinwirkung nicht aufrechterhalten können.

3.1.6 Versagen von UD-Verbunden auf Basis von Endlosfasern

Der oben angefügte Hinweis verdeutlicht bereits, dass das Versagen unidirektional verstärkter Faserverbunde mit polymerer Matrix nicht nur von den Komponenten der Verbundwerkstoffe, sondern auch von der Art, Intensität und Richtung der Beanspruchung abhängig ist. In den bisherigen Ausführungen wurden nur Probleme angesprochen, die im Zusammenhang mit einer Zugbeanspruchung der Laminate in Richtung der Fasern stehen. Wie oben angesprochen, werden Faserverbundbauteile in der Praxis auch mit Druck-, Biege- oder Schubbelastungen beaufschlagt, die nicht nur in Faserrichtung wirken. In den folgenden Ausführungen werden zu dieser Problematik nur wesentliche Grundlagen angesprochen.

3.1.6.1 Versagensphänomene bei Zugbeanspruchung in Faserrichtung

Wie schon ausgeführt, wird bei optimaler Faser-Matrix-Bindung im Fall des Bruches einer Faser die Beanspruchung über Schubspannungen an die benachbarten Fasern übertragen und wird zusätzlich von diesen Fasern mit aufgenommen. Die gebrochene Faser fällt somit nur auf einem Teilbereich ihrer Länge für die Lastaufnahme aus. Die im Abschnitt 3.1.4 dargestellten Probleme zu den Faserausrüstungen können ggf. den Eindruck erwecken, dass eine sehr hohe Faser-Matrix-Haftung in jedem Fall hohe Bruchfestigkeiten und ein möglich gutartiges Versagen garantieren.

Es ist zwar richtig, dass im Fall keiner Haftung zwischen der Matrix und den Verstärkungsfasern keine Spannungen von der einen auf die andere Verbundkomponente übertragen werden können. Ist aber die Faser-Matrix-Haftung zu groß, ist es möglich, dass die Schubfestigkeit der Grenzfläche einen Grenzwert überschreitet und es so bei einem Faserbruch gleichzeitig zu Matrixrissen kommt. Breitet sich dieser Riss aus, kann er auf eine Nachbarfaser treffen und durch die Spannungskonzentration an der Rissspitze zum vorzeitigen Versagen dieser Nachbarfaser führen. Es entstehen weitere Matrixrisse, die wiederum benachbarte Fasern schädigen, bis das Laminat versagt. Das heißt, eine zu hohe haftungsbedingte Schubfestigkeit kann die Laminatfestigkeit beeinträchtigen, was vor allem für spröde Matrixmaterialien gilt[11]. In Abbildung 3.6 ist dieses Materialversagen schematisch dargestellt (nach [21]).

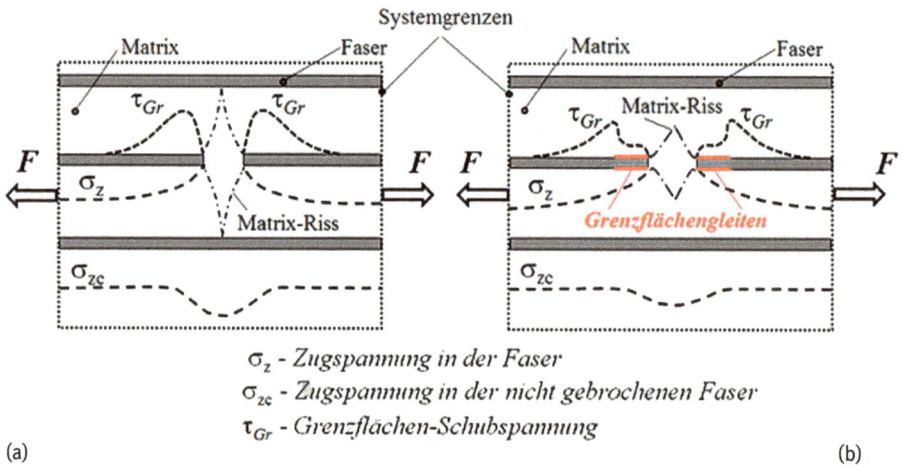

σ_z - *Zugspannung in der Faser*
σ_{zc} - *Zugspannung in der nicht gebrochenen Faser*
τ_{Gr} - *Grenzflächen-Schubspannung*

(a)   (b)

Abb. 3.6: Schematische Darstellungen (a) des Faserbruchs in einem UD-Verbund bei hoher Faser-Matrix-Haftung mit Matrixriss bis zur Nachbarfaser und (b) des Faserbruchs mit Grenzflächengleiten bei geringer Haftung zwischen der Matrix und der Faser [21]

Hinweise:
– Der „Verzehr" mechanischer Energie bei der Delamination zwischen Faser und Matrix ist deutlich größer als die Rissbildungsenergie bei dem Matrixbruch.
– Besonders bei stoßartiger Belastung ist es zweckmäßig, eine mäßige Haftung mit geringeren Schubspannungen an den Rissstellen der Fasern einzustellen und somit eine hohe Energieaufnahme an der Faserrissstelle zu gewährleisten.
– Da sich Matrizes aus thermoplastischen Kunststoffen, die hier im Mittelpunkt der Betrachtungen stehen, in der Regel durch ein zähes und duktiles Versagensverhalten auszeichnen, ist dieses Versagensphänomen nur gering ausgeprägt.

---

11 Besonders kritisch ist dieses Problem bei der Verstärkung keramischer Matrizes, die eine sehr geringe Bruchdehnung haben. Hier müssen die Fasern vor der Verarbeitung sorgfältig entschlichtet und ggf. mit pyrolytisch beschichtetem Kohlenstoff beschichtet werden, um ein Grenzflächengleiten und somit ein pseudoduktiles Materialversagen zu ermöglichen.

3.1.6.2 Versagen von UD-Faserverbunden bei Druckbeanspruchung in Faserrichtung

Bei Druck in Faserrichtung wirkt die Matrix wie eine Bettung und die Faser bzw. das Faserbündel wie ein elastisch gebetteter Balken. Dabei ist das Verformungsverhalten abhängig von der Matrixsteifigkeit k und der Biegesteifigkeit der Faser $E \cdot I$ (Produkt des E-Moduls mit dem Flächenträgheitsmoment). Die Abbildung 3.7 zeigt dazu das Schema der Druckbeanspruchung eins UD-Verbundes.

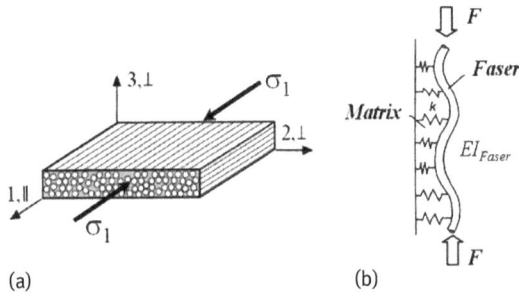

Abb. 3.7: Schematische Darstellung der Druckbeanspruchung eines UD-Verbundes in Faserrichtung: (a) globale Druckbeanspruchung und (b) Belastung einer eingebetteten Einzelfaser

Die Betrachtung der mechanischen Eigenschaften ist allerdings sehr komplex, da außer den mechanischen Eigenschaften der Fasern auch deren Durchmesser berücksichtigt werden muss.

Die Abbildung 3.7 verdeutlicht weiterhin, dass es sich bei dieser Beanspruchung auch um ein Stabilitätsproblem handelt und schon kleinste Veränderungen im Werkstoff oder dessen Struktur signifikante Einflüsse auf die ertragbaren Spannungen haben können.

3.1.6.3 Steifigkeiten von UD-Faserverbunden bei Belastung quer zur Faserrichtung

Im Gegensatz zur Beanspruchung von UD-Verbunden in Faserrichtung, bei der davon ausgegangen wird, dass die Dehnung der Matrix und der Fasern gleich ist, teilt sich bei einer Spannung senkrecht zur Faserrichtung die Dehnung auf die Fasern und die Matrix auf. Das bedeutet, dass bei einer Belastung quer zur Faserorientierung, etwa bei einer Druckbelastung, die Fasern und Matrix gleichermaßen durch eine Querspannung beansprucht werden ($\sigma_f = \sigma_m$).

In Kraftrichtung liegt also eine „Reihenschaltung" der Materialsteifigkeiten von Faser und Matrix vor. Die unterschiedlichen E-Moduln führen zu unterschiedlichen Dehnungen. Die Abbildung 3.8 zeigt dazu ein Modell dieser „Reihenschaltung".

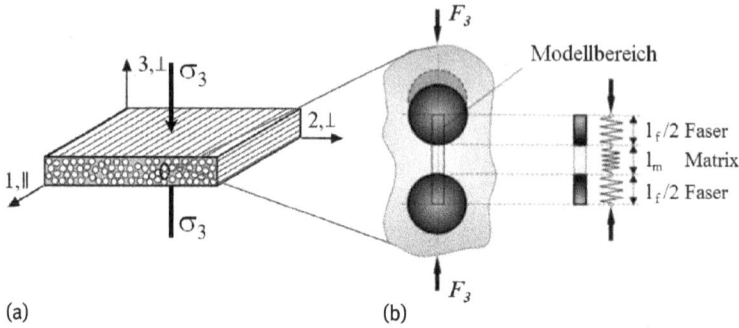

Abb. 3.8: Mikromechanisches Modell zur Beschreibung der Druckbeanspruchung von Faserverbunden quer zur Faserorientierung bei Druckbeanspruchung: (a) globale Beanspruchung und (b) Aufteilung der Verformungen von Fasern und Matrix [4, 8]

Verbundsteifigkeit bei einer Belastung quer zur Faserorientierung

Unter Vernachlässigung der Querkontraktion kann man für diese Beanspruchungsrichtung folgende Mischungsregel (3.7) ableiten:

$$\frac{1}{E_{3,\perp}} = \frac{\varphi_f}{E_f} + \left(\frac{1-\varphi_f}{E_m}\right) \quad \Rightarrow \quad E_{3,\perp} = \frac{E_f \cdot E_m}{E_f \cdot (1-\varphi_f) + E_m \cdot \varphi_f} \tag{3.7}$$

Da die Querkontraktion des Matrixwerkstoffes durch die vergleichsweisen sehr steifen Fasern behindert wird, kann man den Matrixmodul wie folgt modifizieren (3.8):

$$\frac{E_m}{1-v_m^2} \tag{3.8}$$

Dabei ist v_m die Querkontraktionszahl der Matrix. Damit erhält die Mischungsregel (3.7) die folgende Form (3.9):

$$E_{3,\perp} = \frac{E_f \cdot \frac{E_m}{1-v_m^2}}{E_f \cdot (1-\varphi_f) + \frac{E_m}{1-v_m^2} \cdot \varphi_f} \tag{3.9}$$

Bis zu einem Faservolumenanteil von φ_f von ca. 0,3 funktioniert diese Beziehung ganz gut. Bei höheren Anteilen muss die Theorie durch entsprechende empirische Korrekturen an die Praxis angepasst werden. Puck [22] entwickelte bereits in den 1960er-Jahren folgende Beziehung (3.10):

$$E_{3,\perp} = \frac{E_m}{1-v_m^2} \cdot \frac{1+0,85\varphi_f^2}{(1-\varphi_f)^{1,25} + \frac{E_m}{(1-v_m^2)\cdot E_{f\perp}} \cdot \varphi_f} \tag{3.10}$$

3.1.6.4 Festigkeit von UD-Faserverbunden bei Belastung quer zur Faserrichtung

Wie schon aufgeführt und in Abbildung 3.8b dargestellt, liegt in Richtung quer zur Faser mechanisch eine Reihenschaltung der Einzelsteifigkeiten von Matrix und Fasern vor. Die Verstärkungsfasern haben in der Regel auch quer zur Faser einen höheren E-Modul als die umgebende Matrix.

Bei einer aufgeprägten, äußeren Dehnung ε_{gesamt} ist der Anteil der Dehnung der Faser ε_f wesentlich geringer als die der Matrix ε_m, was dem ungünstigen Verhältnis der E-Moduln geschuldet ist. Aus dieser Dehnungsvergrößerung in der Matrix resultiert eine örtliche Spannungsüberhöhung. Sie ist Grund für die relativ niedrige Festigkeit von faserverstärkten Kunststoffen quer zur Faserrichtung.

Die Dehnungsvergrößerung steigt also nicht nur mit dem Faservolumenanteil φ_f, sondern auch mit dem Verhältnis E_f/E_m an[12].

Die charakteristische Versagensart eines unidirektional verstärkten Polymer-werkstoffes wird durch einen sogenannten Versagensmechanismus beschrieben, bei dem das Werkstoffversagen, bei einer entsprechend vorliegenden Werkstoffsymmetrie, durch sogenannte Basisbeanspruchungen [8] hervorgerufen wird. Dabei können 5 unabhängige Versagensmechanismen bzw. Bruchmoden unterschieden werden. Die grundsätzlichen Versagensarten sind hierbei Faserbruch und Zwischenfaserbruch (Abbildung 3.9).

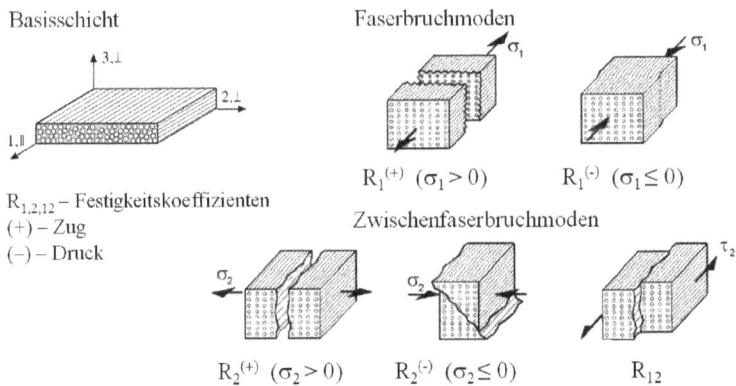

Abb. 3.9: Bruchmoden und zugehörige Basisfestigkeiten der transversal isotropen Basisschicht nach [4, 26]

---

12 Verstärkungsfasern, die in Querrichtung besonders steif sind, wie etwa die isotrope Glasfaser, erzeugen eine starke Dehnungsvergrößerung. Fasern mit einem niedrigen Modul quer zur Faser, wie die Kohlenstofffaser, haben eine wesentlich geringere Dehnungsüberhöhung, was sich in einer höheren Querzugfestigkeit im Verbund ausdrückt.

Zur Formulierung der Bruchbedingungen für die einzelnen Bruchmoden werden von Cuntze [26] spezielle Spannungsinvarianten herangezogen und daraus auch Versagenskriterien für textilverstärkte Verbundwerkstoffe abgeleitet[13]. Da im Rahmen dieses Skriptes auf die Charakterisierung der tribologischen Eigenschaften von polymerbasierten Faserverbunden fokussiert wird, wird auf weiterführende werkstoffmechanische Beschreibungen des Bruchverhaltens von Faser-Kunststoff-Verbunden verzichtet. Stattdessen wird auf die Literatur zu bruchmodebezogenen Versagenskriterien [4, 22, 28–30] und darauf aufbauende kontinuumsmechanische Schädigungsmodelle [31] verwiesen.

3.1.7 Faserverstärkte Polymerwerkstoffe für mehrachsige Beanspruchungen

3.1.7.1 Praxisrelevante Faserlängen
Als Fazit der bisherigen Betrachtungen zu den polymerbasierten Faserverbundwerkstoffen ist hervorzuheben, dass nicht nur die Art der Fasern sowie deren Oberflächenbeschaffenheit das Eigenschaftsniveau dieser Materialien signifikant beeinflussen, sondern auch deren Ausrichtung im Verbundwerkstoff bezüglich der aufgezwungenen äußeren Belastungen. Einzelfaserfilamente sind diesbezüglich technologisch schwer zu handhaben. Deshalb wird deren Länge entsprechend der Anwendungsgebiete und der bevorzugten Verarbeitungsverfahren modifiziert. In der Tabelle 3.13 ist dazu eine Möglichkeit der Einteilung der Längen der Fasern in Bezug auf die Verarbeitungstechnologien und die Matrixmaterialien dargestellt.

3.1.7.2 Kurzfaserverstärkung
Wie in Tabelle 3.13 dargestellt, werden thermoplastische Kunststoffe hauptsächlich mit kurzen Fasern verstärkt, da so eine Verarbeitung durch Spritzgießen möglich ist und auch komplizierte Formen ökonomisch hergestellt werden können[14].

Analog zum Lasteintrag im Bereich von Faserbrüchen bei endlosfaserverstärkten Polymeren (Abbildung 3.6) erfolgt auch bei Kurzfasern der Aufbau einer Zugspannung in der Verstärkungsfaser über Schubspannungen in den Grenzflächen an den beiden

---

13 Bei gewebeverstärkten Kunststoffverbunden ist es nicht ohne Weiteres möglich, die einzelnen Versagensarten eindeutig abzugrenzen, da oftmals eine Mischbruchform mit gleichzeitig auftretendem Faserbruch und Zwischenfaserbruch die Zuordnung zu einer Basisfestigkeit ausschließt.
14 Kurzfaserverstärkte Thermoplaste stellen ein bedeutendes Marktsegment auf dem Bereich der Verbundwerkstoffe dar. Auf dem europäischen Markt betrug der Umsatz für thermoplastische, glasfaserverstärkte Compounds im Jahr 2015 etwa 1.300 kt [27].

Tab. 3.13: Einteilung faserförmiger Verstärkungsmaterialien in Hinsicht auf verwendete Matrixmaterialien und mögliche Verarbeitungsverfahren

Eigenschaft	Faserbezeichnung		
	Kurzfasern	Lange Kurzfasern, Langfasern	Endlosfasern
Faserlänge	0,1–1 mm	1–50 mm	> 50 mm
Matrizes	Thermoplaste	Thermo- und Duroplaste	Thermo- u. Duroplaste
Verarbeitung	– Spritzgießen – Extrudieren	– Spritzguss (Thermoplaste) – Extrusion (Thermoplaste) – Pressen (Duroplaste) – Faser-Harz-Spritzen	– Laminieren – Pressen – Extrusion (Duromere)

Faserenden[15] (Abbildung 3.10). Erst nach einem Abstand $l_c/2$ ist die Zugspannung in der Faser vollständig aufgebaut und im Bereich l_t wird die Faser optimal ausgenutzt.

Die Abbildung 3.10 verdeutlicht weiterhin, dass die Faserausnutzung im Verbund umso größer ist, je länger der Tragbereich l_t der Faser ist. Der Einsatz von langen Fasern verspricht daher einerseits Verbunde mit hohen Festigkeits- und Steifigkeitseigenschaften, aber andererseits lassen sich Langfaserverbunde spritzgusstechnisch nur schlecht verarbeiten. Zu kurze Fasern mit sehr kleinen Tragbereichen l_t bzw. die Faserlängen l_f aufweisen, die kleiner als kritische Faserlänge l_c sind oder eine geringe Faser-Matrix-Haftung besitzen, führen zu Verbunden mit geringen mechanischen Eigenschaften. Einen Kompromiss für die Spritzgussverarbeitung von thermoplastischen Faserverbunden stellen die in der Tabelle 3.13 dargestellten Faserlängen dar. Außerdem zeigt die Abbildung 3.10, dass zur Betrachtung der Kurzfaserverbunde die spezifischen, auf die Mikrostruktur der Verbunde zurückzuführenden Versagensmechanismen berücksichtigt werden müssen. Allerdings ist eine Vorhersage des Festigkeits- und Steifigkeitsverhaltens von kurzfaserverstärkten polymeren Verbundwerkstoffen derzeit noch nicht zufriedenstellend gelöst worden. Grundsätzlich ist das darauf zurückzuführen, dass zusätzliche Spannungskonzentrationen im Bereich der Faserenden auftreten, was wiederum auf die enormen Steifigkeitsunterschiede zwischen Faser und Matrix zurückzuführen ist.

Für die rechnerische Abschätzung der Steifigkeitseigenschaften von Kurzfaserverbunden findet meist der Ansatz nach Halpin und Tsai [37] Verwendung. In diesem auf der Mikromechanik basierenden Beziehung bestimmt neben dem Faserdurchmesser d auch die Faserlänge l_f die Steifigkeit des Verbundes. Dazu ist die verarbeitungsbedingte Faserlängenverteilung und der Faseranteil φ_f zu bestimmen, wofür in der Praxis die Proben meist verascht und die Längenverteilungen anschließend optisch und φ_f

---

15 Durch die vergleichsweise geringe Bruchdehnung von duromeren Kunststoffen werden die Festigkeiten der Kurzfasern im Verbund nicht einmal zu 10 % ausgelastet! Deshalb werden vor allem zähere Thermoplaste mit Kurzfasern verstärkt.

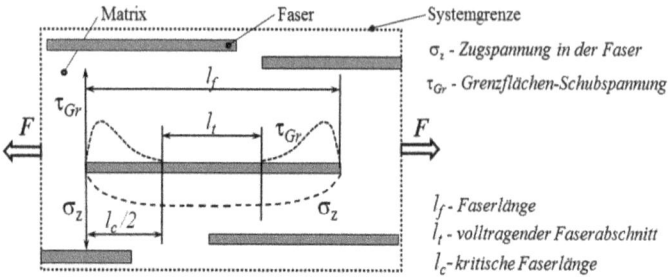

Abb. 3.10: Schematische Darstellung des schubspannungsinduzierten Aufbaus einer Zugspannung in einer Faser eines UD-Kurzfaserverbundes

durch Wägungen ermittelt werden. Für einen unidirektionalen Kurzfaserverbund mit idealer Faser-Matrix-Haftung kann die Verbundsteifigkeit mit der Beziehung (3.11) abgeschätzt werden[16]:

$$E_{\mathrm{II}} = E_{\mathrm{m}} \cdot \frac{1 + \frac{2 \cdot l_f}{d} \cdot \varphi_f \cdot \frac{\frac{E_f}{E_m} - 1}{\frac{E_f}{E_m} + \frac{2 \cdot l_f}{d}}}{1 - \varphi_f \cdot \frac{\frac{E_f}{E_m} - 1}{\frac{E_f}{E_m} + \frac{2 \cdot l_f}{d}}} \tag{3.11}$$

Die mechanischen Eigenschaften polymerer Kurzfaserverbunde hängen aber vor allem von der Orientierung der Verstärkungsmaterialien im Verbund ab [32–36]. Die Ermittlung der Faserorientierungen in Bauteilen oder Proben erfolgt meist recht aufwendig durch Bildanalysen von Schliffbildern oder veraschten Bauteilen, Röntgenaufnahmen sowie durch Ultraschall- oder computertomografischen Untersuchungen.

Bei theoretischen Betrachtungen findet der wirksame Anteil der in Beanspruchungsrichtung ausgerichteten Fasern durch den k_{II}-Faktor Berücksichtigung. Dieser Faktor ist eine Funktion des Winkels γ zwischen Faseranordnung und Beanspruchungsrichtung. In der Tabelle 3.14 sind dazu die Grundlagen zur Bestimmung dieses Faktors dargestellt.

In der Verarbeitungspraxis, speziell beim Spritzgießen, wird die Faserausrichtung signifikant von der Rheologie der Schmelze beim Formfüllprozess beeinflusst [40, 41]. Exemplarisch wird dazu in der Tabelle 3.15 ein siebenschichtiges Modell des charakteristischen Schichtaufbaus von spritzgegossenen Platten aus PA6 mit Kurzglasfaserverstärkung im Zusammenhang mit den ermittelten Schichtdicken und den Fasergehalten der Einzelschichten dargestellt.

In Auswertung Standard- und von Bauteilversuchen kann konstatiert werden, dass für technisch relevante Kurzfaservolumengehalte von 25 bis 40 % ein tragender Faseranteil von etwa 30 % ($k_{\mathrm{II}} = 0,33$) angenommen werden kann.

---

16 Unter Einbeziehung des Schlankheitsgrades der Fasern ($\lambda = l_f/D_f$) wird die Gleichung (3.11) oft auch in modifizierter Form dargestellt [39].

Tab. 3.14: Modell der Kurzfaserverteilung im Verbund und Ableitung des wirksamen Anteils der in Beanspruchungsrichtung ausgerichteten Fasern[17]: Faktor $k_{\parallel}$

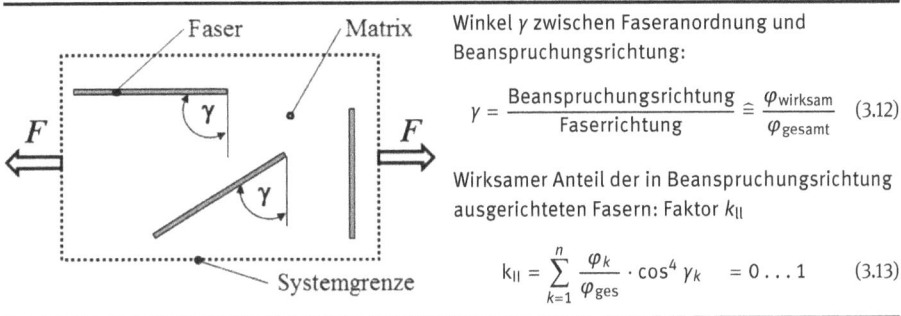

Winkel γ zwischen Faseranordnung und Beanspruchungsrichtung:

$$\gamma = \frac{\text{Beanspruchungsrichtung}}{\text{Faserrichtung}} \cong \frac{\varphi_{\text{wirksam}}}{\varphi_{\text{gesamt}}} \quad (3.12)$$

Wirksamer Anteil der in Beanspruchungsrichtung ausgerichteten Fasern: Faktor $k_{\parallel}$

$$k_{\parallel} = \sum_{k=1}^{n} \frac{\varphi_k}{\varphi_{\text{ges}}} \cdot \cos^4 \gamma_k \quad = 0 \ldots 1 \quad (3.13)$$

Tab. 3.15: Schichtaufbau von spritzgegossenen Platten aus PA6 mit Kurzglasfaserverstärkung in Abhängigkeit vom Glasfaseranteil [34]

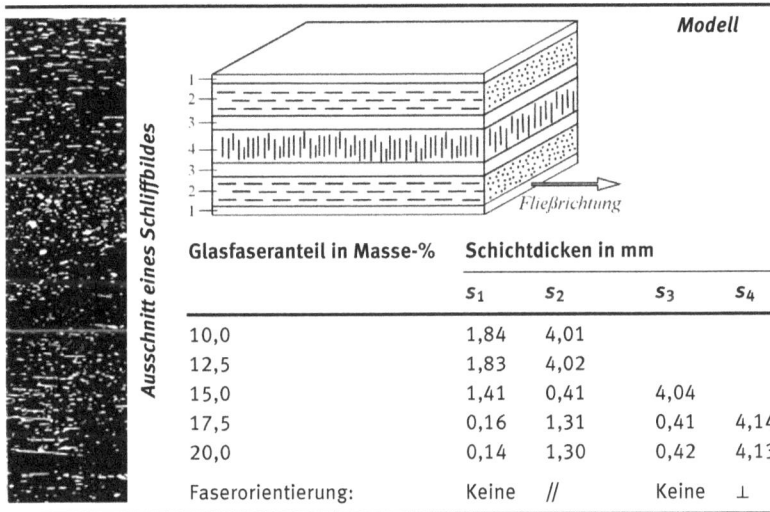

Glasfaseranteil in Masse-%	Schichtdicken in mm			
	s_1	s_2	s_3	s_4
10,0	1,84	4,01		
12,5	1,83	4,02		
15,0	1,41	0,41	4,04	
17,5	0,16	1,31	0,41	4,14
20,0	0,14	1,30	0,42	4,13
Faserorientierung:	Keine	//	Keine	⊥

Damit können die in den Beziehungen (3.5) und (3.6) dargestellten Mischungsregeln für kurzfaserverstärkte Thermoplaste folgendermaßen modifiziert bzw. erweitert werden[18] (3.15) und (3.16):

$$E_1 = E_f \cdot \varphi_f \cdot \eta_{c1(E)} \cdot k_{ii} + E_m (1 - \varphi_f) \quad (3.14)$$

$$\sigma_{z,B_1} = \sigma_{f_{z,B}} \cdot \varphi_f \cdot \eta_{c1(\sigma)} \cdot k_{\parallel} + \sigma_{m_{z,B}} (1 - \varphi_f) \quad (3.15)$$

---

17 Dieses Modell ist noch recht einfach. Es gibt Modelle, die bis zu 9 Schichten beinhalten [33, 36]!

18 Bei der Anwendung der Mischungsregeln sollten im Fall einer Feuchtigkeitseinwirkung oder bei Temperaturbeanspruchung der Verbunde entweder die entsprechend abgeminderten Matrixkennwerte verwendet oder die Mischungsregeln mit weiteren Faktoren modifiziert werden [34].

In Abbildung 3.11 sind dazu gemessene und mit diesen Mischungsregeln berechnete Biegefestigkeiten und -steifigkeiten eines im Normklima konditionierten kurzglasfaserverstärktem Polyamid-6-Werkstoffes dargestellt. Dazu wurden die Faservolumenanteile stufenweise variiert.

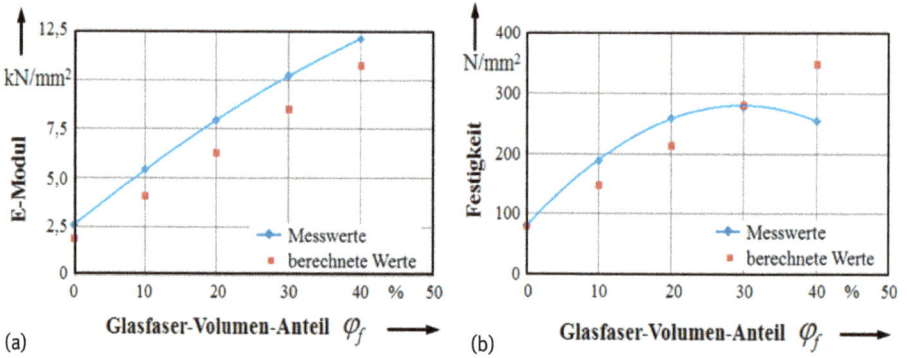

Abb. 3.11: Gemessene [38] und berechnete mechanische Eigenschaften (E-Modul (a) und Festigkeit (b)) von kurzglasfaserverstärktem Polyamid 6 bei Biegebeanspruchung in Abhängigkeit vom Faseranteil

Die Diagramme der Abbildung 3.11 belegen, dass sich diese mechanischen Kennwerte mithilfe der Beziehungen (3.14) und (3.15) recht gut abschätzen lassen. Weiterhin verdeutlicht das Abbildung 3.11b, dass mit einer Kurzfaserverstärkung mit Faservolumenanteilen von $\varphi_f > 30\,\%$ (das entspricht etwa 50 Masse-%) keine Steigerung der Festigkeit mehr zu realisieren ist, sondern dass die Festigkeitswerte beträchtlich abfallen. Nach [34] ist dies primär darauf zurückzuführen, dass sich die Glasfasern in diesem Konzentrationsbereich bereits berühren und von der Matrix nur noch unzureichend benetzt werden. So entstehen Fehlstellen, die die Kraftübertragung von der Faser zur Matrix negativ beeinflussen und eine Rissinitiierung einleiten.

Im Vergleich zu unverstärkten Konstruktionsthermoplasten, die sich meist durch ein ausgesprochen duktiles Verformungsverhalten auszeichnen, bewirkt eine Kurzfaserverstärkung ab einem Grenzverstärkungsgrad einen Übergang zu einem spröden Werkstoffversagen. Die Abbildung 3.12 zeigt dazu die Spannungs-Dehnungs-Kurven von glasfaserverstärktem Polyamid 6 ($\varphi_f = 30$ Vol.-%) mit einer unmodifizierten PA6-Variante.

Diese Darstellung belegt deutlich, dass die Glasfaserverstärkung eine signifikante Steigerung der Festigkeits-Steifigkeits-Kennwerte bei einer Senkung der Dehnungsgrenzen bewirkt.

Die besonders bei unmodifizierten Thermoplasten ausgeprägte Kriechneigung wird durch eine Kurzfaserverstärkung deutlich reduziert. Die Abbildung 3.13 zeigt dazu isochrone Spannungs-Dehnungs-Kurven von kurzglasfaserverstärktem PA6 [42] in Abhängigkeit vom Faservolumenanteil und der Beanspruchungsdauer.

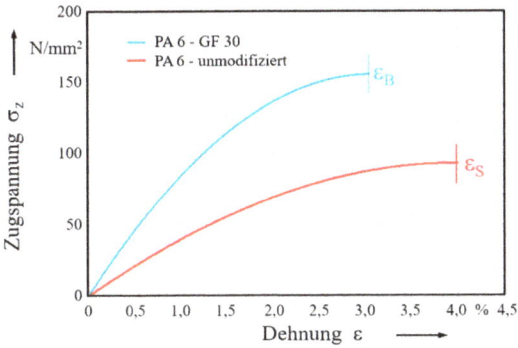

Abb. 3.12: Vergleich der Spannungs-Dehnungs-Kurven von glasfaserverstärktem Polyamid 6 (φ_f = 30 Vol.-%) mit einer unmodifizierten PA6-Variante [42]

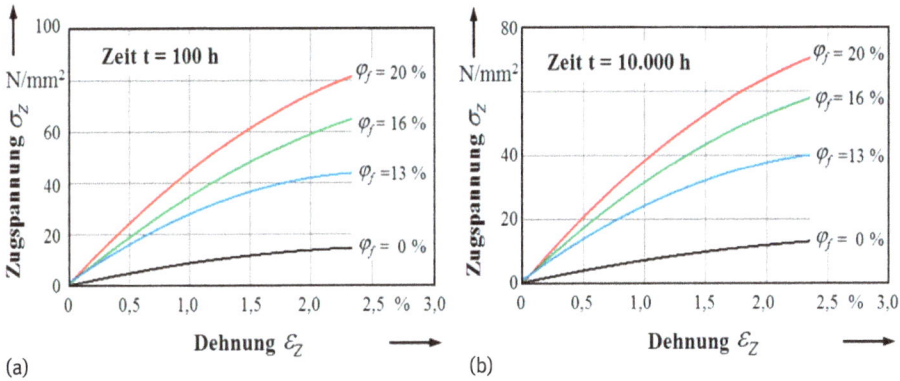

Abb. 3.13: Isochrone Spannungs-Dehnungs-Kurven von kurzglasfaserverstärktem und bei Normklima temperiertem PA6 (Ultramid® B3) in Abhängigkeit vom Faservolumenanteil φ_f und der Beanspruchungsdauer bei (a) t = 100 h bzw. (b) t = 10.000 h [42]

Analog zu den mechanischen Kurzzeitkennwerten kann die Kriechneigung kurzfaserverstärkter Thermoplaste bei Fasergehalten von φ_f > 30 Vol.-% nicht weiter verringert werden [41].

3.1.7.3 Endlosfaserverstärkung

Die ersponnenen einzelnen Faserfilamente sind verarbeitungstechnisch nur schwer zu handhaben. Deshalb fasst man die trockenen Fasern zu textilen Zwischenprodukten, sogenannten Garnen, zusammen [3, 43]. Das Garn ist also ein Halbzeug, welches nach DIN 60900 ein Sammelbegriff für alle linienförmigen textilen Gebilde darstellt. Ein Garn ist also sinngemäß ein langes, dünnes Gebilde aus einer oder mehreren Einzelfasern. Man unterscheidet:

- Einfachgarne;
- gefachte Garne (bestehen aus 2 oder mehr parallel aufgespulten, nicht miteinander verdrehten Garnen);
- gezwirnte Garne, die aus mehreren zusammengedrehten Garnen bestehen und eine wesentlich höhere Reißfestigkeit als die nicht verzwirnten Einfachgarne besitzen;
- Core-Garne (Stapelfasergarne mit einer Filamentseele).

Zur Fertigung von Faserverbundkunststoffen kommen vor allem sogenannte Rovings zum Einsatz [44, 45]. Als Roving wird ein Bündel bzw. ein Strang aus parallel angeordneten Endlosfasern oder in Anlehnung an die DIN 60901 ein Kabel aus einer Vielzahl von Filamenten ohne nennenswerte Verdrillung bezeichnet.

Am häufigsten werden Filamente aus Glas, Kohlenstoff oder Aramid zu Rovings zusammengefasst. Es kommen zunehmend auch Hybridrovings zum Einsatz. Diese bestehen aus Filamenten unterschiedlicher Materialien. Dabei werden in der Regel thermoplastischen Matrixfasern mir den Verstärkungsfasern gemischt (Abschnitt 3.4.4.1). Diese Spezialrovings werden dann weiter zu textilen Flächengebilden verarbeitet und zu Bauteilen oder zu Halbzeugen, sogenannten „Organoblechen", heißgepresst [46, 47].

Rovings bilden auch die Grundlage für Faser-Matrix-Halbzeuge, wie etwa für *Sheet Molding Compounds* (SMC), *Bulk Molding Compounds* (BMC) oder langfaserverstärkte Thermoplaste (LFT). Die SMC und BMC sind teigartige Pressmassen aus duroplastischen Reaktionsharzen und geschnittenen Glasfasern, in denen alle nötigen Komponenten vollständig vorgemischt und fertig zur Verarbeitung vorliegen. Die SMC werden in Plattenform geliefert und BMC sind formlos [48, 49]. Hier werden sogenannte Schneidrovings zu Lang- oder Kurzfasern zerschnitten. Diese Fasern werden dann in speziell zugeschnittene Matrixsysteme (vorkonfektionierte Präpolymere) eingearbeitet und mittels einer Heißpresstechnik zu Bauteilen weiterverarbeitet. Weiterhin finden diese geschnittenen Fasern bei dem Faser-Harz-Spritzverfahren Anwendung [50].

Im Folgenden werden eingeführte direkte Verarbeitungsverfahren (ohne eine vorgeschaltete textile Aufbereitung) von Garnen und Rovings kurz vorgestellt.

Strangziehen

Dieses kontinuierliche Verfahren, was auch Pultrudieren genannt wird, kommt vorwiegend bei der Herstellung von unidirektional faserverstärkten Kunststoffprofilen zum Einsatz. Dabei werden meist Rovings verwendet [45]. Mit diesem Verfahren kann man sowohl Hybridrovings als auch Rovings auf der Basis von reinen Verstärkungsfilamenten verarbeiten. Bei der klassischen Pultrusion werden die Verstärkungsfasern durch eine Wanne mit Harzen gezogen und so imprägniert. In einem beheizten Werkzeug erfolgten die Formgebung und die Aushärtung des Profils.

Beim Strangziehen von Hybridrovings wird die Imprägnierung der Verstärkungsstruktur durch das Aufschmelzen der im Roving inkorporierten Thermoplastfasern realisiert. Dazu wird im ersten Teil des Werkzeuges der Werkstoff aufgeschmolzen und die Formgebung bewerkstelligt und im zweiten Teil wird das Profil dann durch Kühlung konsolidiert.

Nasswickeln

Eine weitere Möglichkeit des effektiven Einsatzes von Rovings ist das Nasswickelverfahren. Mit dieser Technologie lassen sich rotationssymmetrischen Bauteile, wie Behälter, Rohre oder Walzen, aus faserverstärkten Kunststoffen relativ kostengünstig herstellen [51]. Diese Technologie wird seit Jahrzehnten erfolgreich verwendet.

Wickeln von thermoplastbasierten Hybridgarnen

Technisch sehr anspruchsvoll ist das Wickeln von Hybridgarnen. Dabei erfolgt zwischen dem zugeführten Wickelgut und dem Wickeldorn bzw. dem auf diesem bereits applizierten Laminat eine möglichst schnelle Erwärmung beider Fügepartner auf Prozesstemperatur. Das erfolgt unmittelbar vor dem Ablagepunkt. Nach der Ablage wird zur Konsolidierung auf das Laminat ein mechanischer Druck normal zur Wickeldornoberfläche ausgeübt (Andruckrolle, Gleitschuh). Zur Steuerung der Temperatur wird sowohl eine äußere Heizung und Kühlung des Laminats als auch eine innere Wickeldornheizung bzw. -kühlung benötigt.

Tapewickeln

Das Wickeln von thermoplastbasierten Hybridgarnen ist, wie oben angedeutet, sehr störungsanfällig. Deshalb wird zur Herstellung von rotationssymmetrischen und/oder rohrförmigen Bauteilen bzw. Halbzeugen aus endlosfaserverstärkten Thermoplasten meist das sogenannte Tapewickeln verwendet. Im Gegensatz zum Thermoplastwickeln dient bei dieser Technologie ein vorkonsolidiertes Band (Tape) als Wickelgut. Diese endlosfaserverstärkten Tapes werden schichtenweise auf dem Wickeldorn abgelegt und mithilfe eines Lasers miteinander verschweißt. Derartige textilbasierten Bänder werden mit unterschiedlichen Technologien (Flechten oder Pultrudieren) hergestellt und sind kommerziell verfügbar (Abschnitt 3.5.3, Abbildung 3.90).

3.1.7.4 Textilverstärkung

Die für die Verstärkung polymerer Werkstoffe verwendeten faserbasierten Flächengebilde werden unter dem Sammelbegriff „technische Textilien" zusammengefasst. Dazu gehören linienförmige textile Gebilde, wie etwa Cord, und textile Flächengebilde, wie z. B. Gewebe, Gestricke, Gewirke, Vliesstoffe, Geflechte, Filze und im weitesten Sinne auch Stapelfasermatten [52]. In Abbildung 3.14 ist dazu eine mögliche Einteilung dieser textilen Flächengebilde dargestellt.

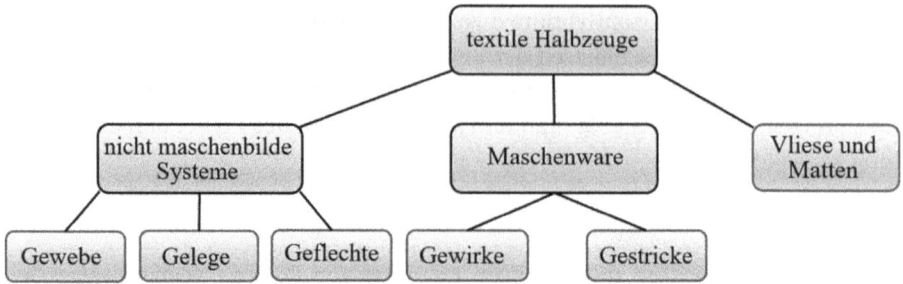

Abb. 3.14: Mögliche Einteilungen textiler Preforms

Die Anwendungen dieser Textilien basieren auf den technischen und funktionellen Eigenschaften, die sie etwa für Armierungen von Strukturen aus Kunststoff bzw. Beton besitzen müssen. In dieser Beziehung grenzen sie sich so von den traditionellen Textilien, die z. B. in der Bekleidungsindustrie eingesetzt werden, ab [53, 54].

Die Abbildung 3.15 zeigt in diesem Zusammenhang die Strukturen „klassischer" Textilien für die Kunststoffverstärkung.

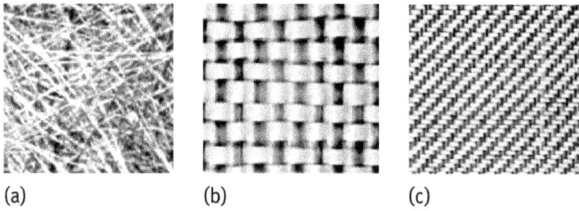

(a) (b) (c)

Abb. 3.15: Strukturen „klassischer" Textilien: (a) Glasfaser-Stapelbinder-Matte (b) Glasfaser-Roving-Gewebe (c) Feingewebe aus Glas- und Kohlenstofffasergarnen

Der mit Abstand größte Teil der in der Praxis eingesetzten Bauteile aus kunststoffbasierten Faserverbundwerkstoffen besitzt einen multiaxialen Lagenaufbau. Für die Herstellung von Bauteilen, vor allem aus textilverstärken Duromeren, werden die zugeschnittenen Flächengebilde (Preforms) schichtenweise in eine Form drapiert und mit Harz getränkt. Meist wird der Laminataufbau multiaxial ausgeführt. Das heißt, das Bauteil besteht aus einer Stapelung einzelner unidirektionaler versehener Einzelschichten (mit oder ohne einen Winkelversatz). In Abbildung 3.16 ist ein derartiger Schichtaufbau schematisch dargestellt.

Man verwendet diese polymerbasierten Schichtlaminate aus folgenden Gründen:
- *Konstruktion von Werkstoffen „nach Maß":*
  Homogene (isotrope) Werkstoffe sind zur Erfüllung der Anforderungen im Hochtechnologiebereich meist nicht ausreichend.

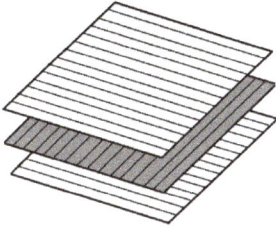

Abb. 3.16: Schematische Darstellung eines aus unidirektionalen Schichten aufgebauten Laminats

– *Gezielte Nutzung von Anisotropieeffekten:*
Durch einen gezielten, strukturmechanisch optimierten Schichtverbundaufbau ist es einerseits möglich, den Verbundwerkstoff aus beanspruchungsgerechter Sicht zu „konstruieren". Und andererseits besteht dadurch die Möglichkeit das globale Design des zu entwickelnden Bauteils mit dieser anisotropen Werkstoffcharakteristik abzustimmen.
– *Herstellung leichtbaugerechter Bauteile:*
Mithilfe dieser Herangehensweise lassen lich hoch beanspruchbare Leichtbaustrukturen effektiv und auch ökonomisch herstellen.

Auf der Basis textiltechnischer Verfahren, die schon seit langem in der Praxis eingeführt sind, ist es heutzutage möglich relativ günstig multiaxiale Preforms aus technischen Textilien herzustellen. In diesem Zusammengang werden an dieser Stelle ausgewählte Herstellungsverfahren für textile Flächengebilde kurz vorgestellt.

Gewebe
Durch das Verweben von Endlosfasern, was eines der ältesten textiltechnischen Verarbeitungsverfahren darstellt, beispielsweise von Rovings oder Garnen, werden Gewebe hergestellt. Mithilfe dieser Technologie lassen sich durch die Variation der Bindungsarten (Abbildung 3.17) die oben erwähnten Anisotropieeffekte gut realisieren. Aller-

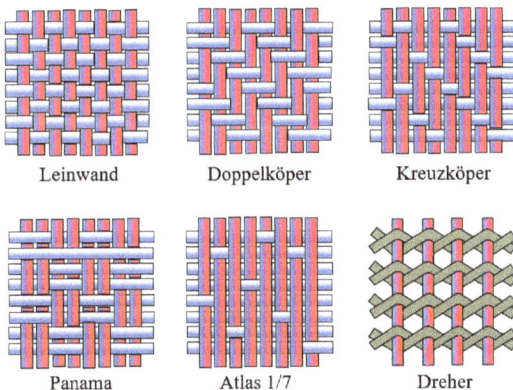

Abb. 3.17: Gewebebindungsarten

dings bewirkt diese Technologie zwangsläufig eine Ondulation der verwendeten Ausgangsprodukte, was insbesondere eine Minderung der faserparallelen Druckfestigkeit der mit Geweben hergestellten Faserverbundwerkstoffe bewirkt. Bei einer Leinwandbindung ist aufgrund der vielen Kreuzungspunkte die angesprochene Ondulation am größten. Andere in Abbildung 3.17 dargestellte Bindungsarten, wie die Köper- oder Atlasbindung, besitzen eine kleinere Anzahl von Kreuzungspunkten, was die Drapierbarkeit dieser Flächengebilde verbessert und die Ondulation der Fasern verringert.

Gestricke, Gewirke und Nähgewirke

Bei Gewirken und Gestricken werden aus Fadensystemen durch Maschenbildung textile Flächengebilde industriell hergestellt. Dabei kommen konventionelle Wirk- oder Strickmaschinen zum Einsatze [55]. Das Stricken wird dadurch charakterisiert, dass eine Masche neben der anderen angeordnet ist, d. h., der Faden läuft horizontal entlang einer Maschenreihe. Wohingegen in Gewirken der Faden übereinanderstehende Maschen bildet, d. h., der Faden verläuft senkrecht und bildet mit dem benachbarten Faden ein Maschenstäbchen [56]. In Abbildung 3.18 ist der strukturelle Aufbau von Gestricken und Gewirken schematisch gezeigt.

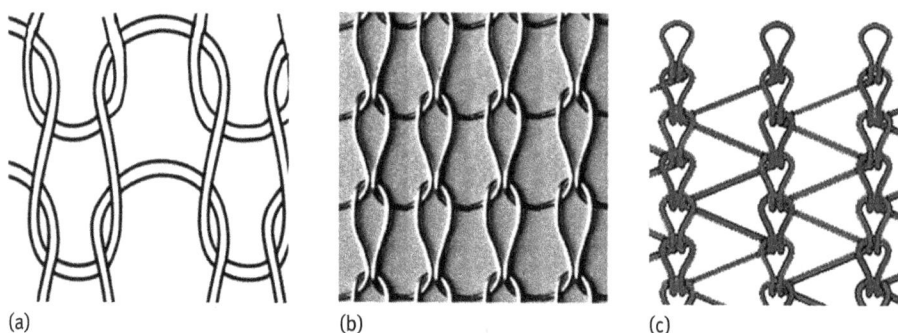

(a)　　　　　　　　　(b)　　　　　　　　　(c)

Abb. 3.18: Schematische Darstellung der textilen Strukturen von (a), (b) Gestricken und (c) eines Gewirks [56, 57]

Bei Nähgewirken wird das textiles Flächengebilde aus Fäden, Garnen oder Rovings gestaltet, wobei die Bestandteile durch eine spezielle Nähtechnik zusammengefügt werden. Als Beispiel dienen hier Fadenlagennähwirkstoffe (Abbildung 3.19).

Gelege

In einem Gelege (Abbildung 3.19) treten keine Ondulationen auf, die Verstärkungsmaterialien liegen ideal parallel und gestreckt im Textil und besitzen eine bemerkenswerte strukturelle Vielfalt [59]. Gelege werden durch eine Papier- oder Fadenheftung fixiert. Sie finden Anwendung in mechanisch hochwertigen Faser-Kunststoff-Verbunden. Im Vergleich zu Geweben sind Gelege wesentlich besser drapierbar und bewirken

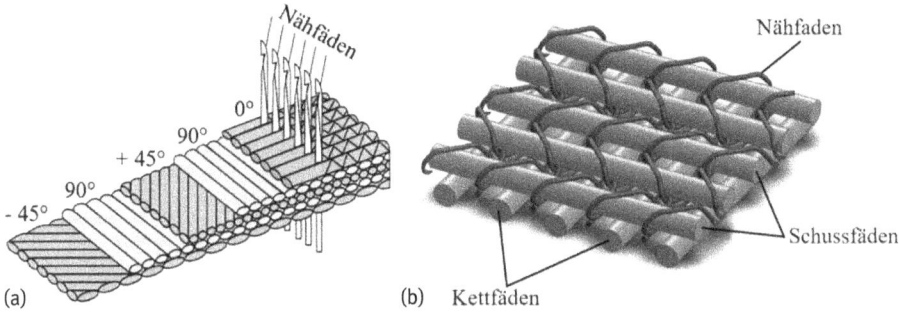

Abb. 3.19: Schema der Struktur eines (a) Multiaxialgeleges und (b) Aufbau eines bidirektionalen Geleges bei welchem die Fadenlagen nähtechnisch fixiert sind (Malimo-Technik) [57, 58]

im Faserverbund höhere mechanische Eigenschaften, da die Garne oder Rovings gestreckt im Textil vorliegen (keine Faserondulation). Im Flächenverbund kann die Ausrichtung der Fasern für den jeweiligen Anwendungsfall durch die beanspruchungsgerechte Optimierung des Zuschnittes (Preform) gezielt realisiert werden.

Geflechte

Flechten ist neben dem Weben eines der ältesten Fertigungsverfahren und wird traditionell für die Herstellung von Seilen und Schnüren verwendet. Mit modernen Flechtverfahren ist die Fertigung von Preforms mit komplexen Strukturen für eine Vielzahl Leichtbaulösungen schnell und preiswert möglich. Man kann sagen, dass das Flechten das effizienteste und variabelste derzeit bekannte Preformverfahren für faserverstärkte Hohlprofile ist. Nahezu beliebige Verstärkungsfasern, wie z. B. Kohlenstoff-, Glasfaserhybridgarne oder vorkonsolidierte Tapes, können mit sehr hoher Geschwindigkeit auf konturangepassten Flechtkernen abgelegt werden. Technisch gesehen entstehen Geflechte durch das regelmäßige Verkreuzen von wenigstens 3 Garnen oder Rovings, die diagonal zur Produktionsrichtung verlaufen. Dabei ist die Winkelausrichtung im Geflecht variabel einstellbar. Weiterhin lassen sich in ein Geflecht zusätzliche Verstärkungsfasern, die in axialer Richtung angeordnet sind (Stehfäden), einarbeiten. Damit lassen sich mit modernen Flechtanlagen sich Preforms sowohl in Form von 2-D als auch 3-D-Strukturen effektiv herstellen [44, 59, 60]. In Abbildung 3.20 ist in diesem Zusammenhang die Herstellung einer profilierten Hohlwelle (Abbildung 3.20c), die aus einem Geflecht (Abbildung 3.20b), welches auf einer Horizontalflechtmaschine (Abbildung 3.20a) gefertigt wurde, dargestellt.

Tailored Fiber Placement

Diese Fertigungstechnologie eröffnet dem Technologen die Möglichkeit, Garne oder Rovings auf einer gekrümmten Bahn abzulegen. Diese Form der Drapierung wird auch als variabel axial bezeichnet [60]. Das Ziel dieser Technologie besteht darin, durch

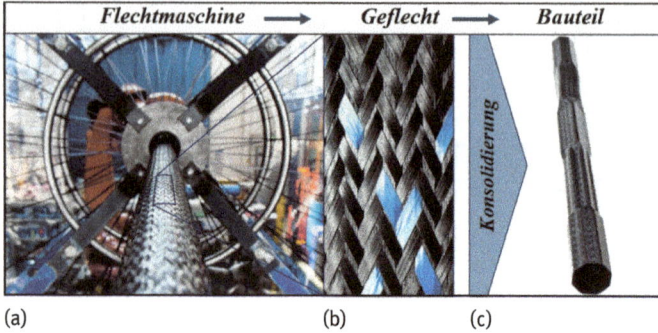

Abb. 3.20: Schematische Darstellung eines profilierten Hohlkörpers mittels der Flechttechnologie [60–62]

einen zusätzlichen Freiheitsgrad, d. h. der Möglichkeit, dem Verstärkungsmaterial an jeder beliebigen Stelle im Bauteil eine neue Richtung zuweisen zu können, der sich an der globalen Beanspruchung der Struktur orientiert[19]. Dadurch ist es möglich, hoch beanspruchbare Bauteile herzustellen und innovative Leichtbaulösungen zu realisieren.

Im Zusammenhang mit Hauptschwerpunkt dieser Ausarbeitung, der Entwicklung tribomechanisch hoch beanspruchbarer Bauteile und anderer Strukturen aus polymerbasierten Faserverbundwerkstoffen (FVW), ist in Abbildung 3.21 die Simulation eines Kunststoffzahnrades mit einer beanspruchungsgerecht angeordneten Kohlenstoffendlosfaserverstärkung dargestellt.

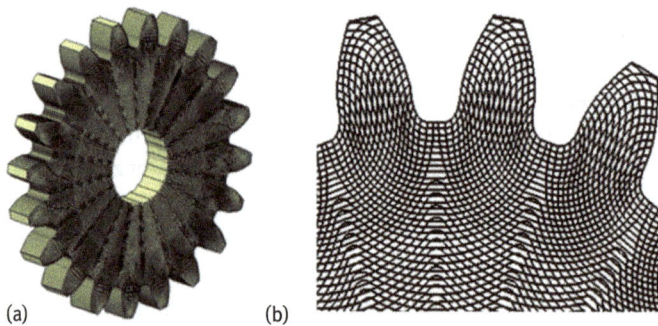

Abb. 3.21: (a) 3-D-Darstellung der Fadenablagesimulation und (b) 2-D-Ausschnitt dieser Simulation

---

[19] Weiterhin ist es möglich, dieses Prinzip auch mit generativen Verfahren, etwa dem *Fused Deposition Molding* (FDM), zu realisieren. Diese Form des *Rapid Manufacturing* ermöglicht eine extrem rasche und effiziente Herstellung von funktionsfähigen, einbaufertigen Bauteilen auch aus endlosfaserverstärkten Hochleistungsthermoplasten, vor allem für Einzelfertigungen und kleine Serien.

Sollen endlosfaserverstärkte Bauteile aus Duromeren gefertigt werden, so ist es üblich, diese textilen Halbzeuge in Formen zu drapieren und dann mit aktivierten Harzen zu infiltrieren. Als Harzinjektionsverfahren kommt meist das RTM-Verfahren (*Resin Transfer Moulding*, RTM, Abbildung 3.22) zum Einsatz.

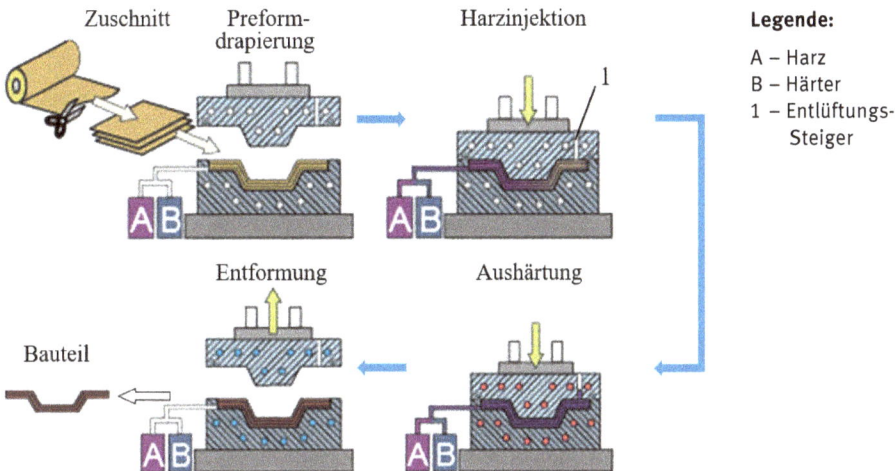

Abb. 3.22: Schematische Darstellung des Ablaufes der Bauteilfertigung mittels des RTM-Verfahrens [63]

Kurzbeschreibung des RTM-Verfahrens

Nach der Drapierung der textilen Preforms in das Werkzeug schließt die Presse das Werkzeug. Harz und Härter liegen beide in flüssigem Zustand vor und werden getrennt voneinander dosiert und in einem Mischkopf vermischt. Dieses Harz-Härter-Gemisch wird anschließend unter Druck in die Kavität des Werkzeugs injiziert, um die dort befindlichen Textilzuschnitte zu infiltrieren. (Um den Infiltrationsprozess zu optimieren, wird bei manchen Verfahren die Form zusätzlich noch evakuiert.) Das Harz härtet in der Kavität des Werkzeugs unter Temperatureinwirkung und einem Nachdruck zu einem Duroplast aus. Im letzten Schritt wird die Form gekühlt und das fertigkonsolidierte Bauteil mittels eines Auswerfersystems ausgeformt.

Thermoplastbasierte Strukturen werden heißgepresst oder mittels des Autoklavtechnologie verarbeitet. Die Abbildung 3.23 zeigt dazu eine schematische Darstellung des Ablaufes der Bauteilfertigung mittels des Heißpressverfahrens.

Kurzbeschreibung des Heißpressverfahrens

Bei diesem Verfahren werden entweder vorgeheizte Zuschnitte thermoplastischer Organobleche (Abbildung 3.23) in das Werkzeug eingelegt oder textile Preforms aus thermoplastbasierten Hybridgarnen (analog der in Abbildung 3.22 dargestellten Vorgehensweise) auf die untere Werkzeughälfte drapiert. Im zweiten Schritt schließt die

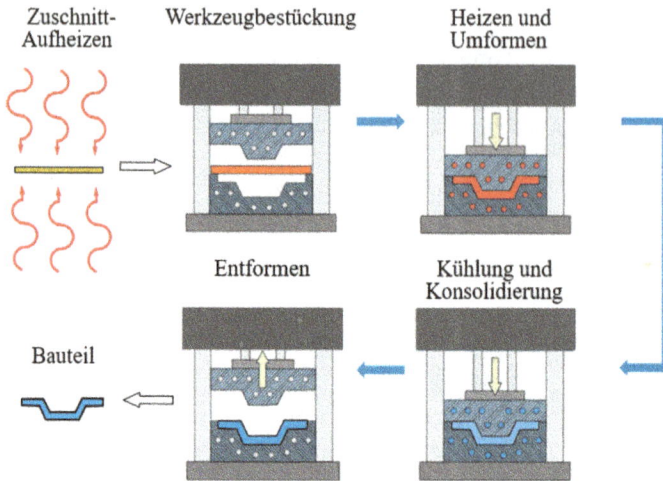

Abb. 3.23: Schema des Ablaufes der Bauteilfertigung mithilfe des Heißpressverfahrens [64]

Presse das aufgeheizte Werkzeug und das zugeschnittene Organoblech wird zu einem Bauteil umgeformt oder die eingelegten Textilien werden zu entsprechenden Strukturen urgeformt. Anschließend wird das Werkzeug gekühlt, die hergestellten Bauteile konsolidiert und nachfolgend ausgeformt. Als Beispiel soll hier eine PKW-Sitzschale dienen (Abbildung 3.24), bei deren Fertigung neben einem heißgepressten textilverstärktem PP (Organoblech) auch ein langfaserverstärktes PP-Extrudat in Form eines Werkstoffgemisches (Langfaserextrudat) zum Einsatz kommt, welches durch isostatisches Heißpressen urgeformt wird.

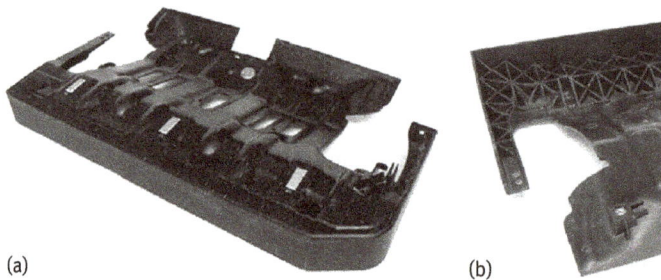

(a)

(b)

Abb. 3.24: PKW-Sitzschale aus einem textil- und langfaserverstärktem PP-Compound [88]:
(a) Gesamtdarstellung und (b) Detail der Rückseite

3.1.7.5 Wertung und Charakterisierung polymerbasierter FVW

Wie in Kapitel 1 und 2 bereits angesprochen, besitzen FVW, insbesondere textilverstärkte Polymere, ein sehr großes Potenzial in Hinsicht auf die Realisierung hoch beanspruchbarer Leichtbaulösungen, was auf ihre exzellenten, massespezifisch gezielt einstellbaren mechanischen Eigenschaften und deren breite Gestaltungsfreiheit zurückzuführen ist. Deshalb sind konstruktive Lösungen auf dieser Basis mittlerweile branchenübergreifend in vielen Industriezweigen vertreten. Die Abbildung 3.25 zeigt in diesem Zusammenhang die relativen Steifigkeiten und Festigkeiten faserverstärkter Kunststoffe im Vergleich zu Stahl und Titan und verdeutlicht das hohe Leichtbaupotenzial von FVW.

Die Grundlagen für die Herstellung von Leichtbaustrukturen aus FVW sind einerseits die Bereitstellung optimierter Matrixsysteme mit ausreichender Fließfähigkeit und andererseits die Verwendung von hochwertigen Fasermaterialien mit angepassten Faserausrüstungen. Die in der letzten Zeit erreichten enormen Erfolge bei der Herstellung von hoch beanspruchbaren Bauteilen aus polymerbasierter FVW wurden erst durch revolutionäre Entwicklungen auf dem Gebiet der Textiltechnik möglich. Die in den Kapiteln 3.1.1 und 3.1.2 nur knapp und schematisch vorgestellten Herstellungsverfahren von textilen Halbzeugen verdeutlichen nur die wesentlichsten Grundlagen. Auch die damit korrespondierenden Verarbeitungstechniken befinden sich in einer stetigen Weiterentwicklung. Zur Realisierung möglichst optimaler Strukturen sind die Verarbeitungstechniken sehr flexibel und miteinander kombinierbar (z. B. Pultrudieren und Flechten).

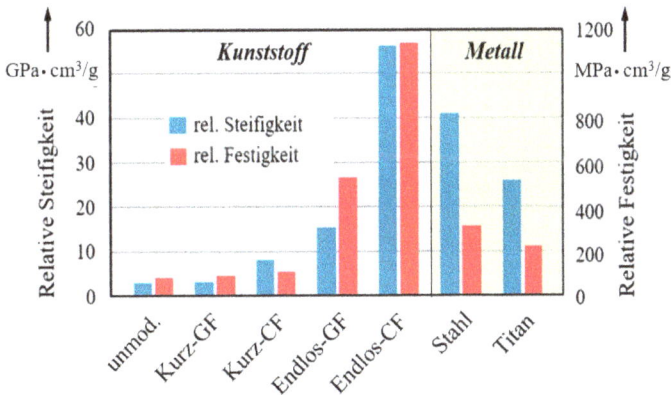

Abb. 3.25: Vergleich der relativen Steifigkeiten und Festigkeiten faserverstärkter Kunststoffe mit Stahl und Titan

Weiterhin bieten die auf FVW-basierenden Leichtbauweisen die Möglichkeit der Inkorporation ausgewählter Komponenten, wie etwa die Einbindung von Metalldrähten in die textile Struktur zur Ermöglichung des schnelleren Aufheizens von Organoblechen über eine zusätzliche Widerstandsheizung oder die Einarbeitung von Thermoelementen, spezieller Sensoren und anderer elektronischer und/oder elektrischer Bauelemente. In der Praxis hat sich dafür der Begriff der „Funktionsintegration" etabliert.

An dieser Stelle werden in diesem Zusammenhang 3 Beispiele die Entwicklung tribomechanisch hoch beanspruchbarer Bauteile aus Faserverbundwerkstoffen exemplarisch vorgestellt.

a) Herstellung eines Kunststoffzahnrades mit Endlosfaserverstärkung

Die Abbildung 3.27 bietet Informationen zur Herstellung der textilen Preform für ein derartiges Bauteil mithilfe der Technologie des *Tailored Fiber Placements* (Abbildung 3.27a) und Abbildung 3.27b zeigt ein Segment eines konsolidierten Zahnrades aus einem endloskohlenstofffaserverstärkten Kunststoff. Die Dimensionierung des in Abbildung 3.21 dargestellten Zahnrades aus endlosfaserverstärktem Kunststoff beruht auf der Betrachtung der Zug- bzw. Druckkräfte im wirkenden Zahnfuß- und Zahnflankenbereich. Die Belastung des Zahnes ist dadurch gekennzeichnet, dass ein Zahn im Betriebszustand infolge eines Wälzvorgangs durch eine sich vom Zahnfuß bis zum Zahnkopf bewegende Druckbelastung beansprucht wird. Diese beeinflusst in Form einer Biegebespannung die globale Zahnstruktur. Ein spezielles Problem dabei stellt der Zahnfußbereich dar, in welchem die Zahnfußfestigkeit durch eine Kerbwirkung vermindert werden kann. Meist werden die Zahnfußbiegespannung und die ebenfalls problematische Zahnflankenpressung analytisch oder mithilfe von FE-Simulationsrechnungen bestimmt. Die Abbildung 3.26 zeigt dazu exemplarisch die Ergebnisse derartiger Rechnungen, die wiederum als Grundlage zur Festlegung der Faserstruktur dieses Bauteils (Abbildung 3.21) dienen.

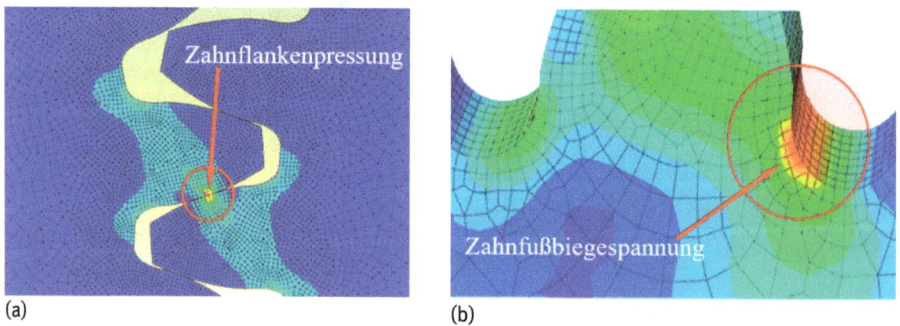

Abb. 3.26: (a) Bestimmung der Zahnflankenpressung und (b) der Zahnfußbiegespannung einer Zahnradpaarung [57, 58]

Entsprechend der geometrischen Randbedingungen einer Evolventenverzahnung und des vorliegenden Beanspruchungskollektivs wurden die Verstärkungsfasern aus mechanischen Gründen parallel und senkrecht zur Zahnflanke ausgerichtet und liegen somit direkt im tribologisch beanspruchten Bereich des Zahnrades.

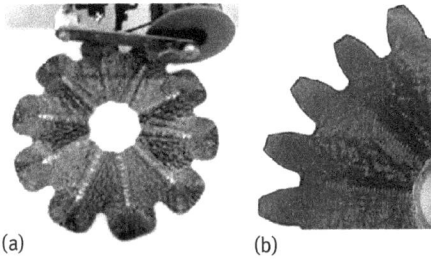

Abb. 3.27: (a) Herstellung der textilen Preform mithilfe des *Tailored Fiber Placements* [136] und (b)Segment eines konsolidierten Zahnrades aus einem endloskohlenstofffaserverstärkten Kunststoff

b) Herstellung eines Wälzlagerkäfigs aus einem polymerbasierten FVW

Wie bei der Auslegung des Zahnrades (Abbildungen 3.21 und 3.26) erfolgte die wesentliche Gestaltung dieses Bauteils auf Basis makroskopischer Strukturbeanspruchungen. Dem in Abbildung 3.28a dargestellten Käfig für ein orbitierendes Lager in einem Planetengetriebe liegt eine Auslegung sowohl anhand der wirkenden Fliehkräfte aufgrund der Eigenrotation als auch der Bahn um die Sonnenachse des Getriebes zugrunde.

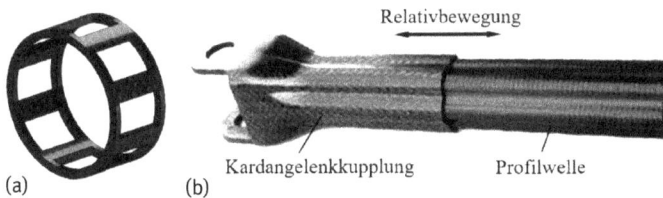

Abb. 3.28: Beispiele für tribomechanisch beanspruchte Bauteile aus FVW (CF-EP): (a) ein CFK-Wälzlagerkäfig und (b) eine formschlüssige, axial nicht festgelegte Welle-Nabe-Verbindung (Faserverbundwelle-Faserverbundnabe) [88]

Um einen optimalen Betrieb zu gewährleisten, wurden vor allem die radiale Verformung sowie die dynamischen Lasten der Wälzkörper analysiert und die Anforderungen durch eine in Umfangsrichtung orientierte Faseranordnung ideal gelöst. Im Bereich der Käfigstege stehen die Fasern dementsprechend senkrecht auf der durch die Wälzkörper tribologisch beanspruchten Fläche.

c) Gestaltung des Lasteinleitungsbereiches einer Kardanwelle mit axialem Bewegungsausgleich

Die Gestaltung des Lasteinleitungsbereiches der in Abbildung 3.28b dargestellten CFK-Antriebswelle wird wesentlich durch die zu übertragenden Torsionsmomente sowie durch etwaig auftretende Biegemomente bestimmt. Die Fasern liegen daher in 45°-Richtung (Torsion) und in Längsrichtung (Biegung, Zug, Druck) orientiert vor und befinden sich daher parallel zu der durch den Längenausgleich tribologisch beansprüchten Fläche im Welle-Nabe-Bereich.

Zusammenfassend kann festgestellt werden, dass durch die Möglichkeit einer beanspruchungsgerechten Auswahl von Faser- und Matrixsystemen, in Verbindung mit effizienten und in zunehmendem Maße komplexer werdenden Herstellungstechnologien, die FVW insbesondere für hoch beanspruchte Strukturbauteile in vielen Gebieten der Technik, wie etwa der Luftfahrt oder der Automobilindustrie, immer attraktiver werden. Durch gute und effiziente Berechnungs- und Auslegungsverfahren gestützt, werden heute auch sicherheitsrelevante Strukturbauteile aus Faser-Kunststoff-Verbund ausgeführt.

Die Gestaltung von tribologisch beanspruchten Flächen in Faserverbundbauweise bei der Konstruktion und Auslegung von Strukturbauteilen oder Maschinenelementen stellt allerdings eine Herausforderung dar, die bisher meist noch nicht zufriedenstellend gelöst werden konnte. So sind statische und dynamische Lasten und deren Wirkung in Bauteilen durch FE-Programme auch für faserverstärkte Werkstoffe weitgehend darstellbar (Abbildung 3.26). Eine detaillierte Betrachtung von Reibungs- und Verschleißvorgängen an FVK-Grundkörpern im Tribokontakt mit diversen Gegenkörpern ist derzeit nur unzureichend möglich. Als Beispiel soll hier die oben angesprochene Entwicklung eines Kunststoffzahnrades mit Endlosfaserverstärkung dienen. Während für spritzgegossene Kunststoffzahnräder, mit und ohne Kurzfaserverstärkung, seit Jahrzehnten intensive tribologische Forschungen durchgeführt wurden [64–69], die auch in einer VDI-Richtlinie [70] Berücksichtigung fanden, existieren für endlosfaserverstärkte Thermoplastbauteile kaum verwertbare Reibungs- und Verschleißkenngrößen. In der Zukunft ist es daher notwendig, die an Bauteilschnittstellen auftretenden werkstoff- und strukturmechanischen Phänomene zu erfassen und in Form von Berechnungsmodellen bzw. tribologischen Auslegungs- und Gestaltungskriterien für FVW-Strukturbauteile aufzubereiten.

3.2 Reibungs- und Verschleißeigenschaften polymerbasierter FVW

3.2.1 Tribologie kurzfaserverstärkter Thermoplaste

3.2.1.1 Kurzfaserverstärkte technische Polymere

Die Entwicklung technischer Thermoplaste, etwa der Polyamide, Polyacetale oder linearen Polyester, mit Kurzglasfaserverstärkung begann etwa zu Beginn der 1960-Jahre. Pioniere dieser Entwicklungen waren u. a. Hachmann/Strickle [71], Erhard [5, 72, 73], Ehrenstein [74, 75], Wende [76] Oberbach [77] und Joisten [78]. Es wurden effektive Faserausrüstungen entwickelt, qualitativ hochwertige Verbunde hergestellt, ein ausreichender Datenfundus geschaffen und somit ein breites Anwendungsfeld für diese Werkstoffe in der Technik erschlossen.

In diesem Zusammenhang sind die kurzfaserverstärkten Thermoplaste in der Vergangenheit auch in Hinsicht auf ihre tribologischen Eigenschaften intensiv untersucht worden. So wurde durch Song und Ehrenstein [79] die Tribologie von verstärktem PA66 analysiert und von Lhymn und Bozolla [80] sowie von Gyurova [81] die von kurzfaserverstärktem PPS. Voss/Friedrich [82–84] sowie Davim und Cardoso [85] analysierten das tribologische Verhalten von kurzfasermodifizierten Polyetheretherketonen (PEEK). Auch das Hochleistungspolymer Polyimid (PI) wurde in kurzfaserverstärkter Form tribologisch analysiert (Chen et al. [86]).

In Auswertung dieser Untersuchungen konnte übereinstimmend konstatiert werden, dass eine Kurzfaserverstärkung das Reibungs- und Verschleißverhalten dieser Polymere positiv beeinflusst. Was u. a. darauf zurückzuführen ist, dass bei trocken laufenden Gleitpaarungen, die mit höheren Gleitgeschwindigkeiten und mit kleinen bis mittleren Pressungen beaufschlagt werden, Verschleißzustände dominieren, die, wie im Abschnitt 2.1.3.2 bereits aufgeführt, durch adhäsive und deformative Prozesse gekennzeichnet sind. Diese deformativen Verschleißformen, die durch Stoffverluste infolge von Verformungen im makro-, mikro- und submikroskopischen Bereich des beanspruchten Werkstoffvolumens charakterisiert sind, kann man wie folgt unterteilen:

– Stoffverlust infolge mehrmaliger elastischer bzw. viskoelastischer Deformationen beanspruchter Werkstoffvolumen;
– Stoffverlust infolge mehrmaliger plastischer Deformationen;
– Stoffverlust infolge einmaliger plastischer Deformationen (spanende Deformation oder Mikroschneiden.)

Daher ist eine gezielte Einflussnahme auf diese Reibungs- und Verschleißmechanismen durch eine Modifikation der hochpolymeren Konstruktionswerkstoffe, etwa mit Kurzfasern, durchaus als zielführend einzuschätzen.

Ziel der Kurzfaserverstärkungen thermoplastischer Kunststoffe soll die Vergrößerung der Reibungsbruchenergiedichte und in phänomenologischem Sinne der scheinbar ertragbaren Reibungsenergiedichte e_R^* (Abschnitt 2.1.4.4) der polymeren Matrixwerkstoffe sein. Das heißt, durch die Verbesserung der Festigkeits- und Steifigkeitskennwerte sowie der thermischen Eigenschaften (Wärmeformbeständigkeit und -leitfähigkeit) sollen die Mechanismen der Energieaufnahme und -ableitung verbessert werden. Damit wird angestrebt, dass der auftretende Verschleiß in Richtung des angestrebten Stoffverlustes infolge mehrmaliger elastischer Deformationen verschoben wird. Für diese spezielle Verschleißform kann man eine gewisse Korrelation zwischen der scheinbar ertragbaren Reibungsenergiedichte e_R^* und der Energieaufnahme eines Kunststoffprüfstabvolumens während eines Zugversuchs bis zu einer festgelegten Dehnungsgrenze ableiten. Dafür kann man z. B. die für die dehnungsbezogene Bemessung von Kunststoffteilen verwendete Grenzdehnung $e_{z/grenz}$ (Abschnitt 1.7.3.1) heranziehen. Die Abbildung 3.29 zeigt dazu Hinweise zur Bestimmung zur der Energieaufnahme eines Kunststoffprüfstabvolumens während eines

Zugversuchs (Abbildung 3.29a) und die Darstellung (Abbildung 3.29b) verdeutlicht den Zusammenhang von e_R^* und $e_{z/grenz}$.

Für unverstärkte Polymere wurde über einen Zusammenhang der tribologischen und mechanischen Werkstoffkennwerte bereits in den 1960er-Jahren berichtet [179, 180].

In Anbetracht der Möglichkeiten, die die Kurzfaserverstärkungen von Konstruktionsthermoplasten vor allem in Hinsicht auf eine Erhöhung der Festigkeiten und Steifigkeiten bieten, ist in der Vergangenheit derartigen Verbundwerkstoffen ein breites Anwendungsspektrum eröffnet worden. Wie in Abbildung 3.29 verdeutlicht, wird auch das Reibungsenergieaufnahme- und Weiterleitungsvermögen derartiger Werkstoffe erhöht, was sich in der Verbesserung der Verschleißfestigkeit dieser Materialien widerspiegelt.

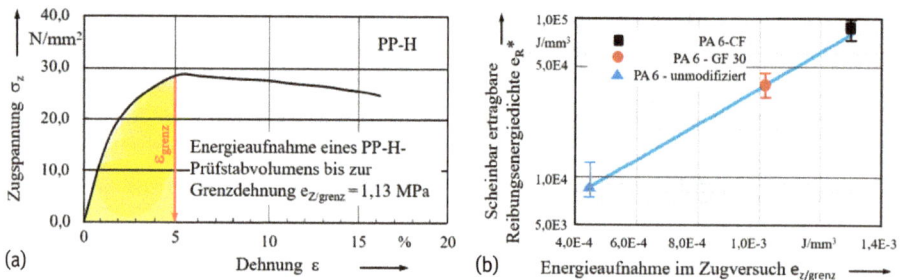

Abb. 3.29: (a) Hinweise zur Bestimmung der Energieaufnahme $e_{z/grenz}$ eines Polypropylen-prüfstabvolumens während eines Zugversuchs bis zur Grenzdehnung sowie (b) ein Vergleich der Energiedichten eines Zugversuchs (bis 1,5 % Dehnung) mit denen eines „Klötzchen/Ring"-Verschleißversuchs e_R^* an verstärken PA6-Proben mit einem gehärteten und geschliffenen 100Cr6-Gegenkörper

Diese in Abbildung 3.29a für modifiziertes Polyamid 6 exemplarisch dargestellten Verbesserungen beschränken sich allerdings nur auf die Verschleißkennwerte. Die Gleiteigenschaften dieser Werkstoffe bleiben allerdings weitgehend erhalten oder verbessern sich nur geringfügig (Abbildung 3.30 bzw. 3.31). Speziell die für die Polyamide typischen Stick-Slip-Reibungserscheinungen bleiben weitgehend erhalten.

Bei allen Untersuchungen zeigte sich, dass die Verbesserungen der Reibungs- und Verschleißkennwerte bei dem Einsatz kurzer Kohlefasern am signifikantesten ausfielen, was einerseits auf die verbesserten mechanischen Eigenschaften von C-Faser-Compounds zurückzuführen ist und zum anderen darauf, dass die höhere Wärmeleitfähigkeit der Kohlefasern die Temperaturbeanspruchung der Tribopartner bei vergleichbarer Beanspruchung vermindert.

Weiterhin wurde festgestellt, dass die Kohlefasern im Triboprozess durch Mikrorisse geschädigt werden und in kleine Abriebpartikel zerbröckeln. Diese Partikel besitzen bessere selbstschmierende Eigenschaften als der Glasfaserabrieb [91]. Darüber

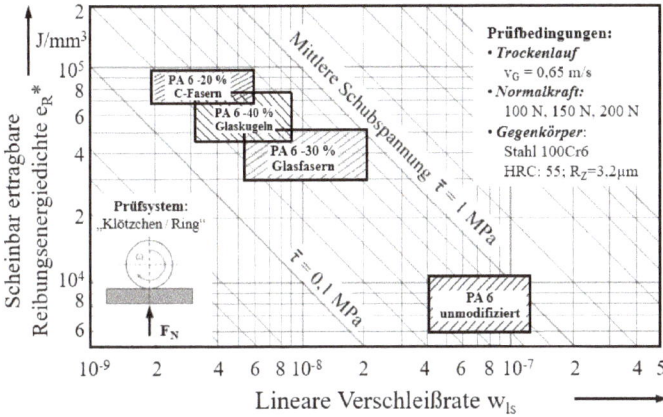

Abb. 3.30: w_{ls}-$\bar{\tau}$-e_R^*-Schaubild von verstärktem PA6[20] [34, 39]

hinaus konnte durch eigene Untersuchungen bestätigt werden, dass die Glasfasern, wenn sie während des Reibungsprozesses aus dem Verbund herausgelöst werden und zerbrechen, einen abrasiven Charakter besitzen und einerseits den metallischen Gegenkörper verschleißen (Erhöhung der Oberflächenrauheit) und andererseits auch den Verschleiß des Grundkörpers negativ beeinflussen.

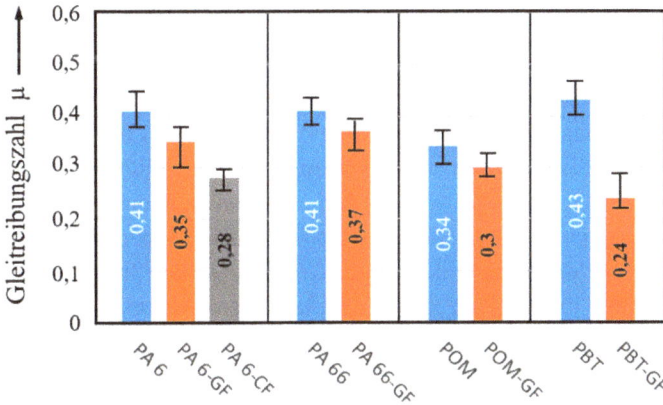

Abb. 3.31: Gleitreibungszahlen ausgewählter technischer Thermoplaste im Vergleich mit den kurzfaserverstärkten Typen (30 Masse-%) [39]

---

20 Als PA 6-Matrixmaterial diente hier Miramid H3 der Leunawerke.

3.2.1.2 Kurzfaserverstärkte Standardpolymere
a) Werkstoffauswahl

Wie oben dargestellt, bewirkt bei den meisten technischen Kunststoffen die Verstärkung mit Glaskurzfasern nicht nur eine Verbesserung der Steifigkeits- und Festigkeitseigenschaften, es werden auch die tribologischen Eigenschaften positiv beeinflusst. Insbesondere werden die Verschleißfestigkeiten, einen gehärteten und geschliffenen Stahlgegenkörper vorausgesetzt, deutlich erhöht. Es ist daher naheliegend, auch Standardkunststoffe durch eine Kurzglasfaserverstärkung für tribologische Anwendungen aufzubereiten und damit die Grundlagen für das eingangs formulierte Ziel der Entwicklung textilverstärkter Thermoplaste mit hohen tribomechanischen Eigenschaften zu schaffen.

Ausgewählt wurde Polypropylen (PP), das zu den Standardkunststoffen zählt, relativ preiswert ist und, bedingt durch variabel einstellbare Strukturparameter, ein breites technisches Anwendungsspektrum aufweist. Allerdings ist das mechanische und thermische Beanspruchungsniveau gering, was den Einsatz dieses interessanten Werkstoffes auf geringe, im Maschinen-, Anlagen- Fahrzeugbau übliche, Beanspruchungen begrenzt. Weiterhin sind die tribologischen Kennwerte von unmodifiziertem Polypropylen als relativ schlecht einzuschätzen, weshalb auch hier kurzglasfaserverstärkte Werkstoffvarianten entwickelt und tribomechanisch analysiert wurden.

Konkret kamen ein Polypropylen-Homopolymerisat (PP-H) und ein Polypropylen-Copolymerisat (PP-C) als Matrixwerkstoffe[21] zum Einsatz. Diese Werkstoffe wurden gewählt, weil sie ein ausgewogenes mechanisches Eigenschaftsniveau besitzen. Um eine gute Faser-Matrix-Haftung zu realisieren, wurde das PP-H zusätzlich mit einem mit Maleinsäureanhydrid gepfropftem PP-C[22] (2 Masse-%) modifiziert, welches als Haftvermittler fungiert [87].

Während die die Werkstoffstrukturen von PP-H im Abschnitt 1.3.1.4 beschrieben und die wesentlichen Materialkennwerte von PP-H im Anhang A aufgeführt sind, erfolgt ein Überblick über die wichtigsten Eigenschaften und Werkstoffkennwerte von PP-C in der Tabelle 3.16. (Durch die Tatsache, dass die Ethylensequenzen in diesem PP-C recht lang sind, tritt bei der Konsolidierung des Werkstoffes eine fraktionierte Kristallisation auf, was durch die beiden Peaks in dem tan δ-Temperatur- Diagramm der Tabelle 3.16 dokumentiert wird.)

---

21 Das PP-H ist ein Werkstoff von Borealis mit der Bezeichnung PP1 HD 120M und das PP-C Moplen EP240T stammt von der Firma LyondellBasell Industries.
22 Exxelor™ PO 1015 der Exxon Mobil Corporation Chemical.

Tab. 3.16: Übersicht über den strukturellen Aufbau, die wesentlichsten Eigenschaften und ausgewählte Kennwerte von PP-C [88]

Struktur (PP-Block-Copolymerisat)	Beschreibung und Eigenschaften
	Bei verwendeten PP-C wird im Polymerisationsprozess neben Propen auch Ethen umgesetzt. Bei diesem Werkstoff werden die Ethylensequenzen gleichmäßig in die Propylkette eingebaut (Blockcopolymerisat). Das PP-C weist gegenüber dem PP-H eine größere Zähigkeit auf, wohingegen Steifigkeit und Festigkeit deutlich abnehmen.

Verlustfaktor tan δ	Werkstoffkennwerte		
	Dichte	ρ	$0,9 \, \text{g/cm}^3$
	E-Modul (Zug)	E_Z	$1240 \, \text{N/mm}^2$
	Streckspannung (Zug)	σ_S	$17 \, \text{N/mm}^2$
	Streckdehnung (Zug)	ε_S	$7 \, \%$
	Glasübergangstemperatur	T_g	$-5 \ldots -10 \, °\text{C}$
	Temperaturgrenzen	T_{max}	kurzzeitig $100 \, °\text{C}$ langzeitig $80 \, °\text{C}$

b) Kurzfaserverstärkung

Die Fertigung der kurzfaserverstärkten (Faseranteil: 30 Masse-%) Prüfkörper erfolgte im Spritzguss, wobei das PP-Granulat durch Compoundieren auf einem Doppelschneckenextruder hergestellt wurde (Abschnitt 3.1.2).

Ein Vergleich der mechanischen Eigenschaften erfolgt hier durch eine Gegenüberstellung der Spannungs-Dehnungs-Diagramme (aus dem Zugversuch) von mit 30 Masse-% Kurzglasfasern verstärkten Polypropylenen mit den entsprechenden Kurven der virginalen Werkstoffe (Tabelle 3.17).

Die Diagramme in Tabelle 3.17 verdeutlichen die ausgeprägten Unterschiede der mechanischen Kennwerte dieser PP-Werkstoffe. Das PP-H zeichnet sich zu PP-C durch deutlich höhere Festigkeits- und Steifigkeitseigenschaften aus. Die glasfaserverstärkte Variante von PP-H bricht bei einer Dehnung von etwa 2,8 % spröde, wohingegen PP-C mit 30 Masse-% Kurzglasfasern noch eine ausgeprägte Streckgrenze von 4 % besitzt, also deutlich duktiler ist.

Tab. 3.17: Vergleich der Spannungs-Dehnungs-Diagramme kurzglasfaserverstärkter Polypropylentypen mit den der unverstärkten Typen (Zugversuch nach DIN EN ISO 527) [88]

PP-Homopolymerisat	PP-Copolymerisat

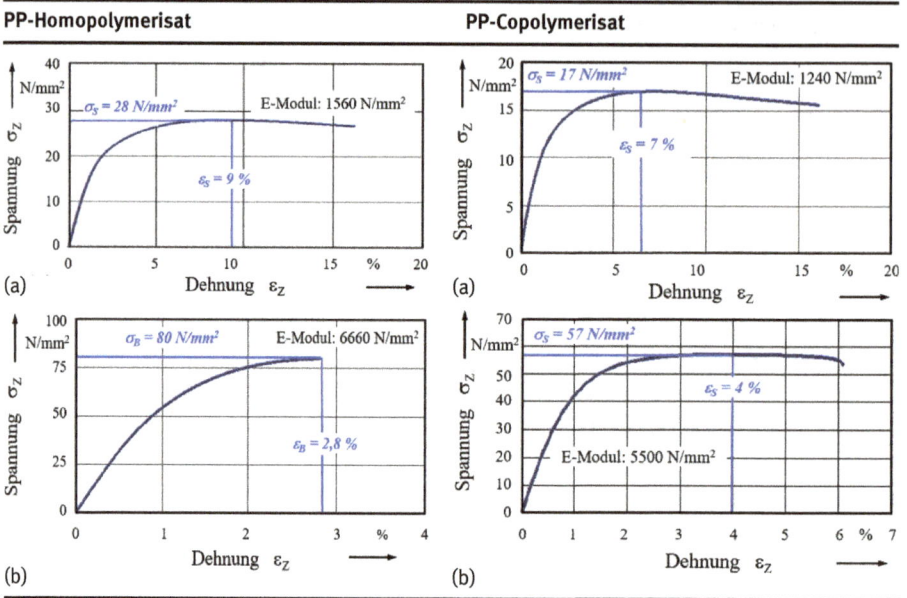

(a) unmodifiziert

(b) 30 % Kurzglasfasern

c) Tribologische Eigenschaften

Polypropylen ist, wie beschrieben, ein Standardkunststoff, der keine guten tribologischen Eigenschaften aufweist, thermisch nicht hoch beansprucht werden kann und so für den Einsatz in wartungsfreien Gleitanwendungen – etwa für Gleitlager – wenig geeignet ist. Speziell die reibungsinduzierten Temperaturen begrenzen tribomechanische Anwendungen in der Praxis.

Deshalb ist im ersten Schritt mithilfe von Laststeigerungsversuchen das Prüfregime für die folgenden Verschleißversuche festgelegt worden, wobei als Begrenzungskriterium eine maximale Prüfkörpertemperatur von 50 °C angesetzt wurde. Die Tabelle 3.18 zeigt dazu exemplarisch den gemessenen Zusammenhang von aufgebrachter Normalkraft und der mittleren Prüfkörpertemperatur (unmodifiziertes PP-H; Tabelle 3.18a) und das aus diesen Untersuchungen abgeleitete Prüfregime (Tabelle 3.18b).

In diesem Zusammenhang wurden die oben beschriebenen kurzfaserverstärkten PP-Typen in Hinsicht auf ihre tribologischen Eigenschaften untersucht (Abbildung 3.32). In dem in Abbildung 3.32a dargestellten Verlauf der Gleitreibungszahlen über dem Gleitweg dokumentiert sich der Unterschied im Reibungsverhalten deutlich. Während die unverstärkten Typen nach dem Einlaufprozess ein hohes Reibungsniveau von $\mu > 0{,}5$ aufweisen, sinken die Reibungszahlen bei den kurzfaserverstärkten Varianten während des Einlaufens auf relativ niedrige Werte von etwa 0,23. Die Abbildung 3.32b zeigt dazu ergänzend die Reibungszahlen nach dem Einlaufprozess und die Messwertstreufelder.

Tab. 3.18: (a) Ergebnisse eines Laststeigerungsversuchs und (b) das daraus abgeleitete Beanspruchungsregime für die „Klötzchen/Ring"-Triboversuche an glasfaserverstärkten Polypropylenwerkstoffen [88]

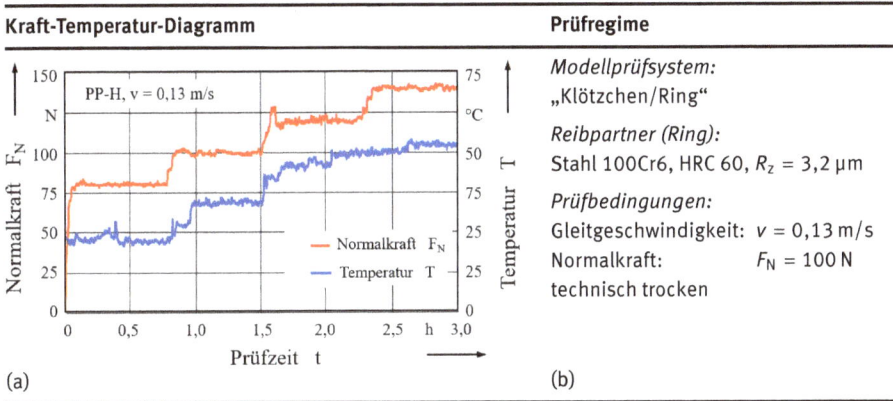

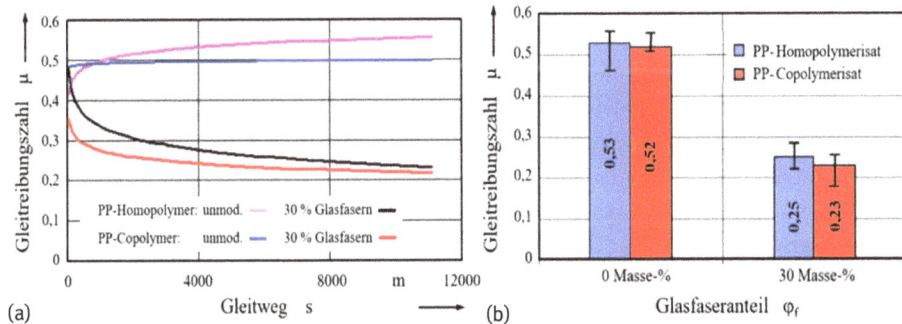

Kraft-Temperatur-Diagramm

(a)

Prüfregime

Modellprüfsystem:
„Klötzchen/Ring"

Reibpartner (Ring):
Stahl 100Cr6, HRC 60, $R_z = 3{,}2\,\mu m$

Prüfbedingungen:
Gleitgeschwindigkeit: $v = 0{,}13\,m/s$
Normalkraft: $F_N = 100\,N$
technisch trocken

(b)

Abb. 3.32: Vergleich des Reibungsverhaltens von kurzglasfaserverstärkten Polypropylentypen [88]

Während das Gleitverhalten sowohl beim PP-H als auch beim PP-C durch die Verstärkung vergleichbare Verbesserungen ermittelt werden konnten, zeigen sich beim Vergleich des Verschleißverhaltens völlig gegenläufige Tendenzen. Beim PP-C, das in unmodifizierter Form verschleißfester ist als das PP-H, bewirkt die Verstärkung eine deutliche Vergrößerung der Verschleißrate, wohingegen beim PP-H die Verschleißfestigkeit verbessert wird (Tabelle 3.19).

Tab. 3.19: Vergleich des Verschleißverhaltens kurzglasfaserverstärkter Polypropylentypen mit den der unverstärkten Typen [88]

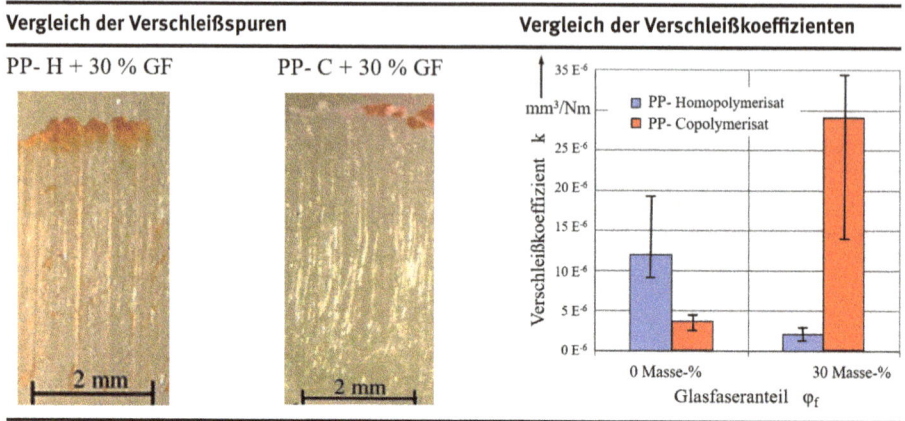

Vergleich der Verschleißspuren		Vergleich der Verschleißkoeffizienten
PP- H + 30 % GF	PP- C + 30 % GF	

Zurückzuführen ist dies mit hoher Wahrscheinlichkeit auf eine schlechtere Faser-Matrix-Bindung, die beim kurzfaserverstärkten PP-C vorliegt. Eine Auswertung der Verschleißspuren deutet außerdem darauf hin, dass die Werkstoffe während des Verschleißprozesses auch thermisch geschädigt wurden.

3.2.1.3 Kurzfaserverstärkte Kunststoffe in Tribosystemen

Bei hohen Normalspannungen und geringer Deformationsbehinderung kann der Verschleiß polymerer Werkstoffe (besonders von unmodifizierten Thermoplasten) durch Kriechprozesse überlagert werden. Man spricht in diesem Zusammenhang oft von einem „Formänderungsverschleiß", was natürlich etwas irreführend ist, denn der Verschleiß ist nach [89] ein fortschreitender Materialverlust aus der Oberfläche eines festen Körpers und resultiert aus Reibvorgängen (Abschnitt 2.1.3). Aber diesen Kriechverformungen kann man, wie die Abbildung 3.13 zeigt, durch eine Kurzfaserverstärkung entgegenwirken.

Um mit Grundkörpern aus kurzfaserverstärkten technischen Thermoplasten[23] im tribologischen Sinne hoch beanspruchbare Bauteile oder Maschinenelemente gestalten zu können, sollten folgende Probleme bzw. Grenzen beachtet werden:

a) Der Gegenkörper sollte eine sehr harte Oberfläche (HRC > 50) besitzen. Dazu sollte bevorzugt gehärteter und geschliffener Stahl zum Einsatz kommen, denn der Faserabrieb besitzt in der Regel einen abrasiven Charakter. Dieser Abrieb führt

---

23 Diese Hinweise bzw. Einschränkungen gelten auch für mineralfaserverstärkte bzw. glaskugelmodifizierte sowie mit anderen abrasiv wirkenden Modifikatoren wie Glas- oder Gesteinspulver verstärkten Thermoplaste.

bei relativ weichen Gegenkörperoberflächen, etwa von Aluminium, Baustahl oder Bronze, zu einem erhöhten Verschleiß beider Reibpartner.

b) Analog zu den mechanischen Kennwerten (Gleichungen 3.13 und 3.14 bzw. Abbildung 3.11) sind auch die Verschleißfestigkeiten abhängig von den Faseranteilen im Verbund [39, 82, 87–93]. Es hat sich gezeigt, dass etwa ab einem Faseranteil von $\varphi = 20\,\text{Vol.-\%}$ die Verschleißfestigkeiten sinken, wohingegen die Gleitreibungszahlen relativ unabhängig vom Faseranteil sind.

c) Um zu vermeiden, dass ganze Fasern oder Bruchstücke dieser aufgrund der an der Reibfläche wirkenden Schubspannungen aus dem Verbund herausgelöst werden (Faser-Pull-out) und so zu einem intensiver Abrasivverschleiß führen, muss die Faser-Matrix-Bindung möglichst hoch sein [94]. Die Abbildung 3.33 zeigt in diesem Zusammenhang rasterelektronische Aufnahmen von Verbundbruchflächen mit schlechter (Abbildung 3.33a) und guter (Abbildung 3.33b) Faser-Matrix-Bindung.

d) Bei der Beurteilung der tribologischen Eigenschaften von Thermoplast-Kurzfaser-Compounds ist auch die Faserorientierung in Abhängigkeit von der Beanspruchungsrichtung von Bedeutung [83]. Im Spritzgussverfahren eine unidirektionale Faserorientierung zu realisieren, ist nicht möglich (Abschnitt 3.1.7.2, Tabelle 3.15). Proben aus extrudierten Halbzeugen weisen zwar eine Vorzugsrichtung der Fasern auf, sind aber nicht gänzlich unidirektional. So sind Analysen zum Einfluss der Kurzfaserorientierung auf das Reibungs- und Verschleißverhalten von Thermoplastverbunden äußerst kompliziert.

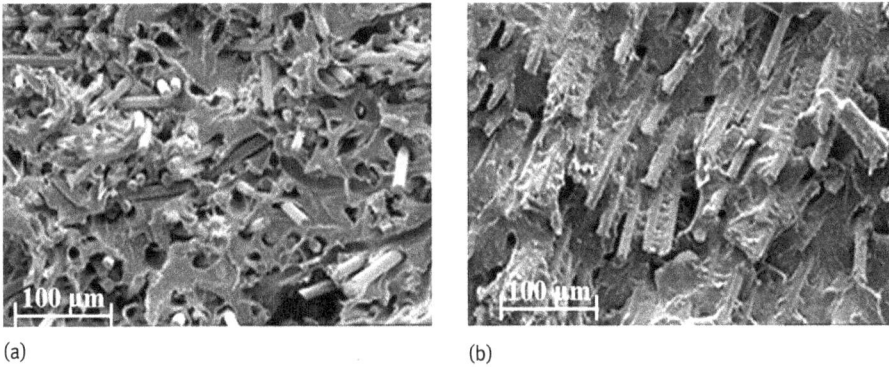

(a)   (b)

Abb. 3.33: Rasterelektronische Bruchflächenaufnahmen von PA66-Glasfaser-Verbunden mit (a) schlechter und (b) guter Faser-Matrix-Bindung [11]

Es ist naheliegend, die Vorteile, die die Verstärkung mit kurzen Kohlenstofffasern bietet, mit einer zusätzlichen Modifikation dieser Verbunde mit reibungsmindernden Zusätzen (inkorporierten Schmierstoffen, Abschnitt 2.4) wie PTFE, MoS_2, Grafit und anderen Werkstoffen zu kombinieren. Diese optimierten Mischverbunde zeichnen sich durch niedrige Gleitreibungszahlen, fehlende Ruck-Gleit-Effekte und eine hohe Verschleißfestigkeit aus, was auf die Ausbildung eines selbstschmierenden Werkstoffübertrages (Abschnitt 2.2.5.7) zurückzuführen ist [95–102]. Darüber hinaus besitzen diese Verbunde aufgrund der Verstärkungsfasern gute mechanische thermische Kennwerte.

In der Praxis ist es weiterhin üblich, die oben beschriebenen Mischverbunde zusätzlich mit tribologisch aktiven globulären Füllstoffen, wie etwa mit Bronze oder Hartbrandkohle, zu modifizieren (Abschnitt 2.4.4.2). Auf der Basis dieser Vielstoffgemische sind Hochleistungsmaterialien für wartungsfreie Anwendungen entwickelt worden, die in der Praxis bereits ein breites Anwendungsfeld gefunden haben [103–105].

Zusammenfassend kann festgestellt werden, dass die tribologischen Eigenschaften von technischen Thermoplasten und Hochleistungspolymeren durch eine Kurzfaserverstärkung, vor allem auf Basis von C-Fasern, deutlich verbessert werden können. Durch einen weiteren Zusatz von inkorporierten Schmierstoffen und tribologisch aktiven Partikeln können Hochleistungswerkstoffe gefertigt werden, aus denen tribomechanisch hoch beanspruchbare Strukturen herstellbar sind. Diese Werkstoffe sind seit Jahrzehnten in der Praxis eingeführt und verkörpern somit den derzeitigen Stand der Technik [184, 187].

Sowohl Polypropylenmaterialien als auch deren kurzglasfaserverstärkten Werkstoffvarianten sind für tribologische Anwendungen in der Technik nicht wirklich geeignet. Wobei die Verwendung von optimierten Haftvermittlern durchaus eine nennenswerte Verbesserung der Verschleißkennwerte ermöglicht.

3.2.2 Endlosfaserverstärkte Kunststoffe in Tribosystemen

3.2.2.1 Systembetrachtungen
Wie oben dargestellt, werden Faserverstärkungen primär meist nicht zur Optimierung der tribologischen Eigenschaften technischer Strukturen eingesetzt, sondern zur gezielten Einstellung mechanischer Funktionen, um konkrete Leichtbaueffekte zu erreichen. Oft sind Reibungs- und Verschleißerscheinungen ungewollte und nicht zu vermeidende Begleiterscheinungen bei der Funktion von Bauteilen und haben auf den ersten Blick keinen Bezug zur Tribologie. Die Abbildung 3.34 zeigt in diesem Zusammenhang ein spezifisches tribologisches System, welches die Einspannung einer CFK-Verdichterschaufel [106, 107] in einen Metallrotor (Stahl, C45) verdeutlicht.

Bei diesem Beispiel erfolgt die Beanspruchung schwingend, die Relativbewegung ist sehr klein (linear und niederfrequent), die Flächenpressungen sind sehr hoch und

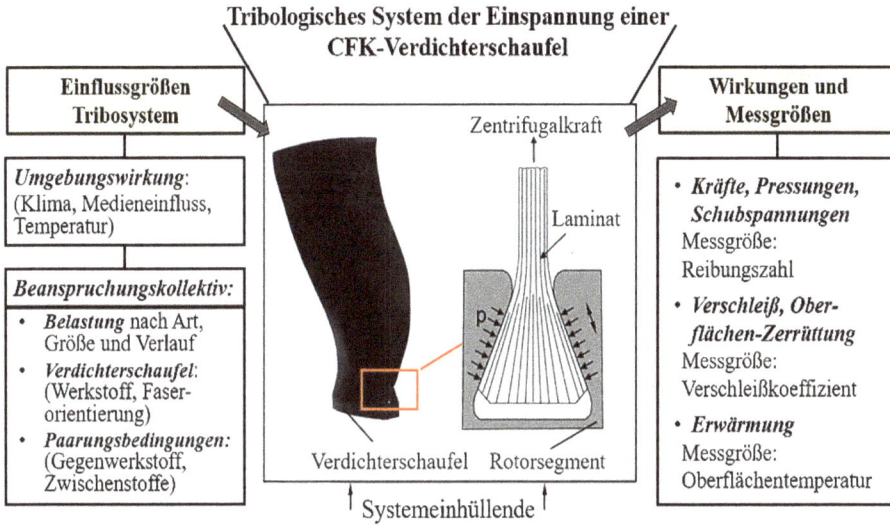

Tribologisches System der Einspannung einer CFK-Verdichterschaufel

Einflussgrößen Tribosystem		Wirkungen und Messgrößen
Umgebungswirkung: (Klima, Medieneinfluss, Temperatur)	Zentrifugalkraft / Laminat / p / Verdichterschaufel Rotorsegment / Systemeinhüllende	• *Kräfte, Pressungen, Schubspannungen* Messgröße: Reibungszahl
Beanspruchungskollektiv: • *Belastung* nach Art, Größe und Verlauf • *Verdichterschaufel*: (Werkstoff, Faserorientierung) • *Paarungsbedingungen:* (Gegenwerkstoff, Zwischenstoffe)		• *Verschleiß, Oberflächen-Zerrüttung* Messgröße: Verschleißkoeffizient • *Erwärmung* Messgröße: Oberflächentemperatur

Abb. 3.34: Spezifisches tribologisches System „Einspannung einer Verdichterschaufel in einem Rotor"

die Druckkraft wirkt in Laminatdickenrichtung, Weiterhin erfolgt der Kontakt unter technisch trockenen Bedingungen [4].

Für die Auslegung derartiger Krafteinleitungsbereiche sind Reibwerte und Kenntnisse über das mechanisch-tribologische Werkstoffverhalten zu ermitteln und darauf aufbauend ist eine Oberflächenoptimierung der Reibpartner erforderlich [108]. Die im Anhang B vorgestellten tribologischen Modellprüfsysteme nach der DIN ISO 7148 [109] sind dafür nur bedingt geeignet und werden in diesem Fall nur begleitend zur statistischen Absicherung der bauteilnahen Prüfungen herangezogen. Ausgehend von einer Analyse des vorliegenden tribologischen Systems (Abbildung 3.34) erfolgen die Reibungs- und Verschleißversuche mit einer eigens für dieses Problem entwickelten Prüfvorrichtung [4, 108]. In Abbildung 3.35 ist der Aufbau des verwendeten Lineartribometers dargestellt und die Abbildung 3.36 zeigt das Funktionsprinzip dieser Prüfvorrichtung.

Nach der Auswertung derartiger Versuche kann konstatiert werden, dass diese Zug-Reib-Prüfvorrichtung nach dem Prinzip des Lineartribometers geeignet ist, den Haftreibwert von Kontaktpaarungen bei hohen Flächenpressungen zu bestimmen[24]. Dabei können die Faserorientierungen und die Oberflächenbeschaffenheiten der Reibpartner in einem weiten Bereich variiert werden. Allerdings ist es mit diesem Versuchsaufbau nicht ohne Weiteres möglich, die relevanten Verschleißkenngrößen (bei auftretenden Flächenpressungen bis 200 MPa) in einem vernünftigen zeitlichen und ökonomischen Rahmen zu ermitteln. Deshalb ist es naheliegend, diese Größen

---

24 Der Gleitreibungskoeffizient wird bei der Auslegung dieser Struktur nicht berücksichtigt.

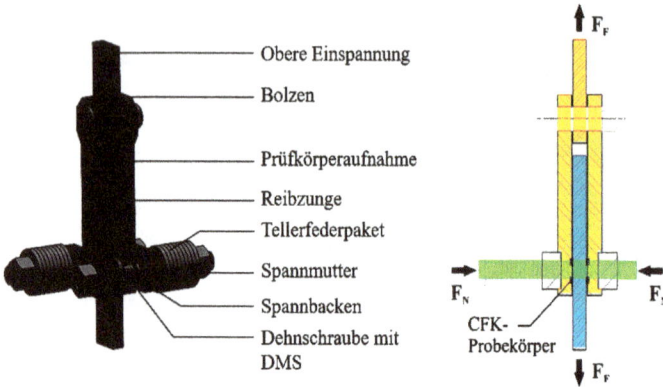

Abb. 3.35: Schematische Darstellung des Aufbaus des verwendeten Lineartribometers (Zug-Reibungs-Vorrichtung) [108]

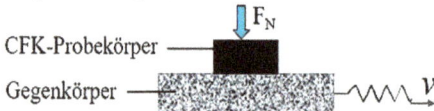

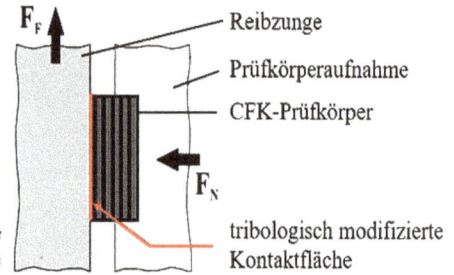

Abb. 3.36: (a) Schematische Darstellung des Funktionsprinzips des Lineartribometers und (b) der Aufbau der Prüfvorrichtung im Detail [108]

mithilfe der Modellprüfsysteme nach der DIN ISO 7148 [109] dahin gehend abzuschätzen, dass man beispielsweise Stufenversuche bei geringeren, aber realisierbaren Pressungen durchführt und dann die Messwerte entsprechen extrapoliert.

Dieses Beispiel verdeutlicht das schon angesprochene Problem, dass endlosfaserbasierte Kunststoffverbunde in der Regel zur Beeinflussung der mechanischen Kennwerte entwickelt werden. Werden den mechanischen Belastungen tribologische Prozesse überlagert, so wird der Konstrukteur mit dem Dilemma konfrontiert, dass ihm zwar hoch entwickelte und sehr effektive FEM-Programme zur Bauteilauslegung zur Verfügung stehen, ihm aber einerseits meist die Erfahrung und andererseits die Datenbasis fehlt, um tribologische Lasten bei derartigen Entwicklungsaufgaben mit zu berücksichtigen [177–179, 183]. Um dieser Herausforderung Rechnung zu tragen, sind folgende Punkte zu beachten:

–   Es ist notwendig, eine möglichst umfassende Analyse des jeweils vorliegenden tribologischen Systems durchzuführen und alle relevanten Einflüsse und Bedingungen qualitativ und quantitativ zu erfassen (Kapitel 2, Tabelle 2.2).

– Im Ergebnis dieser Analyse ist es meist notwendig, die ermittelten Systemkomponenten in Hinsicht auf ihre Bedeutung dahin gehend zu werten, dass es möglich ist, die in der Regel komplexen Beanspruchungen auf relativ einfache tribomechanische Auslegungsansätze zu reduzieren.

– Da in vielen Fällen die zur Verfügung stehenden Daten für eine zufriedenstellende Arbeit nicht ausreichen, sind oft experimentelle tribologische Untersuchungen notwendig. Diese sind meist sehr zeitaufwendig und kostenintensiv. Deshalb ist es notwendig, diese Tests sorgfältig zu planen, durchzuführen und auszuwerten.

In diesem Zusammenhang werden in den folgenden Abschnitten für ausgewählte endlosfaserverstärkte polymere Matrixsysteme Reibungs- und Verschleißkennwerte und -funktionen vorgestellt, mit deren Hilfe die angesprochenen Probleme besser zu lösen sind.

3.2.2.2 Hartgewebe

Hartgewebe (HGW) ist der klassische duromere Kunststoff, der mit Endlosfasertextilien verstärkt wird. Diese Materialien sind Schichtpresswerkstoffe, die nach DIN 7735 oder IEC 893 oder DIN EN 60893 hergestellt werden. Hartgewebe besteht in der Regel aus modifizierten Harzsystemen (meist aus Phenolharzen), die mit geschichteten Baumwollgewebelagen verstärkt werden. Neben einer breiten Nutzung dieser Werkstoffe im Maschinenbau besitzen HGW vor allem auch in der Elektrotechnik ein breites Anwendungsfeld.

Bereits in der Mitte des vergangenen Jahrhunderts wurden Hartgewebewerkstoffe in die Maschinenbaupraxis eingeführt [110][25]. So kommen HGW vor allem für die Herstellung von Gleitlagern [111] und Zahnrädern [112], aber auch von Laufrollen und Seil- bzw. Keilriemenscheiben zur Anwendung. Die Herstellung dieser Maschinenelemente erfolgt meist spangebend aus Halbzeugen, z. B. aus Vollstangen, Rohren oder Platten. (Heutzutage wird zunehmend auch die Wasserstrahltechnologie zur Bearbeitung derartiger Schichtpresswerkstoffe verwendet.)

Maschinenelemente aus Hartgeweben zeichnen sich durch gute Reibungs- und Verschleißkennwerte, günstiges Dämpfungsvermögen von Schwingungen und Stößen sowie ein gutes Bettungsvermögen aus. Diese Bauteile werden in der Praxis meist gebrauchsdauergeschmiert eingesetzt. Meist werden die spanend hergestellten Strukturen in heißem Öl getempert. Damit soll erreicht werden, dass der Schmierstoff in das Baumwollgewebe etwas eindiffundieren kann. Zur Verbesserung der tribologischen Eigenschaften von HGW kommen in der Praxis auch inkorporierte Modifikationsmittel, wie PTFE, MoS_2 und Grafit, zum Einsatz [113].

---

25 Weigel bzw. Schmid und Weber veröffentlichten ihre Bücher bereits 1942 bzw. 1953. Im Jahr 2013 wurden sie vom Springer-Verlag neu aufgelegt.

3.2.2.3 Glasfaserverstärktes ungesättigtes Polyesterharz

Glasfaserverstärktes ungesättigtes Polyesterharz (GUP) gehört zu der Gruppe der glasfaserverstärkten Kunststoffe, kurz GFK, und ist ein Faser-Kunststoff-Verbund aus ungesättigtem Polyesterharz und Glasfasertextilien. In der Praxis, etwa im Behälter-, im Anlagen- oder auch im Bootsbau, ist GUP mit Abstand der am häufigsten eingesetzte langfaserverstärkte Kunststoff. Der Werkstoff ist in der Technik seit Langem eingeführt, sehr gut erforscht und es existiert für eine Vielzahl von Anwendungen eine ausreichende Datenbasis.

Allerdings werden duroplastbasierte GFK-Werkstoffe für tribologisch beanspruchte Maschinenelemente, die durch geschlossene Tribosysteme (Tabelle 2.1 bzw. Abbildungen 2.2 und 3.34) charakterisiert werden, aufgrund ihres schlechten Reibungs- und Verschleißverhaltens so gut wie nicht eingesetzt [180–182]. Dagegen finden GFK-Werkstoffe in offenen Tribosystemen [114], wie Rutschen, Rinnen und Rohrsystemen, in der Praxis bevorzugt Anwendung. Bei diesem speziellen Tribosystem hat der Gegenkörper nur einen kurzzeitigen Kontakt mit dem Grundkörper, wie etwa bei Transportketten, oder er fehlt gänzlich und seine Funktion wird vom Zwischenstoff übernommen.

Aus diesen Gründen und der Tatsache, dass diese Werkstoffe eine gute Faser-Matrix-Bindung aufweisen, wurde ein UD-Glasfaser-Polyester-Verbund zur Untersuchung der Faserorientierung auf das Reibungs- und Verschleißverhalten dieser Werkstoffe ausgewählt.

Die Untersuchungen erfolgten mithilfe des Modellprüfsystems „Klötzchen/Ring" (Anhang B) unter folgenden Bedingungen:
- Trockenlauf;
- Grundkörper: GUP (UP-Harz AS 2324, E-Glasmasseanteil: $\psi = 10\%$);
- Gegenkörper: Stahl 16MnCr5 (gehärtet HRC = 65 und geschliffen $R_z = 3{,}2\,\mu m$);
- Gleitgeschwindigkeit: $v = 0{,}09\,m/s$.

In Abbildung 3.37 sind dazu die Ergebnisse der Reibungsanalysen dargestellt.

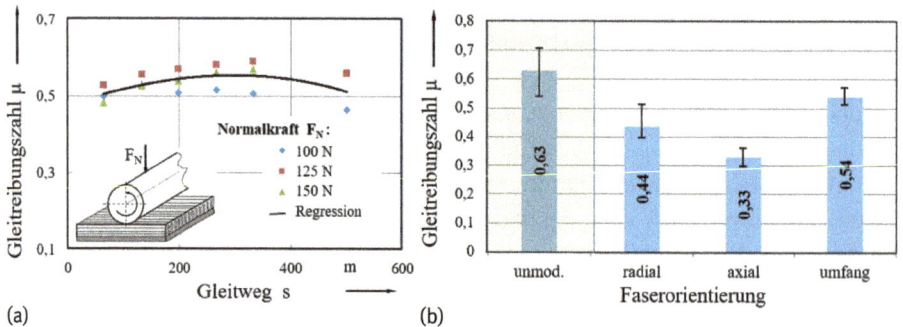

(a) (b)

Abb. 3.37: (a) Gleitreibungszahl von in Umfangsrichtung verstärktem GUP in Abhängigkeit vom Reibweg und (b) Vergleich der ermittelten Reibungszahlen in Abhängigkeit von der Faserorientierung [39]

Die Abbildung 3.37b belegt, dass die Endlosglasfaserverstärkung eine Verringerung des Gleitreibungskoeffizienten von ungesättigtem Polyesterharz im Trockenlauf bewirkt. Besonders niedrige Werte wurden bei einer axialen Glasfaserverstärkung gemessen. Die Abbildung 3.37a zeigt exemplarisch für alle Verstärkungsorientierungen, dass die ermittelten Reibungszahlen nicht signifikant von der Normalkraft beeinflusst werden und sich das Gleitverhalten nicht in Abhängigkeit vom Gleitweg ändert.

In Abbildung 3.38 sind die ermittelten Verschleißkoeffizienten und die scheinbar ertragbaren Reibungsenergiedichten dieser tribologischen Untersuchungen in einem k-μ-e_R^*-Schaubild vergleichend dargestellt.

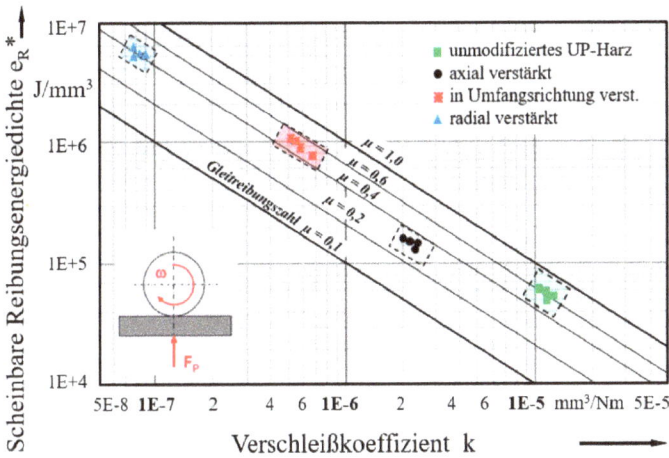

Abb. 3.38: Aufbereitung von „Klötzchen/Ring"-Triboversuchen an unidirektional verstärktem GUP in Form eines k-μ-e_R^*-Schaubildes

Wie aus den Abbildungen 3.37 und 3.38 zu entnehmen ist, ist eine ausgeprägte Abhängigkeit sowohl des Gleitreibungskoeffizienten μ als auch der Verschleißkenngrößen k und e_R^* von der Faserorientierung zu verzeichnen, wobei das faserverstärkte Material unabhängig von der Faserorientierung ein besseres Reibungs- und Verschleißverhalten aufweist als das Reinharz.

Weiterhin konnte bei der Auswertung dieser „Klötzchen/Ring"-Versuche festgestellt werden, dass es bei den verstärkten Werkstoffvarianten zu Ablösungserscheinungen der Fasern aus dem Verbund kam. Diese aufgrund der an der Reibstelle wirkenden Schubspannungen auftretenden Delaminationsprozesse sind von der Faserorientierung abhängig und bestimmen wesentlich das Verschleißverhalten dieser Verbunde. (Ähnliche Erscheinungen konnten u. a. beim Verschleißprozess inhomogener Metalle wie etwa bei Grauguss mit Lamellengrafit beobachtet [115] und mithilfe der „Delaminationstheorie des Verschleißes" beschrieben werden [116, 117]).

Zusammenfassend ist anzuführen:

- Durch die radiale Anordnung der Glasfasern wird die scheinbar ertragbare Reibungsenergiedichte gegenüber dem Ausgangsmaterial (Reinharz) um ca. zwei Größenordnungen vergrößert.
- Bei axial und in Umfangsrichtung verstärkten GUP-Proben wurden die Delaminationserscheinungen verstärkt beobachtet, was zum Ergebnis hatte, dass die Axialverstärkung gegenüber dem Reinharz nur eine geringe Verbesserung der Verschleißfestigkeit aufweist.
- Die Glasfaserverstärkung bewirkt eine Verringerung des Gleitreibungskoeffizienten von Polyesterharz. Besonders niedrige Werte wurden bei einer axialen Orientierung der Glasfasern gemessen.
- Die Resultate dieser Untersuchungen bestätigen entsprechende Versuchsergebnisse vorausgegangener Tribotests an endlosfaserverstärktem PUR-Elastomer und PA6 dahin gehend, dass mangelhafte Faser-Matrix-Bindungen die an den Reibstellen auftretenden Delaminationsprozesse begünstigen und so die Verschleißcharakteristik von GUP maßgeblich beeinflussen.
- Wie eingangs erwähnt, ist GUP kein Werkstoff für tribologisch beanspruchte Maschinenelemente und andere Bauteile. Aber es konnte festgestellt werden, dass eine beanspruchungsgerechte Faserorientierung (bevorzugt in radialer Richtung) und eine gute Faser-Matrix-Bindung die tribologischen Kennwerte von GUP signifikant verbessern.

3.2.2.4 Kohlenstofffaserverstärktes Epoxidharz

Epoxidharz mit textiler Kohlenstofffaserarmierung (CFK), auch unter der Trivialbezeichnung „Carbon" bekannt, gehört im Gegensatz zum wesentlich preiswerteren GUP zu den Hochleistungsfaserverbunden. Ursprünglich für den Luft- und Raumfahrtsektor und den Hochleistungssport entwickelt, hat sich dieser Werkstoff aufgrund seiner besonderen mechanischen Eigenschaften (Abbildungen 3.26 und 3.34) bereits in weiteren technischen Anwendungsgebieten, etwa im Maschinen- und Automobilbau, fest etabliert. So ist dieser Werkstoff auch für tribologische Anwendungen interessant geworden (Abbildung 3.28). Daher ist es naheliegend, CFK-Materialien auch in Hinsicht auf ihr Reibungs- und Verschleißverhalten zu analysieren.

Analog zu den Untersuchungen an GUP-Werkstoffen erfolgte im ersten Schritt eine tribologische Analyse des Reibungs- und Verschleißverhalten von unterschiedlichen EP-Reinharzen. Im Ergebnis dieser Versuche wurde mit RTM6 ein vorkatalysiertes EP-Harz gewählt, welches sich besonders für eine Verarbeitung im RTM-Prozess (Abschnitt 3.1.7.4) eignet. Als Textilverstärkung kam ein C-Faser-Gewebe mit Leinenbindung (Faservolumenanteil ca. 60 %) zum Einsatz.

Die Untersuchungen erfolgten wiederum mithilfe des Modellprüfsystems „Klötzchen/Ring" (Anhang B) unter folgenden Bedingungen:

- *Reibpartner (Ring):* Stahl 100Cr6, HRC 59 ±1, R_a = 0,2 ... 0,3 μm
- *Prüfbedingungen:* Gleitgeschwindigkeit: v = 0,13 m/s
  Normalkraft: F_N = 100 N
  Schmierung: technisch trocken

Dazu sind die Ergebnisse der tribologischen Untersuchungen in Abbildung 3.39 zusammengestellt.

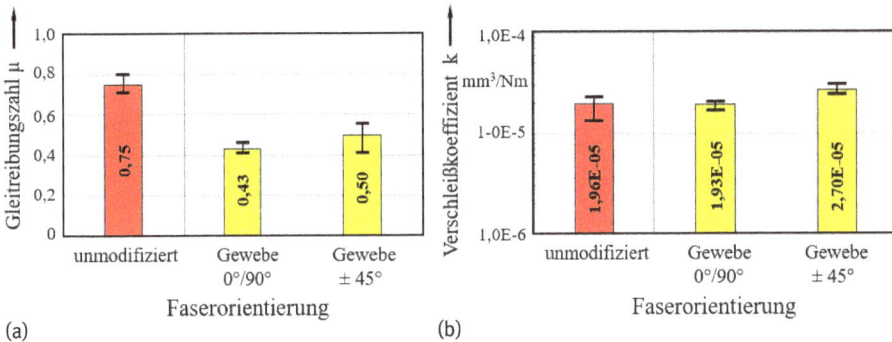

Abb. 3.39: (a) Gleitreibungszahl von textilverstärktem CFK in Abhängigkeit vom Reibweg und (b) Vergleich der ermittelten Reibungszahlen in Abhängigkeit von Faserorientierung [88, 147]

In Auswertung dieser Untersuchungen kann festgehalten werden, dass eine textile Kohlenstofffaserverstärkung die Gleitreibungszahlen von EP-Harzen deutlich verbessert und auch die sonst ausgeprägte Neigung zur Stick-Slip-Reibung mindert.

Das Verschleißverhalten allerdings wird nicht verbessert. Außerdem trat wie beim glasfaserverstärkten PP (Abschnitt 3.2.2.5) auch beim Reibpartner (einsatzgehärteter und geschliffener Stahl) ein relativ hoher Verschleiß auf, was auf die abrasive Wirkung der Verschleißpartikel der Fasern zurückzuführen ist. In Abbildung 3.40 sind die verschlissenen Oberflächen der Reibpartner dargestellt. Die Abbildung 3.40a verdeutlicht die stark zerklüftete und raue Verschleißfläche des CFK-Grundkörpers mit eingebetteten oxidierten Stahlverschleißpartikeln (braun verfärbte Bereiche) und in Abbildung 3.40b ist das dazugehörige gemessene Profilogramm dargestellt. Weiterhin belegt die fotografische Aufnahme des Stahlgegenkörpers (100Cr6) die Tatsache, dass dieser ebenfalls massiv verschlissen ist (Abbildung 3.40c). In diesem Zusammenhang sind in Abbildung 3.41 rastermikroskopische Aufnahmen, konkret SEM-EDX-Analy-

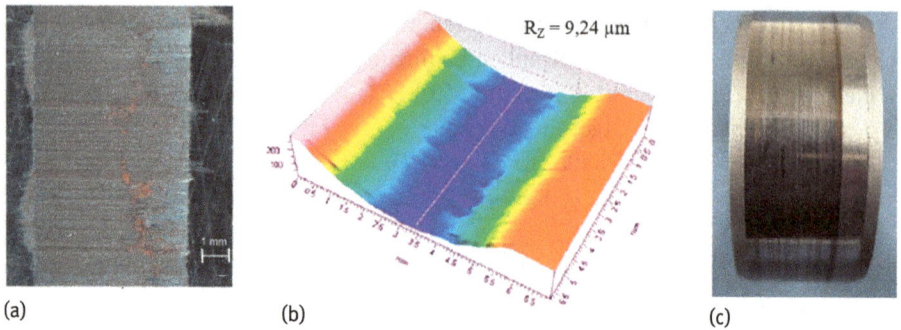

(a) (b) (c)

Abb. 3.40: (a) Darstellung und (b) profilometrische Auswertung eines verschissenen CFK-Grundkörpers sowie (c) das Foto eines gehärteten und geschliffenen Stahlgegenkörpers. Dabei wurde das Modellprüfsystem „Klötzchen/Ring" verwendet [88, 147].

sen[26], von der Verschleißspur (Abbildung 3.41a) des CFK-Prüfkörpers und von Verschleißpartikeln (Abbildung 3.41b) dargestellt.

In der Abbildung 3.41b sind z. T. auch recht lange Bruchstücke der Kohlenstofffasern (rot) zu erkennen. Die hellblauen Partikel auf der Reiboberfläche sind Eisenverbindungen, die sich aus dem Abrieb des Gegenkörpers durch Reiboxidation gebildet

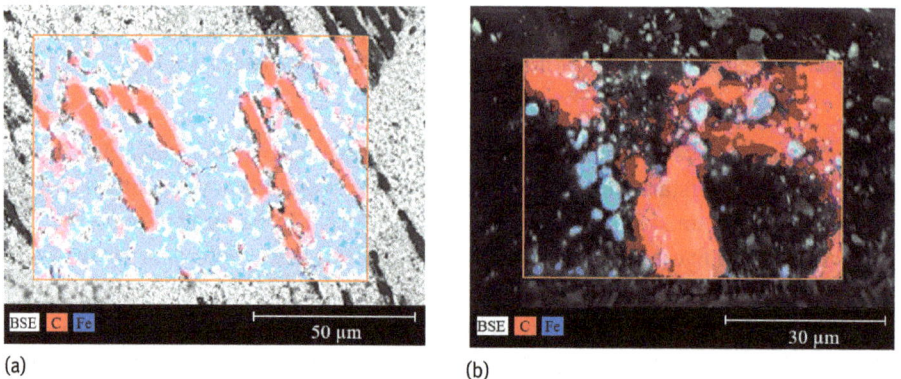

(a) (b)

Abb. 3.41: (a) SEM-EDX-Analysen von der Verschleißspur und (b) von Verschleißpartikeln [132, 134]

---

26 Bei der Rasterelektronenmikroskopie (REM, engl. SEM) wird ein fokussierter Primärelektronenstrahl punktweise über die Probe geführt. Die zurückgestreuten Elektronen werden in einem Detektor gezählt. Die Elektronenzahl je Bildpunkt ergibt ein mikroskopisches Abbild der Probe in Graustufen. Zusätzlich regt der Primärelektronenstrahl die Probe zur Emission von charakteristischer Röntgenstrahlung an. Mittels einer Röntgenstrahlenanalyse (EDX) wird die Energie des Röntgenquants dahin gehend ausgewertet, dass durch die Analyse des Farbspektrums in einem EDX-Detektor die Elemente in der Probe und deren Gewichtsanteil präzise bestimmt werden können.

haben. In der SEM-EDX-Aufnahme des Abriebes (Abbildung 3.41b) sind vergleichsweise große Kohlenstoffpartikel (rot) und kleinere Stahlkörner (blau) zu erkennen. Die Aufnahmen in Abbildung 3.40 verdeutlichen eindrucksvoll den abrasiven Charakter dieser Verschleißform.

Ergänzend dazu zeigt die Abbildung 3.42 dazu die Ergebnisse profilometrischer Oberflächenanalysen eines verschlissenen Stahlringes.

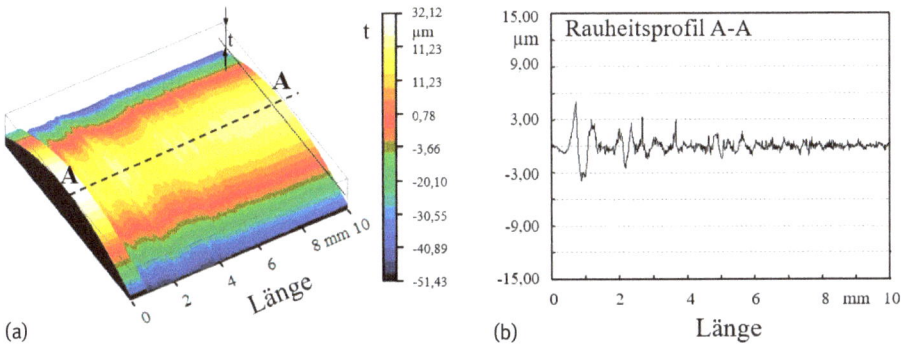

Abb. 3.42: Überblick über die Verschleißerscheinungen an der Stahlwelle: (a) 3-D-Darstellung des Wellenverschleißes und (b) Profilogramm [88, 147]

Zusammenfassend muss konstatiert werden, dass durch eine Langfaserverstärkung duromerer Matrixsysteme (UP und EP) eine geringfügige Verbesserung der Reibungs- und Verschleißkennwerte erzielt werden kann. Im Zusammenhang mit den eingangs formulierten Anforderungen an anspruchsvolle technische Anwendungen, etwa für tribologisch hoch beanspruchte trockenlaufende Maschinenelemente und anderen Strukturen, können diese Werkstoffpaarungen in der vorliegenden Form allerdings nicht als zielführend eingeschätzt werden.

3.2.2.5 Endlosglasfaserverstärktes Polypropylen

Wie im Abschnitt 3.2.1.2 schon erwähnt, zählt Polypropylen (PP) zu den Standardkunststoffen. Es relativ preiswert und weist ein breites technisches Anwendungsspektrum auf. Die Verwendung effektiver Haftvermittler vorausgesetzt, lassen sich durch eine Kurzfaserverstärkung neben den mechanischen Kennwerten auch die tribologischen Eigenschaften von Polypropylen deutlich verbessern (Abbildung 3.32 und Tabelle 3.19). Allerdings sind Polypropylenmaterialien, wie auch deren kurzglasfaserverstärkte Werkstoffvarianten, für tribologische Anwendungen in der Technik nicht wirklich geeignet.

In den Abschnitten 3.2.2.2 bis 3.2.2.5 wurde gezeigt, dass das Anwendungsspektrum von Polymeren durch eine Verstärkung mit Endlosfasern deutlich erweitert werden kann. Es liegt daher nahe, auch dem Standardkunststoff PP durch textile Modifikationen neue Anwendungsfelder zu erschließen.

Von besonderem Vorteil ist, dass sich Polypropylen hervorragend verspinnen lässt und so die Möglichkeit besteht, PP-Fasern zusammen mit ebenfalls preiswerten Glasfasern zu Hybridgarnen zu konfektionieren, die wiederum die Grundlage für die Herstellung textilverstärkter PP-Verbundwerkstoffe darstellen. Derartige Compounds besitzen, wie schon dargestellt, im Vergleich zu anderen Werkstoffgruppen die größere Flexibilität zur Anpassung der Werkstoffstruktur an die Belastungen und sind somit für die im Leichtbau bei komplexen Anforderungen gebotene Mischbauweise mit optimalem Materialmix geradezu prädestiniert [118]. Um die Möglichkeiten dieser Compositwerkstoffe vollständig ausschöpfen zu können, ist es angezeigt, auch deren tribologischen Eigenschaften zu untersuchen.

Im Rahmen dieser Untersuchungen wurde daher ein Verbundwerkstoff auf der Basis eines kommerziellen Twintex®-Materials [119] zum Vergleich mit anderen PP-Modifikationen herangezogen. Für die hier im Mittelpunkt stehende Verstärkung von Polypropylen mit Endlosfasern aus E-Glas wurden besonders gute mechanische Eigenschaften ermittelt. Der in Abbildung 3.43 dargestellte Vergleich der Festigkeits- und Steifigkeitseigenschaften belegt dies eindrucksvoll.

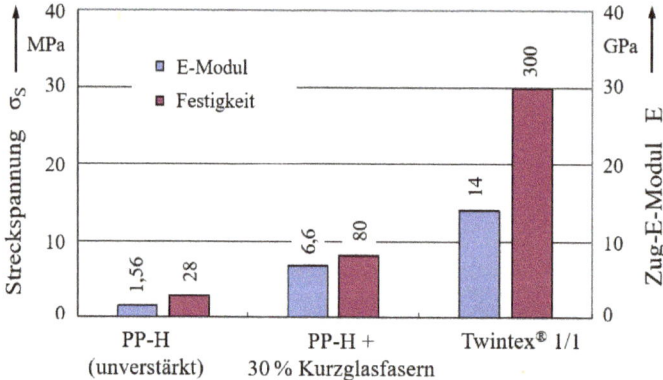

Abb. 3.43: Vergleich der mechanischen Eigenschaften von endlosfaserverstärktem PP (Twintex®) mit unmodifiziertem bzw. kurzfaserverstärktem PP-H [88]

Zur Ermittlung des Einflusses der Orientierung der Endlosglasfasern auf die tribologischen Kennwerte der PP-Verbunde wurden im ersten Schritt die die unidirektionalen (UD-) Verbunde untersucht. Dabei erfolgte die Beanspruchung einerseits in der Richtung der Verstärkungsfasern (0°) und andererseits senkrecht dazu (90°).

Im zweiten Schritt wurden aus einem kommerziellen plattenförmigen Twintex®-Halbzeug, einem Organoblech, Prüfkörper gefertigt und in Hinsicht auf ihr Reibungs- und Verschleißverhalten untersucht. Bei diesem Organoblech wurde die PP-Matrix mit einem Rovinggewebe mit Leinenbindung verstärkt. Bei den verwendeten Prüfkörpern wurden die Glasfaserrovings zum einen mit 0°/90°-Orientierung und zum anderen mit ±45°-Orientierungen gewählt. Dazu sind in Abbildung 3.44 die Ergebnisse der tribologischen Untersuchungen vergleichend zusammengefasst.

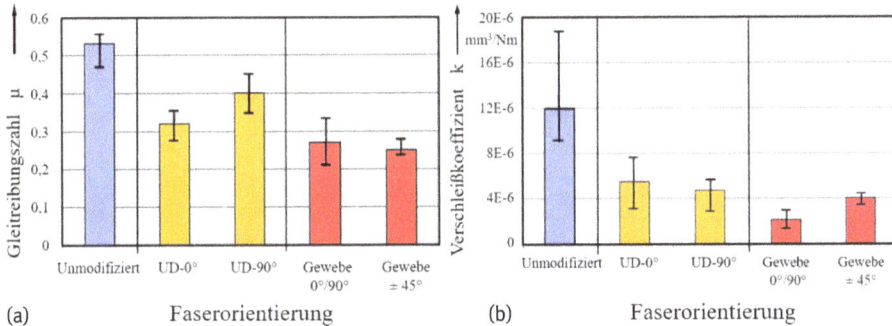

Abb. 3.44: Vergleich des Reibungs- (a) und Verschleißverhaltens (b) endlosfaserverstärkter PP-Verbunde in Abhängigkeit von der Orientierung der Glasfasern [88]

Die Diagramme in Abbildung 3.43 bestätigen die Ergebnisse aus den Untersuchungen an kurzfaserverstärkten PP-Compounds. Auch durch eine Verstärkung mit endlosen Glasfasern werden sowohl die Reibungszahl als auch der Verschleiß von Polypropylen gesenkt. Allerdings zeigen die Ergebnisse ein uneinheitliches Bild. Besonders überrascht, dass beim UD-Verbund der Verschleiß bei der Gleitrichtung senkrecht zur Faserorientierung etwas geringer ist als bei einer Beanspruchung in Faserrichtung. In den Abbildungen der Tabelle 3.20 sind einerseits die Faserorientierungen auch makroskopisch gut zu erkennen und andererseits zeigen die tribologisch beanspruchten Oberflächen signifikante Unterschiede.

Bei gleichen tribologischen Prüfbedingungen (Tabelle 3.18) sind bei der 0°-Beanspruchungsrichtung mehr thermische Schädigungen zu erkennen als bei der Gleitrichtung in der 90°-Ebene. Das deutet darauf hin, dass beim Tribokontakt mit den Glasfasern lokal Temperaturspitzen, sogenannte Hotspots, auftreten. Dadurch schmilzt das Matrixmaterial lokal auf, wobei die mittlere Prüfkörpertemperatur allerdings deutlich unter 50 °C liegt. Der lokal geschmolzene Thermoplast besitzt eine gute Schmierwirkung, woraufhin der Reibwert sinkt und damit der Temperatureintrag. Die Folge davon ist, dass der Matrixwerkstoff an einer anderen Stelle der Gleitfläche wieder konsolidiert, bis er erneut aufgeschmolzen wird. Infolge dieser

Tab. 3.20: Vergleich der Verschleißoberflächen endlosfaserverstärkter PP-Verbunde sowie von Twintex®-Proben in Abhängigkeit von der Orientierung der Glasfasern [88]

Prüfkörperoberfläche UD-0°		Prüfkörperoberfläche UD-90°	
Vor dem Versuch	Nach dem Versuch	Vor dem Versuch	Nach dem Versuch

Twintex®-Faserorientierung ±45°	Twintex®-Faserorientierung 0°/90°

speziellen Verschleißvorgänge tritt ein thermischer Abbau des Kunststoffes auf und das geschädigte Material wird sukzessive aus dem Kontaktbereich herausgetragen. Dabei treten kaum lose Verschleißpartikel auf. Diese Verschleißmechanismen sind in Faserrichtung offensichtlich ausgeprägter als senkrecht dazu.

Die Analyse der Verschleißoberflächen von kommerziellen, mit Glasgewebe verstärkten, Polypropylenorganoblechen bestätigen die Wirkung dieser Verschleißmechanismen. Die Abbildungen der Tabelle 3.20 zeigen deutliche Bereiche, in denen das Matrixmaterial lokal aufgeschmolzen ist.

Zusammenfassend ist festzustellen, dass eine Glasfaserverstärkung mit Kurz- und Endlosfasern das Reibungs- und Verschleißverhalten von PP verbessert. Das gilt vor allem für eine textile Verstärkungsform (Abbildung 3.45).

Da die vergleichsweise geringe Einsatztemperatur von Polypropylen durch eine Glasfasermodifizierung kaum verbessert wird, beschränken sich die technischen Einsatzbereiche derartiger PP-Verbunde auf Anwendungen, bei denen die Dauergebrauchstemperaturen etwa auf 100 °C limitiert sind.

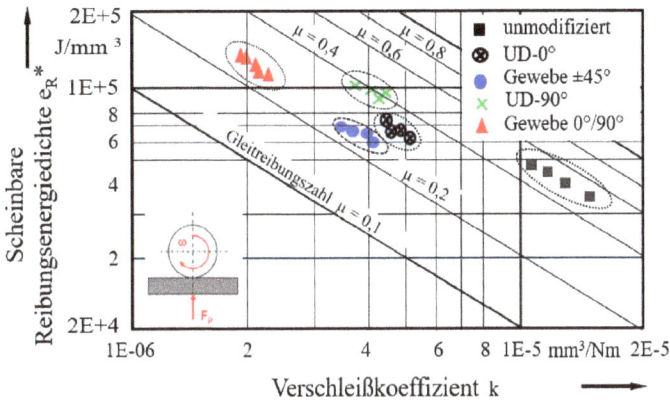

Abb. 3.45: Aufbereitung von „Klötzchen/Ring"-Triboversuchen an endlosfaserverstärktem GF-PP-H in Form eines k-μ-e_R^*-Schaubildes

3.3 Anpassung der tribologischen Systeme

3.3.1 Hartmodifizierung der Gegenkörper

3.3.1.1 Problemstellung

Sowohl die Projektierung als auch die Konstruktion von funktionsintegrativen Leichtbaustrukturen mit integrierten tribologisch beanspruchten Komponenten stellt eine komplexe Herausforderung dar, die nur durch eine ganzheitliche Betrachtung entlang der Entwicklungskette von der Produktidee über eine detaillierte Beanspruchungsanalyse bis zur ressourcenschonenden konstruktiv-technologischen Umsetzung und zu einer praxisnahen prüftechnischen Verifizierung zu lösen ist. Aufgrund der hervorragenden Gestaltungsmöglichkeiten, der gezielt einstellbaren mechanischen und tribologischen Eigenschaften sowie effizienter Herstellungsverfahren bieten, wie bereits mehrfach angeführt, polymere Faserverbundwerkstoffe im Rahmen derartiger Wertschöpfungsketten ein hohes Zukunftspotenzial, welches sich jedoch nur unter Anwendung wissenschaftlich fundierter Entwicklungskonzepte, etwa der Optimierung praxisrelevanter tribologischer Systeme auf der Basis polymerbasierter FVW-Grundkörper, vollständig ausschöpfen lässt [120].

Die Voruntersuchungen haben allerdings gezeigt, dass das die geringe Verschleißfestigkeit der trockenlaufenden Paarung gehärteter Stahl gegen Faserverbunde mit polymerer Matrix auf die abrasive Wirkung der Faserverschleißpartikel sowohl auf den Grundkörper (Faserverbund) als auch auf den Gegenkörper (Stahl) zurückzuführen ist. Generell stellt eine ausreichende Schmierung den klassischen Weg zur Reduzierung von Reibung und Verschleiß dar. Bei der Entwicklung funktionsintegrierender Faserverbundstrukturen wird hier aber auf eine Wartungsfreiheit fokussiert, was bedeutet, dass derartige Systeme nur initialgeschmiert werden können oder dass der Schmierstoff in den Grundkörper inkorporiert wird.

Frühere Untersuchungen [121–124] haben gezeigt, dass die Oberflächeneigenschaften der Reibpartner (Gegenkörper) deren tribologischen Eigenschaften dominieren. So schützen extrem harte Gegenkörper diesen vor abrasiven Verschleiß. Aus diesem Grund sind in Zusammenarbeit des Fraunhofer-Instituts für Werkstoff- und Strahltechnik (IWS) Dresden mit dem Institut für Leichtbau und Kunststofftechnik (ILK) der TU Dresden für derartige Tribopaarungen Gegenkörperbeschichtungen entwickelt und getestet worden, die eine deutliche Verbesserung der Widerstände gegen abrasive Beanspruchungen erwarten lassen.

3.3.1.2 Applikation von extrem harten DLC-Schichten

Im Vergleich mit anderen, in der Praxis bereits erfolgreich eingesetzten Hartstoffschichten besitzen die wasserstofffreien ta-c-Schichten das höchste Potenzial zur Reduzierung von Reibung und Verschleiß, auch für wartungsfreie Anwendungen [125–128]. Die Technologie der Laser-Arc-Beschichtung ist am IWS Dresden in den letzten Jahren intensiv weiterentwickelt und in die industrielle Praxis überführt worden [129]. Diese Technologie stellt somit den Stand der Technik dar und steht potenziellen Anwendern kommerziell zur Verfügung [131].

Konkret wurden die extrem harten, amorphen und wasserstofffreien DLC-Schichten[27] mittels gepulster Vakuumbogenbeschichtung, dem lasergesteuerten Vakuumbogen (gepulster Laser-Arc) hergestellt. Dabei erfolgt die Beschichtung von Bauteilen und Werkzeugen durch hochenergetische Kohlenstoffionen aus einem gepulsten Kohlenstoffplasma, das von einer oder mehreren, in einer Vakuumkammer angeordneten Grafitkathoden erzeugt wird. Besonders vorteilhaft ist der Kathodenaufbau als rotierende Walze beim Laser-Arc, weil dadurch ein gleichmäßiger Materialabtrag, ein hoher Ausnutzungsgrad und eine Langzeitnutzung der Kathode für die volle Beschichtungshöhe der Beschichtungsanlage gewährleistet wird. In Abbildung 3.46 ist dazu ein Schema des Verfahrensablaufes dargestellt und in Tabelle 3.21 wird das modulare Laser-Arc-System (LAM) näher erläutert.

3.3.1.3 Charakterisierung der DLC-Schichten

Neben der Härte der Oberfläche des Gegenkörpers übt dessen Rauheit einen entscheidenden Einfluss auf die tribologischen Eigenschaften verschiedener tribologischer Systeme aus. In [131] konnte nachgewiesen werden, dass durch eine Glättung applizierter DLC-Schichten der Verschleißkoeffizient der Schicht um ein bis zwei Größenordnungen verbessert werden kann. Deshalb erfolgte für diese Untersuchungen eine

---

27 Diese Schichten wurden am Fraunhofer-Institut für Werkstoff- und Strahltechnik IWS in Dresden entwickelt und unter dem Namen DIAMOR® geschützt.

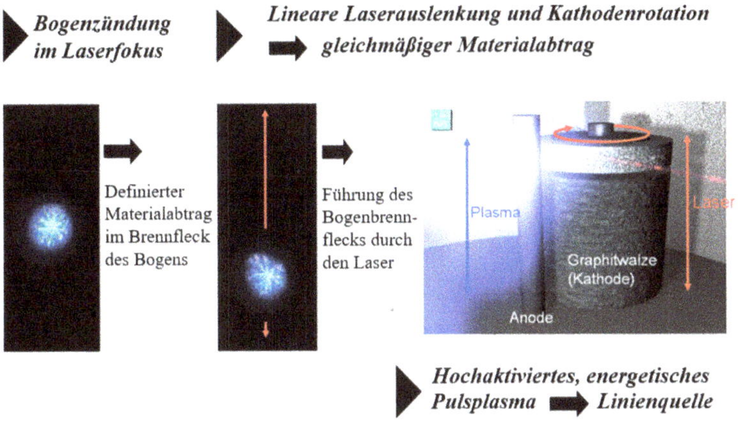
Bogenzündung im Laserfokus
Lineare Laserauslenkung und Kathodenrotation
gleichmäßiger Materialabtrag
Definierter Materialabtrag im Brennfleck des Bogens
Führung des Bogenbrenn-flecks durch den Laser
Plasma
Laser
Graphitwalze (Kathode)
Anode
Hochaktiviertes, energetisches Pulsplasma
Linienquelle

Abb. 3.46: Schematische Darstellung der Abscheidung superharter DLC-Schichten mithilfe der Laser-Arc-Technologie [130]

Tab. 3.21: Industriell verfügbares System zur Abscheidung superharter DLC-Schichten mithilfe der Laser-Arc-Technologie [130]

Laser-Arc-Modul-System (LAM)	Prozessparameter und -charakteristika
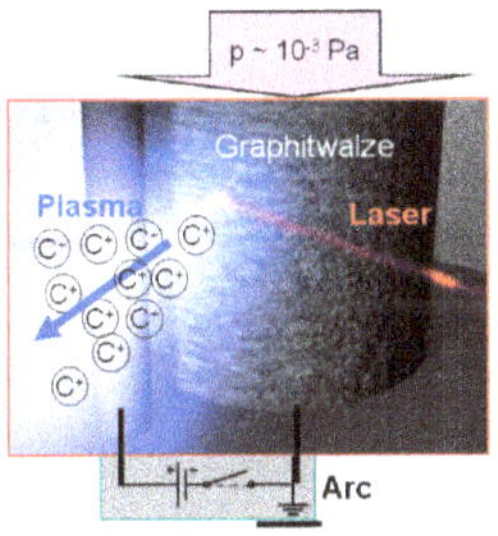 p ~ 10-3 Pa Graphitwalze Plasma Laser Arc	– Gepulste Bogen- Plasmaquelle – Puls-Laser gezündet – Rotierende Grafitwalze (Kathode) – Vakuumprozess (10^{-3} Pa) ↓ – *Hoch ionisiertes Kohlenstoffplasma* – *Ionenenergien über 30 eV* – *Niedrige Abscheidetemperatur (100–150 °C)*

nachträgliche Glättung der DLC-Beschichtungen mithilfe eines speziellen Stahlbürstensystems. Dazu sind in der Tabelle 3.22 wesentliche Informationen in Hinsicht auf die Oberflächen der Gegenkörper zusammengestellt.

Ergänzend dazu sind in Abbildung 3.47 die Oberflächen der unbeschichteten (Abbildung 3.47a) und der DLC-modifizierten (Abbildung 3.47b) Gegenkörperoberflächen (für den „Klötzchen/Ring“-Versuchsaufbau) dargestellt. Weiterhin werden in Abbildung 3.47c die deutlichen Unterschiede der Rauheiten und der Vickers-Härten der Gegenkörperoberflächen dargestellt.

Tab. 3.22: Übersicht über die Oberflächenbeschaffenheit der Gegenkörper [130]

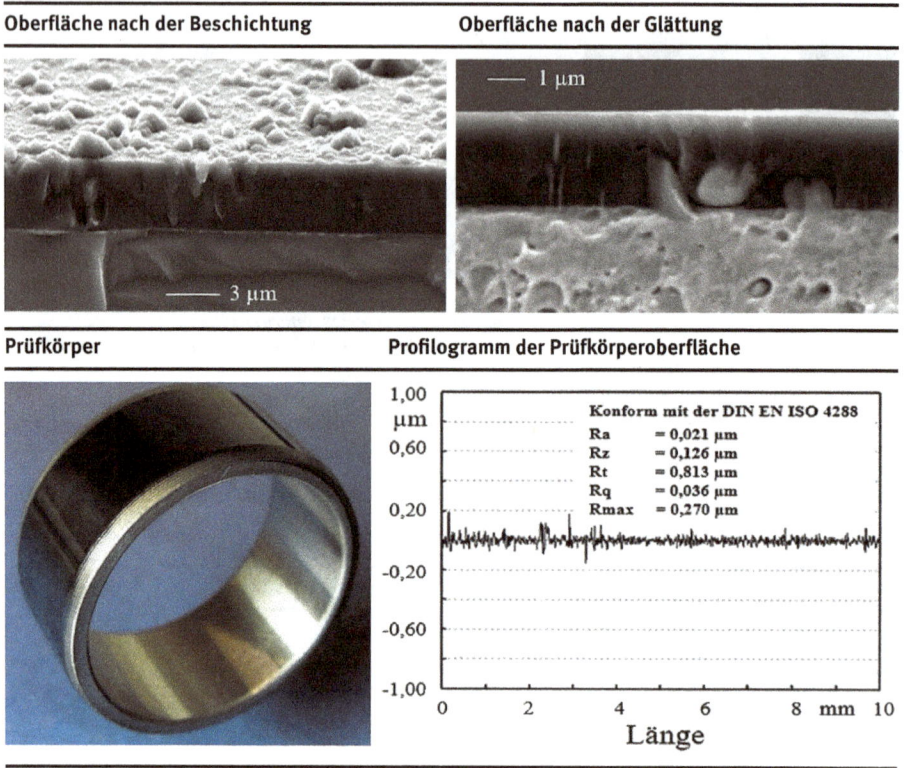

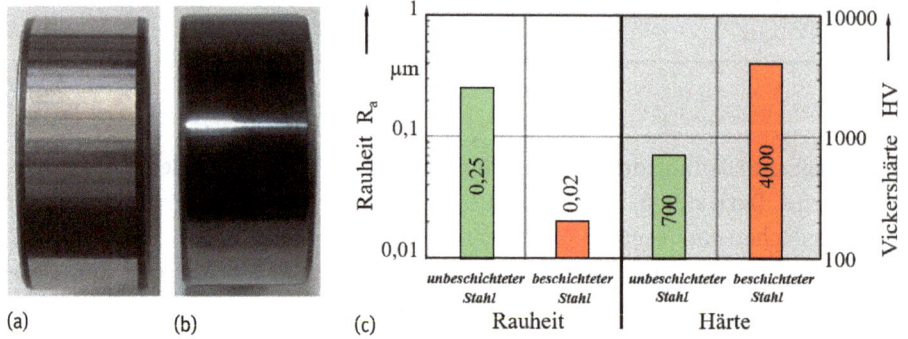

Oberfläche nach der Beschichtung	Oberfläche nach der Glättung

Prüfkörper	Profilogramm der Prüfkörperoberfläche

Abb. 3.47: Vergleich der Oberflächen von (a) unbeschichteten und (b) DLC-modifizierten Gegenkörpern sowie (c) ein Vergleich von deren Härten und Rauheiten [132]

3.3.2 Charakterisierung der Tribologie der Paarung CFK-DLC-Beschichtung

3.3.2.1 Epoxidharzbasiertes CFK im Tribokontakt mit DLC-Beschichtungen

Zur Ermittlung des Einflusses der EP-Matrixmaterialien auf das Reibungs- und Verschleißverhalten von C-Faserverbundwerkstoffen wurden folgende drei kommerzielle Epoxidharze ausgewählt und mithilfe des Modellprüfsystems „Klötzchen/Ring" tribologisch analysiert:

- *BLENDUR®*: Diese Harzsysteme bestehen aus Polyisocyanaten und Epoxiden, deren Topfzeiten durch den Einsatz geeigneter Aktivatoren zwischen 10–360 min eingestellt werden kann. Geeignete Verarbeitungsverfahren sind das Gießen, Spritzgießen und die RTM-Technik. Verwendet wird dieses Harzsystem vor allem zur Herstellung von Verbundwerkstoffen für Hochtemperaturanwendungen.
- *PRIMASET*: Diese Cyanatesterharze sind schnellhärtende Harze, die vergleichsweise einfach wie Epoxidharze verarbeitet werden können und ebenfalls für die Herstellung von FVW für Hochtemperaturanwendungen Anwendung finden.
- *RTM6*: Dieses Harz ist ein vorgemischtes Epoxid-Amin-Harzsystem, also ein warmhärtendes Einkomponentenharz, welches speziell für den RTM-Prozess entwickelt wurde. Die Einsatztemperatur für fertige Faserverbundwerkstoffe liegt zwischen –60 und 180 °C.

Um einen Vergleich zu ermöglichen, wurden im ersten Schritt die vorgestellten duromeren Matrixsysteme mit endlosen Kohlenstofffasern verstärkt (Faseranteil: $\varphi \approx$ 60 Vol.-%) und tribologisch analysiert. Die Herstellung erfolgte mithilfe des RTM-Verfahrens, der Gegenwerkstoff war aus Stahl 100Cr6 (gehärtet und geschliffen) und die Reibungsbeanspruchung lag parallel zur Faserorientierung, d. h., die Fasern waren also in Umfangsrichtung orientiert. Die Versuchsergebnisse für die Reinharze sind in Abbildung 3.48a und die Ergebnisse für die entsprechenden C-Faser-Verbunde sind in Abbildung 3.48b dargestellt.

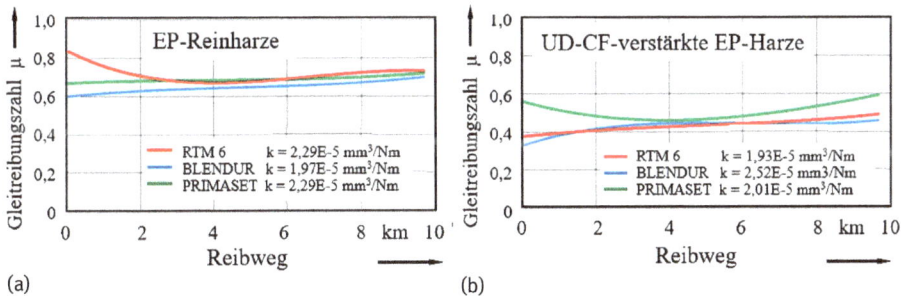

Abb. 3.48: Kennwerte der (a) Matrixharze und (b) der Kohlenstofffaserlaminate im Tribokontakt mit 100Cr6-Stahl [132]

Nach der Auswertung dieser Untersuchungen kann festgehalten werden, dass alle untersuchten Reinharze ein schlechtes Reibungs- und Verschleißverhalten besitzen und dass sich die Gleitreibungszahlen und Verschleißkoeffizienten kaum unterscheiden. Die Faserverstärkung führt zu einer Verbesserung der Reibungszahl und zur Minderung der Stick-Slip-Reibung. Die Verbesserung der Verschleißkennwerte ist allerdings nur marginal.

Im zweiten Schritt erfolgten dann analoge Reibungs- und Verschleißversuche. Als Gegenwerkstoff fungierte wiederum der 100Cr6-Stahl, der allerdings mit einer DLC-Beschichtung versehen war. In Abbildung 3.49 sind dazu die Versuchsergebnisse dargestellt.

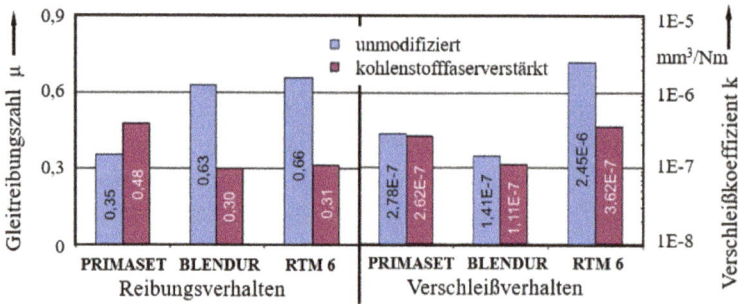

Abb. 3.49: Vergleich Reibungs- und Verschleißdaten von EP-Reinharzen und entsprechender Endlosfaserverbunde im Kontakt mit einer DLC-Oberfläche [132, 133]

Die tribologischen Analysen zeigen, dass durch die Verwendung geglätteter DLC-Beschichtungen eine signifikante Verbesserung des Grundkörperverschleißes erreicht werden kann. Konkret liegen die Verschleißkoeffizienten sowohl bei den Reinharzen als auch bei den verstärkten Werkstoffen um fast zwei Größenordnungen unter denen, die bei der Paarung CFK/Stahl ermittelt wurden. Weiterhin konnte kein Verschleiß der Beschichtung gemessen werden.

Mit Ausnahme der PRIMASET-Werkstoffe, bei denen die gemessenen Gleitreibungskoeffizienten der Reinharzproben im Vergleich zu den andern Harztypen mit $\mu = 0{,}35$ sehr niedrig waren, konnte durch die Kohlenstofffaserverstärkung der Reibwert deutlich gesenkt werden.

In diesem Zusammenhang galt es auch zu klären, inwieweit die Faserorientierung die Reibungs- und Verschleißeigenschaften die CFK-Werkstoffe beeinflusst. Im Gegensatz zu den Versuchen an GUP (Abschnitt 3.2.2.3), bei denen auch die Faserorientierung senkrecht zur Reibfläche durchgeführt wurden, wurden im Rahmen dieser Untersuchungen nur zweidimensional verstärkte Faserverbundstrukturen tribologisch analysiert. Konkret wurden die unidirektional verstärkten Proben (auf Basis von RTM6-Harz) unter verschiedenen Winkeln wiederum mithilfe des Modellprüfsystems „Klötzchen/Ring" getestet. Die Ergebnisse der Reibungsmessungen sind in Abbildung 3.50a und eine Fotografie der Verschleißspur in Abbildung 3.50b gezeigt.

Die Abbildung 3.50a belegt einerseits, dass die Faserorientierung keinen signifikanten Einfluss auf das Reibungsverhalten dieser CFK-Werkstoffe hat. Andererseits sind sehr große Messwertstreuungen zu verzeichnen. Zusammenfassend muss festgestellt werden, dass die Gleitreibungskoeffizienten relativ hoch sind.

Vergleicht man das Foto (Abbildung 3.50b) mit der Verschleißspur, die in Abbildung 3.40a dargestellt ist, so wird deutlich, dass kein abrasiver Verschleiß und auch kein Faser-Pull-out stattgefunden hat. Der in diesem Fall unter 45° angeordnete C-Rovingstrang ist infolge von Gleitverschleißmechanismen abgetragen worden und die Oberfläche der Spur war sehr glatt. Die Abbildung 3.51 verdeutlicht dies mit mikroskopischen Aufnahmen der Verschleißspur.

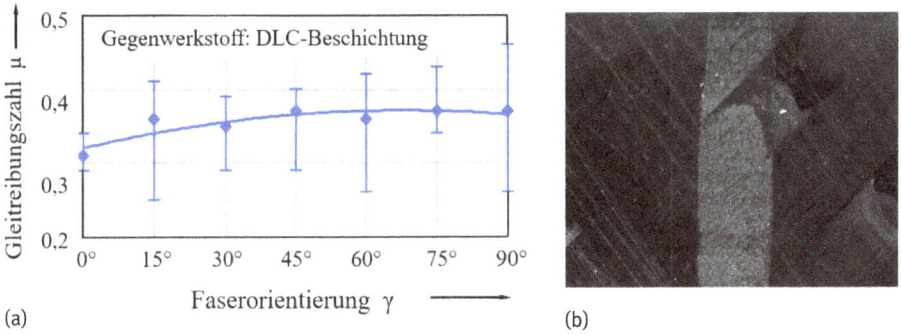

(a)   (b)

Abb. 3.50: (a) Einfluss der Faserorientierung auf die Gleitreibungszahl von UD-verstärkten CF-EP-Laminaten im Kontakt mit DLC-beschichtetem Stahl und (b) eine fotografische Aufnahme einer Verschleißspur [132, 134]

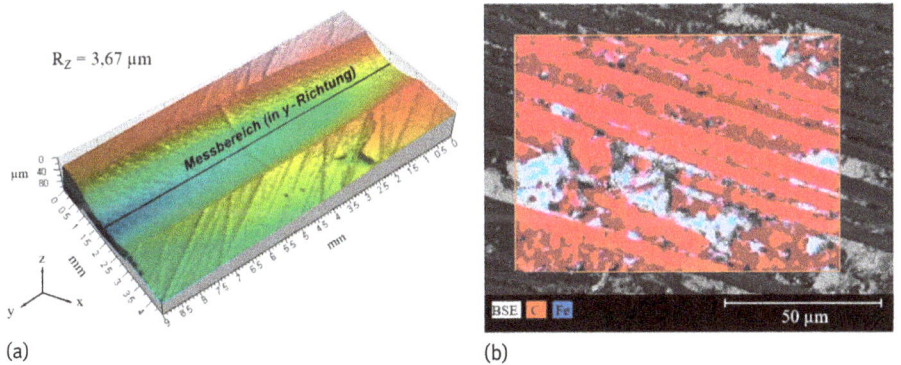

(a)   (b)

Abb. 3.51: (a) Profilogramm der Verschleißspur des Klötzchens und (b) SEM-EDX-Analysen der Verschleißspur [132, 134]

Interessant ist dazu noch ein Vergleich der mechanischen Festigkeiten dieser UD-Verbunde (Abbildung 3.52a) mit deren Verschleißfestigkeiten (Abbildung 3.52b) in Abhängigkeit von der Faserorientierung.

Im Vergleich zur Zugfestigkeit R_z (Abbildung 3.52a) ist der Einfluss der Faserorientierung auf die Verschleißfestigkeit, die durch den im Polardiagramm (Abbildung 3.52b) dargestellten Verschleißkoeffizienten k verdeutlicht wird, nur gering.

Zur Einordnung der Ergebnisse wurden unter identischen Prüfbedingungen in der Praxis eingeführte kommerzielle Gleitlagerwerkstoffe auf polymerer Basis vergleichend untersucht. In der Abbildung 3.53 erfolgt eine Gegenüberstellung der ermittelten Verschleißkoeffizienten.

Die Abbildung 3.53 zeigt deutlich, dass die ermittelten Verschleißkoeffizienten der Paarung CKF/DLC deutlich geringer sind als die kommerzieller Gleitlagerwerkstoffe

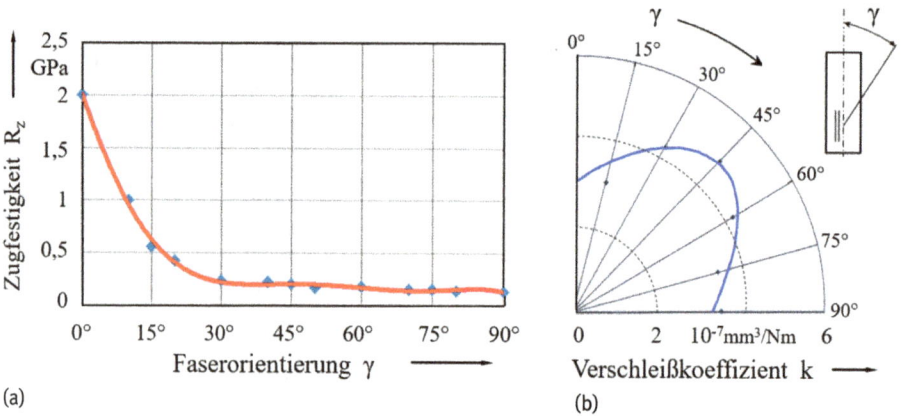

Abb. 3.52: (a) Vergleich des Einflusses der Faserorientierung auf die mechanische Festigkeit und (b) Verschleißkoeffizienten von UD-verstärkten CF-EP-Laminaten [132, 134]

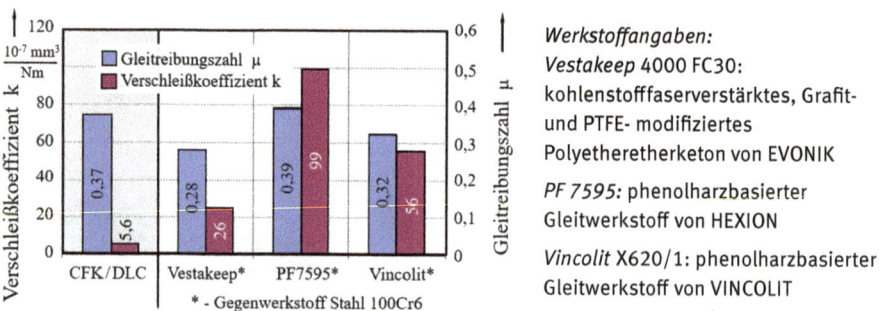

Werkstoffangaben:

Vestakeep 4000 FC30: kohlenstofffaserverstärktes, Grafit- und PTFE- modifiziertes Polyetheretherketon von EVONIK

PF 7595: phenolharzbasierter Gleitwerkstoff von HEXION

Vincolit X620/1: phenolharzbasierter Gleitwerkstoff von VINCOLIT

Abb. 3.53: Vergleich der Reibungszahlen und Verschleißkoeffizienten von kommerziellen Gleitlagerwerkstoffen (Gegenwerkstoff: gehärteter und geschliffener Stahl 100Cr6) mit CFK-Werkstoffen (Gegenwerkstoff: geglätteter DLC-beschichteter Stahl 100Cr6) [132, 134]

gegen gehärteten und geschliffenen Stahl. Die Gleitreibungszahlen liegen im Bereich der Vergleichspaarungen. Sie sind allerdings nicht als sehr gut einzuschätzen.

In der Praxis werden derartige wartungsfreie Tribopaarungen, wenn es möglich ist, initialgeschmiert. Deshalb wurden Zusatzuntersuchungen durchgeführt, bei denen die CFK/DLC-Paarungen mit Glykol gebrauchsdauergeschmiert wurden. In Abbildung 3.54 sind in diesem Zusammenhang die ermittelten Gleitreibungszahlen von Epoxidharz und EP-basierten CFK im Tribokontakt Stahl und DLC-Beschichtungen über dem Reibweg dargestellt.

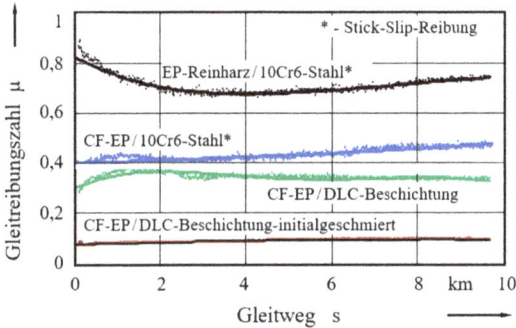

Abb. 3.54: Vergleich der Gleitreibungszahlen von EP-Reinharz (RTM6) und C-Faser-EP-Verbunden im Kontakt mit Stahl 100Cr6 und einer DLC-Oberfläche

3.3.2.2 Anwendungsbeispiel: CFK-Pleuel

Zur Verifikation der Prüfergebnisse, die in der Regel mithilfe des Modellprüfsystems „Klötzchen/Ring" gewonnen worden sind, soll hier die Herstellung und Prüfung eines prototypischen Leichtbaupleuels aus endlos-C-faserverstärktem Epoxidharz dienen. In Abbildung 3.55 ist dazu der Aufbau dieses Maschinenbauteils schematisch dargestellt.

Das Detailbild (Abbildung 3.55a) verdeutlicht die konstruktive Struktur des Kopfbereichs des Pleuels. Der CFK-Außenkörper übernimmt bei der hier gewählten Schwenklagerung die Aufgabe des Außenrings dieser Gleitlagerung und ist im tribologischen Sinne somit der Grundkörper. Als Gegenkörper fungiert der Innenring eines kommerziellen Schwenklagers aus 100Cr6-Stahl. Da dieser Prototyp auch als Prüfkörper diente, wurde ein Innenring mit einer DLC-Schicht versehen und der andere nicht. Bei der Herstellung dieser CFK-Struktur wurden die Innenringe mit einem Trennmittel behandelt und als Insert in die Form appliziert.

Der Schaft des Pleuels ist mit unidirektional angeordneten Rovingsträngen aus Kohlenstofffasern verstärkt, die auch das Lagerauge umschlingen. Um das Abgleiten der Rovings im Bereich des Lagerauges zu verhindern, ist es einerseits notwendig, axial angeordnete Stützringe zu verwenden, und andererseits Gewebeschichten mit

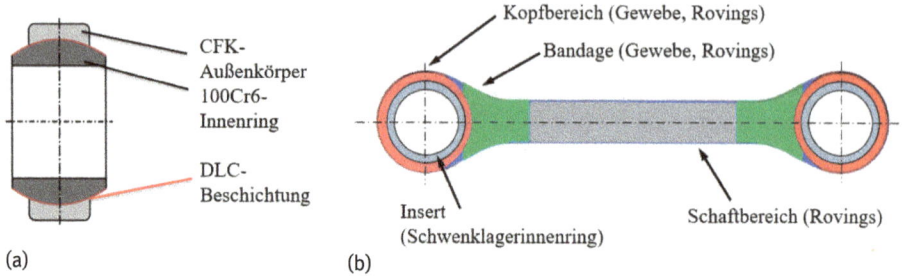

(a) (b)

Abb. 3.55: (a) Schematische Darstellung eines prototypischen CFK-Leichtbaupleuels, dessen Köpfe mit Hybridschwenklagern ausgestattet sind und (b) die Pleuelstruktur auf einer Mischbauweise beruht, die durch den Einsatz von Rovings, Geweben und Spachteln realisiert wird

in die Struktur mit zu integrieren. Zur Stabilisierung dieser axialen Armierung ist es weiterhin notwendig, die Rovings mit Radialwicklungen zu versehen, was auch in Abbildung 3.56 deutlich wird.

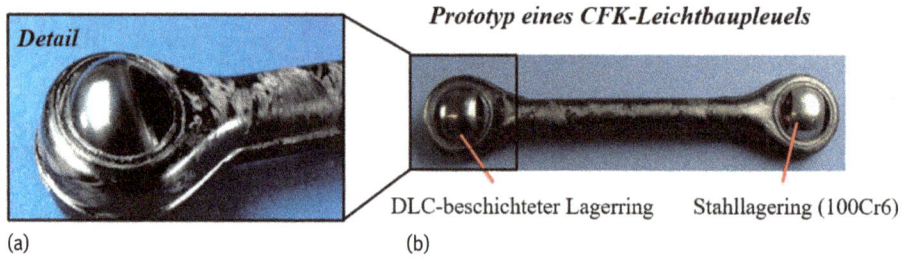

(a) (b)

Abb. 3.56: (a) Fotografische Darstellung CFK-Leichtbaupleuels und (b) eine Detaildarstellung des Gleitlagers, welches mit einem DLC-beschichteten Innenring versehen ist

In den Übergangssektoren zwischen dem Schaft den Kopfbereichen des Pleuels wird die Struktur des Pleuels volumenmäßig erweitert, was wiederum den Einsatz von Gewebelagen und Spachtelmasse erforderlich macht. Die Abbildung 3.56 verdeutlicht weiterhin, dass dieser Prototyp vorwiegend als Handlaminat gefertigt wurde.

Die Untersuchungen zum tribologischen Verhalten dieser Lagerungen erfolgte auf einem modifizierten Gleitlagerprüfstand (Anhang B bzw. Abbildung 3.57). Untersucht wurde nur dieser Prototyp. Dabei wurden folgende Prüfparameter gewählt:

- Gleitgeschwindigkeit: $v = 0,16\,\mathrm{m/s}$
- Normalkraft: $F_\mathrm{N} = 80\,\mathrm{N}$
- Schmierung: technisch trocken

Die Ergebnisse der Reibungs- und Verschleißversuche an diesem Bauteil sind in der Abbildung 3.58 dargestellt.

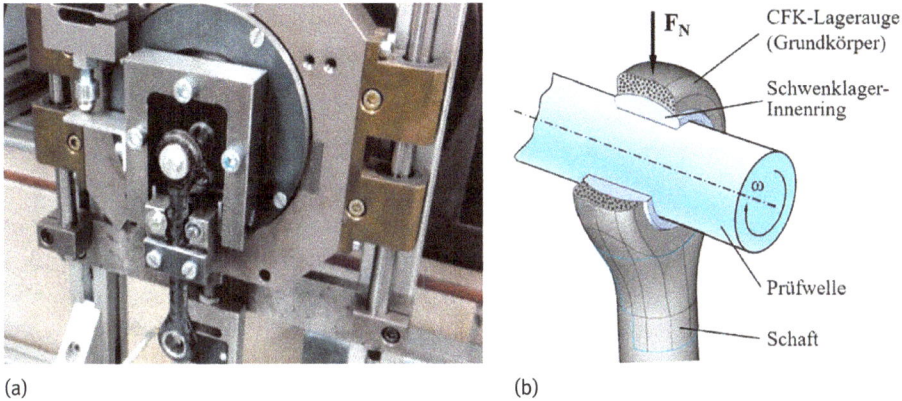

(a) (b)

Abb. 3.57: Aufbau zur tribologischen Prüfung der Schwenklagerung eines CFK-Pleuels: (a) fotografische Darstellung des Prüfaufbaus und (b) des Testschemas

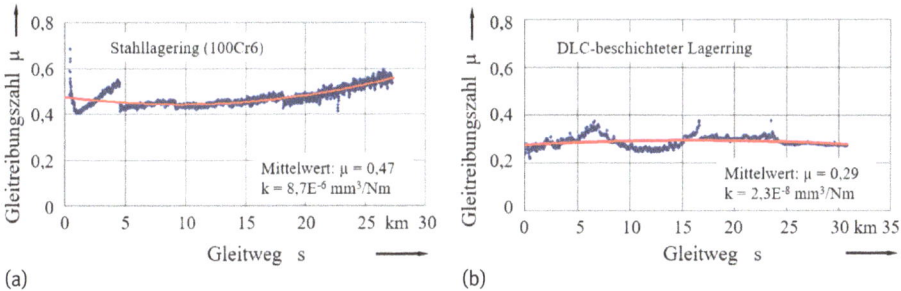

(a) (b)

Abb. 3.58: Vergleich der gemessenen Gleitreibungszahlen der Paarungen (a) CFK/100Cr6-Stahl und (b) CFK/DLC-Beschichtungen in Abhängigkeit vom Gleitweg [132, 134]

Obwohl nur ein Versuch pro Lagerung durchgeführt wurde, sind doch einige Erkenntnisse gewonnen worden. Zum einen konnten die Gleitreibungskoeffizienten, die mithilfe des Modellprüfsystems „Klötzchen/Ring" gewonnen worden sind, bestätigt werden. Zum anderen ist zu konstatieren, dass das oft beobachtete Phänomen, das mit „Welle/Lager"-Prüfungen deutlich geringere Verschleißraten gemessen werden als mit anderen Modellprüfsystemen (Kapitel 2.3.4.2), auch hier zu beobachten war. Beispielsweise wurde für die Paarung CFK/DLC-Beschichtung mit dem „Klötzchen/Ring"-Modellprüfsystem ein recht niedriger Verschleißkoeffizient von $5,6 \cdot 10^{-7}$ mm^3/Nm ermittelt werden (Abbildung 3.51). Bei diesem Bauteilversuch war der Verschleiß noch geringer ($k = 2,3 \cdot 10^{-8}$ mm^3/Nm).

3.3.2.3 Tribologie von CF-verstärktem Cyanatesterharz

Abschließend soll noch auf die mechanischen Eigenschaften und das tribologische Verhalten eines CF-verstärkten Cyanatesterharzes, also eines Hochtemperaturduromeren, eingegangen werden. Ähnlich wie das im Abschnitt 1.3.3.5 vorgestellte Melaminharz zeichnen sich die ausgehärteten Cyanatesterharze (CE) durch einen hohen Vernetzungsgrad aus, der wiederum auf eine Kopplung über Triazingruppen zurückzuführen ist. Da sie im Gegensatz zum Melaminharz wie klassische Laminierharze (UP- oder EP-Harze) mithilfe eingeführter Verarbeitungsverfahren, wie der RTM-Technik, zu verarbeiten sind, haben sich diese Harze als einzigartige Klasse von duromeren Hochleistungspolymeren etabliert [188]. So kommen sie vorwiegend in der Elektronik- sowie in der Luft- und Raumfahrtindustrie in Form von Prepregmaterialien oder, wie angesprochen, als Infusionsharze zur Anwendung. Weiterhin zeichnen sich diese recht teuren Harze durch außergewöhnliche Eigenschaften wie eine niedrige Wasseraufnahme, gute thermische Beständigkeit und Flammbeständigkeit aus.

Kommerziell erfolgt die Herstellung von Cyanatesterharzen aus Phenolen, die mit Cyanhalogeniden, z. B. Cyanbromid in Anwesenheit einer Base, etwa Triethylamin, zu Phenylcyanat reagieren (Abbildung 3.59a). Die Vernetzung von Cyanatesterharzen erfolgt unter Ausbildung von Triazinen (Abbildung 3.59b) durch die Verwendung von phenolischen oder aminischen Co-Katalysatoren und weiteren speziellen Katalysatoren.

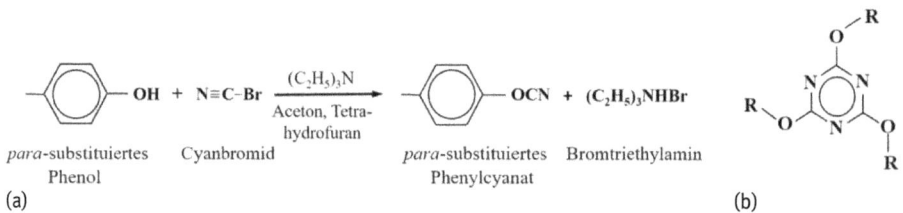

Abb. 3.59: Schema der Darstellung von (a) Phenylcyanat und (b) Triazin [188]

Die CE-Harze besitzen, wie in Kapitel 1 (Tabelle 1.20) schon gezeigt, eine hohe Steifigkeit und Festigkeit. Für viele Anwendungen stellt die geringe Duktilität (Bruchdehnung ca. 1,5 %) dieser Werkstoffe allerdings ein großes Problem dar[28]. Das gilt besonders für den Fall, dass CE-Harze als Matrixmaterial für Kohlenstofffaserverbunde Verwendung finden sollen. Bereits im Abschnitt 3.1.2 wurde dazu ausgeführt, dass die

---

[28] Zur Verbesserung der Duktilität und Hydrolysebeständigkeit von CE-Harzen werden diese Werkstoffe in der Praxis auch mit weiteren Monomeren anderer Harzsysteme copolymerisiert. Dafür eignen sich vor allem Epoxide und Bismaleinimide. Die derart modifizierten Netzwerke besitzen meist eine deutlich höhere Schlagzähigkeit. Die Glasübergangs- (T_g) und Degradationstemperatur (T_d) sind im Vergleich zu unmodifizierten CE-Harzen deutlich niedriger. Eine weitere Möglichkeit einer signifikanten Reduzierung der Sprödigkeit derartiger Duromersysteme besteht in der Einarbeitung von Thermoplasten, Elasten und anderen Modifikationsmitteln. Allerdings hat sich auch hier herausgestellt, dass bei diesen Modifikationen ebenfalls eine Abnahme der thermischen Eigenschaften zu verzeichnen ist.

Matrix nicht vor den Fasern brechen soll. Die für CFK-Herstellung der meistverwendeten Kohlenstofffasern besitzen ebenfalls Bruchdehnungen von ε_{Br} = 1,5–1,7 %. Eine signifikante Erhöhung der Festigkeitskennwerte durch eine Kohlenstofffaserverstärkung ist daher nicht möglich, was auch der geringe Faserausnutzungsgrad von η_{c1} = 0,14 (Abschnitt 3.1.5, Gleichung (3.4)) widerspiegelt.

Da die Materialsteifigkeit (η_{c1} = 0,25) und auch die Verschleißfestigkeit durch diese Modifizierung mit C-Fasern deutlich verbessert wird, kann eine Verstärkung von CE-Harzen mit endlosen Kohlenstofffasen für ausgewählte Anwendungen durchaus als zielführend eingeschätzt werden. Unter dem Gesichtspunkt eines möglichen Einsatzes dieser Werkstoffe für tribomechanisch und thermisch hoch beanspruchte Anwendungen wurden derartige CE-CF-Verbunde hergestellt, mit globulären Schmierstoffpartikeln modifiziert und entsprechend getestet.

a) Werkstoffauswahl und Prüfkörperherstellung

Als Matrixmaterial kam das kommerzielle CE-Harz Primaset® PT-30 der Firma Lonza Chemicals zum Einsatz. Dieses Harz besitzt bei 80 °C eine Viskosität von 400 mPa · s und ist somit mit der RTM-Technik verarbeitbar. Das vernetzte System besitzt eine Glasübergangstemperatur T_g von bis zu 400 °C.

Als Verstärkungsmaterial fand ein unidirektionales C-Faser-Textil (Tenax IMS65 E23 von Teijin) Anwendung. Der Durchmesser der Einzelfilamente betrug 5 µm und es wurde einheitlich ein Faservolumenanteil von φ_1 = 0,65 (in Faserrichtung) realisiert.

Das auf 100 °C vorgeheizte Harz wurde zusätzlich mit „inneren" Schmierstoffen modifiziert, wobei ein einheitlicher Modifikationsmittelanteil von 5 Masse-% gewählt wurde Die Inkorporation dieser Schmiermittelpartikel erfolgte mit einem kommerziellen Dispergiersystem der Fa. Getzmann. Als Modifikationsmittel kamen folgende Mikropartikel zum Einsatz:

- Grafitpulver mit einer durchschnittlichen Partikelgröße von 1,5 µm (ALB Materials Inc);
- Molybdändisulfid (MoS_2) mit einer durchschnittlichen Partikelgröße von 20 µm (OKS Spezialschmierstoffe, GmbH);
- Polytetrafluorethylen (PTFE-Mikropulver) mit einer durchschnittlichen Partikelgröße von 4 µm (Dyneon).

Die Herstellung der plattenförmigen Prüfkörperhalbzeuge erfolgte mithilfe der RTM-Technologie (Abbildung 3.22, Abschnitt 3.1.7.4). In Abbildung 3.60 ist dazu der Aushärtungszyklus für PT-30-Harz schematisch dargestellt[29].

---

29 Bei diesem Verfahren wird kein zusätzlicher Katalysator oder Beschleuniger verwendet, da der Cyanatester bei 260 °C mit dem Phenol copolymerisiert und sich zu Triazin umsetzt.

Die Abbildung 3.60 zeigt deutlich, dass der Herstellungsprozess sehr zeitaufwendig ist. Die Fertigung der Prüfkörper erfolgte mithilfe des Wasserstrahlschneidens.

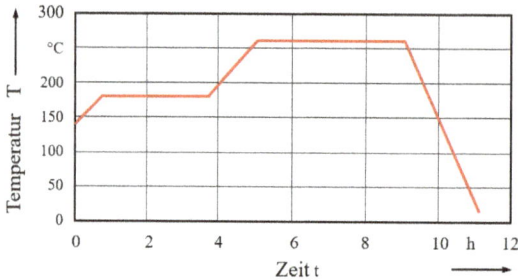

Abb. 3.60: Schematische Darstellung des Aushärtungszyklus bei der Herstellung der Prüfkörperhalbzeuge

b) Ergebnisse der mechanischen Werkstoffuntersuchungen

Eingangs soll dazu noch folgendes Problem angesprochen werden. Im Abschnitt 3.1.4 wurde ausgeführt, dass je nach Wahl der Matrix- und Verstärkungsmaterialien die Faserhaftung optimiert werden sollte. Das sehr spröde Versagensverhalten von Cyanatesterharz ähnelt dem von Keramiken. Da mittlerweile auch Keramiken mit C-Fasern verstärkt werden, sollte man für weiterführende Untersuchungen zu der hier angesprochenen Problematik auf Erkenntnisse aus der Entwicklung von Faserkeramiken zurückgreifen und die Kohlenstofffasern dahin gehend ausrüsten, dass sie im Verbund eine „Pseudoduktilität" ermöglichen. Das heißt, dafür zu sorgen, dass bei einem Bruch der Matrix die Faser nicht zwangsläufig ebenfalls sofort bricht, sondern in der Matrix etwas rutschen kann. (Auf die Problematik des wurde bereits im Abschnitt 3.1.6.2, speziell in Abbildung 3.6 eingegangen.) In der Praxis wird das Grenzflächengleiten dadurch realisiert, dass man auf den Oberflächen der Kohlenstofffasern pyrolytischen Kohlenstoff abscheidet und somit das Interface zwischen der keramischen Matrix und Faser „schmiert".

Im Rahmen dieser Untersuchungen wurde versucht, dieses Problem auf anderem Wege zu lösen. Durch die Modifikation des CE-Harzes mit den oben vorgestellten Mikropulvern soll nicht nur das globale Reibungs- und Verschleißverhalten der Verbunde verbessert werden, sondern durch den inkorporierten Schmierstoff auch dafür gesorgt werden, dass die Faser-Matrix-Haftung vermindert wird und sich eine gewisse „Pseudoduktilität" einstellen kann. In Abbildung 3.61 sind dazu die Spannungs-Dehnungs-Diagramme von unmodifiziertem CF-CE-Harz und die grafitmodifizierte Variante dieses Werkstoffes dargestellt.

Ein Vergleich der Diagramme in Abbildung 3.61 belegt, dass durch die zusätzliche Modifikation mit Grafit als „innerer" Schmierstoff der Verbund eine, wenn auch nicht signifikante, Verbesserung der Duktilität aufweist, was sich in einer Vergröße-

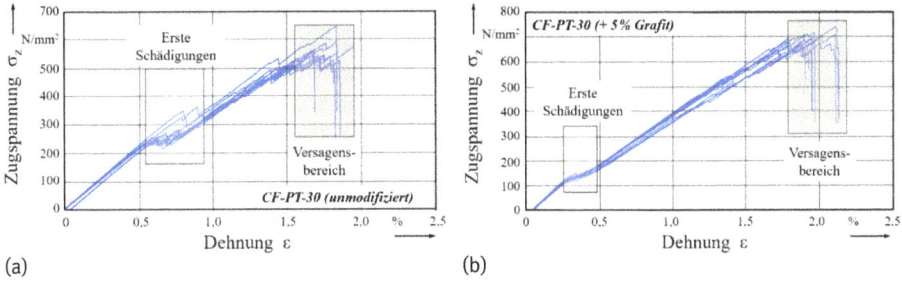

Abb. 3.61: Spannungs-Dehnungs-Diagramme von (a) unmodifiziertem CF-CE-Harz und (b) die eines grafitmodifizierten CF-CE-Verbundwerkstoffs

rung der Bruchdehnung äußert (Abbildung 3.61b). Auch die Verbundfestigkeiten und -steifigkeiten (in Faserrichtung) werden, wie die Abbildung 3.62 zeigt, durch die Inkorporation speziell von Grafitpartikeln deutlich vergrößert.

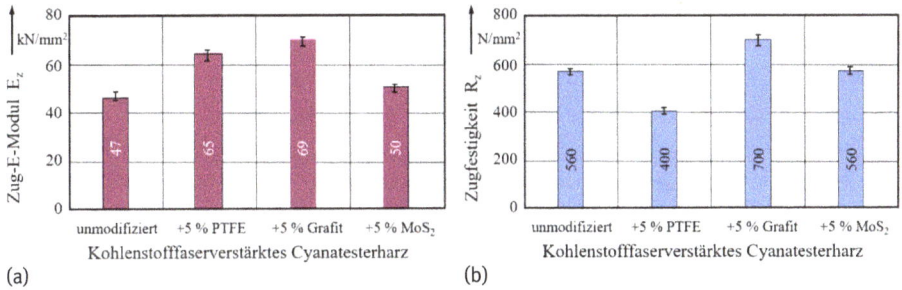

Abb. 3.62: Vergleich der (a) Zugsteifigkeiten und (b) Zugfestigkeiten von partikelmodifizierten CF-CE-Verbundwerkstoffen [176]

c) Ergebnisse der tribologischen Untersuchungen

Die Untersuchungen des Reibungs- und Verschleißverhaltens dieser modifizierten CF-CE-Verbundwerkstoffe im Tribokontakt sowohl mit gehärtetem und geschliffenen Stahl als auch mit einer DLC-Beschichtung erfolgten wiederum mithilfe des Modellprüfsystems „Klötzchen/Ring" (Anhang B) unter folgenden Bedingungen:

- *Reibpartner (Ring):* Stahl 100Cr6, HRC 59 ±1, R_a = 0,2 ... 0,3 µm

  DLC-beschichteter Stahl 100Cr6, HV > 4000, R_a = 0,021 µm
- *Prüfbedingungen:* Gleitgeschwindigkeit: v_G = 0,13 m/s

  Normalkraft: F_N = 100 N

  Schmierung: technisch trocken
- *Reibbeanspruchung in Faserrichtung*

In Abbildung 3.63 sind dazu die Ergebnisse der Reibungs- und Verschleißuntersuchungen zusammenfassend dargestellt.

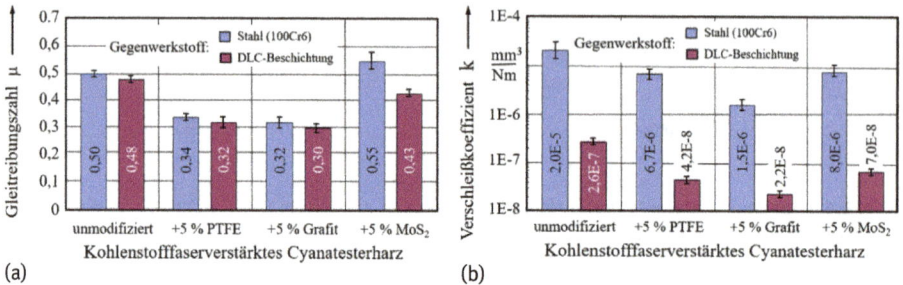

Abb. 3.63: Gemessene (a) Gleitreibungszahlen und (b) Verschleißkoeffizienten von partikelmodifizierten CF-CE-Verbundwerkstoffen [176]

d) Zusammenfassung und Wertung der Ergebnisse

Kohlenstofffaserverstärkte CE-Duroplaste sind aufgrund ihrer ausgezeichneten mechanischen und thermischen Eigenschaften, eine für ausgewählte Anwendungen, etwa in der Luft- und Raumfahrt oder der Elektronik, interessante Werkstoffgruppe. Allerdings werden diesen Verbunden aufgrund ihrer hohen Sprödigkeit und des hohen Preises in der industriellen Praxis doch Grenzen gesetzt. Die aktuelle Forschung ist derzeit intensiv damit beschäftigt, die angesprochenen Probleme durch Copolymerisation mit weiteren Monomeren oder speziellen Modifikationen zu lösen.

Im Rahmen dieser Untersuchungen wurde eine Verbesserung der tribomechanischen Eigenschaften der CE-Harze durch eine Inkorporation globulärer „innerer Schmierstoffe" angestrebt. Dazu wurde das Harz mit 5 Masse-% Mikropartikeln auf der Basis von PTFE, MoS_2 und Grafit modifiziert und anschließend zusammen mit textilen CF-Preforms mithilfe der RTM-Technologie zu plattenförmigen Halbzeugen verarbeitet.

In Hinsicht auf die mechanischen Eigenschaften konnten durch diese Modifikationen, speziell durch die Einarbeitung von Grafitpartikeln, sowohl die Festigkeit und der E-Modul als auch, allerdings nur im geringen Maßstab, die Bruchdehnung erhöht werden. Dahingegen konnten durch diese Modifikationen die Reibungs- und Verschleißkennwerte z. T. signifikant verbessert werden. Das gilt vor allem für den Tribokontakt mit den DLC-beschichteten Gegenkörpern. So konnte der Verschleißkoeffizient gegenüber dem unmodifizierten CF-CE-Verbund durch die Inkorporation von Grafitpartikeln und der DLC-Beschichtung des Gegenkörpers um drei Größenordnungen gesenkt werden. So kann abgeschätzt werden, dass ein erfolgreicher Einsatz dieser Werkstoffe für tribomechanisch hoch beanspruchte Bauteile und andere Strukturen im Bereich bis zu 300 °C durchaus realistisch ist.

3.3.3 Tribologie der Paarung Thermoplast–DLC-Beschichtung

3.3.3.1 Textilverstärktes Polypropylen/DLC-Beschichtung

Zu den Untersuchungen an glasfaserverstärktem Polypropylen kam wiederum das kommerzielle Produkt Twintex® mit der Faserorientierung 0°/90° zum Einsatz. Dazu sind in Abbildung 3.64 die Ergebnisse der tribologischen Untersuchungen zusammengestellt.

Die Ergebnisse belegen, dass eine Beschichtung des Gegenwerkstoffes mit einer DLC-Schicht die tribologischen Kenngrößen des glasfaserverstärkten Polypropylens nicht wesentlich verbessern. Der erhebliche Unterschied zu den Versuchen, die an gehärtetem Stahl als Gegenwerkstoff durchgeführt wurden, besteht darin, dass bei der DLC-Beschichtung kein messbarer Verschleiß aufgetreten ist.

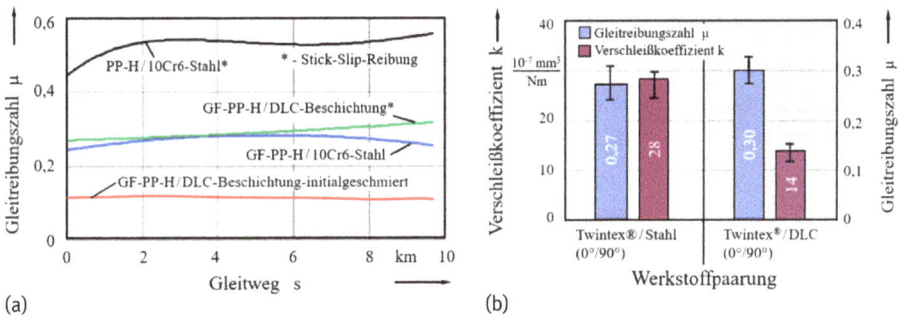

Abb. 3.64: Abhängigkeit der (a) Reibungs- und (b) Verschleißkenngrößen von glasfaserverstärktem PP-H (Twintex® 0°/90°) von Gegenwerkstoffen aus Stahl (100Cr6) bzw. DLC-Beschichtungen

Eine Initialschmierung mit Glykol verbessert das Reibungs- und Verschleißverhalten der Paarung Twintex®/DLC signifikant. (Bei den hier verwendeten Prüfbedingungen wurde bei den initialgeschmierten Untersuchungen auch kein messbarer Verschleiß an den modifizierten polymeren Grundkörpern festgestellt.)

Es ist technisch und vor allem ökonomisch nicht sinnvoll, das Standardpolymer Polypropylen mit Kohlenstofffasern zu verstärken. Deshalb sind derartige Verbunde nicht entwickelt und somit auch nicht getestet worden.

3.3.3.2 Technische und Hochleistungspolymere/DLC-Beschichtung

Nach den erfolgreichen Untersuchungen, die in den Kapiteln 3.3.2.1 bis 3.3.3.1 vorgestellt wurden, stehen hier kohlenstofffaserverstärkte Funktions- und Hochleistungsthermoplaste, konkret Polyethersulfon (PES), Polycarbonat (PC) und Polyamid 66 (PA66)[30], im Fokus der tribologischen Untersuchungen. Die Prüfkörper wurden mithilfe der Wasserstrahltechnik aus Organoblechen hergestellt.

---

30 Der chemische und strukturelle Aufbau sowie die grundlegenden mechanischen Eigenschaften dieser Polymere sind im Abschnitt 1.3.2.5 bzw. im Anhang A dargestellt.

Derartige Organobleche werden industriell meist kontinuierlich auf Doppelbandanlagen oder semikontinuierlich in einem zweistufigen Prozess gefertigt. Bei diesem Verfahren werden im ersten Schritt die zugeschnittenen Preforms in einer Heißpresse (Abbildung 3.23) aufgeheizt und vorverdichtet. Im zweiten Schritt entnimmt ein Roboter den noch heißen Pressling aus der Form und übergibt diesen in eine zweite, gekühlte, Presse, in der die Formgebung unter hohem Druck abgeschlossen wird und das Pressteil abkühlt. Mithilfe dieser Technologie sind hochwertige, homogene und porenarme Verbunde herstellbar. Die kontinuierliche Fertigung von Organoblechen auf Doppelbandanlagen ist ökonomischer. Aber die Qualität der derart hergestellten Produkte ist allerdings meist niedriger als die der in Pressen hergestellten Verbunde.

Für die Herstellung der hier verwendeten Organobleche kam eine Laborpresse zum Einsatz. Die Prüfkörperhalbzeuge wurden diskontinuierlich, also in einem einstufigen Prozess, mithilfe des sogenannten Film-Stacking-Verfahrens hergestellt [45]. Diese Technologie ist dadurch gekennzeichnet, dass das Matrixmaterial in Form von Folien oder Textilien vorliegt. Die Vorformlinge sind also schichtweise derart strukturiert, dass sich eine Schicht Matrixwerkstoff und eine Schicht aus textilen Verstärkungsmaterialien abwechseln (Abbildung 3.65).

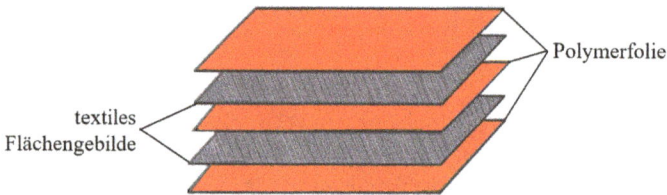

Abb. 3.65: Schematischer Aufbau der Preform für das Heißpressen mittels des Film-Stacking-Verfahrens

Diese textilen Halbzeuge werden in die Laborpresse eingelegt und dann heiß verpresst. Dabei schmilzt der Thermoplast und die Schmelze imprägniert das Verstärkungsmaterial. Damit das Pressteil nicht an den Formhälften haftet, werden in der Regel Trennfolien aus Polytetrafluorethylen oder Polyimid verwendet.

Das Verstärkungsmaterial besteht aus einem C-Faser-Roving-Gewebe mit Leinenbindung. Die Prüfkörper wurden so aus den hergestellten Organoblechen geschnitten, dass die Proben eine 0°/90°-Orientierung aufwiesen.

Die Bestimmung der Reibungs- und Verschleißkennwerte erfolgt wiederum mit dem Modellprüfsystem „Klötzchen/Ring" unter den im Abschnitt 3.2.2.4 angegebenen Prüfbedingungen. In Abbildung 3.66 sind dazu die Ergebnisse der tribologischen Analysen dargestellt. In Abbildung 3.66a wird einerseits deutlich, dass die Reibungszahlen durch die Kohlenstofffaserverstärkung verkleinert werden können. Eine Ausnahme stellt das C-faserverstärken Polyamid 66 dar, bei welchem das Reibungsverhalten des Matrixwerkstoffes durch die Verstärkung nur marginal verändert wird. An-

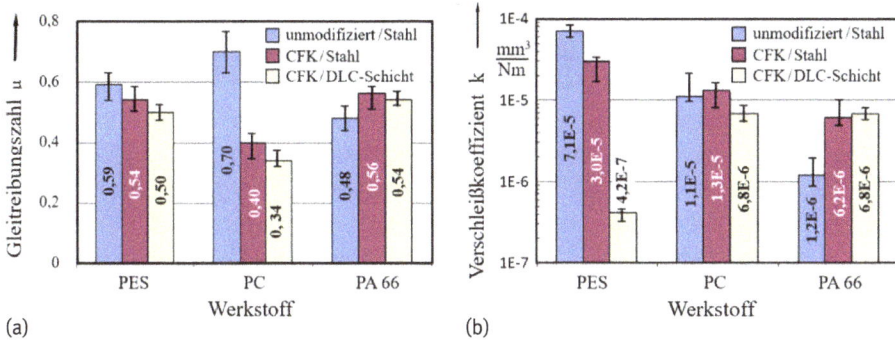

(a) (b)

Abb. 3.66: Zusammenfassung des (a) Reibungs- und (b) Verschleißverhaltens von ausgewähl-ten kohlenstofffaserverstärkten Thermoplasten im Tribokontakt mit Gegenwerkstoffen aus Stahl (100Cr6) bzw. DLC-Beschichtungen

dererseits kann festgehalten werden, dass je höher die Gleitreibungskoeffizienten der Grundwerkstoffe sind, desto ausgeprägter ist die Senkung dieser Kennwerte durch die C-Faser-Verstärkung.

Eine ähnliche Tendenz zeigen die Daten der Verschleißauswertung in Abbildung 3.66b. Auch hier ist zu erkennen, dass die verschleißsenkende Wirkung der Kohlenstofffaserverstärkung umso größer ist, wenn sich das Matrixmaterial durch ein schlechtes Verschleißverhalten auszeichnet. Beispielsweise vermindert sich der Verschleißkoeffizient von PES durch die Fasermodifikation um nahezu 3 Zehnerpotenzen.

3.3.4 Zusammenfassende Wertung der Tribologie von polymerbasierten FVW

Wie schon ausgeführt, kann festgestellt werden, dass die tribologischen Eigenschaften von technischen Thermoplasten und Hochleistungspolymeren durch eine Kurzfaserverstärkung vor allem auf Basis von C-Fasern, deutlich verbessert werden können. Durch einen weiteren Zusatz von inkorporierten Schmierstoffen und tribologisch aktiven Partikeln können Hochleistungswerkstoffe gefertigt werden, aus denen tribomechanisch hoch beanspruchbare Strukturen herstellbar sind. Diese Werkstoffe, die hier nicht im Mittelpunkt der Untersuchungen standen, sind seit Jahrzehnten in der Praxis eingeführt und verkörpern somit den derzeitigen Stand der Technik.

Verstärkungen mit Endlosfasern werden, wie ebenfalls schon dargestellt, primär meist nicht zur Optimierung der tribologischen Eigenschaften technischer Strukturen eingesetzt, sondern zur gezielten Einstellung mechanischer Funktionen, um konkrete Leichtbaueffekte zu erreichen. Oft sind Reibungs- und Verschleißerscheinungen ungewollte und nicht zu vermeidende Begleiterscheinungen bei der Funktion von Bauteilen. Die in diesem Zusammenhang durchgeführten tribologischen Untersuchungen haben gezeigt, dass das Reibungs- und Verschleißverhalten polymerer Werkstoffe durch eine Verstärkung mit Endlosfasern zwar verbessert werden kann, aber keine anspruchsvollen tribologische Anwendungen zulassen. Die geringe Verschleißfestigkeit der trockenlaufenden Paarung gehärteter Stahl gegen Faserverbunde mit polymerer Matrix ist vor allem auf die abrasive Wirkung der Faserverschleißpartikel, sowohl auf den Grundkörper (Faserverbund) als auch auf den Gegenkörper (Stahl), zurückzuführen.

Es hat sich gezeigt, dass die Oberflächeneigenschaften der Reibpartner (Härte und Rauigkeit) deren tribologischen Eigenschaften dominieren. So schützen extrem harte Gegenkörper, wie etwa DLC-Beschichtungen, diesen vor abrasiven Verschleiß[31]. Deshalb wurden derartige Beschichtungen speziell für den Tribokontakt mit polymerbasierten FVW entwickelt und getestet [135]. Die Abscheidung von amorphen und wasserstofffreien ta-C-Schichten mithilfe des Laser-Arc-Verfahrens ist Stand der Technik, aber relativ teuer.

Zusammenfassend kann dazu konstatiert werden, dass durch die hohe Härte und die niedrigen Oberflächenrauheiten der applizierten DLC-Schichten vergleichsweise sehr gute Verschleißeigenschaften bei der Tribopaarung mit ausgewählten polymerbasierten Faserverbunden erzielt werden können. Das gilt besonders für textilverstärkte CFK-Werkstoffe, deren Basismaterialien sich in unmodifizierter Form durch sehr schlechte tribologische Kennwerte auszeichnen.

Zur Verdeutlichung dieser Aussage wurden drei charakteristische faserverstärkte Polymerwerkstoffe ausgewählt und tribomechanisch analysiert. Als Vertreter der Standardthermoplaste dient hier Polypropylen-Homopolymerisat (PP-H), welches mit Glasfasertextilien verstärkt wurde. Als Duroplast dient bei diesem Vergleich Epoxidharz (EP), was wie der Vertreter der thermoplastischen Kunststoffe (Polyethersulfon, PES) mit einem Rovinggewebe aus Kohlenstofffasern verstärkt wurde. Die in der Tabelle 3.23 aufgelisteten mechanischen Werkstoffkennwerte belegen das hohe Leichtbaupotenzial dieser Verbunde eindrucksvoll.

In diesem Zusammenhang sind in Abbildung 3.67 die tribologischen Daten dieser Verbundwerkstoffe, die im Tribokontakt mit einem DLC-beschichteten Stahlgegenkörper ermittelt wurden, zusammenfassend dargestellt.

Die Bestimmung der Reibungs- und Verschleißkennwerte erfolgt wiederum mit dem Modellprüfsystem „Klötzchen/Ring" unter den im Abschnitt 3.2.2.4 angegebenen Prüfbedingungen. Die Richtung der Reibungsbeanspruchung entspricht der Faserausrichtung der Verbunde von 0°/90°.

Die Abbildung 3.67b belegt, dass es durch durch eine DLC-Beschichtung des Gegenkörpers möglich ist, die geringen Verschleißfestigkeiten, die FVW im Kontakt mit

---

31 DLC-Schichten können auch auf anderen metallischen Gegenwerkstoffen – etwa Aluminium – appliziert werden, die ohne diese Oberflächenmodifikation ausgesprochen schlechte tribologische Eigenschaften aufweisen.

Tab. 3.23: Mechanische Kennwerte ausgewählter FVW [132]

Werkstoff	Modifikation	E-Modul in kN/mm^2	Streckgrenze in N/mm^2
GF-PP	Unmodifiziert	1,6	28
	Textilverstärkt 0°/90°	14	300
CF-EP	Unmodifiziert	2,9	65
	Textilverstärkt 0°/90°	58	768
CF-PES	Unmodifiziert	3	80
	Textilverstärkt 0°/90°	60	685

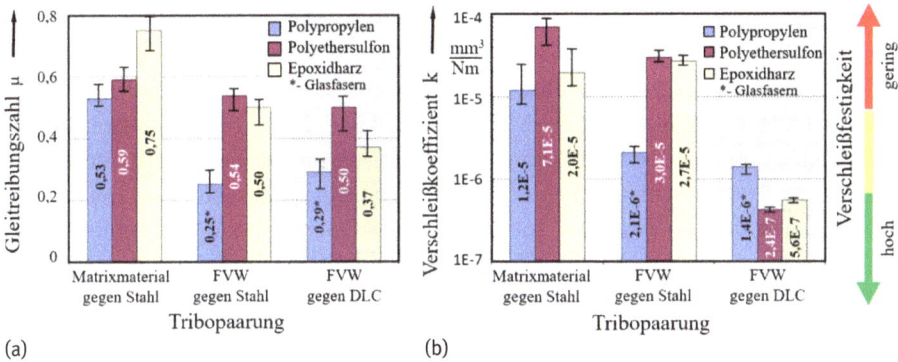

Abb. 3.67: Vergleich des (a) Reibungs- und (b) Verschleißverhaltens von ausgewählten polymerbasierten FVW im Tribokontakt mit Gegenwerkstoffen aus Stahl (100Cr6) und DLC-Beschichtungen

gehärtetem und geschliffenem Stahl aufweisen, um Größenordnungen zu verbessern. Wie bereits in Abbildung 3.53 dargestellt, sind ermittelten Verschleißkoeffizienten der Paarung FVW/DLC deutlich geringer als die kommerzieller Gleitlagerwerkstoffe gegen gehärteten und geschliffenen Stahl.

Im Gegensatz zu den mechanischen Kennwerten (Tabelle 3.23) beeinflusst die Orientierung der Fasern im Verbund die Reibungs- und Verschleißkennwerte der FVW nur marginal. Weiterhin ist festzuhalten, dass die DLC-Beschichtungen bei allen Untersuchungen nicht messbar verschlissen sind.

Allerdings wird das Gleitverhalten der FVW im Vergleich zu den unmodifizierten Matrixwerkstoffen (Abbildung 3.67a), wie bereits mehrfach festgestellt, auch durch den Einsatz von DLC-beschichteten Gegenkörpern, meist nicht signifikant verbessert.

3.4 Modifizierte Matrixsysteme

3.4.1 Grundlagen und Voraussetzungen

Auf dem Gebiet der Entwicklung von Faserverbundwerkstoffen mit Kunststoffmatrizes gewinnen aufgrund spezieller Eigenschaften, wie der Warmumformbarkeit und Schweißbarkeit sowie der günstigen Recyclingmöglichkeiten, Thermoplastverbunde zunehmend an Bedeutung [120, 137, 138]. So werden bereits komplexe Strukturen aus diesen hoch beanspruchbaren Werkstoffen hergestellt (Abschnitt 3.1.7.4 bzw. Abbildung 3.14), die partiell auch tribologischen Anforderungen gerecht werden müssen. So liegt es nahe, die guten selbstschmierenden Eigenschaften vieler Thermoplaste zu nutzen und diese Verbunde gleich für Lagerstellen und Führungsbahnen einzusetzen. Die oben diskutierten Untersuchungen haben aber gezeigt, dass durch abrasive Wirkmechanismen des Faserabriebs der Verschleiß an beiden Reibpartnern relativ hoch ist und dass daher technische Strukturen und Baugruppen derzeit aufwendig mit entsprechenden Lagern oder Führungselementen ausgerüstet werden müssen. Die im vorherigen Abschnitt vorgestellten Entwicklungen belegen, dass sich durch eine Hartbeschichtung des Gegenkörpers, speziell durch DLC-Schichten, die Verschleißfestigkeit derartiger Reibpaarungen deutlich verbessern lässt. Die Gleitreibungszahlen bleiben allerdings weitgehend unbeeinflusst [130, 132, 139].

Im Kapitel 2 dieser Ausarbeitung wurde weiterhin dargelegt, dass der Stand der Technik dadurch gekennzeichnet ist, dass sich durch die Inkorporation von „inneren Schmiermitteln" – speziell durch chemisch gekoppelte/kompatibilisierte PTFE-Partikel – die tribologischen Kennwerte ausgewählter thermoplastischer Kunststoffe deutlich verbessern lassen [19]. Das gilt besonders für Werkstoffe, die in unmodifizierter Form ein ausgesprochen schlechtes Reibungs- und Verschleißverhalten aufweisen, was z. B. für Polyetheretherketon (PEEK) und Polypropylen (PP) zutrifft [88].

In der Lagertechnik werden deshalb schon seit langem hoch beanspruchbare Polymergleitlager bereits mit inkorporierten Schmiermitteln ausgerüstet und auch mit Endlosfasern verstärkt. Dabei kommt vor allem die Thermoplastwickeltechnik zur Anwendung [140–143]. Mittlerweile bieten renommierte Lagerhersteller wie IGUS oder SCHÄFFLER [144–146] wickeltechnisch erzeugte Hochleistungsgleitlager aus Kunststoffen an. Diese Maschinenelemente kommen vor allem in der Verarbeitungs- und Verfahrenstechnik aber auch in der Lebensmittel- und Textilindustrie zur Anwendung. Die Abbildung 3.68 zeigt dazu zwei Beispiele wickeltechnisch hergestellte Hochleistungsgleitlager.

Die in Abbildung 3.68 dargestellten Kunststoffgleitlager sind beide prinzipiell aus 2 Schichten aufgebaut. Die innere Schicht dient als Lauffläche und besteht aus modifiziertem EP-Harz und einer Hybridfaserverstärkung, bei welcher sich die PTFE-Faserkomponente vor allem für die selbstschmierenden Eigenschaften verantwortlich zeichnet. Die steife und feste Außenschicht erfüllt vorwiegend Tragfunktionen und basiert ebenfalls auf Epoxidharz und ist mit Endlosglasfasern verstärkt.

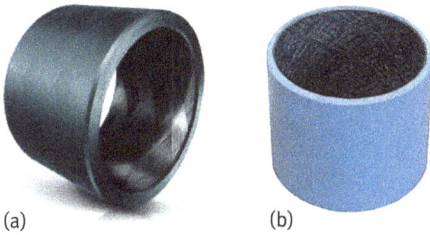

(a)   (b)

Abb. 3.68: (a), (b) Wickeltechnisch hergestellte Kunststoffgleitlager [144, 145]

Wie eingangs schon dargelegt, liegen die Schwerpunkte der hier vorgestellten Entwicklungen allerdings nicht in der Konzipierung diskreter Maschinenelemente wie Gleitlager, Zahnräder oder Kupplungen aus thermoplastbasierten Faserverbunden, sondern in der Integration reibungs- und verschleißbeanspruchter Segmente aus tribologisch optimierten Werkstoffen in die Halbzeuge, die dann für die Herstellung komplexer Strukturen durch thermisches Ur- oder Umformen Verwendung finden. Der dafür in der Technik eingeführte Begriff ist die „Funktionsintegration".

Prinzipiell ist es naheliegend und ggf. auch möglich, für die herzustellenden thermoplastbasierten FVW-Produkte Matrixmaterialien zu verwenden, die – analog den oben angesprochenen Lagerwerkstoffen (Abbildung 3.63) – komplett aus tribologisch modifiziertem Kunststoff bestehen. Aus mechanischer Sicht ist das mit Sicherheit keine optimale Lösung. Und weiterhin ist es technologisch und ökonomisch nicht sinnvoll, ganze Baugruppen oder komplexe Strukturen aus Faserverbunden mit tribologisch optimierten Matrixsystemen herzustellen, nur um punktuell tribologischen Beanspruchungen besser widerstehen zu können [147]. Als Demonstrator soll hier ein Scharnier dienen, welches aus einem PP-Organoblech (konkret aus Twintex®) durch Heißpressen umgeformt wurde (Abbildung 3.69a). Um eine Leichtgängigkeit zu gewährleisten, sind nachträglich wartungsfreie Kunststoffgleitlager eingebaut worden (Abbildung 3.69b).

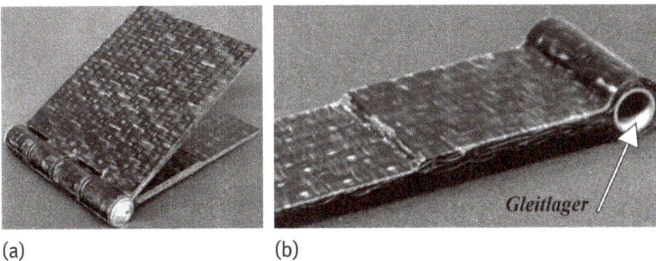

(a)   (b)

Abb. 3.69: (a), (b) Scharnier aus einem PP-Organoblech mit einer Gleitlagernachrüstung [147]

Die Abbildung 3.69 verdeutlicht klar, dass die Verwendung von speziellen Lagerwerkstoffen für die Fertigung kompletter Bauteile nicht zielführend ist. Eine weitere Möglichkeit der Integration von Lagern in derartige Strukturen besteht in der Verwendung von Inserts, die während des Umformprozesses in das Bauteil mit eingebunden werden (Abbildung 3.70).

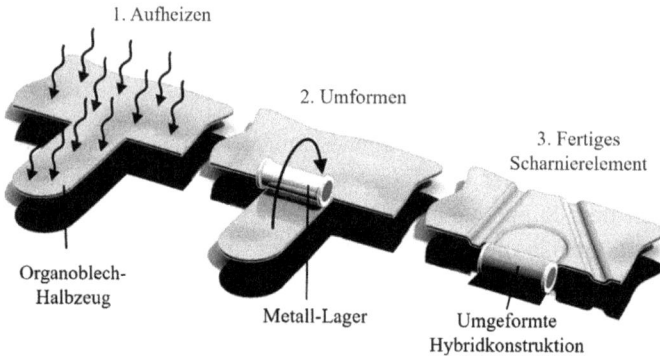

Abb. 3.70: Schematische Darstellung der Integration eines Metalllagers in Form eines Inserts in ein Scharnierelement aus GF-PP [88]

Ziel der hier vorgestellten Entwicklungen ist es, auf eine nachträgliche Montage von Maschinenelementen oder die Verwendung von Inserts zu verzichten und reibungs- und verschleißbeanspruchte Bereiche derartiger Faserverbundstrukturen mit tribologisch optimierten Werkstoffen auszurüsten und diese Lager bzw. Führungen im Zuge der ur- oder umformtechnischen Bauteilherstellung mit auszuformen. Dazu sollen sogenannte Tribopatches auf der Basis textiler Preforms oder zugeschnittener dünner Organobleche (Folien) dienen. Das Schema dieses funktionsintegrativen Herstellungsprozesses ist in Abbildung 3.71 dargestellt.

Im Rahmen dieser Ausarbeitung werden die ersten Ergebnisse der Entwicklung derartiger Patches und der ur- bzw. umformtechnischen Integration dieser in komplexe Bauteile vorgestellt.

3.4.2 Entwicklung spinnfähiger Compounds

Wie in den Abschnitten 2.6 und 2.7 dargelegt, ist der Stand der Technik dadurch gekennzeichnet, dass sich durch die PTFE-Modifizierung diverser Thermoplaste tribologisch hoch beanspruchbare Compounds herstellen lassen, die sich durch ein sehr gutes Reibungs- und Verschleißveralten auszeichnen. In diesem Zusammenhang ist

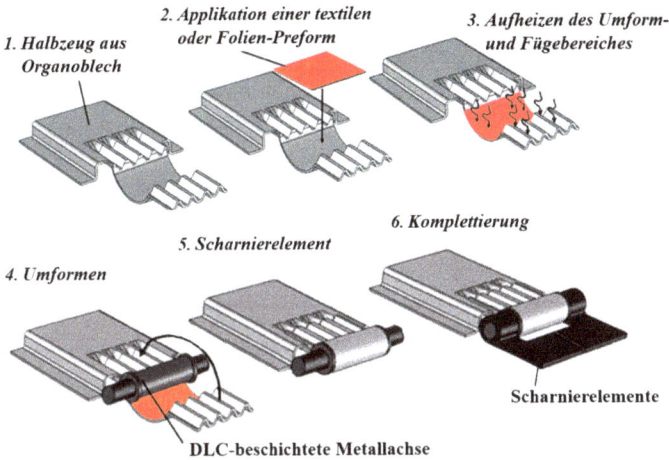

Abb. 3.71: Schematische Darstellung der technologischen Schritte zur umformtechnischen Herstellung eines Scharnierdemonstrators mit einer tribologisch optimierten Gleitfläche [147]

allerdings zu beachten, dass eine Weiterverarbeitung der PTFE-Polymer-Verbunde etwa zu Fasern oder Folien mit physikalischen Mischungen kaum zu realisieren ist.

Um auch ausreichende mechanische Kennwerte zu realisieren, ist die Verwendung von strahlenchemisch aufbereiteten PTFE-Feinpulvern zur Herstellung chemisch gekoppelter/kompatibilisierter PTFE-Thermoplast-Compounds bereits Stand der Technik. Besonders geeignet dafür sind die mittlerweile kommerziell erhältlichen, mit 500 kGy bestrahlten PTFE-Mikropulver. Die im Kapitel 2 vorgestellten Untersuchungsergebnisse haben gezeigt, dass bereits bei einem PTFE-Masseeinsatz von etwa 20 Masse-% für trockenlaufende Gleitpaarungen z. T. ausgezeichnete Reibungs- und Verschleißkennwerte zu erzielen sind. Diese Compounds lassen sich relativ problemlos herstellen und weiterverarbeiten. Die Festigkeits- und Steifigkeitskennwerte der Verbunde liegen etwa bei 90 % der Ausgangswerte und sind somit als gut einzuschätzen.

Die weiterführenden Werkstoffentwicklungen orientieren sich dabei an der Realisierung möglichst optimal ausgewogener mechanischer und tribologischer Compoundeigenschaften, wobei die Herstellbarkeit von qualitativ hochwertigen Fasern und Folien, die die Grundlage der zu entwickelnden Tribopatches darstellen, aus diesen Materialien zu gewährleisten ist.

Exemplarisch wird an dieser Stelle die Entwicklung eines tribologisch optimierten HYTT[32] auf der Basis des Hochleistungspolymers Polyetheretherketon (PEEK) vorgestellt [148, 149].

---

32 *Hybrid yarn-based textile thermoplastic composite*, HYTT.

3.4.2.1 Herstellung von PEEK-PTFE-cg

Die Grundlagen der reaktiven Extrusion von PTFE-Thermoplast-Compounds wurden bereits im Abschnitt 2.6.1 vorgestellt. Die Tabelle 3.24 enthält eine Übersicht über die Herstellungsbedingungen der hier verwendeten Anlagen und Verarbeitungsparameter.

Tab. 3.24: Anlagenspezifikationen und Herstellungsparameter der Fertigung von PEEK-PTFE-cg-Materialien und des Spritzgusses von Prüfkörpern [150]

Anlage	Verarbeitungsparameter	
Werkstoffherstellung:	– Schneckenkonfiguration:	12, $L/D = 41$
Doppelschneckenextruder:	– Drehzahl:	200 Umdrehungen pro Minute
ZSK-30	– Verarbeitungstemperaturen:	350–370 °C, Düse: 340 °C
(Werner & Pfleiderer)	– Durchsatz:	10 kg/h
Prüfkörperherstellung:	– Zylinderdurchmesser:	30 mm
Spritzgießmaschine:	– Massetemperatur:	385 °C
Ergotech 100/420-310	– Werkzeugtemperatur:	180 °C
(DEMAG)	– Einspritzgeschwindigkeit:	50 mm/s
DIN EN ISO 3167	– Nachdruck (hydr.):	max. 95 bar
	– Nachdruck (spez.):	max. 1400 bar
	– Nachdruckzeit:	15 s

Unter diesen Bedingungen wurden PEEK-PTFE-cg-Werkstoffe mit 10, 20 und 30 Masse-% PTFE (Bezeichnung PEEK-10…30PTFE-cg) hergestellt. Als Referenzwerkstoff diente der unmodifizierte PEEK-Basiswerkstoff.

3.4.2.2 Struktur und mechanische Eigenschaften von PEEK-PTFE-cg

Ausgehend von den DSC-Untersuchungen in [150–154] zu chemisch gekoppelten PA/PTFE-Materialien (PA-PTFE-cg) ist bekannt, dass bei einer ausreichenden Zer- und Verteilung des PTFE in einer PA-Matrix das PTFE fraktioniert kristallisiert. In diesem Fall kann von fein verteilten PTFE-Partikeln, die in der Schmelze eine fein verteilte PTFE-Inselphase bilden, ausgegangen werden. Analog wurden DSC-Untersuchungen an PEEK-PTFE-cg-Granulaten und Prüfkörpern durchgeführt, um einerseits die Zer- und Verteilungsgüte in diesen Materialien zu beurteilen und andererseits Aussagen zur (Verarbeitungs-) Stabilität der PEEK-PTFE-cg-Morphologie zu erhalten. Im Abschnitt 2.6.1.3 wurden die Ergebnisse bereits diskutiert und in die Tabelle 2.19 (Diagramm b) zeigt dazu Ausschnitte von DSC-Untersuchungen an chemisch gekoppelten und physikalisch gemischten PEEK-20PTFE-cg-Compounds, welche belegen, dass eine ausreichende Kompatibilisierung durch chemische Kopplung der ansonsten unverträglichen Komponenten PEEK und PTFE vorliegt. Auch die REM-Analyse (Abbildung 3.72) bestätigt eine ausreichend stabile Morphologie [150].

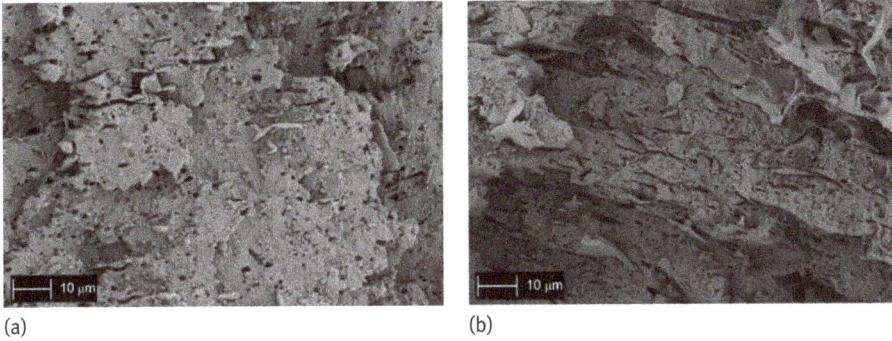

(a)　　　　　　　　　　　　　　　　　　(b)

Abb. 3.72: REM-Aufnahmen der Cryobruchflächen von Prüfkörpern aus (a) PEEK-20PTFE-cg und (b) 30PTFE-cg [150]

Die REM-Aufnahmen verdeutlichen zwei strukturelle Phänomene. Während im PEEK-10PTFE-cg (hier nicht dargestellt) nur kugelige und fibrilläre PTFE-Strukturen auftreten, werden im PEEK-20PTFE-cg in geringem Anteil und im PEEK-30PTFE-cg verstärkt lamellare PTFE-Strukturen sichtbar. Die Verteilung der Lamellen ist ungleichmäßig. Diese vereinzelt größeren Agglomerate im PEEK-30PTFE-cg sind offenbar die Ursache der in der DSC-Abkühlkurve (Abschnitt 2.6.1.3, Tabelle 2.20) beobachteten Bulkkristallisation.

Weiterhin zeigen DMA-Untersuchungen an diesen Materialien, dass das temperaturbedingte mechanische Verhalten dieser Materialien sich nicht signifikant ändert, was sich darin äußert, dass der zunehmende PTFE-Anteil keinen wesentlichen Einfluss die Glasübergangstemperatur (Tg) des PEEK ausübt (Abbildung 3.73).

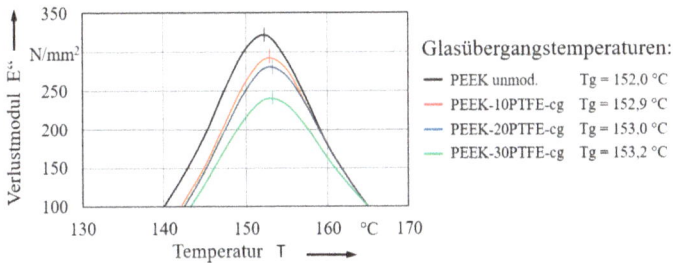

Abb. 3.73: Bestimmung der Glasübergangstemperaturen anhand der Kurvenverläufe des Verlustmoduls [150]

Die mithilfe der DMA ermittelte Glasübergangstemperatur Tg beträgt ca. 153 °C. Aus den Kurvenverläufen wird weiterhin sichtbar, dass der Verlustmodul E'' mit steigendem PTFE-Gehalt nur marginal abnimmt.

Einen Überblick über das Spannungs-Dehnungs-Verhalten der untersuchten Blends bietet bereits die Abbildung 2.22 im Abschnitt 2.7.2. Dieses Spannungs-Dehnungs-Diagramm belegt, dass unmodifiziertes PEEK eine ausgeprägte Streckgrenze aufweist, wohingegen diese Tendenz mit steigendem PTFE-Anteil abnimmt, und dass die Streckgrenzen aller untersuchten Werkstoffe relativ einheitlich bei etwa 5 % liegen. Interessant ist in diesem Zusammenhang die Analyse der aus Abbildung 2.22 abgeleiteten die E-Moduln und Streckspannungen (Abbildung 3.74).

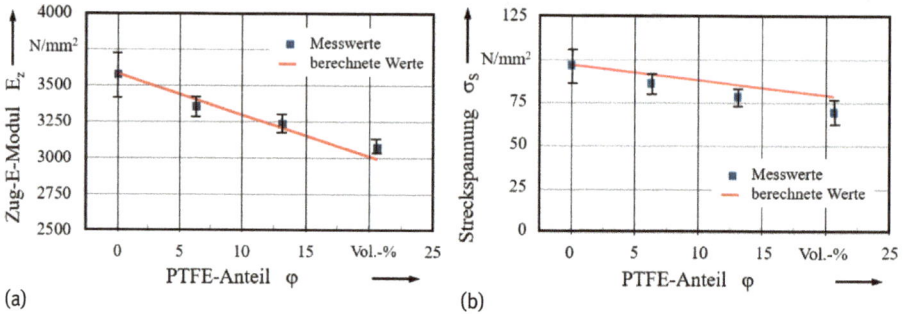

Abb. 3.74: Vergleich gemessener (a) Zug-E-Moduln bzw. (b) Streckspannungen von PEEK-PTFE-cg-Compounds mit entsprechenden Rechenwerten [150]

Die Abbildung 3.74 verdeutlicht, dass die Abnahme dieser mechanischen Kennwerte der Compounds mit steigendem PTFE-Anteil nahezu linear ist. Dazu sind in Abbildungen 3.74a und b die gemessenen E-Modul- und Festigkeitswerte mit analytisch bestimmten Kennwerten verglichen worden. Die Berechnung der Vergleichswerte erfolgte dabei auf der Basis der Mischungsregel für die Einarbeitung globulärer Modifikationsmittel in polymere Matrixsysteme (Gleichung 2.19 des Kapitels 2).

Die gute Übereinstimmung der berechneten und gemessenen E-Moduln deutet indirekt auf eine homogene Verteilung des PTFE in der PEEK-Matrix sowie auf eine ausreichende chemische Kopplung zwischen dem PTFE-Additiv und der PEEK-Matrix hin. Die homogene Verteilung des PTFE in der PEEK-Matrix ist ein wichtiger Aspekt für die Fadenbildung bzw. die Folienherstellung, da Inhomogenitäten (einzelne größere Agglomerate oder Partikel) u. a. zu Fadenbrüchen oder sehr spröden Folien führen. Dadurch wären Schmelzspinnprozesse oder Folienherstellungen nicht stabil durchführbar [150]. In diesem Zusammenhang bietet die Tabelle 3.25 einen Überblick über die Ausgangswerte sowie die rechnerischen Abschätzungen der Werkstoffeigenschaften.

Das Materialverhalten bei schlagartiger Beanspruchung hat für die Weiterverarbeitung von PEEK-PTFE-cg-Materialien zu Fasern und Folien eine große Bedeutung, da die Fasern am Ende des Spinnprozesses stark gereckt werden. Bei der Untersuchung der Schlagzähigkeit führte nur das PEEK-30PTFE-cg mit $a_{cU} = 82,2\ kJ/m^2$ zum

Tab. 3.25: PTFE-Volumenanteile, gemessene und theoretisch zu erwartende E-Moduln sowie Steckspannungen der Compounds [150]

Werkstoff	PTFE-Anteil		E-Modul E_Z in N/mm²		Streckspannung σ_S in N/mm²	
	ψ (Ma.-%)	φ (Vol.-%)	Gemessen	Berechnet	Gemessen	Berechnet
PTFE	–	–	750[a]	–	10[b]	–
PEEK-unmodifiziert	–	–	3581	3581	97	97
PEEK-10PTFE-cg	10	6,3	3355	3403	86	91
PEEK-20PTFE-cg	20	13,1	3237	3210	79	85
PEEK-30PTFE-cg	30	20,6	3075	2998	70	79

[a] E-Modul von PTFE aus [155]
[b] Streckspannung von PTFE aus [156]

vollständigen Bruch. Für die anderen Materialien konnte keine Schlagzähigkeit ermittelt werden.

Deshalb wurde für den Vergleich des Materialverhaltens bei schlagartiger Beanspruchung der Schlagbiegeversuch mit gekerbten Prüfkörpern nach CHARPY herangezogen. Die Ergebnisse dieser Untersuchungen sind zusammen mit anderen mechanischen und rheologischen Kenngrößen in der Tabelle 3.26 dargestellt.

Tab. 3.26: Ausgewählte Kennwerte von PEEK-PTFE-cg-Compounds [150]

Werkstoff	Dichte ρ in g/cm³	Bruchspannung σ_B in N/mm²	Bruchdehnung ε_B in %	Kerbschlagzähigkeit a_{cU} in kJ/m²	MFR in g/10 min
PTFE	2,16	–	380[a]	16,0[a]	–
PEEK-unmod.	1,30	82,5	37,8	6,0[b]	20,6
PEEK-10PTFE-cg	1,35	69,1	29,2	25,4	27,0
PEEK-20PTFE-cg	1,41	65,6	36,4	22,8	39,2
PEEK-30PTFE-cg	1,47	62,6	16,2	14,9	43,8

[a] Bruchdehnung und Kerbschlagzähigkeit von PTFE aus [156].
[b] Kerbschlagzähigkeit von PEEK aus [157].

Bei der Ermittlung der Werte für die Kerbschlagzähigkeit a_{cN} wurde für die PEEK-PTFE-cg-Materialien ein Phänomen festgestellt, was für Compounds, die mit einer Fremdkomponente wie dem PTFE modifiziert wurden, im ersten Moment als ungewöhnlich erscheint. Die Werte für Kerbschlagzähigkeit des PEEK-PTFE-cg haben sich mit der Zugabe von 10 und 20 Masse-% PTFE im Vergleich zu den reinen PEEK-Materialien mehr als verdoppelt. Auch mit 30 Masse-% an PTFE im PEEK-PTFE-cg liegt der Wert für a_{cN} mit 14,9 MPa noch über dem Wert des PEEK-Basismaterials (Tabelle 3.30). Dieses Phänomen wurde auch bei anderen chemisch gekoppelten PTFE-Compounds wie z. B. PA-PTFE-cg und PES-PTFE-cg beobachtet. Das durch chemische Kopplung kompatibilisierte und dadurch fein verteilte PTFE übt im Matrixmaterial die Funktion eines Schlagzähmodifikators aus, was bei physikalisch gemischten Blends nicht beobachtet wird [150].

Eine weitere Grundvoraussetzung zum Verspinnen von Kunststoffen ist ein ausreichendes Fließverhalten ihrer Schmelze. Zur Charakterisierung dieses Fließvermögens kann die Schmelze-Masse-Fließrate (MFR), die auch als Schmelzindex bezeichnet wird, herangezogen werden. Der MFR-Wert ist also ein Maß für die Verarbeitungsviskosität einer Schmelze. In Abbildung 3.75 ist dazu der Zusammenhang zwischen der Schmelze-Masse-Fließrate und dem PTFE-Volumenanteil in den PEEK-PTFE-cg-Materialien dargestellt.

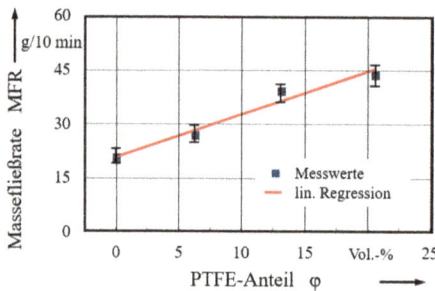

Abb. 3.75: Abhängigkeit der Schmelze-Masse-Fließrate (MFR) der analysierten PEEK-PTFE-cg-Compounds vom Volumenanteil des jeweils inkorporierten Polytetrafluoranteils [150]

Auffällig ist weiterhin, dass die Schmelze-Masse-Fließrate mit steigendem PTFE-Anteil nahezu linear zunimmt und mit 20 Masse-% an PTFE nahezu doppelt so hoch ist, wie die des unmodifizierten Ausgangs-PEEK.

3.4.2.3 Tribologische Eigenschaften der PEEK-PTFE-cg

In Abbildung 3.76 sind die Mittelwerte aller gemessenen Reibungs- und Verschleißkennwerte der analysierten PEEK-PTFE-cg-Compounds in Abhängigkeit vom PTFE-Modifikatoranteil dargestellt.

Diese Ergebnisse bestätigen die in der Tabelle 2.21 (Abschnitt 2.7.3.2) zusammengefassten Ergebnisse von Reibungs- und Verschleißuntersuchungen an weiteren thermoplastischen Kunststoffen. Konkret belegen die Messwerte, dass das unmodifizierte PEEK – im Gegensatz zur Aussage in [158] – kein günstiges Gleit- und Verschleißverhalten aufweist und im Trockenlauf das typische Stick-Slip-Verhalten (Ruckgleiten) zeigt.

Mit dem Einsatz von 10 Masse-%, d. h. schon mit 6,3 Vol.-% an PTFE im PEEK, sinkt der Reibkoeffizient auf ein niedriges Niveau. Aufgrund der mangelnden Ausbildung einer stabilen Transferschicht auf den Gegenkörper wird das Verschleißverhalten von PEEK-10PTFE-cg gegenüber dem unmodifizierten Matrixwerkstoff nicht verbessert. Erst ab einem PTFE-Anteil von 20 Masse-% kann der Verschleißkoeffizient

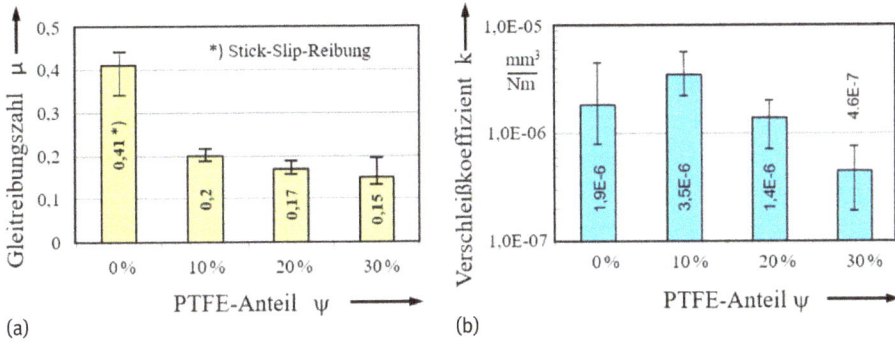

Abb. 3.76: (a) Reibungs- und (b) Verschleißkennwerte von PEEK-PTFE-Compounds in Abhängigkeit vom PTFE-Anteil (Mittelwerte aus „Klötzchen/Ring"- und „Stift/Scheibe"-Versuchen) [150]

um fast zwei Größenordnungen verringert werden. Mit einer weiteren Erhöhung des PTFE-Anteils verändern sich die tribologischen Kennwerte in erster Näherung nicht mehr. Die Werkstoffe PEEK-20PTFE-cg und PEEK-30PTFE-cg zeigten im Trockenlauf ein sehr ruhiges Laufverhalten ohne Stick-Slip-Erscheinungen.

3.4.3 Herstellung und Eigenschaften von Fasermaterialien

Die im vorangegangenen Abschnitt charakterisierten PEEK-PTFE-Blends (PEEK-PTFE-cg) besitzen als Kompaktmaterialien sehr gute mechanische und tribologische Eigenschaften. Weiterhin wurden erste Erkenntnisse zur Rheologie der Schmelzen der hergestellten PEEK-PTFE-Blends gewonnen. Der Vorteil von PEEK-PTFE-cg-Materialien gegenüber den physikalisch gemischten PEEK-PTFE-Blends besteht darin, dass eine verarbeitungsstabile Morphologie erzeugt wird und die PTFE-Partikel kompatibilisiert und fein verteilt in der PEEK-Matrix vorliegen. Solche chemisch gekoppelten PEEK-PTFE-Materialien stehen kommerziell zur Verfügung [159, 160]. In diesen Materialien sind idealerweise die guten mechanischen Eigenschaften des PEEK mit den exzellenten antiadhäsiven Eigenschaften des PTFE als inkorporierter Festschmierstoff kombiniert. Im Ergebnis dieser Untersuchungen ist ein PEEK-PTFE-cg-Material mit 20 Masse-% an PTFE als aussichtsreiches System für die Herstellung von Fasern auf einer Extruderschmelzspinnanlage favorisiert worden. Im Folgenden werden die PEEK-PTFE-cg-Materialien hinsichtlich ihrer Verarbeitbarkeit zu Fasern in einem Schmelzspinnprozess untersucht. Zunächst wurden in einer Kolbenspinnanlage Voruntersuchungen zum grundsätzlichen Spinnverhalten durchgeführt.

3.4.3.1 Voruntersuchungen zur Fadenbildung
Für die Verarbeitung von Polymeren zu Fasern sind Parameter wie das Schmelzfließverhalten allgemein sowie speziell die Schmelzefestigkeit und -deformationsfähigkeit

wichtige Kriterien. Für die Fadenbildung müssen Schmelzviskosität, Temperatur der Schmelze, Durchsatz und Düsengeometrie genau aufeinander abgestimmt sein, um einen störungsarmen Spinnprozess zu realisieren [161, 162]. Für die Untersuchungen zur Fadenbildung wurde ein mittelviskoses PEEK verwendet und mit dem strahlenmodifizierten PTFE, wie oben beschrieben, in einem reaktiven Schmelzeverarbeitungsprozess umgesetzt [163].

In Voruntersuchungen wurde die in Abbildung 3.70 dargestellte Schmelze-Masse-Fließrate (MFR) bei 380 °C ermittelt. Auch wenn diese Messungen nur qualitative Hinweise liefern, können erste wichtige Erkenntnisse gewonnen werden. Vom reinen PEEK werden dünne, glatte Stränge erhalten. Mit steigendem PTFE-Gehalt nehmen die Schmelze-Masse-Fließrate und auch die Strangaufweitung (Abbildung 3.77) signifikant zu. Mit 30 Masse-% PTFE liegt der MFR-Wert mehr als doppelt so hoch wie der Wert für das PEEK-Ausgangsmaterial.

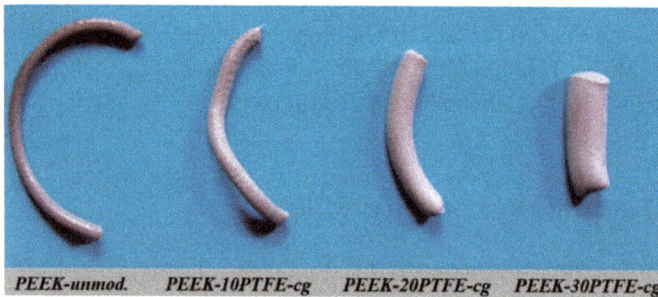

Abb. 3.77: Abschnitte aus der MFR-Messung (Strangaufweitung) [163]

Als weitere Voruntersuchung wurde mit einem dynamischen Rotationsviskosimeter die komplexe Viskosität der PEEK-PTFE-cg-Materialien bei 380 °C bestimmt. In Abbildung 3.78 wird dazu der Betrag der komplexen Viskosität $|\eta^*|$ in Abhängigkeit von der Kreisfrequenz ω (rad/s) dargestellt.

Die komplexen Viskositäten $|\eta^*|$[33] zeigen ein vergleichbares Verhalten und weichen z. B. bei einer Kreisfrequenz von 100 rad/s nicht wesentlich voneinander ab.

Ausgehend von den MFR-Ergebnissen wäre zu erwarten gewesen, dass auch bei den mittels Rotationsviskosimeter ermittelten Viskositätswerten signifikante Unterschiede auftreten. Als mögliche Ursache für die abweichenden MFR-Werte kann das sogenannte „Pfropfenströmen" diskutiert werden. Mit zunehmendem PTFE-Gehalt verringert sich die Wandhaftung der PEEK-PTFE-cg-Schmelze, wodurch die Schmelze

---

[33] Vor allem bei Polymerschmelzen wird ein Zusammenhang der Scherviskosität (gemessen im statischen Scherratentest) mit der komplexen Viskosität (aus dynamischen Frequenztests, etwa mit einem dynamischen Rotationsviskosimeter) beobachtet. (Diese Übereinstimmung gilt bei gleichen Zahlenwerten für die Scherrate und die Frequenz.)

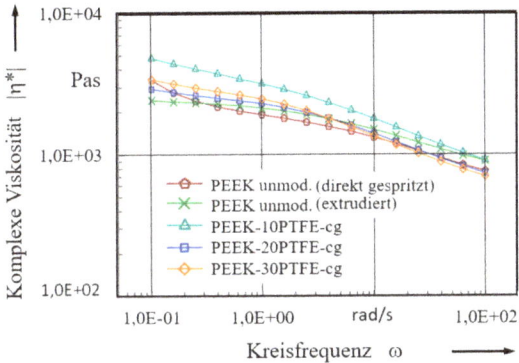

Abb. 3.78: Komplexe Viskosität [164–166] der PEEK-PTFE-cg-Materialien im Vergleich zum unmodifizierten PEEK; gemessen bei 380 °C [163]

entlang der Düsenwand ein verstärktes Gleitverhalten aufweist, anstatt daran zu haften. Die Schmelze bewegt sich mit abnehmender Wandhaftung zunehmend wie ein Pfropfen durch den Düsenkanal des Schmelzindexgerätes. Der Effekt der Pfropfenströmung wirkt sich nicht auf die Viskositätsmessung im Rotationsviskosimeter aus, da die Amplituden nicht ausreichend sind, um die Wandhaftung zu überschreiten und hier ein Wandgleiten zu bewirken. In den Untersuchungen mit dem Rotationsviskosimeter wird im Messbereich bis 100 rad/s tatsächlich die „innere" Zähigkeit der Schmelzen gemessen. Bei größeren Amplituden und/oder Schergeschwindigkeiten sind größere Unterschiede der Messergebnisse zu erwarten [163].

Die Schmelzviskosität typischer Spinnpolymere bei Verarbeitungstemperatur liegt für den Fadenbildungsprozess deutlich unter den für die PEEK-PTFE-cg-Materialien ermittelten Werten. So beträgt z. B. für das PEEK 151 G der Fa. Victrex, das für das PEEK-Faserspinnen eingesetzt wird, die Viskosität bei 380 °C und einer Schergeschwindigkeit von 100 rad/s etwa 150 Pa · s [161, 162]. Die höhere Viskosität der PEEK-PTFE-cg-Compounds führt im Fadenbildungsprozess zu größeren Fadenzugkräften, da ein größerer Widerstand gegenüber der Deformation (Verzug) überwunden werden muss [163]. Das könnte sich für die Spinnbarkeit als kritisch erweisen.

3.4.3.2 Kolbenspinnversuche

Die ersten Untersuchungen zur Fadenbildungsfähigkeit erfolgten auf einer diskontinuierlich arbeitenden Kolbenspinnenapparatur im Labormaßstab. (Skizze und Verarbeitungsparameter siehe Tabelle 3.27.)

Mithilfe dieser Versuchsanlage konnten Erkenntnisse zu den Verarbeitungsparametern sowie zum grundsätzlichen Spinnverhalten der PEEK-PTFE-cg-Compounds erhalten werden. Aus allen PEEK-PTFE-cg-Werkstoffen wurden entsprechende Fasern ersponnen, wobei die Filamente eine unterschiedliche Qualität aufwiesen. In der Tabelle 3.28 sind dazu die wesentlichen Ergebnisse zusammengefasst.

Tab. 3.27: Skizze der Kolbenspinnanlage und Verarbeitungsparameter [163]

Schema der Kolbenspinnanlage	Verarbeitungsparameter
Zahnstangenantrieb Kolben Zylinder Kühlung Keramik Heizmanschette Isolierung Schmelze Temperatur/Druck-Sensor Spinndüse/-filter Faden	– Verarbeitungstemperatur: 400 °C – Verarbeitungsdruck: 7–90 bar – Masseeinsatz: 10 g – Durchsatz: 10 g/min – Abzugsgeschwindigkeiten bis 2000 m/min – Düsendurchmesser: 0,6 mm (Trocknung der Ausgangsmaterialien: 3 h bei 150 °C; Befüllung des Zylinders unter Stickstoffatmosphäre.)

Tab. 3.28: Zusammenfassende Darstellung der Versuchsparameter und der Ergebnisse der Versuche zur Fadenbildung mit der Kolbenspinnanlage [163]

Werkstoff	Versuchsparameter	Beschreibung der Fasern
PEEK-10PTFE-cg	Max. Abzugsgeschwindigkeit: 150 m/min Spinndruck: 58–78 bar Düsendurchmesser: 0,6 mm	Unregelmäßige Fadenfeinheit[a] und raue Oberfläche
PEEK-20PTFE-cg	Abzugsgeschwindigkeit: 150 m/min Spinndruck: 50–70 bar Düsendurchmesser: 0,6 mm	Filament mit gleichbleibender Fadenfeinheit
PEEK-30PTFE-cg	Abzugsgeschwindigkeit: 50 m/min Spinndruck: 38–48 bar Düsendurchmesser: 0,3 mm	Nahezu gleichbleibende Fadenfeinheit

[a] Die Feinheit von textilen Fasern stellt ein Maß für deren Dicke dar. Das heißt, je kleiner der Durchmesser einer Faser, desto größer ist seine Feinheit. Da aber der Durchmesser der meisten dieser textilen Gebilde wegen deren unregelmäßigen bzw. deren profilierten Querschnitten schwer bestimmbar ist, wurden für die textilen Feinheitsdefinitionen Beziehungen zwischen der leichter bestimmbaren Masse und der Länge der Fasern aufgestellt. Am bekanntesten ist das Tex-System, welches gemäß der ISO 1144 und der DIN 60905, Teil 1: „Tex-System; Grundlagen" international und national eingeführt worden ist. Das Tex (1 tex = 1 g pro 1000 m) ist die Einheit und die Grundgröße dieses Systems.

Die Versuche haben gezeigt, dass der Zylinderinnendruck bei gleichem Durchsatz mit zunehmendem PTFE-Gehalt im PEEK-PTFE-cg-Material abnimmt. Dies korreliert mit den Ergebnissen der Untersuchungen zur Bestimmung der Schmelze-Masse-Fließrate (MFR).

Die mechanischen Eigenschaften der hergestellten Filamente sind in Tabelle 3.29 aufgeführt. Zur Charakterisierung dieser Kenngrößen wurden die Fadenfeinheiten bestimmt und Zugversuche nach DIN EN ISO 5079 durchgeführt.

Tab. 3.29: Festigkeitsuntersuchungen an PEEK-PTFE-cg-Filamenten aus dem Kolbenspinnversuch (statistische Mittelwerte der Zugversuche) [163]

Werkstoff	Faserfeinheit in tex	Feinheitsbezogene Zugkraft R in cN/tex	Bruchdehnung ε_{zB} in %
PEEK-10PTFE-cg [a]	6,3	7,7	100
PEEK-20PTFE-cg [b]	7,5	12,5	223
PEEK-30PTFE-cg [b]	12,5	9,4	250

[a] 20 Einzelversuche,
[b] 40 Einzelversuche.

Aus der Tabelle 3.29 geht hervor, dass die PEEK-20PTFE-cg-Filamente die höchsten Zugfestigkeiten aufweisen. Dies ist u. a. auf die gleichbleibende Fadenfeinheit zurückzuführen. Im Hinblick auf die Bruchdehnung zeigt sich, dass diese mit steigendem PTFE-Anteil zunimmt. Für die Materialien PEEK-20PTFE-cg und PEEK-30PTFE-cg wurden Bruchdehnungen von über 200 % erreicht, was die sehr homogene Zer- und Verteilung des chemisch gekoppelten PTFE in der PEEK-Matrix belegt. Für diese Werkstoffe sind höhere Streckverhältnisse als für das PEEK-10PTFE-cg zu erwarten. Durch Verstrecken der Filamente kann noch eine Steigerung der Festigkeit durch Orientierung der Moleküle erreicht werden, wodurch sich aber die Bruchdehnung verringert [163].

Mit den Kolbenspinnversuchen wurde die prinzipielle Fadenbildungsfähigkeit von PEEK-PTFE-cg-Compounds nachgewiesen. Die Ergebnisse belegen, dass das Verarbeitungspotenzial im Wesentlichen vom PTFE-Gehalt abhängig ist. Ferner konnte gezeigt werden, dass der Zylinderinnendruck bei vergleichbarem Durchsatz mit zunehmendem PTFE-Gehalt im PEEK abnimmt, was mit den MFR-Ergebnissen (Abbildung 3.75) sehr gut korreliert. Ein direkter Vergleich der durch den Zugversuch ermittelten Filamenteigenschaften allerdings ist aufgrund der unterschiedlichen Prozessparameter (Durchsatz und Abzugsgeschwindigkeit) in diesem Vorversuch nicht möglich. Es lassen sich jedoch Trends ableiten. In diesem Zusammenhang wurden am Fadenmaterial PEEK-20PTFE-cg Versuche zur Erhöhung des Orientierungszustandes durchgeführt. Die Filamente wurden bis auf 180 % der Ausgangslänge (Verstreckfaktor 2,8) verstreckt und ca. 5 min in diesem Zustand gehalten. Im Anschluss wurden die gereckten Filamente erneut einzeln eingespannt und bis zum Abriss geprüft. Die Abbildung In Abbildung 3.79 erfolgt dazu ein Vergleich der Kraft-Dehnungs-Diagramme von ungedehnten (Abbildung 3.79a) und verstreckten (Abbildung 3.79b) Filamenten aus PEEK-20PTFE-cg.

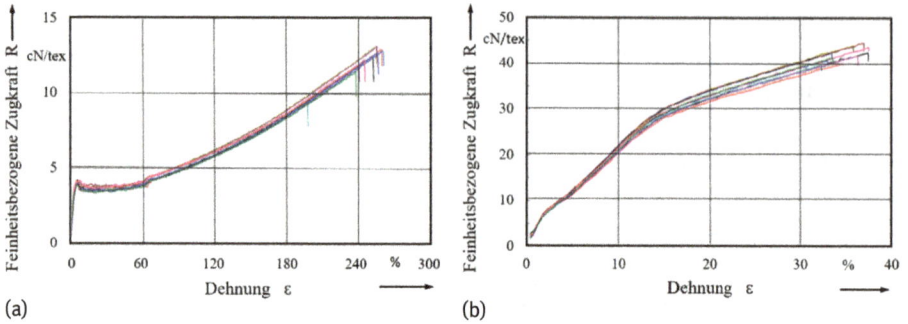

Abb. 3.79: Vergleich der Kraft-Dehnungs-Diagramme von (a) unverstreckten und (b) verstreckten Filamenten aus PEEK-20PTFE-cg [163]

Die Kurvenverläufe sind sehr gleichmäßig und es treten nur geringe Streuungen auf, was ein Indiz für die gleichbleibend gute Fadenqualität und die homogene Verteilung des PTFE in der PEEK-Matrix ist. Nach dem Verstrecken hat sich die Bruchdehnung von ursprünglich 223 % auf ca. 35 % verringert und die Festigkeit von ursprünglich 12 cN/tex um den Faktor 2,8 auf 34 cN/tex erhöht. Die Versuche zeigen, dass sich die Filamente des PEEK-20PTFE-cg durch Verstrecken nachorientieren lassen und sich somit die textilen Kennwerte erwartungsgemäß verbessern.

Bei der Verarbeitung mit der Extruderspinnanlage sind Abzugsgeschwindigkeiten von mindestens 200 m/min erforderlich, was mit dem Material PEEK-20PTFE-cg durchaus realisiert werden könnte. Da sich in den Vorversuchen das PEEK-20PTFE-cg im Gegensatz zu den Compounds mit 10 und 30 Masse-% an PTFE sehr stabil mit entsprechenden Abzugsgeschwindigkeiten verspinnen ließ, die Fasern eine gleichmäßige Fadenfeinheit und gute Fasereigenschaften hinsichtlich der feinheitsbezogenen Zugfestigkeit sowie der Bruchdehnungen zeigten, erfolgten alle weiteren Untersuchungen auf der Extruderschmelzspinnanlage mit dem PEEK-20PTFE-cg-Compound.

3.4.3.3 Filamentherstellung auf einer Extruderschmelzspinnanlage

Die Extruderspinnversuche wurden auf der Universalextruderspinnanlage EX 18-25 M durchgeführt (Tabelle 3.30).

Zum Befüllen und Spülen des Spinnextruders wurde das PEEK-Spinnpolymer Victrex 151 G eingesetzt. Anschließend wurde das getrocknete Material PEEK-20PTFE-cg verarbeitet. Der Druck vor der Spinnpumpe betrug 60 bar und blieb über die Zeit nahezu konstant. Die Herstellung der PEEK-PTFE-cg-Fäden erfolgte im direkten Aufspulvorgang ohne zusätzliche Verstreckstufe bei verschiedenen Abzugsgeschwindigkeiten, beginnend mit 200 m/min und stufenweiser Erhöhung bis zu 800 m/min. Die Fadenherstellung ist bei diesem Material bis Abzugsgeschwindigkeiten von 600 m/min als stabil zu bewerten.

Tab. 3.30: Skizze und technische Daten der Universalextruderspinnanlage [163]

Skizze der Universalextruderspinnanlage EX 18-25 M	Anlagen- und Prozessparameter für das Extruder-Schmelzspinnverfahren	
	Anlagen-komponente	**Prozessparameter**
	Spinndüse:	Anzahl der Bohrungen: 12 Bohrungsdurchmesser: 0,3 mm
	Spinnpumpe:	Drehzahl: 8,41 min^{-1} Durchsatz: 12 g/min Druck vor Spinnpumpe: 60 bar
	Temperaturprofil (Extruder):	340–370–375–383–383 °C
	Temperatur des Spinnkopfes:	385 °C
	Diese Anlage ermöglicht Durchsätze von 0,3 bis 3,5 kg/h und Abzugs- bzw. Wickelgeschwindig-keiten bis zu 6.000 m/min.	

Skizze der Universalextruderspinnanlage EX 18-25 M:

Granulat
Spinnpaket (Spinnpumpe, -filter, -düse)
Extruder
klimatisierte Luft
Spinn-/Luftschacht
Präparier-einrichtung
Spinntisch
Filamente
Fadenführung
Galetten (Abzug/Verstrecken)
Wickler und Spinnspule

3.4.3.4 Charakterisierung der Fadeneigenschaften

In Abbildung 3.80 sind beispielhaft die Kraft-Dehnungs-Verläufe für das PEEK-20PTFE-cg-Fadenmaterial bei einer Abzugsgeschwindigkeit von 600 m/min dargestellt.

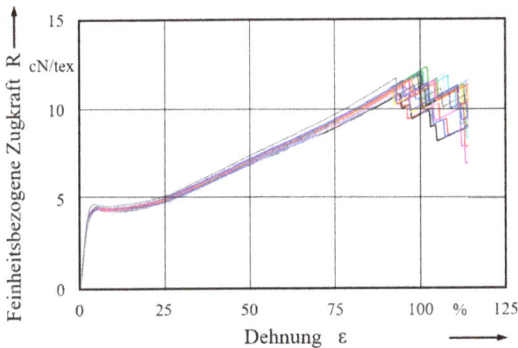

Abb. 3.80: Kraft-Dehnungs-Diagramm von PEEK-20PTFE-cg-Filamenten (v_A = 600 m/min), die im Extruderspinnprozess hergestellt wurden [163]

Die Einzelkurven liegen dicht beieinander. Es treten nur geringe Streuungen auf. Dies deutet sowohl auf einen stabilen Spinnprozess als auch auf eine homogene Verteilung des PTFE in der PEEK-Matrix hin. Inhomogenitäten, wie z. B. größere PTFE-Partikel oder Agglomerate, würden nicht nur zu Fadenbrüchen und zu einem instabilen Schmelzspinnprozess, sondern auch zu einer deutlichen Streuung der Fadeneigenschaften führen.

Die gemessenen Festigkeiten der Fasern entsprechen etwa denen der PEEK-20PTFE-cg-Filamente, die im Kolbenspinnverfahren hergestellt wurden (Abbildung 3.74a). Allerdings unterscheiden sich die Bruchdehnungen deutlich.

Die Fadenfeinheit Tt, die sich aus dem Quotienten von Massendurchsatz (Q) und der Abzugsgeschwindigkeit (v_A) ergibt (Gleichung 3.15), wird zur Beurteilung der Filamentqualität herangezogen:

$$Tt = \frac{Q}{v_A} \qquad (3.16)$$

In Abbildung 3.81 sind die nach Gleichung (3.16) berechneten und die gravimetrisch bestimmten Fadenfeinheiten als Funktion der Abzugsgeschwindigkeit dargestellt. Die berechneten und experimentell bestimmten Fadenfeinheiten stimmen sehr gut überein.

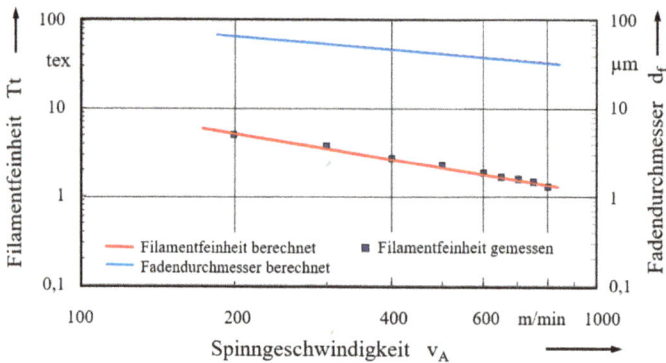

Abb. 3.81: Darstellung der Fadenfeinheit Tt und des Filamentdurchmessers d_f über der Abzugsgeschwindigkeit v_A [163]

Die Berechnung des Filamentdurchmessers wird wie folgt durchgeführt. Beispielsweise wird bei einem Durchsatz von 12 g/min und einer Abzugsgeschwindigkeit von 600 m/min ein Faden aus 12 Filamenten mit einer Fadenfeinheit von 20 tex, d. h. eine Feinheit von 16,7 dtex pro Filament, erhalten, was einem Filamentdurchmesser d_f von etwa 40 µm entspricht.

Zur Beurteilung der mechanischen Fasereigenschaften wurden analog zu den Untersuchungen an Filamenten aus dem Kolbenspinnversuch auch Zugversuche an Einzelfilamenten des Fadenmaterials aus des der Extruderspinnanlage durchgeführt. Mit zunehmender Abzugsgeschwindigkeit steigt erwartungsgemäß die Festigkeit (feinheitsbezogene Höchstzugkraft, Abbildung 3.82a, während die Bruchdehnung (Abbildung 3.82b) abnimmt. So nimmt die Zugfestigkeit von 9,4 cN/tex bei v_A = 200 m/min auf 12,5 cN/tex bei v_A = 800 m/min zu. Die entsprechenden Höchstzugkraftdehnungen liegen zwischen 77 % und 120 %.

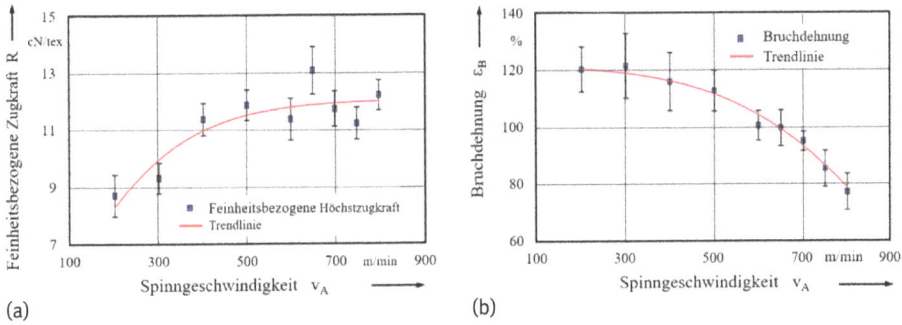

(a) (b)

Abb. 3.82: Darstellung der (a) feinheitsbezogenen Höchstzugkraft und (b) der Bruchdehnung von mit dem Extruder ersponnenen PEEK-20PTFE-cg-Filamenten als Funktion der Abzugsgeschwindigkeit v_A [163]

Einen weiteren Beleg für die hohe Qualität der ersponnenen Fasern bieten REM-Aufnahmen von Filamenten mit gleichbleibenden Durchmessern (Abbildung 3.83a) bzw. deren relativ glatten Oberflächen (Abbildung 3.83b).

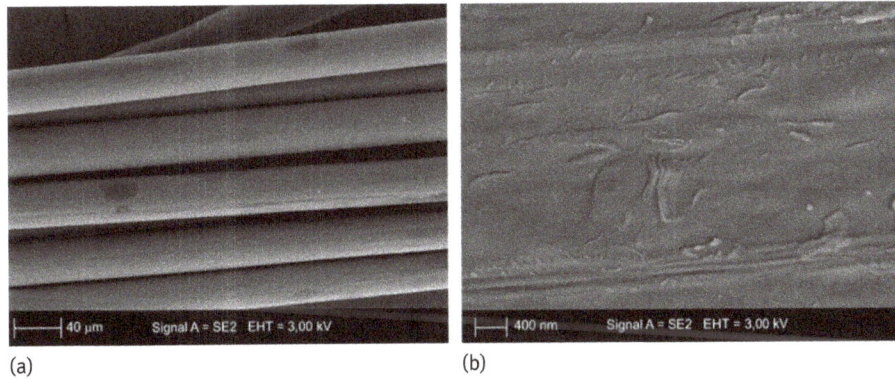

(a) (b)

Abb. 3.83: REM-Aufnahmen von (a) PEEK-20PTFE-cg-Filamenten sowie (b) der Oberfläche eines Filaments [163]

Zusammenfassend kann konstatiert werden, dass sich aus PEEK-20PTFE-cg-Werkstoffen mithilfe des Extruderspinnverfahrens qualitativ hochwertige Fasern mit guten

Verarbeitungseigenschaften herstellen lassen und dass die Herstellung von Multifilamentgarnen mit einer Festigkeit von 30 bis 40 cN/tex aus dem PEEK-20PTFE-cg-Material unter Verwendung eines Spinn-Streck-Verfahrens bei optimierten Parametern realistisch ist.

3.4.4 Orientierende Versuche zur Verbundherstellung und -charakterisierung

3.4.4.1 Weiterverarbeitung der PEEK-20PTFE-cg-Fasern zu Hybridgarnen

Wie in den letzten Abschnitten schon hervorgehoben wurde, werden in der Praxis zur Herstellung hoch beanspruchbarer Strukturen und Bauteilen aus verstärkten Polymeren in zunehmendem Maße Kohlenstofffasern zur Armierung eingesetzt. Diese Werkstoffe besitzen ausgezeichnete mechanische Eigenschaften und ein hohes Leichtbaupotenzial [167]. Außerdem zeigen Kohlenstofffasern, wie oben beschrieben, bei tribologischer Beanspruchung im Vergleich zu Glasfaserverbunden ein besseres Notlaufverhalten. Deshalb wurden im Rahmen dieser Arbeiten Kohlenstofffasern als Verstärkungskomponente der zu fertigenden Hybridfasern ausgewählt. Konkret wurde das kommerzielle Kohlenstofffasergarn (Tenax-E HTR40 E13) der Fa. Toho Tenax mit einer Stärke von 200 tex verwendet. Dieser Faserwerkstoff wurde einerseits bei vorangegangenen Forschungen [168] für die Herstellung hochwertiger textilverstärkter CF-PEEK-Verbunde verwendet, andererseits diente hier dieser Werkstoff als Referenzmaterial.

Wie schon mehrfach angesprochen, ist das direkte Heißpressen vorkonfektionierter Textilien aus Garnen, Zwirnen oder Rovings (HYTT) eine elegante Möglichkeit zur Herstellung von Bauteilen und Halbzeugen [45, 169]. Diese Technologie kommt für die Herstellung von Prüfkörpern und Demonstratoren hier zur Anwendung. Dabei ist der Aufbau dieser textilen Flächengebilde dadurch charakterisiert, dass diese sowohl aus Filamenten des Matrixmaterials als auch der Verstärkungsfasern bestehen. Diese hybriden Faserwerkstoffe (kurz Hybridfasern) werden dann mithilfe unterschiedlicher textiler Prozesse zu Halbzeugen (Preforms) weiterverarbeitet. In der Technik haben sich bereits mehrere Verfahren zur Herstellung von Hybridgarnen etabliert, wobei das Optimum einer ausgeglichenen Verteilung von Matrix- und Verstärkungsfilamenten durch Mischungen bereits in der Phase der Fadenbildung erreicht wird. So können spezielle Zwirne (Side-by-Side-Garne) und vor allem Commingling-Garne (Abbildung 3.84) gefertigt werden.

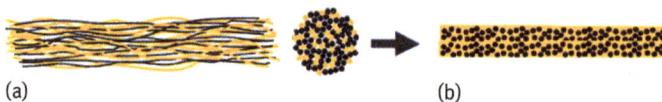

(a)   (b)

Abb. 3.84: (a) Schematische Darstellung der Struktur von Commingling-Garnen (gelb: Matrixfasern, blau: Verstärkungsfasern) und (b) daraus hergestelltes Tape

Bei dem hier verwendeten Commingling-Verfahren erfolgt die Mischung der einzelnen Filamente durch Lufttexturierung. Dabei werden die Matrix- und die Verstärkungsfilamente über getrennte Mechanismen einer speziellen Düse zugeführt, in der die Garne (Abbildung 3.85b) durch einen Luftstrom geöffnet und intensiv gemischt werden. Durch diesen Prozess lassen sich relativ homogene Mischungen fertigen, bei denen der Verstärkungsfasergehalt variabel eingestellt werden kann [44]. Konkret wurde aus dem PEEK-20PTFE-cg-Fadenmaterial und dem Kohlenstofffasergarn (Tenax-E HTR40 E13) mithilfe der schematisch dargestellten Lufttexturierungsanlage (Abbildung 3.85a) ein Hybridgarn mit einem Faserverhältnis von 50 % Polymerfasern und 50 % Kohlenstofffilamenten (Abbildung 3.85b) hergestellt.

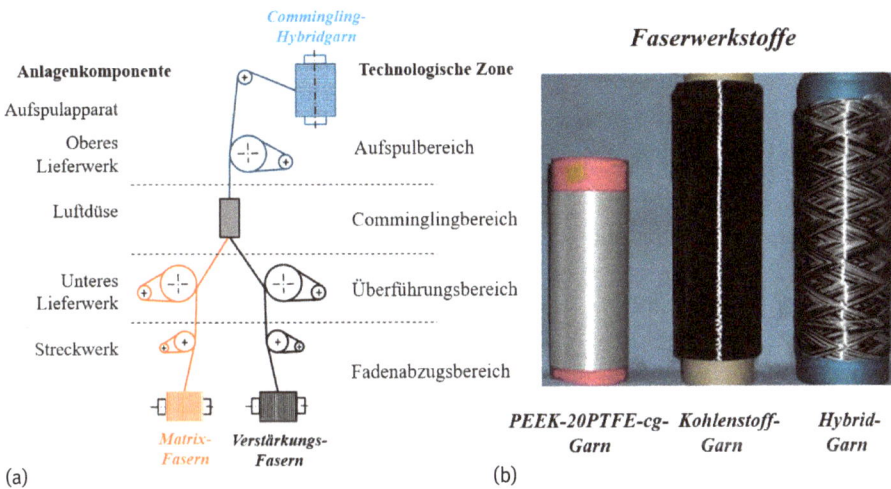

Abb. 3.85: (a) Schematische Darstellung des Commingling-Prozesses [44] und der Ausgangsfaserwerkstoffe PEEK-20PTFE-cg, Kohlenstofffasern sowie (b) fertiges Commingling-Garn mit 50 % PEEK-20PTFE-cg/50 % CF [163]

3.4.4.2 Tape- und Prüfkörperherstellung

Aus diesen Hybridgarnen sind Mustertapes für vergleichende tribologische Untersuchungen gefertigt worden. Dazu sind in einem ersten Schritt mithilfe eines Wickelprozesses unidirektional (UD) ausgerichtete Preforms gefertigt worden, die dann in einem Autoklaven zu Tapes konsolidiert worden sind. Ein Schema der Prüfkörperherstellung ist in Abbildung 3.86a und die wesentlichen Parameter des Autoklavprozesses sind in Abbildung 3.86b zusammenfassend dargestellt.

Aus den in Abbildung 3.86a dargestellten unidirektional kohlenstofffaserverstärkten HYTT-Prüfkörperhalbzeugen wurden mithilfe der Wasserstrahltechnik Prüfkörper

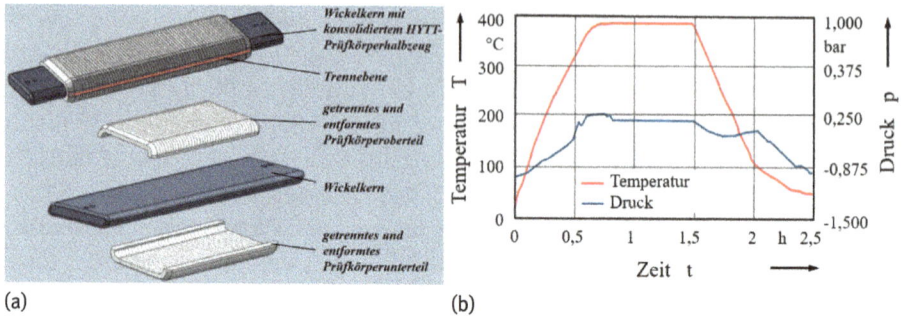

(a)

(b)

Abb. 3.86: (a) Schematische Darstellung der UD-Tape-Herstellung und (b) Zusammenfassung der Fertigungsparameter durch isostatisches Heißpressen im Autoklaven [147, 163]

hergestellt, wobei für die tribologischen Untersuchungen die Faserorientierungen der Grundkörper in Richtung der Reibbeanspruchung (also in Umfangsrichtung) ausgerichtet waren.

3.4.4.3 Vergleichende tribologische Untersuchungen

Analog zu den vorangegangenen tribologischen Untersuchungen erfolgten die Reibungs- und Verschleißversuche wiederum mithilfe des Modellprüfsystems „Klötzchen/Ring" (Anhang B) unter folgenden Bedingungen:

- *Reibpartner (Ring):* Stahl 100Cr6, HRC 59 ±1, R_a = 0,2 ... 0,3 µm
- *Prüfbedingungen:* Gleitgeschwindigkeit: v = 0,22 m/s
  Normalkraft: F_N = 200 N
  Schmierung: technisch trocken

Zur Einordnung der Ergebnisse der Reibungs- und Verschleißversuche an kohlenstofffaserverstärkten PEEK-20PTFE-cg-Tapes wurden entsprechende Vergleichswerkstoffe unter gleichen Testbedingungen analysiert. In der Tabelle 3.31 sind die Werkstoffkürzel und die zugehörigen Materialbeschreibungen aufgeführt.

Tab. 3.31: Materialbezeichnungen für die tribologischen Untersuchungen

Werkstoffkürzel	Materialbeschreibung
PK-00-S	PEEK-unmodifiziert, Spritzgussprobekörper
PK-20-S	PEEK-20PTFE-cg, Spritzgussprobekörper
PK-20-T	PEEK-20PTFE-cg-Tape, ohne C-Faser
PK-20-C-T	PEEK-20PTFE-cg/Kohlenstofffasern (50/50)-Tape,
PK-00-C-T	PEEK-unmodifiziert/Kohlenstofffasern (50/50)-Tape

In Abbildung 3.87 sind dazu die ermittelten Gleitreibungszahlen und Verschleißkoeffizienten dieser modifizierten PEEK-Werkstoffe dargestellt.

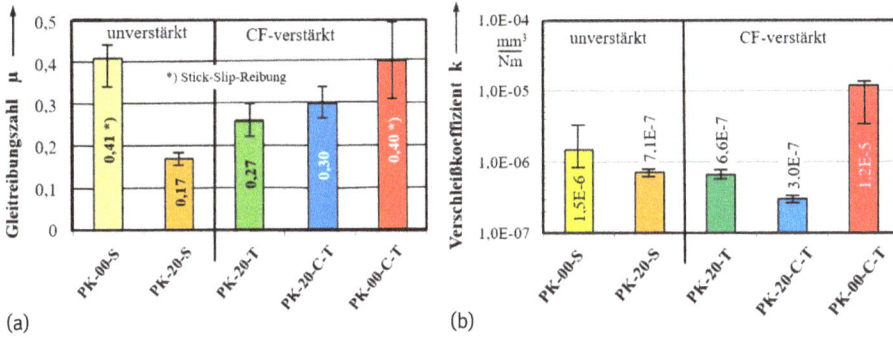

Abb. 3.87: (a) Gleitreibungszahlen und (b) Verschleißkoeffizienten von PEEK-20PTFE-cg/Kohlenstofffasern (50/50)-Tapes im Vergleich zu anderen PEEK-Modifikationen [147, 163]

Die Diagramme der Abbildung 3.87 bestätigen vorangegangene Versuchsergebnisse dahin gehend, dass die tribologischen Eigenschaften von unmodifiziertem PEEK und textilverstärktem CF-PEEK eher als schlecht einzuschätzen sind. So besitzen die unmodifizierte PEEK-Komponente als Spritzgussprüfkörper sowie die Klötzchen aus heiß gepresstem CF-PEEK (UD-Endlosfaserverstärkung 50/50, Orientierung der Verstärkungsfasern in Richtung der Gleitbeanspruchung) im Trockenlauf mittlere Gleitreibungskoeffizienten von $> 0{,}4$ mit Stick-Slip-Verhalten. Auch die Verschleißfestigkeit dieser Werkstoffe ist gering und ist bis zu zwei Größenordnungen kleiner als die der PTFE-modifizierten Typen. Weiterhin trat bei der kohlenstofffaserverstärkten Werkstoffvariante auch ein nennenswerter Verschleiß des Gegenkörpers (Stahl 100Cr6) auf.

Der Werkstoff PEEK-20PTFE-cg, bei dem das PTFE chemisch gekoppelt/kompatibilisiert in der PEEK-Matrix vorliegt und die endloskohlenstofffaserverstärkte Variante dieses Materials zeigen im Trockenlauf ein sehr ruhiges, stick-slip-freies Laufverhalten mit vergleichsweise niedrigen Gleitreibungszahlen von $\mu = 0{,}2–0{,}3$. Auch die ermittelten Verschleißraten belegen, dass PEEK-20PTFE-cg und der untersuchte Kohlenstofffaserverbund auf der Basis dieses Compounds eine hohe Verschleißfestigkeit besitzen.

3.4.4.4 Zusammenfassung und Schlussfolgerungen

Ausgehend von Voruntersuchungen konnte erstmals Fasermaterialien auf der Basis chemisch gekoppelter PEEK-PTFE-cg-Materialien und hier speziell mit dem Werkstoff PEEK-20PTFE-cg hergestellt werden. Bereits ohne Optimierung der Spinnparameter lässt sich dieses Material mit Fadenabzugsgeschwindigkeiten bis 600 m/min ohne Fadenbrüche sehr gut verspinnen. Die Fadenfestigkeit erreicht zwar nicht die Werte von reinen PEEK-Fäden, dennoch sind die Fadeneigenschaften mit einem Modifikationsmittelanteil von 20 Masse-% PTFE überraschend gut. Weiterhin ist aufgrund der gleichbleibenden Qualität der ersponnenen Filamente eine textile Weiterverarbeitung der Fäden bzw. eine Aufbereitung dieser zu hybriden Commingling-Garnen ohne Probleme möglich.

In ersten orientierenden Untersuchungen zur Verarbeitbarkeit von Commingling-Garnen auf der Basis von PEEK-20PTFE-cg-Filamenten und endlosen Kohlenstofffasern wurden Wickelstrukturen hergestellt und durch isostatisches Heißpressen erfolgreich zu UD-verstärkten Bändern, zu sogenannten Tapes, weiterverarbeitet. Aus diesen Halbzeugen wurden Prüfkörper für Reibungs- und Verschleißuntersuchungen gefertigt. Die in diesem Zusammenhang ermittelten Ergebnisse tribologischer Tests belegen, dass sich PEEK/PTFE-Compounds, bei denen das PTFE chemisch gekoppelt/ kompatibilisiert in der PEEK-Matrix vorliegt, durch gute tribologische Kennwerte auszeichnen, was auch für auch für unidirektional verstärkte Kohlenstofffaserverbunde auf Basis dieser PEEK/PTFE-Blends festgestellt werden konnte.

3.5 Herstellung und Eigenschaften von Tribopatches

3.5.1 Motivation und Voraussetzungen

Im Abschnitt 3.4.1 wurde das Ziel der hier vorgestellten Entwicklungen bereits vorgestellt. Kurz zusammengefasst besteht es darin, reibungs- und verschleißbeanspruchte Bereiche thermoplastbasierter Faserverbundstrukturen mit tribologisch optimierten Werkstoffen auszurüsten und diese im Zuge von ur- oder umformtechnischen Bauteilherstellungen in Form von wartungsfreien Lagerstellen bzw. Führungsbahnen funktionsintegrativ mit auszuformen. Dazu sollen sogenannte Tribopatches auf der Basis textiler Preformen oder zugeschnittener dünner Organobleche dienen. Mit diesen Flicken oder „Patches" sollen diese Faserverbundhalbzeuge (Preforms) punktuell derart ausgerüstet werden, dass sie vor dem Ur- oder Umformprozess mithilfe von näh-, kleb- oder schweißtechnischen Verfahren auf die relevanten Oberflächenbereiche der Halbzeuge appliziert werden.

Zur Herstellung thermoplastbasierter FVW kommen im wie bereits angesprochen zwei Arten von Preforms zum Einsatz:
- zugeschnittene vorkonsolidierte Langfaserverbunde (Organobleche);
- textile Flächengebilde auf der Basis von Hybridgarnen.

Eine schematische Darstellung dieses funktionsintegrativen Herstellungsprozesses ist in Abbildung 3.71 (Abschnitt 3.4.1) dargestellt.

3.5.2 Herstellung von Patches auf der Basis von Folien

Erste Untersuchungen haben gezeigt, dass sich Patches aus unverstärkten Folien aufgrund mangelnder Flexibilität schlecht verarbeiten lassen. Deshalb werden die Patches mit einem feinen Vlies oder einem Feingewebe verstärkt. Die Patches werden mithilfe der Näh- oder anderer Befestigungsverfahren auf die relevanten Oberflächenbereiche der Halbzeuge appliziert.

Das Schema der Patchherstellung und -verarbeitung auf Folienbasis zeigt die Abbildung 3.88.

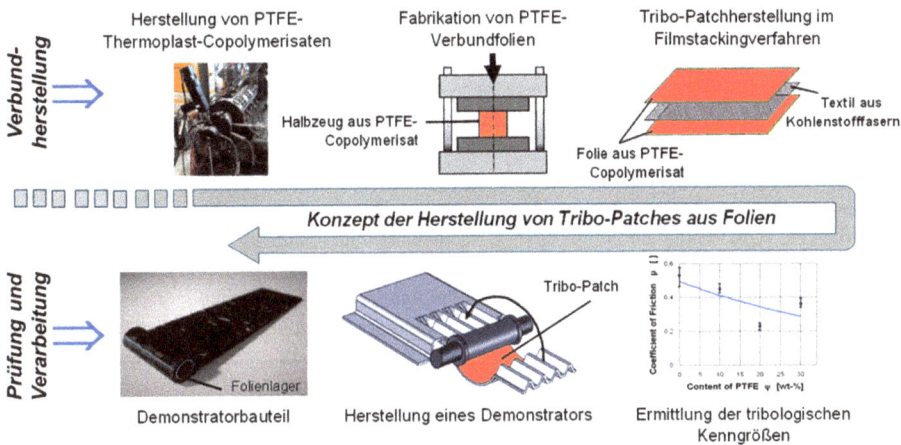

Abb. 3.88: Schema der Herstellung, Prüfung und Verarbeitung folienbasierter Tribopatches [137]

Wie die Abbildung 3.88 zeigt, wurden die Ausgangsfolien mittels eines Heißpressverfahrens aus einem kompakten Körper aus PTFE-modifizierten Polymer hergestellt. Dieses Verfahren ermöglicht die Realisierung sehr gleichmäßiger Foliendicken. Die finale Fertigung der Patches, die im Grunde genommen sehr dünne Organobleche sind, erfolgte wiederum im Heißpressverfahren, dem sogenannten Film-Stacking-Prozess.

3.5.3 Fertigung von Patches auf der Basis textiler Flächengebilde

Die Fertigung dieser textilen Patches, die sich sowohl auf textilen Preforms als auch auf Organoblechen applizieren lassen, erfolgt aus Hybridgarnen bestehend aus Verstärkungsfasern und Polymerfilamenten, die in einem sogenannten Commingling-Prozess (Abschnitt 3.4.4.1) gefertigt werden. Das Konzept der Herstellung und Verarbeitung von Tribopatches aus Textilien ist in Abbildung 3.89 dargestellt.

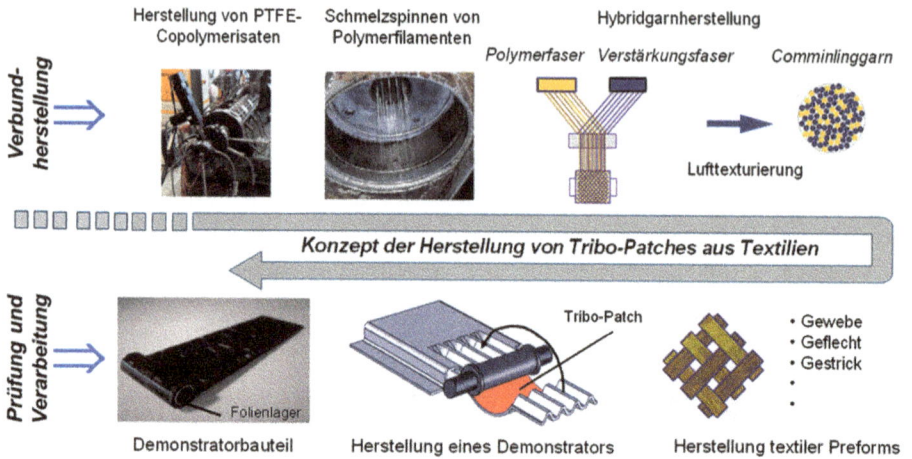

Abb. 3.89: Schema der Herstellung, Prüfung und Verarbeitung textiler Tribopatches [137]

Hinweis: Es ist auch möglich und in der Praxis durchaus üblich, aus derartigen hybriden Textilien Patches oder Tapes durch Heißpressen herzustellen. Meist werden aus den Hybridgarnen schmale Geflechte hergestellt, die dann in einem anschließenden kontinuierlichen Prozess unter Druck- und Temperatureinwirkung zu schmalen Bändern, sogenannten Tapes, verarbeitet werden (Abschnitt 3.1.7.3).

Mittlerweile wird ein breites Produktspektrum von rotationssymmetrischen thermoplastbasierten FVW-Komponenten dank des Tapewickelverfahrens sehr effektiv und kostengünstig hergestellt [170–172]. Zum Beispiel werden in der Lagertechnik wartungsfreie Gleitlager aus endlosfaserverstärkten thermoplastischen Kunststoffen aus derartigen Tapes automatisiert gefertigt.

Konkret werden die Tapes auf einem Wickeldorn schichtenweise abgelegt und mittels einer In-situ-Konsolidierung werden diese Materialschichten etwa durch das Laserschweißen vollständig miteinander verbunden (Abbildung 3.90).

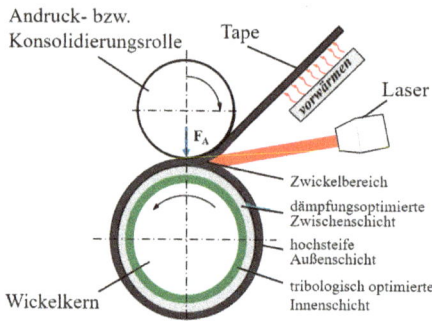

Abb. 3.90: Schematische Darstellung der Herstellung von Gleitlagerhalbzeugen aus Thermoplast FVW mithilfe der Tape-Wickel-Technologie

Der Vorteil dieser Technologie besteht darin, dass man derartige Gleitlagerhalbzeuge beanspruchungsgerecht strukturieren kann. Beispielsweise basiert die Innenschicht auf einem tribologisch optimierten Tape. Massive Kunststoffgleitlager, die etwa spritzgegossen werden, zeichnen sich in der Regel durch ein gutes Dämpfungsverhalten von Schwingungen und Stößen aus. Um derartige Verbundlager auch mit diesen Eigenschaften auszustatten, wird eine Zwischenschicht etwa auf der Basis von Tapes mit einem geringen Anteil an Verstärkungsfasern in die Wickelstruktur integriert. Um derartige Gleitlager auch mit Presssitzen in Maschinen und Anlagen zu einzubauen, sollte die Außenschicht möglichst steif ausgeführt werden, d. h., sie sollte einen hohen Anteil an C-Fasern besitzen.

Mit der in Abbildung 3.90 schematisch dargestellten Technologie werden rohrförmige Halbzeuge hergestellt, aus denen die finale Fertigung der Gleitlager dann durch Ablängen erfolgt.

3.5.4 Tribologie von Patches mit Glas- und C-Faser-Verstärkung

3.5.4.1 Verwendete Werkstoffe

Zur Demonstration der Möglichkeiten, die der Einsatz von Tribopatches für die Praxis erlangen kann, werden hier verschiedene Patches tribologisch charakterisiert. Als Basismaterialien für diese Untersuchungen dienten PP (als preiswerter Standardplast), PA66 (als eingeführter Konstruktionskunststoff) und PEEK (als Hochleistungswerkstoff). Diese wurden mit strahlenchemisch funktionalisierten PTFE-Partikeln modifiziert (Abschnitte 2.6 und 2.7) und tribologisch charakterisiert. Als Gegenwerkstoff fungiert dabei gehärteter und geschliffener Stahl 100Cr6 und DLC-Beschichtungen. Eine Zusammenfassung der Reibungs- und Verschleißkennwerte dieser Werkstoffe in kompakter Form ist in Abbildung 3.91 dargestellt. Die Prüfungen erfolgten wiederum mithilfe des Modellprüfsystems „Klötzchen/Ring" unter den im Abschnitt 3.2.2.4 vorgestellten Prüfbedingungen.

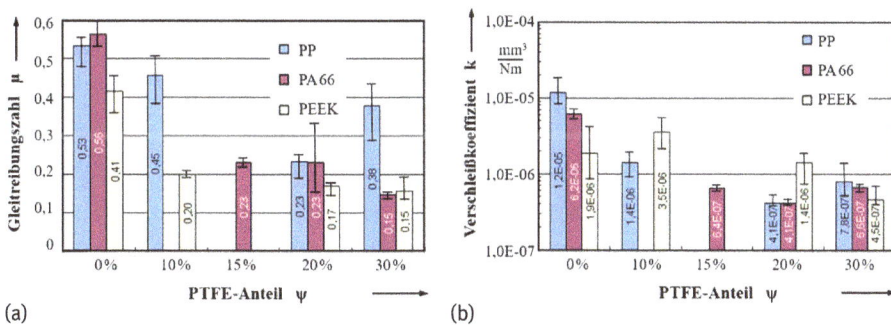

Abb. 3.91: (a) Gleitreibungszahl und (b) Verschleißkoeffizient der ausgewählten Werkstoffe in Abhängigkeit vom PTFE-Anteil (Gegenwerkstoff: gehärteter und geschliffener Stahl 100Cr6) [137]

Da die hier untersuchten Werkstoffpaarungen bei einem PTFE-Anteil von 20 Masse-% ein sehr ausgeglichenes Reibungs- und Verschleißverhalten zeigen, werden diese Modifikationen für die weiteren Untersuchungen ausgewählt, zumal sie auch gut zu Folien und Filamenten weiterverarbeitet werden können.

Die hier im Mittelpunkt stehenden Tribopatches basieren, wie oben ausgeführt, auf polymerbasierten Faserverbunden. In den vorigen Kapiteln wurde gezeigt, dass die Art der Faserverstärkung einen signifikanten Einfluss auf das Reibungs- und Verschleißverhalten dieser Verbunde im Kontakt zu Stahl und DLC-Beschichtungen ausübt. In Abbildung 3.92 sind dazu die Ergebnisse der tribologischen Untersuchungen an den selektierten Werkstoffpaarungen zusammengefasst. Es zeigt sich, dass die Gleitreibungszahlen durch die spezielle DLC-Stahlbeschichtungen nicht wesentlich beeinflusst werden, sie sind allerdings auch als nicht geeignet für Gleitanwendungen. Die ermittelten Verschleißkoeffizienten der Werkstoffpaarung GF-PP, CF-PA66 und CF-PEEK gegen DLC-beschichteten Stahl sind dagegen deutlich geringer als gegen unbeschichteten Stahl.

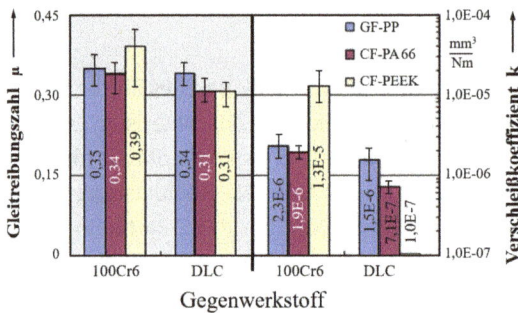

Abb. 3.92: Reibungs- und Verschleißverhalten von faserverstärkten Thermoplasten im Kontakt mit unbeschichteten Stahl 100Cr6 bzw. DLC-beschichteten Stahl [137]

Zusammenfassend kann festgehalten werden, dass sich zur Verbesserung des Reibungsverhaltens von Thermoplasten die Modifikation der Matrixwerkstoffe mit inkorporierten Schmiermitteln anbietet, was besonders für strahlenchemisch aktiviertes PTFE gilt.

3.5.4.2 Reibungs- und Verschleißverhalten von PP-Patches

Die PP-Patches mit einer Stärke von ca. 0,7 mm wurden im Film-Stacking-Verfahren aus zwei Folien auf der Basis eines Polypropylen-Homopolymerisats mit 20 Masse-% strahlenchemisch modifiziertem PTFE (PP-H-20PTFE-cg) und einem zwischen den Polymerfolien angeordneten Kohlenstofffaserheingewebe hergestellt. Die Patches wurden auf einen Twintex®-Prüfgrundkörper durch Heißpressen aufgebracht.

Die tribologischen Untersuchungen erfolgten wiederum mithilfe des Modellprüf-systems „Klötzchen/Ring" unter folgenden Prüfbedingungen:

- *Reibpartner (Ring):* Stahl 100Cr6, HRC 59 ±1, $R_a = 0{,}2\ldots0{,}3\,\mu\text{m}$
  DLC-beschichteter Stahl 100Cr6, HV > 4000, $R_a = 0{,}021\,\mu\text{m}$
- *Prüfbedingungen:* Gleitgeschwindigkeit: $v_G = 0{,}13\,\text{m/s}$
  Normalkraft: $F_N = 100\,\text{N}$
  Schmierung: technisch trocken
- *Faserorientierung:* ±90°

Die Abbildung 3.93 zeigt das Reibungs- und Verschleißverhalten der verschiedenen PP-Verbundmodifikationen gegen unbeschichteten Stahl (100Cr6) und DLC-beschich-teten Stahl.

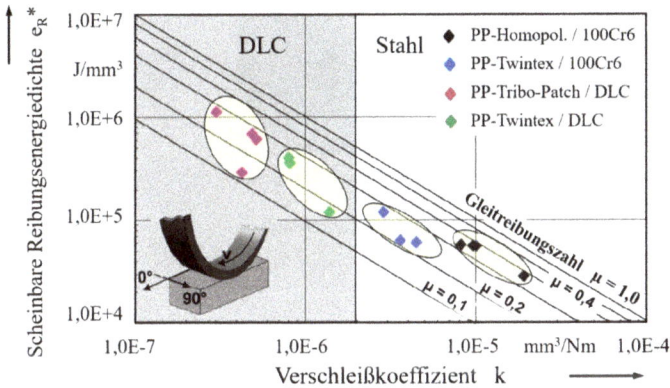

Abb. 3.93: e_R^*-k-μ-Schaubild von PP-Verbundmodifikationen im Tribokontakt mit unbeschichtetem Stahl bzw. einer DLC-Beschichtung [137]

Aus diesen Untersuchungen kann folgendes Fazit gezogen werden:
- Die schlechten tribologischen Eigenschaften von PP können durch eine Endlos-glasfaserverstärkung (Twintex®) signifikant verbessert werden, wobei der Stahl-gegenkörper jedoch stark verschleißt. Im Kontakt mit einer DLC-Beschichtung wird das Verschleißverhalten deutlich verbessert und es tritt kein messbarer Werkstoffabtrag am Stahlgegenkörper auf.
- Die Reibungs- und Verschleißkennwerte von PP können durch eine PTFE-Modi-fikation deutlich optimiert werden, wobei die Tribopatches im Kontakt mit einer DLC-Beschichtung die besten Resultate zeigen.
- Allerdings ist die Dauergebrauchstemperatur mit etwa 100 °C vergleichsweise ge-ring!

3.5.4.3 Tribologische Eigenschaften von PA66-Patches

Die Herstellung und Prüfung der Polyamidpatches erfolgten analog der unter Abschnitt 3.5.2, Abbildung 3.88 vorgestellten Bedingungen. Die Abbildung 3.94 zeigt in diesem Zusammenhang die Struktur eines PA66-20PTFE-cg-Patches mit einer Kohlenstofffaserfeingewebeverstärkung.

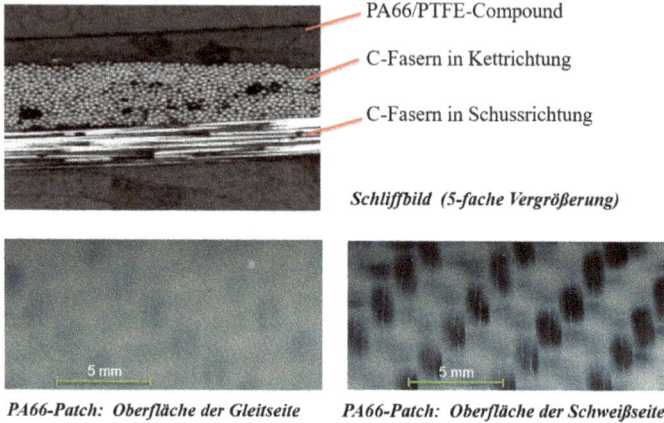

PA66/PTFE-Compound

C-Fasern in Kettrichtung

C-Fasern in Schussrichtung

Schliffbild (5-fache Vergrößerung)

PA66-Patch: Oberfläche der Gleitseite

PA66-Patch: Oberfläche der Schweißseite

Abb. 3.94: Struktur eines PA66-20PTFE-cg-Patches mit einer Kohlenstoff-faserfeingewebeverstärkung [20]

Die vergleichende Aufbereitung der Prüfergebnisse erfolgte wiederum in Form eines e_R^*-k-μ-Schaubildes (Abbildung 3.95).

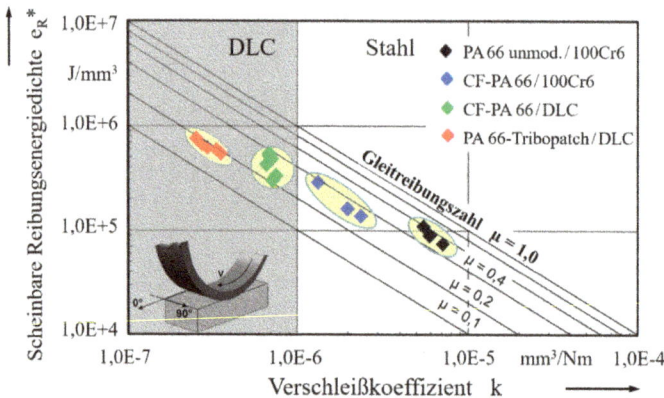

Abb. 3.95: e_R^*-k-μ-Schaubild von PA66-Verbundmodifikationen im Tribokontakt mit unbeschichtetem Stahl bzw. einer DLC-Beschichtung [137]

Die Untersuchungsergebnisse können wie folgt zusammengefasst werden:

- Neben den mechanischen Kennwerten können auch die tribologischen Eigenschaften von PA66 durch eine Kohlenstoffendlosfaserverstärkung deutlich verbessert und vor allem das Ruckgleiten minimiert werden. Kontaktiert man diesen Werkstoff mit gehärtetem und geschliffenem Stahl, so zeigt dieser wiederum massive Verschleißerscheinungen.
- Eine PTFE-Modifikation verbessert die Reibungs- und Verschleißkennwerte von PA66 und es tritt kein Ruckgleiten auf.
- Die besten Resultate zeigen wiederum die PA66-Tribopatches im Kontakt mit DLC-beschichtetem Stahl.

3.5.4.4 Tribologische Eigenschaften von PEEK-Patches

PEEK ist ein relativ teurer Hochleistungskunststoff. Er ist zäh und verschleißfest und neigt ebenfalls zum Ruckgleiten. Wie bei fast allen Aryletherketonen verändern sich die Reibungs- und Verschleißeigenschaften bei hohen Temperaturen (bis 250 °C) nicht wesentlich [122, 173]. In Abbildung 3.96 sind dazu die tribologischen Kennwerte der PEEK-Tribopatches wiederum im Vergleich zu anderen Modifikationen dargestellt.

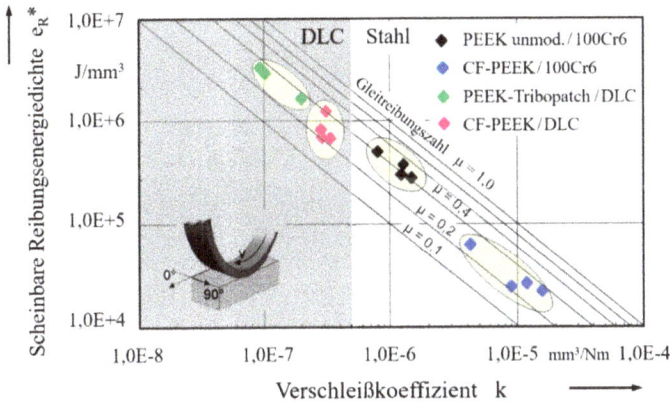

Abb. 3.96: e_R^*-k-μ-Schaubild von PEEK-Verbundmodifikationen im Tribokontakt mit unbeschichtetem Stahl bzw. einer DLC-Beschichtung [137]

Anders als bei den PP- und PA 66-Patches wurde hier ein Textilflicken (HYTT-Flechtschlauch) durch Heißpressen auf eine CF-PEEK-Trägerstruktur aufgeschweißt. Aufgrund der hervorragenden tribomechanischen Eigenschaften kohlenstofffaserverstärkter PEEK-Werkstoffe kam wiederum das Modellprüfsystem „Klötzchen/Ring" zum Einsatz, aber im Gegensatz zu den Vergleichswerkstoffen wurde ein harscheres Prüfregime gewählt:

- Reibpartner (Ring): Stahl 100Cr6, HRC 59 ±1, $R_a = 0,2\ldots0,3\,\mu m$
  DLC-beschichteter Stahl 100Cr6, HV > 4000, $R_a = 0,021\,\mu m$

– Prüfbedingungen: Gleitgeschwindigkeit: $v_G = 0{,}22\,\text{m/s}$
                                    Normalkraft: $F_N = 200\,\text{N}$
                                    Schmierung: technisch trocken
– Faserorientierung: ±45°

Die Reibungs- und Verschleißeigenschaften von PEEK-Verbundwerkstoffe können wie folgt beschrieben werden:
– Kohlenstofffaserverstärktes PEEK im Tribokontakt mit Stahl zeigt ein ausgesprochen schlechtes Verschleißverhalten, wobei auch der Gegenkörper stark verschleißt. Im Kontakt mit einem DLC-beschichteten Gegenkörper wird der Verschleiß stark minimiert. Allerdings ist der Reibwert recht hoch und es tritt auch Ruckgleiten auf.
– Die tribologischen Kennwerte von PEEK können ebenfalls durch eine PTFE-Modifikation optimiert werden, es tritt keine Stick-Slip-Reibung auf und die besten Resultate zeigen auch in diesem Fall Tribopatches im Kontakt mit einer DLC-Beschichtung.

3.5.5 Reibung und Verschleiß von Patches mit Aramidfaserverstärkung

3.5.5.1 Werkstoffe

Als Matrixmaterialien kamen ein kommerzielles isotaktisches Polypropylen-Homopolymerisat (PP1 HD 120M von Borealis), ein Polyamid 6 PA SH3 (Miramid, Leuna GmbH, Deutschland) sowie ein Polyamid 12 (VESTAMID® L1600, Evonik Industries) zum Einsatz. Als inkorporierter Festschmierstoff fungierte ein funktionalisiertes PTFE-Mikropulver Zonyl® MP1100 der Fa. DuPont. Die wesentlichsten mechanischen Eigenschaften dieser Werkstoffe sind in den Tabellen 3.32 und 3.33 zusammengestellt.

    Im Rahmen dieser Untersuchungen kamen Aramidfasertextilien (1140 Denier Kevlar 49, ein Feingewebe mit Leinenbindung der Fa. Fibre Glass Developments Corporation, USA, mit einem Flächengewicht von 179,7 g/m² und einer Stärke von 0,2794 mm) zur Anwendung. Nach entsprechenden Wasch- und Aufbereitungsvorgängen wurden diese Textilien mithilfe von Dispersionen aus nanoskaligen Seltenerdensalzen Ytterbiumfluorid (YbF$_3$) sowie Lanthanfluorid (LaF$_3$) in Ethanol korrosiv behandelt (Abschnitt 3.1.4, Abb. 3.4).

Tab. 3.32: Mechanische Eigenschaften PP-basierter Matrixmaterialien [20]

Werkstoff	E-Modul in N/mm²	Zugfestigkeit in N/mm²	Bruchdehnung in %
PP-Homopolymer	1550	28	9
PP-H-20PTFE-cg	1300	23	7
PP-H-30PTFE-cg	1250	20	6

Tab. 3.33: Mechanische Eigenschaften der verwendeten Polyamide [20]

Werkstoff	Zugfestigkeit in N/mm^2		E-Modul in N/mm^2		Kerbschlagzähigkeit in kJ/m^2	
	Trocken	Kond.	Trocken	Kond.	Trocken	Kond.
PA6	78	–	2700	670	6,0	20
PA6-20PTFE-cg	51	44	2600	820	15,0	22
PA6-30PTFE-cg	52	35	2500	830	5,6	12
PA12	45	–	1500	–	4,5	–
PA12-20PTFE-cg	38	36	1460	1160	6,0	5,1
PA12-30PTFE-cg	35	–	1500	–	5,1	–

Die Herstellung der Prüfkörper für die tribomechanischen Analysen erfolgten mit dem, bereits mehrfach beschriebenen Film-Stacking-Verfahren, bei welchem die textilverstärkten Thermoplasthalbzeuge in 2 Schritten durch Heißpressen gefertigt werden. Im ersten Verfahrensschritt erfolgt die Herstellung von Folien aus den präferierten Matrixmaterialien, welche dann in der zweiten Stufe zusammen mit dem oben vorgestellten Aramidfaserfeingewebe zu Tribopatches oder anderen Prüfkörperhalbzeugen weiterverarbeitet werden.

3.5.5.2 Mechanische und strukturelle Verbundeigenschaften

Der Einfluss der Oberflächenbehandlung der Aramidfasergewebe auf die mechanischen Verbundeigenschaften wird hier exemplarisch anhand von Polyamid 6 als Matrixwerkstoff diskutiert. Dazu wird in Abbildung 3.97 der Zug-E-Modul (nach DIN EN ISO 527-4) und die interlaminare Scherfestigkeit (nach DIN EN ISO 14130 bzw. DIN EN 2377) vergleichend dargestellt.

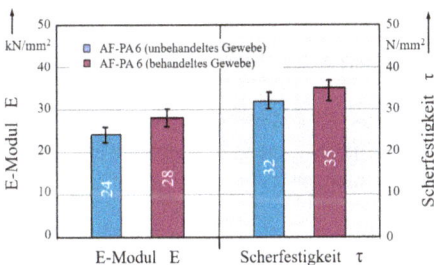

Abb. 3.97: Zug-E-Modul und interlaminare Scherfestigkeit von Polyamid 6 mit einer Aramidgewebeverstärkung [20]

Die Darstellung zeigt, dass sich mit einer Oberflächenbehandlung der Aramidfasergewebe mit den präferierten nanoskaligen Seltenerdensalzen sowohl die Steifigkeitskennwerte erhöhen lassen als auch die problemrelevante interlaminare Scherfestigkeit verbessert werden kann.

Weiterhin belegen die in Abbildung 3.98 dargestellten Schliffbilder der analysierten aramidfaserverstärkten Polyamid-6-Laminate die erzielte Oberflächenwelligkeit der behandelten Fasern und verdeutlichen die gute Haftung zwischen Faser und Matrix, wohingegen beim unbehandelten Fasermaterial keinerlei Formschuss zu erkennen ist.

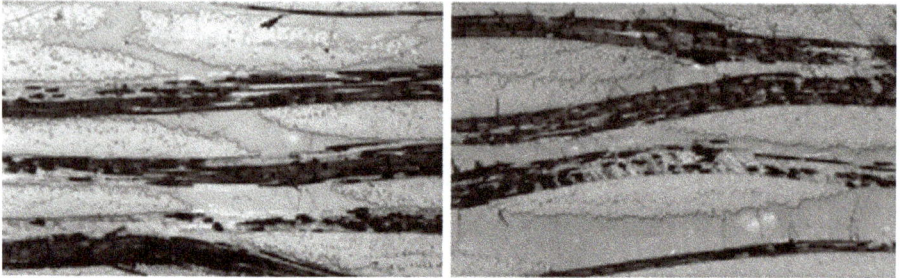

(a) oberflächenbehandeltes Aramidfasergewebe (b) unbehandeltes Aramidfasergewebe

Abb. 3.98: Mikroskopische Aufnahmen (fünffacheVergrößerung) der untersuchten AF-PA-6-Laminate: (a) oberflächenbehandeltes Aramidfasergewebe, (b) unbehandeltes Aramidfasergewebe [20]

3.5.5.3 Tribologische Eigenschaften der Verbundkomponenten

Dazu wurde in einem ersten Schritt die interessante Frage geklärt, inwieweit sich die präferierten Feingewebe in Hinsicht auf ihr Reibungsverhalten unterscheiden. Die Abbildung 3.99 zeigt in diesem Zusammenhang die gemessenen Gleitreibungszahlen der verwendeten Textilien.

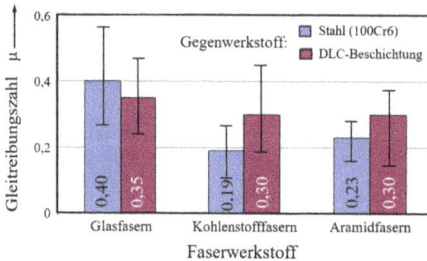

Abb. 3.99: Gleitreibungsverhalten von textilen Oberflächen gegen 100Cr6-Stahl und DLC-Beschichtungen [20]

Es ist zu erkennen, dass sich die Reibungseigenschaften von Aramid- und Kohlenstofffasern ähneln und deutlich besser sind als die von Glasfasern. Weiterhin belegt das Diagramm, dass eine DLC-Beschichtung nur im Fall des Tribokontaktes mit Glasfasern bessere Reibungszahlen ermöglicht.

Im zweiten Schritt wurde das Reibungs- und Verschleißverhalten der präferierten Patch-Matrix-Materialien im Kontakt mit gehärtetem und geschliffenem Stahl untersucht [19]. In Abbildung 3.100 sind die Ergebnisse dargestellt.

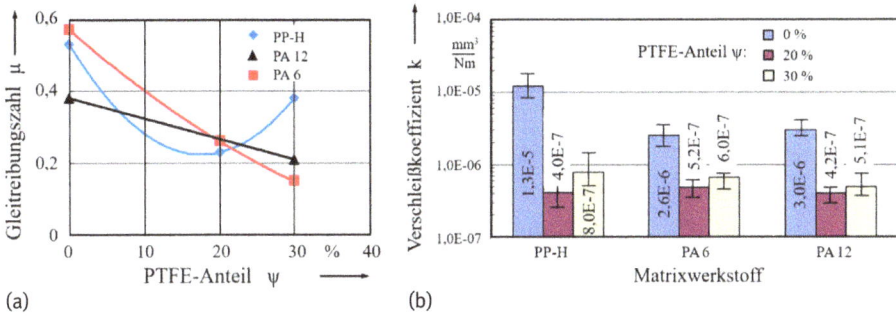

Abb. 3.100: (a) Gleitreibungszahlen und (b) Verschleißkoeffizienten der präferierten Matrixmaterialien in Abhängigkeit vom PTFE-Anteil [19]

Die Diagramme belegen deutlich, dass bei einem PTFE-Masseanteil von 20 % die günstigsten tribologischen Kennwerte ermittelt werden konnten. Deswegen wurden diese chemisch gekoppelten/kompatibilisierten Compounds als Matrixmaterialien für die Herstellung und tribologische Testung von Tribopatches ausgewählt.

3.5.5.4 Tribologie der Tribopatches mit Aramidgewebeverstärkung
Analog zur Herstellung der Patches mit Glas- und Kohlenstofffaserverstärkung wurden wieder mithilfe des Film-Stacking-Verfahrens sehr dünne (ca. 0,6 mm) Organobleche hergestellt. Diese wurden dann auf kompakte Trägerstrukturen appliziert und zu Prüfkörpern heißgepresst. Die tribologischen Untersuchungen erfolgten wiederum mithilfe des Modellprüfsystems „Klötzchen/Ring" unter den im Abschnitt 3.5.4.2 dargestellten Prüfbedingungen.

In Abbildung 3.101 sind die Ergebnisse der tribologischen Untersuchungen an den aramidfaserverstärkten und mit 20 Masse-% PTFE modifizierten Tribopatches im Gleitkontakt mit geschliffenem und gehärtetem Stahl 100Cr6 dargestellt.

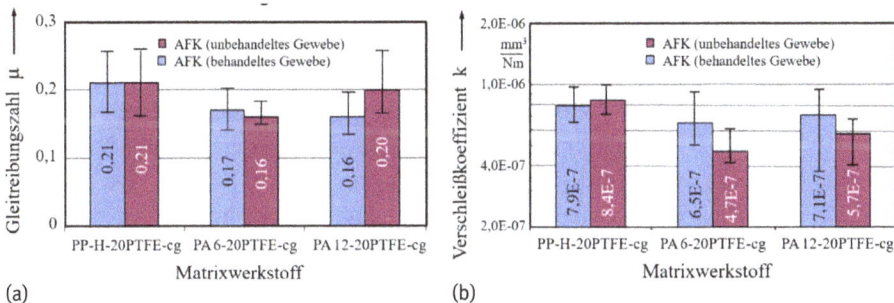

Abb. 3.101: (a) Gleitreibungszahlen und (b) Verschleißkoeffizienten von aramidfaserverstärkten und PTFE-modifizierten Tribopatches im Gleitkontakt mit unbeschichtetem Stahl 100Cr6 [19]

Trotz der unterschiedlichen Grundwerkstoffe zeigen alle untersuchten Tribo-patches ein relativ einheitliches Reibungs- (Abbildung 3.101a) und Verschleißver-halten (Abbildung 3.101b). Weiterhin hat die Oberflächenbehandlung der Verstär-kungsgewebe keinen signifikanten Einfluss auf die tribologischen Kennwerte der präferierten Verbunde. Auch wurde bei keiner Werkstoffpaarung eine scherspan-nungsinduzierte Delamination oder ein Verschleiß des Gegenkörpers beobachtet.

Ergänzend erfolgt in Abbildung 3.102 ein Vergleich der Ergebnisse der tribolo-gischen Untersuchungen der neuentwickelten Tribopatches (im Gleitkontakt mit ge-schliffenem und gehärtetem Stahl 100Cr6) mit den im Abschnitt 3.5.4 vorgestellten kohlenstofffaserverstärkten Patches, die im Tribokontakt mit einer DLC-Beschichtung getestet wurden.

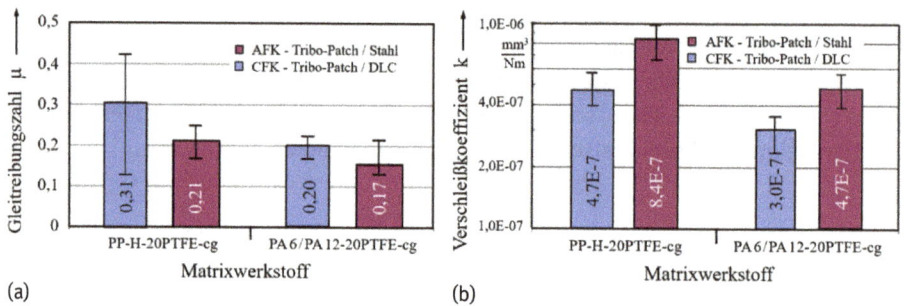

Abb. 3.102: Vergleich der (a) Gleitreibungszahlen und (b) Verschleißkoeffizienten der aramidfaser-verstärkten und PTFE-modifizierten Tribopatches im Gleitkontakt mit unbeschichtetem Stahl 100Cr6 mit denen von kohlenstofffaserverstärkten Patches im Kontakt mit DLC [19]

3.5.5.5 Zusammenfassung der Triboversuche an Aramidverbunden

Die neuentwickelten Tribopatches basierten auf PTFE-modifizierten thermoplasti-schen Matrixmaterialien, bei denen die inkorporierten Schmierstoffe chemisch gekop-pelt/kompatibilisiert vorliegen, und einer einlagigen Feingewebeverstärkung auf der Basis von Aramidfasern. Diese Verbundwerkstoffe wurden im Film-Stacking-Verfah-ren gefertigt und weisen auch im Tribokontakt mit unbeschichteten Stahlgegenkör-pern gute Reibungs- und Verschleißeigenschaften auf. Zur Vermeidung von reibspan-nungsinduzierten Delaminationsvorgängen und zur Verbesserung der mechanischen Verbundkennwerte wurden die präferierten Aramidtextilien vor der Verarbeitung mithilfe einer Dispersion von nanoskaligen Seltenerdensalzen derart behandelt, dass eine ausreichende Faser-Matrix-Bindung realisiert und die Scherfestigkeits- und Stei-figkeitskennwerte erhöht werden konnten. Auf die tribologischen Eigenschaften der Verbunde hat diese Oberflächenmodifikation der Aramidgewebe allerdings keinen signifikanten Einfluss.

Die Reibungs- und Verschleißcharakteristika dieser Patches sind dadurch gekennzeichnet, dass kein Gegenkörperverschleiß auftritt und dass beim Gleiten auf gehärtetem und geschliffenem Stahl ähnliche Kennwerte erzielt werden können, wie die, die kohlenstofffaserverstärkte Verbunde im Reibkontakt mit sehr harten und teuren DLC-Beschichtungen aufweisen.

3.6 Schlussfolgerungen und Ausblick

Auf dem Gebiet der Entwicklung von Faserverbundwerkstoffen mit thermoplastischen Kunststoffmatrizes gewinnen aufgrund spezieller Eigenschaften, wie der Warmumformbarkeit und Schweißbarkeit sowie der günstigen Recyclingmöglichkeiten, auch punktuell tribologisch beanspruchte Thermoplastverbunde zunehmend an Bedeutung. Durch abrasive Wirkmechanismen des Faserabriebs ist der Verschleiß an beiden Reibpartnern relativ hoch und deshalb müssen technische Strukturen und Baugruppen derzeit aufwendig mit entsprechenden Lagern oder Führungselementen ausgerüstet werden. Durch eine Hartbeschichtung des Gegenkörpers, speziell durch DLC-Schichten, lässt sich die Verschleißfestigkeit derartiger Reibpaarungen deutlich verbessern, nicht aber die Gleitreibungszahlen. Aus diesem Grund ist es vorteilhaft, reibungs- und verschleißbeanspruchte Strukturbereiche mit tribologisch optimierten Werkstoffen auszurüsten und diese Lager bzw. Führungen im Zuge der ur- oder umformtechnischen Bauteilherstellung mit auszuformen. Dazu können relevante Oberflächenbereiche mit sogenannten Tribopatches ausgerüstet werden.

Die Grundlage für die Entwicklung dieser Patches ist die Herstellung chemisch gekoppelter/kompatibilisierter Thermoplast-PTFE-cg-Materialien mithilfe der reaktiven Extrusion. Im Rahmen der hier vorgestellten Optimierung der mechanischen und tribologischen Eigenschaften dieser Compounds konnten mit ausgewählten Thermoplast-20PTFE-cg-Materialien Matrixmaterialien mit guten tribomechanischen Eigenschaften hergestellt werden, bei denen der inkorporierte PTFE-Schmierstoff sehr gut dispergiert vorliegt und somit die rheologischen Voraussetzungen für die spinntechnische Herstellung von Fasern aus diesem Material erfüllt werden.

So konnten exemplarisch Fasermaterialien auf der Basis chemisch gekoppelter PEEK-PTFE-cg-Materialien – hier speziell aus dem Werkstoff PEEK-20PTFE-cg – hergestellt werden, die bei einer gleichbleibenden Qualität ausreichende Fadeneigenschaften besitzen und sich zusammen mit Kohlenstofffasern problemlos zu hybriden Commingling-Garnen weiterverarbeiten lassen. Die Herstellung der textilen Halbzeuge kann mit klassischen Verarbeitungsverfahren, wie z. B. Weben, Flechten, Wirken o. ä., und entsprechenden Zuschnittmethoden erfolgen.

Ergänzend dazu wurden mithilfe des Film-Stacking-Verfahrens in einem einstufigen Heißpressprozess Tribopatches in Form einer einlagig verstärkten Polymerfolie, also eines sehr dünnen Organobleches, diskontinuierlich hergestellt. Diese Prefoms sind dadurch gekennzeichnet, dass das Matrixmaterial in Form von Polymer-PTFE-cg-

Folien und das textile Verstärkungsmaterial als dünnes Vlies oder Feingewebe vorliegt. Die Vorformlinge sind also schichtenweise derart strukturiert, dass sich zwischen zwei Schichten Matrixwerkstoff eine Verstärkungstextilie befindet. Als Verstärkungsmaterialien dienten hier Glas-, Kohlenstoff- und Aramidfasern.

Kommen Glas- oder Kohlenstofffasern zur Anwendung, ist es zweckmäßig, einen DLC-beschichteten Gegenkörper einzusetzen. Damit wird vermieden, dass der Faserabrieb das Wirken abrasiver Verschleißmechanismen begünstigt. Dahingegen gewährleistet die Verwendung von Tribopatches mit einer einlagigen Feingeweberverstärkung auf der Basis von Aramidfasern auch im Tribokontakt mit unbeschichteten Stahlgegenkörpern gute Reibungs- und Verschleißeigenschaften.

Die tribologischen Analysen der konsolidierten Tribopatches belegen, dass das Reibungs- und Verschleißverhalten der neuartigen Verbundwerkstoffe im trockenlaufenden Kontakt mit einer extrem harten DLC-Beschichtung als exzellent einzuschätzen ist.

Im Rahmen dieser Untersuchungen konnte einerseits festgestellt werden, dass der Abrieb der Verstärkungsfasern keinen signifikanten Verschleiß der DLC-Beschichtungen bewirkt und andererseits, dass bei einer Anordnung der Verstärkungsfasern in der Gleitebene die Faserorientierung von 0°, also einer Faserausrichtung in Richtung der Gleitbewegung, vergleichsweise das optimale tribologische Verhalten im Trockenlauf aufweist. Allerdings übt die Faserorientierung im Vergleich zu anderen Parametern des tribologischen Systems auf das Reibungs- und Verschleißverhalten der untersuchten Verbunde nur einen untergeordneten Einfluss aus. Bei aramidfaserverstärkten Patches können, wie oben aufgeführt, beim Gleiten auf gehärtetem und geschliffenem Stahl ähnliche Kennwerte erzielt werden, wie diejenigen, die bei der Untersuchung von kohlenstofffaserverstärkten Verbunden im Reibkontakt mit sehr harten und auch vergleichsweise teuren DLC-Beschichtungen ermittelt wurden.

Im Ergebnis dieser Forschungs- und Entwicklungsarbeiten wurden durchgehende Prozessketten zur Herstellung von Tribopatches entwickelt (Abbildungen 3.88 und 3.89). Diese reicht von der Werkstoffentwicklung, der textiltechnischen Aufbereitung und Verarbeitung bis hin zur umformtechnischen Fertigung von Demonstratoren (Abbildung 3.89).

Aufbauend auf entsprechende Literaturinformationen [185, 186] und diverse Vorarbeiten [174, 175] sollten im Rahmen weiterführender Arbeiten vor allem Patches auf Basis weiterer PTFE-modifizierter Hochleistungskunststoffe (HPP-PTFE-cg), wie etwa auf der Grundlage von Polyamidimiden (PAI) oder Polysulfonen (PSU) entwickelt und in die Praxis eingeführt werden, denn analog zu den Polyaryletherketonen (PAEK) werden sich auch diese HPP in der Zukunft breitere technische Anwendungsgebiete erschließen.

Aus technischer Sicht ist es weiterhin angezeigt, diese Tribopatches in Zukunft mit elektrisch/elektronischen Komponenten funktionsintegrativ auszurüsten, um beispielsweise Temperatur- oder Verschleißmessungen auch online durchzuführen, bzw. Bauteilbeanspruchungen ebenfalls online analysieren zu können.

Literatur

[1]   Wikipedia (o. J.): Faserverstärkungen. Onlineinformation der R&G Faserverbundwerkstoffe GmbH unter: https://shop1.r-g.de/list/Faserverstaerkungen, (abgerufen am 21.06. 2019).

[2]   Ehrenstein, G. W. (1978): Polymer-Werkstoffe. Carl Hanser Verlag, München. doi:10.1002/actp.1979.010300817.

[3]   Diefendorf, R. J.; Tokarsky, E. (1975): High-performance carbon fibers. In: Polymer Engineering and Science 15, S. 150–159. doi:10.1002/pen.760150306.

[4]   Andrich, M. (2013): Analyse des Schädigungs- und Versagensverhaltens dickwandiger textil-verstärkter Kunststoffverbunde bei Druckbelastung in Dickenrichtung. Dissertation, TU Dresden.

[5]   Wikipedia (o. J.): Kohlenstofffasern. Onlineinformation des Fraunhofer IWS, unter: https://www.iws.fraunhofer.de/.../produkte/kohlenstofffasern.html, (abgerufen am 13.06. 2017).

[6]   Pfrang, A. (2005): Von den Frühstadien der Pyrokohlenstoffabscheidung bis zum Komposit-werkstoff; Untersuchungen mit Rastersondenverfahren. Dissertation, München. ISBN 3-89963-133-1.

[7]   Shinohara, A. H.; Sato, T.; Saito, F.; Tomioka, T; Arai, Y. (1993): A novel method for measuring direct compressive properties of carbon fibres using a micro-mechanical compression tester. In: Journal of Material Science 28, S. 6611–6616. doi:10.1007/BF00356404.

[8]   Schürmann, H. (2005): Konstruieren mit Faser-Kunststoff-Verbunden. Springer-Verlag, Berlin, Heidelberg. ISBN 978-3-540-72190-1. doi:10.1007/978-3-540-72190-1.

[9]   Wikipedia (o. J.): Kohlenstofffasern. Onlineinformation der R&G Faserverbundwerkstoffe GmbH, unter: https://www.r-g.de/w/images/9/94/AVK_Kohlenstoff-Fasern, (abgerufen am 08.01. 2021).

[10]   Produktinformation (o. J.): Fa. Suter Kunststoffe AG, Äfligenstrasse, 3 3312, Fraubrunnen, Schweiz.

[11]   Kim, J. K.; Mai, Y. W. (1998): Engineered interfaces in fiber reinforced composites. Elsevier science. ISBN 9780080426952.

[12]   Wohlmann, B. (2009): Handbuch Faserverbundkunststoffe – Grundlagen, Verarbeitung, Anwendungen, 3. Auflage. AVK – Industrievereinigung Verstärkte Kunststoffe e. V.

[13]   Marginean, G. (2003): Vapour Grown Carbon Fibres: Morphologie und plasmachemische Funktionalisierung. Dissertation, Ruhr-Universität Bochum.

[14]   Tiwari, S.; Bijwe, J.; Panier, S. (2012): Adhesive Wear Performance of Polyetherimide Composites with Plasma Treated Carbon Fabric. In: Journal of Materials Science. Springer. doi:10.1016/j.triboint.2011.01.009.

[15]   Tiwari, S.; Bijwe, J.; Panier, S. (2011): Role of nano-YbF$_3$ treated carbon fabric on improving abrasive wear performance of Polyetherimide composites. Tribology Letters. doi:10.1007/s11249-011-9773-y.

[16]   Park, S. J.; Seo, M. K.; Ma, T. J.; Lee, D. R. (2002): Effect of chemical treatment of Kevlar fibers on mechanical interfacial properties of composites. In: Journal of Colloid and Interface Science 252, S. 249–255. doi:10.1006/jcis.2002.8479.

[17]   Guo, F.; Zang, Z. Z.; Liu, M. W.; Su, H. F.; Zhang, J. H. (2009): Effect of plasma treatment of fabric on the tribological behavior of the Kevlar fabric/phenolic composites. In: Tribology International 42, S. 243–249. doi:10.1016/j.triboint.2008.06.004.

[18]   Lin, J. S. (2002): Effect of Surface Modification by bromination and metalation on Kevlar fibre-epoxy adhesion. In: European Polymer Journal 38, S. 79–86. doi:10.1016/S0014-3057(01)00176-8.

[19]   Bijwe, J.; Sharma, M.; Hufenbach, W.; Kunze, K.; Langkamp, A. (2013): Surface engineering with micro and nanosized solid lubricants for enhanced performance of polymer composites

and bearings. In: Friedrich, K.; Schlarb, A.K. (Hrsg.), Tribology of Polymeric Nano-composites, S. 687–716, 2. Auflage. Elsevier Ltd. ISBN 0444594647, 9780444594648.

[20] Kunze, K.; Singh, M.; Andrich, A.; Modler, N.; Bijwe, J. (2015): Tribologisches Verhalten von thermoplast-basierten Verbundwerkstoffen mit textiler Aramidfaserverstärkung. In: GFT-Tribo-logie-Fachtagung, Göttingen. ISBN 978-3-9817451-0-8.

[21] Ehrenstein, G. W. (2018): Faserverbund-Kunststoffe Werkstoffe – Verarbeitung – Eigenschaf-ten. Carl Hanser Verlag. ISBN 3446457542, 9783446457546.

[22] Puck, A. (1996): Festigkeitsanalyse von Faser-Matrix-Laminaten: Modelle für die Praxis. Carl Hanser. ISBN 3446181946, 9783446181946.

[23] Michaeli, W.; Huybrechts, D.; Wegener, M. (1995): Dimensionieren mit Faserverbundkunst-stoffen. Carl Hanser Verlag. ISBN 3446176594, 9783446176591.

[24] Flemming, M.; Roth, S. (2003): Faserverbundbauweisen. Springer-Verlag, Berlin, Heidelberg. ISBN 978-3-642-62459-9. doi:10.1007/978-3-642-55468-1.

[25] Herzog, W. (1967): Der Zusammenhang zwischen der Zugfestigkeit und der Gleichmäßigkeit bei Garnen aus Spinnfasern. In: Melliand textilberichte 50.

[26] Cuntze, R. (2005): Aspects for achieving a reliable structural design verification. In: Seminar-vortrag ILK. TU Dresden.

[27] Witten, E. (2016): Der GFK-Markt Europa, Composites-Marktbericht 2016, Marktentwicklun-gen, Trends, Ausblicke und Herausforderungen. Information der Industrievereinigung Ver-stärkte Kunststoffe (AVK).

[28] Cuntze, R. et al. (1997): Neue Bruchkriterien und Festigkeitsnachweise für unidirektionalen Faserkunststoffverbund unter mehrachsiger Beanspruchung – Modellbildung und Experimen-te. In: Fortschritt-Berichte VDI, Reihe 5 Nr. 506. VDI-Verlag, Düsseldorf. ISBN 318350605X, 9783183506057.

[29] Hashin, Z. (1980): Failure criteria for unidirectional fiber compounds. In: Journal of Applied Mechanics. 47, S. 319–334.

[30] Krenkel, W. (2009): Verbundwerkstoffe: 17. DGM Symposium Verbundwerkstoffe und Werk-stoffverbunde. Wiley VCH Verlag GmbH. ISBN 978-3-527-32615-0.

[31] Böhm, R.; Gude, M.; Hufenbach, W. (2009): A phenomenologically based damage model for textile composites with crimped reinforcement. In: Composites Science and Technology 70, S. 81–87. doi:10.1016/j.compscitech.2009.09.008.

[32] Erber, M.; Mayer, F.; Seifert, H. (1976): Beitrag zur Analyse der Makrostruktur spritzgegosse-ner glasfaserverstärkter Thermoplaste vom Kurzfasertyp und zum Zusammenhang mit den mechanischen Eigenschaften. Dissertation, TH Karl-Marx-Stadt.

[33] Kaliske, G.; Mayer, F. (1982): Glasfaseranordnung in spritzgegossenen Rechteckstäben aus glasfaserverstärktem Polyamid 6. In: Plaste und Kautschuk 29, S. 421.

[34] Knauer, B.; Wende, A. (1988): Konstruktionstechnik und Leichtbau. Akademie-Verlag Berlin. ISBN 3055002903, 9783055002908.

[35] Hegler, R. P. (1985): Struktur und mechanische Eigenschaften glaspartikelgefüllter Thermo-plaste. Dissertation, TH Darmstadt.

[36] Pflamm-Jonas, T. (2000): Auslegung und Dimensionierung von kurzfaserverstärkten Spritz-gussbauteilen. Dissertation, TU Darmstadt.

[37] Halpin, J. C.; Kardos, J. L. (1976): The Halpin-Tsai equations: A review. In: Polym. Eng. Sci. 16, S. 344–352.

[38] Doant, G. (1983): Beitrag zur Ermittlung der Temperatur-Zeit-Einsatzgrenzen von Polyamid 6. Dissertation, TU Dresden.

[39] Kunze, K. (1983): Beitrag zum Reibungs- und Verschleißverhalten modifizierter Thermoplaste für wartungsfreie Gleitlager sowie zu deren Gestaltung und Dimensionierung. Dissertation, TU Dresden.

[40] Hegler, R. P. (1984): Faserorientierung beim Verarbeiten kurzfaserverstärkter Thermoplaste. In: Kunststoffe. 74, S. 271–277.

[41] Jamil, F. A. (1994): Rheological, mechanical and thermal properties of glass-reinforced polyethylenes. In: Polym. Plast. Technol. 33, S. 659–675.

[42] Campus Datenbank (2000): Eine Gemeinschaftsentwicklung von Firmen der Kunststoffindustrie CWFG mbH. Frankfurt/Main.

[43] Schenk, A. (2007): Lexikon der Garne und Zwirne. S. 203. Deutscher Fachverlag, Frankfurt/Main. ISBN 3-87150-810-1.

[44] Cherif, C. (2011): Textile Werkstoffe für den Leichtbau – Techniken – Verfahren – Materialien – Eigenschaften. Springer-Verlag, Berlin/Heidelberg. ISBN 978-3-642-17991-4.

[45] Neitzel, M.; Mitschang, P. (2004): Handbuch Verbundwerkstoffe – Werkstoffe, Verarbeitung, Anwendung. S. 237. Carl Hanser Verlag, München/Wien. ISBN 3-446-22041-0.

[46] Wikipedia (o. J.): Organobleche für den Leichtbau effizient verarbeiten. Onlineinformation der K-Zeitung (2020), unter: https://www.k-zeitung.de/organobleche-fuer-den-leichtbau-effizient-verarbeiten/, (abgerufen am 5.11.2020).

[47] Wikipedia (o. J.): Variotherme Temperierung für Organobleche. Onlineinformation des Plast-verarbeiters (2019), unter: https://www.plastverarbeiter.de/roh-und-zusatzstoffe/variotherme-temperierung-fuer-organobleche.html, (abgerufen am 5.10.2019).

[48] Verstärkte Kunststoffe e. V. (2013): Handbuch Faserverbundkunststoffe: Grundlagen Verarbeitung Anwendungen. S. 237–259. 4. Auflage. Springer Vieweg. ISBN 978-3658027544.

[49] Arbeitsgemeinschaft Verstärkte Kunststoffe – Technische Vereinigung (2005): Faserverstärkte Kunststoffe und duroplastische Formmassen, Band II: Werkstoffe und ihre Herstellung. AVK-TV. 2. Ausgabe.

[50] Flemming, M.; Ziegmann, G.; Roth, S. (1999): Faser/Harz-Spritzverfahren. In: Faserverbundbauweisen. Springer, Berlin, Heidelberg. ISBN 978-3-642-63557-1.

[51] AVK – Industrievereinigung Verstärkte Kunststoffe e.V (2010): Handbuch Faserverbundkunststoffe – Grundlagen, Verarbeitung, Anwendung. S. 346–347. 3., vollständig überarbeitete Auflage. Vieweg + Teubner| GWV Fachverlage GmbH, Wiesbaden. ISBN 978-3-8348-0881-3.

[52] Horrocks, A. R.; Subhash, C. A. (2016): Handbook of Technical Textiles. Volume 1: Technical Textile Processes, S. 2. 2. Auflage. Woodhead Publishing, Cambridge. ISBN 978-1-78242-458-1.

[53] Denninger, F. (2009): Lexikon Technische Textilien. Deutscher Fachverlag, Frankfurt/Main. ISBN 978-3-86641-093-0.

[54] Knecht, P. (2006): Technische Textilien. Deutscher Fachverlag, Frankfurt/Main. ISBN 3-87150-892-6.

[55] Wünsch, I. (2008): Lexikon Wirkerei und Strickerei. S. 162. Deutscher Fachverlag, Frankfurt am Main. ISBN 978-3-87150-909-4.

[56] Wikipedia (o. J.): Flächenware. Onlineinformation von Shieldex, unter; https://www.shieldex.de/products_categories/flaechenware/, (abrufen am 17.11.2019).

[57] Wikipedia (o. J.): Technische Gestricke. Onlineinformation der DGS Drahtgestricke GmbH, unter: https://www.dgs-gmbh.de/de/technische-gestricke/, (abrufen am 13.11.2017).

[58] Wikimedia (o. J.): Prinzipskizze eines verwirkten multiaxialen Geleges. Onlineinformation, unter: https://commons.wikimedia.org/w/index.php?curid=26266870. (abrufen am 13.06.2021).

[59] Hausding, J. (2010): Multiaxiale Gelege auf Basis der Kettenwirktechnik – Technologie für Mehrschichtverbunde mit variabler Lagenanordnung. Dissertation, TU Dresden.

[60] Wikipedia (o. J.): Flechtverfahren. Information des Leichtbau-Zentrums Sachsen GmbH, unter: https://www.lzs-dd.de/de/3d-flechten/, (abrufen am 13.03.2017).

[61] Spickenheuer, A. (2013): Zur fertigungsgerechten Auslegung von Faser-Kunststoff-Verbund-bauteilen für den extremen Leichtbau auf Basis des variabelaxialen Fadenablageverfahrens Tailored Fiber Placement. Dissertation, Technische Universität Dresden.

[62] Wikipedia (o. J.): Hocheffizienter Tape-Flechtprozess. Information von textile network, unter: https://textile-network.de/de/Technische-Textilien/TU-Dresden-Hocheffizienter-Tape-Flechtprozess/(gallery)/1, (abrufen am 13.04.2017).

[63] Wikipedia (o. J.): Resine Transfer Molding – Hochdruck RTM Verfahren. Information des Leichtbau-Zentrums Sachsen GmbH, unter: https://www.lzs-dd.de/de/resine-transfer-moulding/, (abrufen am 17.01.2021).

[64] Wikipedia (o. J.): Presstechnologien. Information des Leichtbau-Zentrums Sachsen GmbH, unter: https://www.lzs-dd.de/de/presstechnologie/, (abrufen am 30.03.2021).

[65] Hachmann, H.; Strickle, E. (1966): Polyamide als Zahnradwerkstoffe. In: Konstruktion 18, S. 81–94.

[66] Bogdanzaliew, K. (1976): Ein Beitrag zur Herstellung und zum Betriebsverhalten von spritzgegossenen Zahnrädern aus glasfaserverstärktem Polyamid 6. Dissertation, TU Dresden.

[67] Drechsler, V. (1977): Beitrag zum Betriebsverhalten und zur Berechnung spanend hergestellter Thermoplastzahnräder. Dissertation, TU Dresden.

[68] Rösler, J. (2005): Zur Tragfähigkeitssteigerung thermoplastischer Zahnräder mit Füllstoffen. Dissertation, TU Berlin.

[69] Feulner, R. (2008): Verschleiß trocken laufender Kunststoffgetriebe – Kennwertermittlung und Auslegung. Dissertation, Universität Erlangen-Nürnberg.

[70] VDI 2736 (2016): Thermoplastische Zahnräder. Beuth-Verlag. Blatt 1 bis 4. Verein Deutscher Ingenieure e. V., Düsseldorf.

[71] Hachmann, H.; Strickle, E. (1964): Polyamide als Gleitlagerwerkstoffe. In: Konstruktion 16, Nr. 4.

[72] Erhard, G.; Strickle, E. (1974): Maschinenelemente aus Kunstsoffen. VDI-Verlag, Düsseldorf.

[73] Erhard, G. (1974): Zum Reibungs- und Verschleißverhalten von Polymerwerkstoffen. Dissertation, Th Karlsruhe.

[74] Ehrenstein, G. W. (1970): Glasfaserverstärkte thermoplastische Kunststoffe – Grenzen und Anwendungsmöglichkeiten. In: Kunststoffe 60, Nr. 12, S. 917–924.

[75] Ehrenstein, G. W.; Erhard, G. (1983): Konstruieren mit Polymerwerkstoffen. Carl-Hanser-Verlag, München. ISBN 3-446-12478-0.

[76] Wende, A.; Moebes, W.; Marten, H. (1969): Glasfaserverstärkte Plaste. VEB Verlag für Grundstoffindustrie, Leipzig.

[77] Oberbach, K. (1966): Unverstärkte und glasfaserverstärkte Polyamide als Konstruktionswerkstoffe. In: Plastverarbeiter. 11, S. 769–778.

[78] Joisten, S. (1979): Glasfaserverstärktes Polyamid und Polycarbonat. In: Plastverarbeiter 12, S. 931–934.

[79] Song, J.; Ehrenstein, G. W. (1993): Friction and Wear of Selfreinforced Thermoplastics. In: Friedrich, K. (Hrsg.), Advances in Composite Tribology, S. 19–63. Elsevier, Amsterdam. ISBN 9780444597397.

[80] Lhymn, C.; Bozolla, J. (1987): Friction and Wear of Fiber Reinforced PPS Composites. In: Advances in Polymer Technology Vol. 7, No. 4, S. 451–461. doi:10.1002/adv.1987.060070409.

[81] Gyurova, L. A. (2010): Sliding Friction and Wear of Polyphenylene Sulfide Matrix Composites: Experimental and Artificial Neural Network Approach. Dissertation, Technische Universität Kaiserslautern.

[82] Voss, H.; Friedrich, K. (1986): Wear Performance of a Bulk Liquid Crystal Polymer and Its Short Fibre Composites. In: Tribology International 19(3), S. 145–156. doi:10.1016/0301-679X(86)90021-6.

[83] Voss, H.; Friedrich, K. (1987): On the wear behaviour of short-fibre-reinforced peek composites. In: Wear. 116, Nr.1, S. 1–18. doi:10.1016/0043-1648(87)90262-6.

[84] Voss, H.; Friedrich, K. (1986): Sliding and abrasive wear of short glass-fibre reinforced PTFE-composites. In: Journal of Materials Science Letters. 11, S. 1111–1114. doi:10.1007/BF017422165.

[85] Davim, J. P.; Cardoso, R. (2009): Effect of the Reinforcement (Carbon or Glass Fibers) on Friction and Wear Behavior of the PEEK against Steel Surface at Long Dry Sliding. In: Wear 266(7):, S. 795–799. doi:10.1016/j.wear.2008.11.003.

[86] Chen, J.; Jia, J.; Zhou, H.; Chen, J.; Yang, S.; Fan, L. (2008): Tribological Behavior of Short-Fiber-Reinforced Polyimide Composites under Dry-Sliding and Water-Lubricated Conditions. In: Journal of Applied Polymer Science 107, S. 788–796. doi:10.1002/app.27127.

[87] Brodowsky, H. M.; Jenschke, W.; Mäder, E. (2010): Characterization of Interphase Properties by Frequency-Dependent Cyclic Loading of Single Fibre Model Composites. In: Journal of Adhesion Science and Technology. 24, S. 237–253.

[88] Hufenbach, W.; Stelmakh, A.; Kunze, K.; Böhm, R.; Kupfer, R. (2012): Tribo-mechanical properties of glass fibre reinforced polypropylene composites. In: Tribology International. 49, S. 8–16. doi:10.1016/j.triboint.2011.12.010.

[89] Arbeitsblatt 7 der Gesellschaft für Tribologie (GfT) (2002): Tribologie, Begriffe, Prüfung. Ausgabe August.

[90] Friedrich, K. (1986): Wear of Reinforced Polymers by Different Abrasive Counterparts. In: Friedrich, K. (Hrsg.), Friction and Wear of Polymer Composites, S. 233–287. Elsevier, Amsterdam. doi:10.1016/B978-0-444-42524-9.50012-0.

[91] Haeger, A. M.; Davies, M. (1993): Short-fibre Reinforced, High Temperature Resistant Polymers for a Wide Field of Tribological Applications. In: Friedrich, K. (Hrsg.), Advances in Composite Tribology, S. 107–157. Elsevier, Amsterdam. doi:10.1016/B978-0-444-89079-5.50008-8.

[92] Xian, G.; Zhang, Z. (2005): Sliding wear of polyetherimide matrix composites: I. Influence of short carbon fibre reinforcement. In: Wear. 258, S. 776–782. doi:10.1016/j.wear.2004.09.054.

[93] Lu, Z. P.; Friedrich, K. (1995): On sliding friction and wear of PEEK and its composites. In: Wear. 181-183, S. 624–631. doi:10.1016/0043-1648(95)90178-7.

[94] Zhang, H.; Zhang, Z. (2004): Comparison of short carbon fibre surface treatments on epoxy composites: II. Enhancement of the wear resistance. In: Composites Science and Technology. 64, S. 2021–2029. doi:10.1016/j.compscitech.2004.02.009.

[95] Klein, P. (2005): Tribologisches Eigenschaftsprofil kurzfaserverstärkter Polytetrafluorethylen/ Polyetheretherketon-Verbundwerkstoffe. Dissertation, Technische Universität Kaiserslautern. ISBN 3-934930-50-6.

[96] Wang, J.; Gu, M.; Songhao, B.; Ge, S. (2003): Investigation of the influence of MoS_2 filler on the tribological properties of carbon fiber reinforced nylon 1010 composites. In: Wear 225, S. 774–779. doi:10.1016/S0043-1648(03)00268-0.

[97] Bolvari, A.; Glenn, S.; Janssen, R.; Elliset, C. (1997): Wear and friction of aramid fiber and polytetrafluoroethylene filled composites. In: Wear. 203-204, S. 7–9. doi:10.1016/S0043-1648(96)07446-7.

[98] Xian, G.; Zhang, Z. (2004): Effects of the combination of solid lubricants and short carbon fibers on the sliding performance of poly(ether imide) matrix composites. In: Journal of Applied Polymer Science. 94, S. 1428–1434. doi:10.1002/app.20980.

[99] Zhang, X. R.; Pei, X. Q.; Wang, Q. H. (2008): Effect of Solid Lubricant on the Tribological Properties of Polyimide Composites Reinforced with Carbon Fibers. In: Journal of Reinforced Plastics and Composites. 27, S. 2005–2012. doi:10.1177/0731684408090718.

[100] Bijwe, J.; Rajesh, J. J.; Jeyakumar, A.; Ghosh, A.; Tewari, U. (2000): SInfluence of solid lubri-
       cants and fibre reinforcement on wear behaviour of polyethersulphone. In: Tribology Interna-
       tional. 33, S. 697–706. doi:10.1016/S0301-679X(00)00104-3.

[101] Bijwe, J.; Indumathi, J.; Rajesh, J. J.; Fahim, M. (2001): Friction and wear behavior
       of polyetherimide composites in various wear modes. In: Wear 249, S. 715–726.
       doi:10.1016/S0043-1648(01)00696-2.

[102] Gardos, M. N. (1982): Self-lubricating composites for extreme environment applicat-ions. In:
       Tribology International 15, S. 273–283. doi:10.1016/0301-679X(82)90084-6.

[103] DU/DU-B wartungsfreie Gleitlager (2000): Glacier-IHG Gleitlager GmbH & Co. Technische
       Produktbeschreibung, Heilbronn.

[104] SKF Gleitlager (1999): Produktprogramm Svenska Kullagerfabriken. Druckschrift Gleitla-
       ger 4714 G.

[105] Iglidur (2003): Polymer Bearings.: Igus GmbH. Produktbeschreibung, Köln.

[106] Andrich, M.; Völker, L.; Füßel, R.; Weckend, N. (2010): Hochleistungs-Laufschaufeln in Leicht-
       bauweise für effiziente Niederdruckturbinen mit hoher Abströmfläche. Bericht 903/8-3/20
       zum EFRE-Vorhaben HELENA, Dresden.

[107] Andrich, M.; Schirner, R. (2012): Experimentelle Untersuchungen zum Werkstoffverhalten von
       CF-EP-Verbunden als Basis für die Auslegung des Einspannbereiches von Turbinenschaufeln.
       Bericht 903/8-3/31 zum EFRE-Vorhaben HELENA, Dresden.

[108] Andrich, M.; Saxena, P.; Schinzel, M.; Modler, N.; Bijwe, J. (2015): Trockenreibung von kohlen-
       stofffaserverstärkten Polymerverbunden bei hohem Druck und quasi-statischen Prüfbedin-
       gungen. In: GFT-Tribologie-Fachtagung, Göttingen. ISBN 9783981745108.

[109] DIN ISO 7148-2:2001-03 (1999): Gleitlager – Prüfung des tribologischen Verhaltens von Gleit-
       lagerwerkstoffen – Teil 2: Prüfung von polymeren Gleitlagerwerkstoffen (ISO 7148-2:1999).

[110] Weigel, W. (2013): Kunstharzpressstoffe im Maschinenbau. Springer-Verlag. ISBN
       3642989594, 9783642989599; doi:10.1007/978-3-642-98959-9. (Erstausgabe 1942).

[111] Schmid, E.; Weber, R. (2013): Gleitlager. Springer-Verlag. ISBN 3642868738,
       9783642868733, doi:10.1007/978-3-642-86873-3. (Erstausgabe 1953).

[112] Hunger, K. (1975): Betriebsverhalten und Berechnung von gradverzahnten Stirnrädern aus
       Hartgewebe. Dissertation, TU Dresden.

[113] Niemann, G.; Winter, H. (2003): Maschinenelemente, Band 2: Getriebe allgemein, Zahnrad-
       getriebe — Grundlagen, Stirnradgetriebe. Springer-Verlag. ISBN: 978-3-662-11873-3. DOI
       10.1007/978-3-662-11873-3.

[114] Czichos, H.; Habig, K. H. (2010): Tribologische Systeme. In: Tribologie-Hand-
       buch. Vieweg+Teubner. ISBN 978-3-8348-0017-6, 978-3-8348-9660-5.
       doi:10.1007/978-3-8348-9660-5_2.

[115] Suh, N. P. (1973): The delamination theory of wear. In: Wear 25, S. 111–124.
       doi:10.1016/0043-1648(73)90125-7.

[116] Suh, N. P. (1977): An overview of the delamination theory of wear. In: Wear 44, S. 1–16.
       doi:10.1016/0043-1648(77)90081-3.

[117] Jahanmir, S.; Suh, N. P.; Abrahamson, E. P. (1975): The delamination theory of wear and the
       wear of a composite surface. In: Wear 32, S. 33–49. doi:10.1016/0043-1648(75)90203-3.

[118] Hufenbach, W.; Biwje, J.; Langkamp, A.; Kunze, K. (2004): Development of bearing material
       and high performance bearings for dry applications under harsh operating conditions. In:
       11th European Conference on Composite Materials, Rhodes, Greece. S. 413.

[119] Wikipedia (o. J.): TWINTEX® R PP. Onlineinformation von OCV-Reinforcements, unter: https:
       //pdf.nauticexpo.com/pdf/vetrotex-ocv-reinforcements/twintex-r-pp/27891-12919.html,
       (abgerufen am 16.07.2921).

[120] Hufenbach, W. (2007): Textile Verbundbauweisen und Fertigungstechnologien für Leicht-baustrukturen des Maschinen- und Fahrzeugbaus. SDV – Die Medien AG. ISBN 978-3-00-022109-5.

[121] Bartz, W. J. (2001): Kunststoffe in der Gleitlagertechnik. In: Selbstschmierende und wartungs-freie Gleitlager: Typen, Eigenschaften, Einsatzgrenzen und Anwendungen, S. 134–161. Expert, Renningen. ISBN 9783816909576, 978-3816909576.

[122] Flöck, J.; Friedrich, K.; Yuan, Q. (1999): On the friction and wear behaviour of PAN-and pitch-carbon fiber reinforced PEEK composites. In: Wear 225/229, S. 304–311. doi:10.1016/S0043-1648(99)00022-8.

[123] Friedrich, K.; Karger-Kocsis, J. (1991): Effects of steel counterface roughness and temperature on the friction and wear of PE(E)K composites under dry sliding conditions. In: Wear 148, S. 235–247. doi:10.1016/0043-1648(91)90287-5.

[124] Brockmüller, K.; Friedrich, K.; Maisner, M. (1990): EinFluss der Gegenkörperrauheit auf den Verschleiß von PEEK und kurzfaserverstärkten PEEK-Verbunden. In: Kunststoffe 80(6), S. 701–705.

[125] Habig, K-H. (1989): Wear behaviour of surface coatings on steels. In: Tribology International. 22, S. 65–73. doi:10.1016/0301-679X(89)90167-9.

[126] Gangopadhyay, A. K.; Tamor, M. A. (1993): Friction and wear behaviour of diamond films against steel and ceramics. In: Wear 169, S. 221–229. doi:10.1016/0043-1648(93)90302-3.

[127] Gangopadhyay, A. K.; Willermet, P. A.; Vassell, W. C.; Tamor, M. A. (1997): Amorphous hydro-genated carbon films fortribological applications II. Films deposited on aluminium alloys and steel. In: Tribology International 30, S. 19–31. doi:10.1016/0301-679X(96)00018-7.

[128] Schultrich, B.; Scheibe, H-J.; Drescher, D.; Ziegele, H. (1998): Deposition of superhard amor-phous carbon films bypulsed vacuum arcde position. In: Surface and Coatings Technology 98, S. 1097–1101. ISSN: 0257-8972.

[129] Dearnley, P.-A.; Neville, A.; Turner, S.; Scheibe, H.-J.; Tietema, R.; Tap, R.; Stüber, M.; Hovse-pian, P.; Layyous, A.; Stenbim, B. (2010): Coatings Tribology Drivers for High Density Plasma Technologies. In: Surface Energineering. 26, S. 80–96. doi:10.1179/174329409X451218.

[130] Kunze, K.; Andrich, M.; Hufenbach, W.; Leson, A.; Leonhardt, M.; Scheibe, H.-J. (2011): In-tegration tribologischer Systeme in Leichtbaustrukturen aus kohlenstofffaserverstärkten Kunststoffen. In: GFT-Tribologie-Fachtagung, Göttingen. ISBN 9783000354397.

[131] Scheibe, H.-J.; Leonhardt, M.; Leson, A.; Meyer, C.-F. (2011): Laser-Arc-Module system com-bined with a novel filtering unit for industrial ta-C coating of parts and tools. In: 38th ICMCT International Conference on Metallurgical Coatings & Thin Films, San Diego, USA. Session G6, G6-7.

[132] Hufenbach, W.; Kunze, K.; Scheibe, H-J. (2013): Characterisation of the friction and wear be-haviour of textile reinforced polymer composites in contact with diamond-like carbon layers. In: Tribology International 62, S. 29–36. doi:10.1016/j.triboint.2013.01.023.

[133] Kunze, K.; Andrich, M.; Hufenbach, W.; Leson, A.; Leonhardt, M.; Scheibe, H.-J. (2011): Tribo-logische Eigenschaften von Leichtbaukomponenten CFK-DLC. In: Europäische Forschungsge-sellschaft Dünne Schichten e. V. (EFDS). Workshop „Amorphe Kohlenstoffschichten – tribolo-gische Anwendungen und industrielle Herstellungsverfahren". http://publica.fraunhofer.de/dokumente/N-205134.html.

[134] Andrich, M.; Hufenbach, W.; Kunze, K.; Leson, A.; Leonhardt, M.; Scheibe, H.-J. (2012): Char-acterisation of the friction and wear behaviour of textile fibre reinforced polymer composites in contact with a diamond-like carbon layer. In: 39th ICMCT International Conference on Met-allurgical Coatings & Thin Films, San Diego, USA.

[135] Scheibe, H.-J.; Leonhardt, M.; Leson, A.; Hufenbach, W.; Andrich, M.; Kunze, K. (2012): Gleit-system EP 2 694 829 B1. Europäische Patentanmeldung, European publication server.

[136] Kipfelsberger, S.; Gude, M. (2017): Zahnrad aus endlosfaserverstärktem Kunststoff und Verfahren zu dessen Herstellung. Deutsche Patentanmeldung DE102017223305 A1, TU Dresden.

[137] Kunze, K.; Andrich, M.; Modler, N.; Leson, A.; Leonhardt, M.; Scheibe, H.-J.; Lehmann, D. (2014): Wartungsfreie Gleitsysteme auf der Basis von Faserverbunden mit thermoplastischen Matrices. In: 55. Tribologie-Fachtagung, Göttingen. ISBN 978-3-00-046545-1.

[138] Soutis, C. (2005): Fibre reinforced composites in aircraft construction. In: Progress in Aerospace Sciences 41, S. 143–151. doi:10.1016/j.paerosci.2005.02.004.

[139] Bijwe, J.; Sharma, M. (2012): Tribological aspects of carbon fabric reinforced polymer composites. In: Davim, J. P. (Hrsg.), Wear of Advanced Materials, ISTE Ltd and John Wiley & Sons, Inc., London. S. 1–60. ISBN 978111856209, doi:10.1002/9781118562093.

[140] Friedrich, K. (Hrsg.) (1986): Friction and wear of polymer composites. Elsevier Science B. V., Amsterdam. ISBN 0444-42524-1.

[141] Haupert, F.; Reinicke, P.; Friedrich, K. (1996): Thermoplast-Wickeltechnik: Ein neues Fertigungsverfahren für Hochleistungs-Verbundwerkstoff-Gleitlager. In: Kunststoffberater 10, S. 37–39.

[142] Reinicke, P.; Haupert, F.; Friedrich, K. (1997): Herstellung von selbstschmierenden, wartungsfreien Gleitlagern thermoplastischen Verbundwerkstoffen. In: Tagungsunterlagen „Verbundwerkstoffe und Werkstoffverbunde", Kaiserslautern, S. 349–354. Deutsche Gesellschaft für Materialkunde e. V., Frankfurt.

[143] Wikipedia (o. J.): Faserverbund-Gleitlager. Onlineinformation von Lohmann, unter: https://www.lohmann-gleitlager.de/produkte/faserverbund-gleitlager/, (abgerufen am 13.03.2121).

[144] Wikipedia (o. J.): Gleitlager mit Elgotex®. Onlineinformation von Schaeffler, unter: https://www.schaeffler.com/remotemedien/media/_shared_media/08_media_library/01_publications/schaeffler_2/brochure/downloads_1/pge_de_de.pdf, (abgerufen am 23.02.2121).

[145] Wikipedia (o. J.): Hochpräzises Faserverbund-Gleitlagermaterial. Onlineinformation von GGB, unter: https://www.ggbearings.com/de/gleitlager-produkte/fasergewickelte-werkstoffe/hpmb, (abgerufen am 12.03.2121).

[146] Wikipedia (o. J.): Kupplung mit wartungsfreien Lagerstellen. Onlineinformation der igus® GmbH, unter: https://www.igus.de/info/railway-technology-application-coupling, (abgerufen am 13.03.2121).

[147] Modler, N.; Kunze, K.; Lehmann, D.; Brünig, H.; Kipfelsberger, S.; Winger, H. (2017): Chemisch gekoppelte PEEK-PTFE-Fasermaterialien für tribologische Anwendungen. 3. Herstellung und Eigenschaften von Tribo-Patches. In: Gummi Fasern Kunststoffe 70, S. 516–523. doi:https://static.gupta-verlag.com/magazines/issues/IJsxHD6TizXlRXllpWKh.pdf.

[148] Lehmann, D. (2005): Polyetherketon-Perfluorpolymer-Materialien und Verfahren zu ihrer Herstellung und Verwendung. Deutsche Patentanmeldung DE 10 2005 054 612 A1, Leibnitz-Institut für Polymerforschung Dresden e. V.

[149] Taeger, A.; Hoffmann, T.; Butwilowski, W.; Heller, M.; Engelhardt, T.; Lehmann, D. (2014): Evidence of chemical compatibilization reaction between poly(ether ether ketone) and irradiationmodified poly(tetrafluoroethylene). In: High Performance Polymers 26, S. 188–196. doi:10.1177/0954008313506724.

[150] Lehmann, D.; Modler, V.; Brünig, H.; Kunze, K.; Kipfelsberger, S.; Engelhardt, T. (2017): Chemisch gekoppelte PEEK-PTFE-Fasermaterialien für tribologische Anwendungen. 1. Herstellung und Eigenschaften von PEEK-PTFE-cg. In: Gummi Fasern Kunststoffe 70, S. 390–398. doi:www.gupta-verlag.de/zeitschriften/gak-gummi-fasern-kunststoffe/06-2017#article17463.

[151] Lehmann, D.; Hupfer, B.; Lappan, U.; Pompe, G.; Häußler, L.; Jehnichen, D.; Janke, A.; Geißler, U.; Reinhardt, G.; Lunkwitz, K.; Franke, R.; Kunze, K. (2002): New PTFE-polyamide compounds. In: Designed Monomers Polymers 5, S. 317–324. doi:10.1163/156855502760158006.

[152] Häußler, L.; Pompe, G.; Lehmann, D.; Lappan, U. (2001): Fractionated crystallization in blends of functionalized poly(tetrafluoroethylene) and polyamide. In: Macromolecular Symposia 164, S. 411–419. doi:10.1002/1521-3900(200102)164:1%3c411::AID-MASY411%3e3.0.CO;2-H.

[153] Pompe, G.; Häußler, L. Pötschke; P.; Voigt, D.; Janke, A.; Geißler, U.; Hupfer, B.; Reinhardt, G.; Lehmann, D. (2005): Reactive polytetrafluoroethylene/polyamide compounds. I. Characterization of the compound morphology with respect to the functionality of the polytetrafluoroethylene component by microscopic and differenzial scanning calorimetry studies. In: Journal of Applied Polymer Science 98, S. 1308–1316. doi:10.1002/app.22273.

[154] Pompe, G.; Häußler, L. Adam; G.; Eichhorn, K.-J.; Janke, A.; Hupfer, B.; Lehmann, D. (2005): Reactive polytetrafluoroethylene/polyamide compounds. II. Study of the reactivity with respect to the functionality of the polytetrafluoroethylene component and analysis of the notched impact strength of the polytetrafluoroethylene/polyamide 6 compounds. In: Journal of Applied Polymer Science 98, S. 1317–1324. doi:10.1002/app.222747.

[155] Wikipedia (2003): Materialdatenblatt Polytetrafluorethylen. Onlineinformation der Licharz GmbH, unter: https://www.licharz.de/de/service/downloads, (abgerufen am 10.03.2021).

[156] Wikipedia (05/2020): Polytetrafluorethylen (PTFE). Onlineinformation der Kern GmbH, unter: https://www.kern.de/de/technisches-datenblatt/polytetrafluorethylen-ptfe?n=1601_1, (abgerufen am 11.01.2021).

[157] Wikipedia (o. J.): Vestakeep 3300. Onlineinformation der CAMPUS® material information system for the plastics industry, unter: https://www.campusplastics.com/campus/de/datasheet/VESTAKEEP+3300, (abgerufen am 18.01.2017).

[158] Dominighaus, H. (2005): Die Kunststoffe und ihre Eigenschaften. 6. neu bearbeitete und erweiterte Auflage. Springer-Verlag, Berlin, Heidelberg. ISBN 3-540-21410-0.

[159] Wikipedia (o. J.): Übernahme der perfluorence GmbH. Onlineinformation der perfluorence GmbH, unter: www.perfluorence.de/fileadmin/user_upload/kundeninformation_perfluorence-uebernahme.pdf, (abgerufen am 12.12.2016).

[160] Wikipedia (o. J.): Zusammenarbeit mit der perfluorence GmbH bei CoPEEK-PTFE-Compounds. Onlineinformation der perfluorence GmbH auf der K 2013, unter: https://www.k-online.de/de/News/BIEGLO_Zusammenarbeit_mit_der_perfluorence_GmbH_bei_CoPEEK-PTFE-Compounds, (abgerufen am 12.06.2016).

[161] Golzar, M. (2004): Melt Spinning of the Fine PEEK Filaments. Dissertation, TU Dresden. https://nbn-resolving.org/urn:nbn:de:swb:14-1101380771578-37580.

[162] Brünig, H.; Beyreuther, R.; Vogel, R.; Tändler, B. (2003): Melt spinning of Fine and Ultra-Fine PEEK-Filaments. In: Journal of Materials Science 38, S. 2149–2153. doi:10.1023/A:1023719912726.

[163] Lehmann, D.; Brünig, H.; Modler, N.; Kunze, K.; Kipfelsberger, S.; Engelhardt, T. (2017): Chemisch gekoppelte PEEK-PTFE-Fasermaterialien für tribologische Anwendungen. 3. Herstellung und Eigenschaften von Fasermaterialien. In: Gummi Fasern Kunststoffe 70, S. 444–451. doi:www.gupta-verlag.de/zeitschriften/gak-gummi-fasern-kunststoffe/06-2017#article17463.

[164] Cox, W. P.; Merz, E. H. (1958): Correlation of Dynamic and Steady Flow Viscosities. In: Journal of Polymer Science 118, S. 619–622. doi:10.1002/pol.1958.1202811812.

[165] Fuchs, R. (2013): Quantitative Beschreibung der nicht linear-viskoelastischen Eigenschaften viskoelastischer Tensidsysteme. Dissertation, Technische Universität Dortmund. https://eldorado.tu-dortmund.de/bitstream/2003/30459/1/Dissertation.pdf.

[166] Meichsner, G.; Mezger, T.; Schröder, J. (2016): Lackeigenschaften messen und steuern, 2. überarbeitete Auflage. Vincentz Network GmbH & Co KG, Hannover. ISBN 3-86630-634-2, 978-3-86630-634-9.

[167] Jäger, H.; Hauke, T. (2010): Die Bibliothek der Technik, 326: Carbonfasern und ihre Verbundwerkstoffe – Herstellungsprozesse, Anwendungen und Marktentwicklung. Verlag Moderne Industrie GmbH, Landsberg. ISBN 978-3-86236-001-7.

[168] Hufenbach, W.; et al. (2004): DFG Forschergruppe 278/2 „Textile Verstärkungen für Hochleistungsrotoren in komplexen Anwendungen – Beanspruchungsgerechte und versagenstolerante Hybridstrukturen". Abschlussbericht.

[169] Siebenpfeiffer, W. (2014): Leichtbau-Technologien im Automobilbau: Werkstoffe – Fertigung – Konzepte. Springer Verlag. ISBN 978-3-658-04024-6.

[170] Dubratz, M.; Steyer, M.; Wenzel, C.; et al. (2008): Faserverbundproduktion im Wandel der Zeit. In: Lightweight Design 1. S. 46–50. doi:10.1007/BF03223552.

[171] Kölzer, P. (2008): Temperaturerfassungssystem und Prozessregelung des laserunterstützten Wickelns und Tapelegens von endlos faserverstärkten thermoplastischen Verbundkunststoffen. Dissertation, RWTH Aachen. Shaker Verlag. ISBN 978-3-8322-7476-4.

[172] Wikipedia (o. J.): Rohre und Druckbehälter aus FVK im Tapewickelverfahren. Onlineinformation des Fraunhofer-Institut für Produktionstechnologie IPT, unter: https://www.ipt.fraunhofer.de/de/kompetenzen/Produktionsmaschinen/faserverbund-und-lasersystemtechnik/tapewickeln-von-fvk-rohren.html, (abgerufen am 12.04.2020).

[173] Hufenbach, W.; Kunze, K.; Bijwe, J. (2003): Sliding Wear Behaviour of PEEK-PTFE Blends. In: Synthetic Lubrication 20, S. 227–240. doi:10.1002/jsl.3000200305.

[174] Gedan-Smolka, M.; Lehmann, D.; Marschner, A.; Kunze, K.; Franke, R.; Haase, I. (2011): Chemisch kompatibilisierte PAI-PTFE- cg-Gleitlacke. In: 51.GfT-Tribologie-Fachtagung, Göttingen. ISBN 978-3-00-035439-7.

[175] Kunze, K.; Lehmann, D.; Marks, A.; Täger, W.; Hufenbach, W.; Heinrich, G. (2010): Herstellung, Aufbau und tribomechanische Eigenschaften von chemisch gekoppelten/kompatibilisierten HPP+PTFE-Compounds (mit den Hochleistungspolymeren PPS, PSU und PEEK) sowie von Polyamid+PTFE-Compounds. In: 50. GfT-Tribologie-Fachtagung, Göttingen. ISBN 978-3-00-032180-1.

[176] Bajpai, A.; Saxena, P.; Kunze, K. (2020): Tribo-Mechanical Characterization of Carbon Fiber-Reinforced Cyanate Ester Resins Modified With Fillers. In: Polymers 12, S. 1725. doi:10.3390/polym12081725.

[177] Alajmi, M.; Shalwan, A. (2015): Correlation between Mechanical Properties with Specific Wear Rate and the Coefficient of Friction of Grafite/Epoxy Composites. In: Materials 8, S. 4162–4175. doi:10.3390/ma8074162.

[178] Lancaster, J. K. (1969): Relationship between the wear of polymers and their mechanical properties. In: IMechE Tribology Conference, London. S. 100–108. doi:10.1243/PIME_CONF_1968_183_283_02.

[179] Ratner, S. N.; Farberoua, I. I.; Radyukeuich, O. V.; Lure, E. G. (1964): Correlation between wear resistance of plastics and other mechanical properties. In: Soviet Plastics 7, S. 37–45.

[180] Vishwanath, B.; Verma, A. P.; Rao, C.V.S.K. (1993): Effect of reinforcement on friction and wear of fabric reinforced polymer composites. In: Wear 167, S. 93–99. doi:10.1016/0043-1648(93)90313-B.

[181] Aldousiri, B.; Shalwan, A.; Chin, C. W. (2013): A Review on Tribological Behaviour of PolymericComposites and Future Reinforcements. In: Hindawi Publishing Corporation Advances in Materials Science and Engineering Volume 2013. Article ID 645923, 8 pages. doi:10.1155/2013/645923.

[182] Pihtili, H. (2009): An experimental investigation of wear of glass fibre–epoxy resin and glass fibre–polyester resin composite materials. In: European Polymer Journal. 45, S. 149–154. doi:10.1016/j.eurpolymj.2008.10.006.

[183] Suresha, B.; Kumar, K. S.; Seetharamu, S.; Kumaran, P. S. (2010): Friction and dry sliding wear behavior of carbon and glass fabric reinforced vinyl ester composites. In: Tribology International. 43, S. 602–609. doi:10.1016/j.triboint.2009.09.009.

[184] Friedrich, K. (1993): Advances in Composite Tribology. Elsevier. ISBN 0-444.89079-3.

[185] Sinha, S. K.; Biswas, S. K. (1995): Effect of sliding speed on friction and wear of unidirectional aramid fibre-phenolic resin composite. In: Journal of Materials Science 30, S. 2430–2437. doi:10.1007/BF01184597.

[186] Zhao, G.; Hussain Ova, I.; Antonov, M.; Wang, Q.; Wang, T. (2013): Friction and wear of fiber reinforced polyimide composites. In: Wear. 301, S. 122–129. doi:10.1016/j.wear.2012.12.019.

[187] Tanaka, K. (1977): Friction and wear of glass- and carbon fibre filled thermoplastic polymers. In: Journal of Lubrication Technology. 99(4):, S. 408–414. doi:10.1115/1.3453234.

[188] Meier, C. (2017): Neue Hochtemperatur-Matrixharze für Kohlenstofffaser-Verbundwerkstoffe. Dissertation, TU Darmstadt.

Anlagen

A Werkstoff-Kurzcharakteristika ausgewählter Kunststoffe

Der Anhang A beinhaltet eine Übersicht über die wesentlichsten mechanischen Kennwerte und -funktionen ausgewählter thermoplastischer Kunststoffe, die der Konstrukteur bzw. der Projektant für die Konstruktion von Maschinenelementen und anderer technischer Strukturen benötigt. Weiterhin sind in diesen Kurzcharakteristika die Berechnungsgrundlagen für die Ermittlung Temperatur- und Zeitabhängigkeit von Spannungs-Dehnungs-Bezügen dieser Werkstoffe dargestellt.

https://doi.org/10.1515/9783110746280-005

Kurzcharakteristik:
Polybutylenterephthalat (PBT, Ultradur B 5400)

Struktur	Beschreibung und Eigenschaften

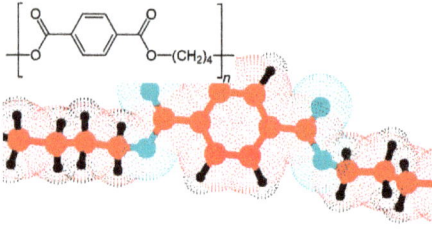

Das teilkristalline PBT ist aufgrund seiner hohen Festigkeit und Steifigkeit, sehr hohen Maßbeständigkeit und guten Reibungs- und Verschleißeigenschaften ein in der Technik vielseitig einsetzbarer Konstruktionskunststoff, der sich durch eine gute Alterungs- und Lösemittelbeständigkeit auszeichnet. Einsatz in der E-Technik sowie im Maschinen- und Fahrzeugbau.

Diagramme (Klima 23/50)

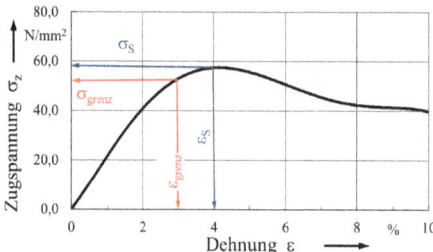

Spannungs-Dehnungs-Diagramm

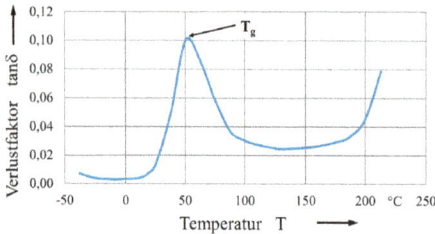

Verlustfaktor tan δ

Werkstoffkennwerte

Dichte	ρ	$1,3 \, g/cm^3$
E-Modul	E	$2500 \, MPa$
Streckspannung	σ_S	$55 \, N/mm^2$
Zugdehnung bei σ_S	ε_S	4 %
Grenzdehnung (Zug)	ε_{grenz}	3 %
Deformationskennwert	M	24
Querkontraktionszahl	v_0	0,4
Gleitreibungszahl	μ	0,3
Verschleißkoeffizient	k	$1 \cdot 10^{-6} \, mm^3/Nm$
Glasübergangstemperatur	T_g	47 °C
Wärmeausdehnungskoeffizient	α_T	$145 \, 10^{-6}/K$
Wärmeleitzahl	λ	$0,21 \, W/m \cdot K$
Temperaturgrenzen Kurzzeit	T_{max}	160 °C
Langzeit		100 °C

Temperaturabhängigkeit ausgewählter Kennwerte (Gültigkeitsbereich: $T = 20 \ldots 90\,°C$)

Elastizitätsmodul $E(T)$ mit $E(T)$ in N/mm^2 und T in °C:
- Temperaturfaktor: $k_{TF} = 402$
- Temperaturexponent: $k_{TE} = -1,84$

$$E(T) = k_{TF} \cdot E \cdot T^{k_{TE}} \tag{1}$$

Temperaturabhängiger σ-ε-Bezug:
- Gültigkeitsbereich $T = -15 \ldots +90\,°C$
- Temperaturfaktor M: $k_{MT} = 0,0119$

$$\varepsilon(T) = \frac{1}{M \cdot (1 - k_{MT} \cdot (T - 20))} \cdot \ln\left(\frac{E(T)}{E(T) - M \cdot (1 - k_{MT} \cdot (T - 20)) \cdot \sigma}\right) \tag{2}$$

$$\sigma(T) = \frac{E(T)}{M \cdot (1 - k_{MT} \cdot (T - 20))} \cdot \left(1 - e^{-M \cdot (1 - k_{MT} \cdot (T-20)) \cdot \varepsilon}\right) \tag{3}$$

Langzeitverhalten unter statischer bzw. quasistatischer Beanspruchung

---

Kriechmodul E_c:
- mit $t_0 = 1\,h$; t – Beanspruchungsdauer
- Kriechbeständigkeit: $c_c = 0,70$

$$E_c(t) \approx E \cdot \frac{3 - (1 - c_c) \cdot \log_{10}\left(\frac{t}{t_0}\right)}{3 + 2 \cdot (1 - c_c)} \tag{4}$$

Zeitabhängiger σ-ε-Bezug:
- Kriechfaktor M $a_c = 2,4$
- Kriechfaktor S $k_c = 0,7$

$$\sigma(t) = \frac{E_c(t)}{a_c \cdot M - k_c \cdot \ln\left(\frac{t}{t_0}\right)} \cdot \left(1 - e^{-\left(a_c \cdot M - k_c \cdot \ln\left(\frac{t}{t_0}\right) \cdot \varepsilon\right)}\right) \tag{5}$$

$$\varepsilon(t) = \frac{1}{a_c \cdot M - k_c \cdot \ln\left(\frac{t}{t_0}\right)} \cdot \ln\left(\frac{E_c(t)}{E_c - \left(a_c \cdot M - k_c \cdot \ln\left(\frac{t}{t_0}\right)\right) \cdot \sigma}\right) \tag{6}$$

Kurzcharakteristik:
Polycarbonat (PC, Makrolon® 2856)

Struktur	Beschreibung und Eigenschaften

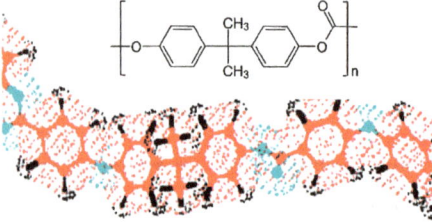

Polycarbonat (PC) ist ein amorpher Polyester und weist eine hohe Transparenz auf. Dieser Thermoplast besitzt eine vergleichsweise hohe Festigkeit, Steifigkeit und Härte. Weiterhin ist PC sehr schlagzäh und kratzfest, weshalb er in der Praxis vor allem für optische Anwendungen als Glasalternative eingesetzt wird. Allerdings besitzt er sehr schlechte tribologische Eigenschaften.

Diagramme (Klima 23/50)

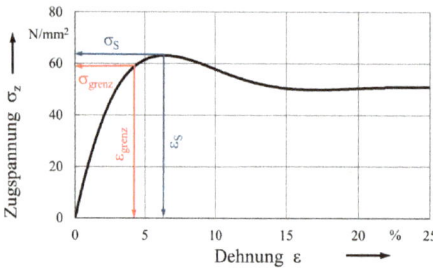

Spannungs-Dehnungs-Diagramm

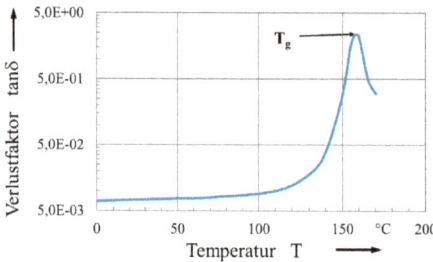

Verlustfaktor tan δ

Werkstoffkennwerte bei Normtemperatur

Dichte	ρ	$1,2\,\text{g/cm}^3$
E-Modul (Zug)	E	$2400\,\text{N/mm}^2$
Streckspannung (Zug)	σ_S	$65\,\text{N/mm}^2$
Zugdehnung bei σ_S	ε_S	$6,2\,\%$
Grenzdehnung (Zug)	ε_{grenz}	$4\,\%$
Deformations-kennwert	M	28
Querkontraktionszahl	ν_0	$0,38$
Gleitreibungszahl	μ	$0,65$
Verschleißkoeffizient	k	$1,9 \cdot 10^{-6}\,\text{mm}^3/\text{Nm}$
Glasübergangs-temperatur	T_g	$150\,°\text{C}$
Wärmeausdehnungs-koeffizient	α_T	$0,00065\,\text{K}^{-1}$
Wärmeleitzahl	λ	$0,20\,\text{W/m} \cdot \text{K}$
Temperatur-grenzen Kurzzeit	T_{max}	$140\,°\text{C}$
Langzeit		$125\,°\text{C}$

Temperaturabhängigkeit ausgewählter Kennwerte

Elastizitätsmodul $E(T)$:
- Temperaturfaktoren:
  $k = 0{,}0029$

$$E(T) = E \cdot (1 - k \cdot (T - 20)) \quad \text{Gültig von } 20\ldots100\,°C \tag{1}$$

Temperaturabhängiger σ-ε-Bezug:
- Gültigkeitsbereich
  $T = 20\ldots100\,°C$
- Temperaturfaktor
  $M: k_{MT} = -0{,}00185$

$$\varepsilon(T) = \frac{1}{M \cdot (1 - k_{MT} \cdot (T - 20))} \cdot \ln\left(\frac{E(T)}{E(T) - M \cdot (1 - k_{MT} \cdot (T - 20)) \cdot \sigma}\right) \tag{2}$$

$$\sigma(T) = \frac{E(T)}{M \cdot (1 - k_{MT} \cdot (T - 20))} \cdot \left(1 - e^{-M \cdot (1 - k_{MT} \cdot (T - 20)) \cdot \varepsilon}\right) \tag{3}$$

Langzeitverhalten unter statischer bzw. quasistatischer Beanspruchung

Kriechmodul E_c:
- mit $t_0 = 1$ h; t – Beanspruchungsdauer
- Kriechbeständigkeit:
  $c_c = 0{,}86$

$$E_c(t) \approx E \cdot \frac{3 - (1 - c_c) \cdot \log_{10}\left(\frac{t}{t_0}\right)}{3 + 2 \cdot (1 - c_c)} \tag{4}$$

Zeitabhängiger σ-ε-Bezug:
- Kriechfaktor M $a_c = 1{,}46$
- Kriechfaktor S $k_c = 0{,}24$

$$\sigma(t) = \frac{E_c(t)}{a_c \cdot M - k_c \cdot \ln\left(\frac{t}{t_0}\right)} \cdot \left(1 - e^{-\left(a_c \cdot M - k_c \cdot \ln\left(\frac{t}{t_0}\right) \cdot \varepsilon\right)}\right) \tag{5}$$

$$\varepsilon(t) = \frac{1}{a_c \cdot M - k_c \cdot \ln\left(\frac{t}{t_0}\right)} \cdot \ln\left(\frac{E_c(t)}{E_c - \left(a_c \cdot M - k_c \cdot \ln\left(\frac{t}{t_0}\right)\right) \cdot \sigma}\right) \tag{6}$$

Kurzcharakteristik:
Polyetheretherketon (PEEK, Vestakeep L 4000 G)

Struktur	Beschreibung und Eigenschaften

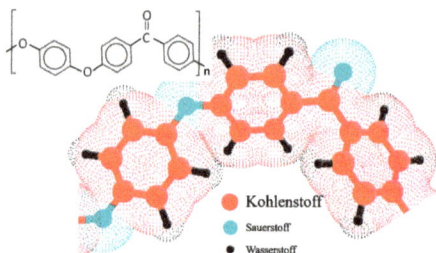

Kohlenstoff
Sauerstoff
Wasserstoff

PEEK ist ein thermoplastischer Hochleistungs-kunststoff aus der Gruppe der Polyaryletherketone. Das PEEK besitzt eine ausgezeichnete chemische Beständigkeit sowie eine hohe Dauergebrauchstemperatur. Das PEEK zeichnet sich durch sehr gute tribologische und mechanische Eigenschaften aus und ist somit für den Maschinenbau ein nahezu universell einsetzbarer Werkstoff.

Diagramme (Klima 23/50)

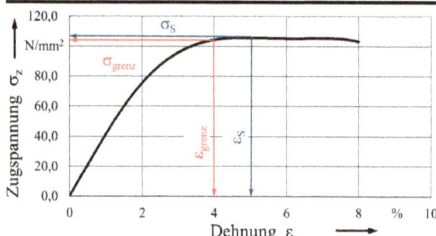

Spannungs-Dehnungs-Diagramm

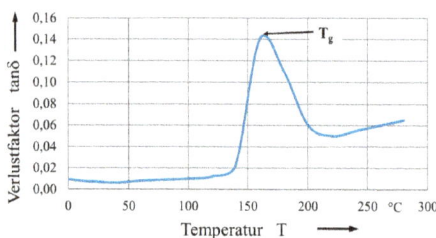

Verlustfaktor tan δ

Werkstoffkennwerte bei Normtemperatur

Dichte	ρ	$1{,}32\,\text{g/cm}^3$
E-Modul (Zug)	E	$4300\,\text{N/mm}^2$
Streckspannung (Zug)	σ_S	$100\,\text{N/mm}^2$
Zugdehnung bei σ_S	ε_S	$5\,\%$
Grenzdehnung (Zug)	ε_{grenz}	$4\,\%$
Deformations-kennwert	M	29
Querkontraktionszahl	ν_0	$0{,}38$
Gleitreibungszahl	μ	$0{,}4$
Verschleißkoeffizient	k	$1{,}9 \cdot 10^{-6}\,\text{mm}^3/\text{Nm}$
Glasübergangs-temperatur	T_g	$155\,°\text{C}$
Wärmeausdehnungs-koeffizient	α_T	$0{,}00047\,\text{K}^{-1}$
Wärmeleitzahl	λ	$0{,}25\,\text{W/m} \cdot \text{K}$
Temperatur- Kurzzeit	T_{max}	$300\,°\text{C}$
grenzen Langzeit		$250\,°\text{C}$

Temperaturabhängigkeit ausgewählter Kennwerte

Elastizitätsmodul $E(T)$:
- Temperaturfaktoren:

$$E(T) = E \cdot (1 - k \cdot (T - 20)) \quad \text{Gültig von } 20...100\,°C \tag{1}$$

$k = 0,0017$

$k_{T1} = 1,7$

$$E(T) = E - k_{T1} \cdot T^2 + k_{T2} \cdot T \quad \text{Gültig von } 100...180\,°C \tag{2}$$

$k_{T2} = 9,1$

Temperaturabhängiger σ-ε-Bezug:
- Gültigkeitsbereich
  $T = 20...180\,°C$
- Temperaturfaktor
  $M: k_{MT} = 0,00912$

$$\varepsilon(T) = \frac{1}{M \cdot (1 - k_{MT} \cdot (T - 20))} \cdot \ln\left(\frac{E(T)}{E(T) - M \cdot (1 - k_{MT} \cdot (T - 20)) \cdot \sigma}\right) \tag{3}$$

$$\sigma(T) = \frac{E(T)}{M \cdot (1 - k_{MT} \cdot (T - 20))} \cdot \left(1 - e^{-M \cdot (1 - k_{MT} \cdot (T-20)) \cdot \varepsilon}\right) \tag{4}$$

Langzeitverhalten unter statischer bzw. quasistatischer Beanspruchung

---

Kriechmodul E_c:
- mit $t_0 = 1\,h$; t – Beanspruchungsdauer

Kriechbeständigkeit:
- $c_c = 0,84$

$$E_c(t) \approx E \cdot \frac{3 - (1 - c_c) \cdot \log_{10}\left(\frac{t}{t_0}\right)}{3 + 2 \cdot (1 - c_c)} \tag{5}$$

Zeitabhängiger σ-ε-Bezug:
- Kriechfaktor M
  $a_c = 1,2$
- Kriechfaktor S
  $k_c = 0,8$

$$\sigma(t) = \frac{E_c(t)}{a_c \cdot M - k_c \cdot \ln\left(\frac{t}{t_0}\right)} \cdot \left(1 - e^{-\left(a_c \cdot M - k_c \cdot \ln\left(\frac{t}{t_0}\right) \cdot \varepsilon\right)}\right) \tag{6}$$

$$\varepsilon(t) = \frac{1}{a_c \cdot M - k_c \cdot \ln\left(\frac{t}{t_0}\right)} \cdot \ln\left(\frac{E_c(t)}{E_c - \left(a_c \cdot M - k_c \cdot \ln\left(\frac{t}{t_0}\right)\right) \cdot \sigma}\right) \tag{7}$$

Kurzcharakteristik:
Polyamid 6 (PA6-luftfeucht, Ultramid B3K)

Struktur	Beschreibung und Eigenschaften

$$R: \begin{bmatrix} H \\ | \\ C \\ | \\ H \end{bmatrix}_5 \quad \begin{bmatrix} & H \\ | \\ R-C-N \\ \| \\ O \end{bmatrix}_n$$

PA6 unter Normbedingungen etwa 3 % Wasser auf. Dieser nimmt Werkstoff zeichnet sich durch seine hohe Zähigkeit und seine sehr guten Verschleißeigenschaften aus Allerdings tritt unter Trockenlaufbedingungen Stick-Slip-Reibung auf. Das PA6 gibt es als Guss- und Spritzgusswerkstoffe. Anwendungen im Maschinenbau.

Diagramme (Klima 23/50; lf)	Werkstoffkennwerte		

Spannungs-Dehnungs-Diagramm

Verlustfaktor tan δ

Werkstoffkennwerte		
Dichte	ρ	$1,113\,\text{g/cm}^3$
Zug-E-Modul (tr/lf)	E	$3100/1000\,\text{MPa}$
Streckspannung (tr/lf)	σ_S	$85/40\,\text{N/mm}^2$
Zugdehnung bei σ_S (tr/lf)	ε_S	$4/20\,\%$
Grenzdehnung (Zug) (tr/lf)	ε_{grenz}	$4/6\,\%$
Deformationskennwert	M	44
Querkontraktionszahl	ν_0	$0,4$
Gleitreibungszahl	μ	$0,5...0,9$
Verschleißkoeffizient	k	$2,5\cdot 10^{-6}\,\text{mm}^3/\text{Nm}$
Glasübergangstemperatur	T_g	$40\,°\text{C}$
Wärmeausdehnungskoeffizient	α_T	$100\,10^{-6}/\text{K}$
Wärmeleitzahl	λ	$0,29\,\text{W/m}\cdot\text{K}$
Temperaturgrenzen Kurzzeit	T_{max}	$140\,°\text{C}$
Langzeit		$100\,°\text{C}$

Temperaturabhängigkeit ausgewählter Kennwerte (Gültigkeitsbereich: $T = 20...90\,°C$)

Elastizitätsmodul $E(T)$ mit $E(T)$ in N/mm^2 und T in °C:
- Temperaturfaktor: $k_{TF} = 19$
- Temperaturexponent: $k_{TE} = -0,902$

$$E(T) = k_{TF} \cdot E \cdot T^{k_{TE}} \tag{1}$$

Temperaturabhängiger σ-ε-Bezug:
- Gültigkeitsbereich
  $T = -15...+90\,°C$
- Temperaturfaktor
  M: $k_{MT} = 0,004$

$$\varepsilon(T) = \frac{1}{M \cdot (1 - k_{MT} \cdot (T - 20))} \cdot \ln\left(\frac{E(T)}{E(T) - M \cdot (1 - k_{MT} \cdot (T - 20)) \cdot \sigma}\right) \tag{2}$$

$$\sigma(T) = \frac{E(T)}{M \cdot (1 - k_{MT} \cdot (T - 20))} \cdot \left(1 - e^{-M \cdot (1 - k_{MT} \cdot (T - 20)) \cdot \varepsilon}\right) \tag{3}$$

Langzeitverhalten unter statischer bzw. quasistatischer Beanspruchung

Kriechmodul E_c:
- mit E-Modul $E = 1000$
- mit $t_0 = 1\,h$; t – Beanspruchungsdauer
- Kriechbeständigkeit: $c_c = 0,76$

$$E_c(t) \approx E \cdot \frac{3 - (1 - c_c) \cdot \log_{10}\left(\frac{t}{t_0}\right)}{3 + 2 \cdot (1 - c_c)} \tag{4}$$

Zeitabhängiger σ-ε-Bezug:
- Kriechfaktor M $a_c = 1,1$
- Kriechfaktor S $k_c = 0,93$

$$\sigma(t) = \frac{E_c(t)}{a_c \cdot M - k_c \cdot \ln\left(\frac{t}{t_0}\right)} \cdot \left(1 - e^{-\left(a_c \cdot M - k_c \cdot \ln\left(\frac{t}{t_0}\right) \cdot \varepsilon\right)}\right) \tag{5}$$

$$\varepsilon(t) = \frac{1}{a_c \cdot M - k_c \cdot \ln\left(\frac{t}{t_0}\right)} \cdot \ln\left(\frac{E_c(t)}{E_c - \left(a_c \cdot M - k_c \cdot \ln\left(\frac{t}{t_0}\right)\right) \cdot \sigma}\right) \tag{6}$$

Kurzcharakteristik:
Polyamid 12 (PA12-luftfeucht, Grilamid L 20 G)

Struktur	Beschreibung und Eigenschaften
R: $\left[\begin{matrix} H \\ -C- \\ H \end{matrix}\right]_{11}$ $\left[\begin{matrix} H \\ -R-C-N- \\ O \end{matrix}\right]_n$	Das teilkristalline PA12 besitzt die geringste Feuchtigkeitsaufnahme aller Polyamide und ist im konditionierten Zustand sehr zäh und vergleichsweise chemisch gut beständig und maßhaltig. Das PA12 gibt es als Guss- und Spritzgusswerkstoffe. Einsatzgebiete: Maschinenbau und Elektrotechnik

Diagramme (Klima 23/50; lf)

Spannungs-Dehnungs-Diagramm

Verlustfaktor tan δ

Werkstoffkennwerte

Dichte	ρ	$1{,}01\ \text{g/cm}^3$
Zug-E-Modul (tr/lf)	E	$1600/1100\ \text{MPa}$
Streckspannung (tr/lf)	σ_S	$50/40\ \text{N/mm}^2$
Zugdehnung bei σ_S (tr/lf)	ε_S	$5/12\ \%$
Grenzdehnung (Zug) (tr/lf)	ε_{grenz}	$4/6\ \%$
Deformationskennwert	M	24
Querkontraktionszahl	ν_0	0,4
Gleitreibungszahl	μ	0,38
Verschleißkoeffizient	k	$3 \cdot 10^{-6}\ \text{mm}^3/\text{Nm}$
Glasübergangstemperatur	T_g	$51\ °C$
Wärmeausdehnungskoeffizient	α_T	$120\ 10^{-6}/K$
Wärmeleitzahl	λ	$0{,}23\ \text{W/m} \cdot \text{K}$
Temperaturgrenzen Kurzzeit	T_{max}	$140\ °C$
Langzeit		$80\ °C$

Temperaturabhängigkeit ausgewählter Kennwerte (Gültigkeitsbereich: $T = 20...90\,°C$)

Elastizitätsmodul $E(T)$ mit $E(T)$ in N/mm^2 und T in $°C$:
- Temperaturfaktor: $k_{TF} = 27$
- Temperaturexponent: $k_{TE} = -1{,}05$ $\qquad E(T) = k_{TF} \cdot E \cdot T^{k_{TE}}$ (1)

Temperaturabhängiger σ-ε-Bezug:
- Gültigkeitsbereich
  $T = -15...+90\,°C$ $\quad \varepsilon(T) = \dfrac{1}{M \cdot (1 - k_{MT} \cdot (T - 20))} \cdot \ln\left(\dfrac{E(T)}{E(T) - M \cdot (1 - k_{MT} \cdot (T - 20)) \cdot \sigma}\right)$ (2)
- Temperaturfaktor
  $M: k_{MT} = 0{,}0105$ $\quad \sigma(T) = \dfrac{E(T)}{M \cdot (1 - k_{MT} \cdot (T - 20))} \cdot \left(1 - e^{-M \cdot (1 - k_{MT} \cdot (T - 20)) \cdot \varepsilon}\right)$ (3)

Langzeitverhalten unter statischer bzw. quasistatischer Beanspruchung

---

Kriechmodul E_c:
- mit $t_0 = 1\,h$; t – Beanspruchungsdauer $\qquad E_c(t) \approx E \cdot \dfrac{3 - (1 - c_c) \cdot \log_{10}\left(\frac{t}{t_0}\right)}{3 + 2 \cdot (1 - c_c)}$ (4)
- Kriechbeständigkeit: $c_c = 0{,}55$

Zeitabhängiger σ-ε-Bezug:
- Kriechfaktor $M\ a_c = 1{,}2$ $\qquad \sigma(t) = \dfrac{E_c(t)}{a_c \cdot M - k_c \cdot \ln\left(\frac{t}{t_0}\right)} \cdot \left(1 - e^{-\left(a_c \cdot M - k_c \cdot \ln\left(\frac{t}{t_0}\right) \cdot \varepsilon\right)}\right)$ (5)
- Kriechfaktor $S\ k_c = 2{,}0$

$\qquad \varepsilon(t) = \dfrac{1}{a_c \cdot M - k_c \cdot \ln\left(\frac{t}{t_0}\right)} \cdot \ln\left(\dfrac{E_c(t)}{E_c - \left(a_c \cdot M - k_c \cdot \ln\left(\frac{t}{t_0}\right)\right) \cdot \sigma}\right)$ (6)

Kurzcharakteristik:
Polyamid 66 (PA66-luftfeucht, Ultramid A3K)

Struktur	Beschreibung und Eigenschaften

R: $\left[\begin{array}{c} H \\ -C- \\ H \end{array}\right]_5$ $\left[\begin{array}{c} H \\ -R-C-N- \\ O \end{array}\right]_n$

Das teilkristalline (35...45 %) PA66 ist ein klassischer, vielseitig einsetzbarer Konstruktionskunststoff, der sich durch eine gute Alterungsbeständigkeit sowie eine hohe Verschleißfestigkeit auszeichnet. Das PA66 nimmt relativ viel Wasser auf, wodurch die mechanischen Eigenschaften signifikant beeinflusst werden.

Diagramme (Klima 23/50; lf)	Werkstoffkennwerte		

Spannungs-Dehnungs-Diagramm

Verlustfaktor tan δ

Werkstoffkennwerte		
Dichte	ρ	1,13...1,6 g/cm³
Zug-E-Modul (tr/lf)	E	3000/1600 MPa
Streckspannung (tr/lf)	σ_S	87/60 N/mm²
Zugdehnung bei σ_S (tr/lf)	ε_S	4,5/20 %
Grenzdehnung (Zug) (tr/lf)	ε_{grenz}	4/6 %
Deformations-kennwert	M	31
Querkontraktionszahl (tr/lf)	v_0	0,39/45
Gleitreibungszahl	μ	0,45...0,8
Verschleißkoeffizient	k	$6 \cdot 10^{-6}$ mm³/Nm
Glasübergangs-temperatur	Tg	39 °C
Wärmeausdehnungs-koeffizient	α_T	100 10^{-6}/K
Wärmeleitzahl	λ	0,23 W/m · K
Temperatur- Kurzzeit	T_{max}	200 °C
grenzen Langzeit		105 °C

Temperaturabhängigkeit ausgewählter Kennwerte (Gültigkeitsbereich: $T = 20 \ldots 90\,°C$)

Elastizitätsmodul $E(T)$ mit $E(T)$ in N/mm^2 und T in $°C$:
- Temperaturfaktor: $k_{TF} = 12$
- Temperaturexponent: $k_{TE} = -0{,}817$ $\qquad\qquad E(T) = k_{TF} \cdot E \cdot T^{k_{TE}}$ $\qquad$ (1)

Temperaturabhängiger σ-ε-Bezug:
- Gültigkeitsbereich
  $T = -15 \ldots +90\,°C$ $\quad \varepsilon(T) = \dfrac{1}{M \cdot (1 - k_{MT} \cdot (T - 20))} \cdot \ln\left(\dfrac{E(T)}{E(T) - M \cdot (1 - k_{MT} \cdot (T - 20)) \cdot \sigma} \right)$ $\quad$ (2)
- Temperaturfaktor
  $M: k_{MT} = 0{,}0064$ $\qquad\qquad \sigma(T) = \dfrac{E(T)}{M \cdot (1 - k_{MT} \cdot (T - 20))} \cdot \left(1 - e^{-M \cdot (1 - k_{MT} \cdot (T-20)) \cdot \varepsilon} \right)$ $\quad$ (3)

Langzeitverhalten unter statischer bzw. quasistatischer Beanspruchung

---

Kriechmodul E_c:
- mit E-Modul $E(\text{lf}) = 1600$
- mit $t_0 = 1\,h$; t – Beanspruchungsdauer $\qquad E_c(t) \approx E \cdot \dfrac{3 - (1 - c_c) \cdot \log_{10}\left(\frac{t}{t_0}\right)}{3 + 2 \cdot (1 - c_c)}$ $\qquad$ (4)
- Kriechbeständigkeit: $c_c = 0{,}68$

Zeitabhängiger σ-ε-Bezug:
- Kriechfaktor $M\ a_c = 2{,}5$ $\qquad \sigma(t) = \dfrac{E_c(t)}{a_c \cdot M - k_c \cdot \ln\left(\frac{t}{t_0}\right)} \cdot \left(1 - e^{-\left(a_c \cdot M - k_c \cdot \ln\left(\frac{t}{t_0}\right) \cdot \varepsilon \right)} \right)$ $\qquad$ (5)
- Kriechfaktor $S\ k_c = 0{,}9$

$$\varepsilon(t) = \dfrac{1}{a_c \cdot M - k_c \cdot \ln\left(\frac{t}{t_0}\right)} \cdot \ln\left(\dfrac{E_c(t)}{E_c - \left(a_c \cdot M - k_c \cdot \ln\left(\frac{t}{t_0}\right) \right) \cdot \sigma} \right) \qquad (6)$$

Kurzcharakteristik:
Polyoxymethylen-Copolymer (POM-C, Hostaform C2521)

Struktur (Polyoxymethylen-Copolymer)	Beschreibung und Eigenschaften

Kohlenstoff
Sauerstoff

Das POM-C ist ein teilkristalliner technischer Thermoplast (Kristallinitätsgrad ~55 %). Dieser Werkstoff zeichnet sich durch seine hohe Steifigkeit, seine sehr guten tribologischen Eigenschaften und seine hohe thermische sowie ausgezeichnete Dimensionsstabilität aus. Dieser Werkstoff eignet sich besonders für Präzisionsteile für Anwendungen in der Feinwerktechnik, im allgemeinen Maschinenbau sowie in der Elektrotechnik.

Diagramme (Klima 23/50)	Werkstoffkennwerte bei Normtemperatur		

Spannungs-Dehnungs-Diagramm

Verlustfaktor tan δ

Dichte	ρ	1,41 g/cm^3
E-Modul (Zug)	E	2600 N/mm^2
Streckspannung (Zug)	σ_S	62 N/mm^2
Zugdehnung bei σ_S	ε_S	8 %
Grenzdehnung (Zug)	ε_{grenz}	6 %
Deformationskennwert	M	39
Querkontraktionszahl	v_0	0,35
Gleitreibungszahl	μ	0,35...0,5
Verschleißkoeffizient	k	$1,4 \cdot 10^{-6}$ mm^3/Nm
Glasübergangstemperatur	Tg	−60 °C
Wärmeausdehnungskoeffizient	α_T	0,00011 K^{-1}
Wärmeleitzahl	λ	0,31 W/m · K
Temperaturgrenzen Kurzzeit	T_{max}	100 °C
Langzeit		120 °C

Temperaturabhängigkeit ausgewählter Kennwerte

Elastizitätsmodul $E(T)$:
- Temperaturfaktor E: $k = 0,0089$

$$E(T) = E \cdot (1 - k \cdot (T - 20)) \tag{1}$$

Temperaturabhängiger σ-ε-Bezug:
- Gültigkeitsbereich $T = -15\ldots+90\ °C$
- Temperaturfaktor M: $k_{MT} = 0,0072$

$$\varepsilon(T) = \frac{1}{M \cdot (1 - k_{MT} \cdot (T - 20))} \cdot \ln\left(\frac{E(T)}{E(T) - M \cdot (1 - k_{MT} \cdot (T - 20)) \cdot \sigma} \right) \tag{2}$$

$$\sigma(T) = \frac{E(T)}{M \cdot (1 - k_{MT} \cdot (T - 20))} \cdot \left(1 - e^{-M \cdot (1 - k_{MT} \cdot (T - 20)) \cdot \varepsilon} \right) \tag{3}$$

Langzeitverhalten unter statischer bzw. quasistatischer Beanspruchung

Kriechmodul E_c:
- mit $t_0 = 1\ h$; t – Beanspruchungsdauer
- Kriechbeständigkeit: $c_c = 0,61$

$$E_c(t) \approx E \cdot \frac{3 - (1 - c_c) \cdot \log_{10}\left(\frac{t}{t_0} \right)}{3 + 2 \cdot (1 - c_c)} \tag{4}$$

Zeitabhängiger σ-ε-Bezug:
- Kriechfaktor M $a_c = 0,86$
- Kriechfaktor S $k_c = 0,85$

$$\sigma(t) = \frac{E_c(t)}{a_c \cdot M - k_c \cdot \ln\left(\frac{t}{t_0} \right)} \cdot \left(1 - e^{-\left(a_c \cdot M - k_c \cdot \ln\left(\frac{t}{t_0} \right) \cdot \varepsilon \right)} \right) \tag{5}$$

$$\varepsilon(t) = \frac{1}{a_c \cdot M - k_c \cdot \ln\left(\frac{t}{t_0} \right)} \cdot \ln\left(\frac{E_c(t)}{E_c - \left(a_c \cdot M - k_c \cdot \ln\left(\frac{t}{t_0} \right) \right) \cdot \sigma} \right) \tag{6}$$

Kurzcharakteristik:
Isotaktisches Polypropylen-Homopolymer (PP-H, PP1 HD 120M)

Struktur (isotaktisches Polypropylen)	Beschreibung und Eigenschaften
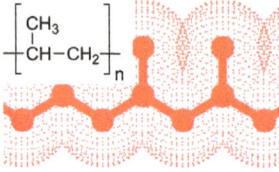	Das PP-H kann sowohl eine isotaktische (teilkristalline Struktur: 70–80 %) als auch eine syndiotaktische bzw. ataktische Anordnung der Seitenmethylgruppe im Makromolekül besitzen. Die syndio- und ataktischen PP-Werkstoffe sind vergleichsweise weniger steif, geringer kristallin, transparenter, zäher und schlagfester.

Diagramme (Klima 23/50)	Werkstoffkennwerte bei Normtemperatur		

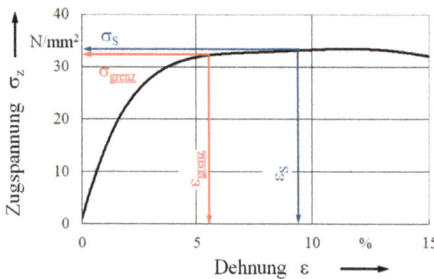

Spannungs-Dehnungs-Diagramm

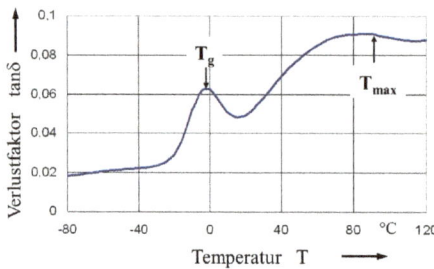

Verlustfaktor tan δ

Werkstoffkennwerte bei Normtemperatur		
Dichte	ρ	$0{,}9 \text{ g/cm}^3$
E-Modul (Zug)	E	1480 N/mm^2
Streckspannung (Zug)	σ_S	32 N/mm^2
Zugdehnung bei σ_S	ε_S	9%
Grenzdehnung (Zug)	ε_{grenz}	6%
Deformations-kennwert	M	$42\ldots45$
Querkontraktionszahl	ν_0	$0{,}4$
Gleitreibungszahl	μ	$0{,}45\ldots0{,}55$
Verschleißkoeffizient	k	$15 \cdot 10^{-6} \text{ mm}^3/\text{Nm}$
Glasübergangs-temperatur	T_g	$-5\ldots-10\ ^\circ\text{C}$
Wärmeausdehnungs-koeffizient	α_T	$0{,}00016 \text{ K}^{-1}$
Wärmeleitzahl	λ	$0{,}22 \text{ W/m} \cdot \text{K}$
Temperatur- grenzen Kurzzeit	T_{max}	$140\ ^\circ\text{C}$
Langzeit		$100\ ^\circ\text{C}$

Temperaturabhängigkeit ausgewählter Kennwerte (Gültigkeitsbereich: $T = 0...+90\,°C$)

Elastizitätsmodul $E(T)$:
- Temperaturfaktor E: $k = 0{,}0136$

$$E(T) = E \cdot (1 - k \cdot (T - 20)) \tag{1}$$

Temperaturabhängiger σ-ε-Bezug:
- Gültigkeitsbereich $T = 0...+90\,°C$
- Temperaturfaktor M: $k_{MT} = 0{,}008$

$$\varepsilon(T) = \frac{1}{M \cdot (1 - k_{MT} \cdot (T - 20))} \cdot \ln\left(\frac{E(T)}{E(T) - M \cdot (1 - k_{MT} \cdot (T - 20)) \cdot \sigma}\right) \tag{2}$$

$$\sigma(T) = \frac{E(T)}{M \cdot (1 - k_{MT} \cdot (T - 20))} \cdot \left(1 - e^{-M \cdot (1 - k_{MT} \cdot (T - 20)) \cdot \varepsilon}\right) \tag{3}$$

Langzeitverhalten unter statischer bzw. quasistatischer Beanspruchung

Kriechmodul E_c:
- mit $t_0 = 1\,h$; t – Beanspruchungsdauer
- Kriechbeständigkeit: $c_c = 0{,}55$

$$E_c(t) \approx E \cdot \frac{3 - (1 - c_c) \cdot \log_{10}\left(\frac{t}{t_0}\right)}{3 + 2 \cdot (1 - c_c)} \tag{4}$$

Zeitabhängiger σ-ε-Bezug:
- Kriechfaktor M $a_c = 1{,}03$
- Kriechfaktor S $k_c = 0{,}35$

$$\sigma(t) = \frac{E_c(t)}{a_c \cdot M - k_c \cdot \ln\left(\frac{t}{t_0}\right)} \cdot \left(1 - e^{-\left(a_c \cdot M - k_c \cdot \ln\left(\frac{t}{t_0}\right) \cdot \varepsilon\right)}\right) \tag{5}$$

$$\varepsilon(t) = \frac{1}{a_c \cdot M - k_c \cdot \ln\left(\frac{t}{t_0}\right)} \cdot \ln\left(\frac{E_c(t)}{E_c - \left(a_c \cdot M - k_c \cdot \ln\left(\frac{t}{t_0}\right)\right) \cdot \sigma}\right) \tag{6}$$

B Konfigurationen der Prüftechnik und Grundlagen der Versuchsauswertung

Im Anhang B sind die wesentlichsten Angaben zur Funktionsweise und zu konstruktiven Details der verschiedenen Modellprüfsysteme sowie von Modifikationen und Erweiterungen dieser Prüfkonfigurationen tabellarisch dargestellt. In diesen Anlagen sind weiterhin die Grundlagen zur Aufbereitung der Messergebnisse zusammengefasst.

https://doi.org/10.1515/9783110746280-006

Modellprüfsystem „Stift/Scheibe", Teil 1 Überblick

Schematische Darstellung: *Prüfaufbau (Gesamtansicht):*

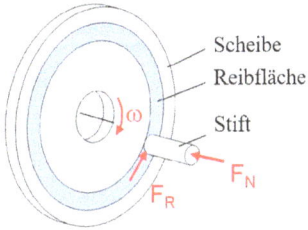

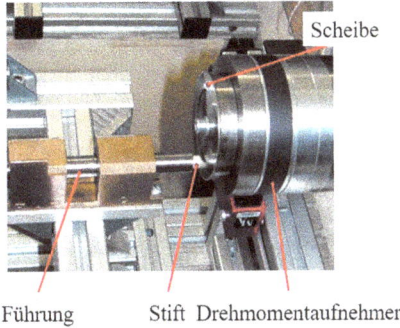

Maße und Kräfte: *Prüfaufbau (Details):*

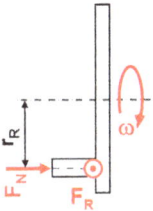

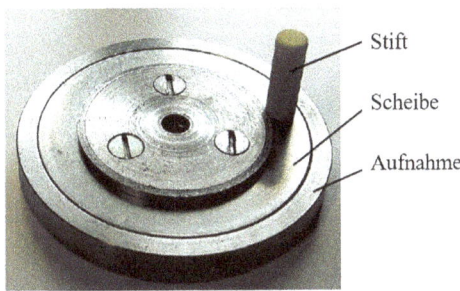

F_R – Reibungskraft
F_N – Normalkraft
r_R – Reibradius
ω – Winkelgeschwindigkeit

Beschreibung:
Bei diesem Modellsystem wird ein Stift als Grundkörper gegen eine gleichmäßig rotierende Scheibe (Gegenkörper) gedrückt. Der volumetrische Verschleiß ist proportional zum linearen Verschleiß. In der Praxis kommen sowohl zylinderförmige Stifte als auch Prüfkörper quaderförmige Prüfkörper zum Einsatz. Im Regelfall rotiert die Scheibe und der Stift steht still.

Vorteile:
– Grundlagenversuche mit einfachen Prüfkörpern;
– keine verschleißbedingte Zunahme der Gleitfläche;
– Prüfung der tribologischen Eigenschaften und erste Beurteilung der Werkstoffpaarung.

Problem:
Je mehr die Prüfungsbedingungen von der tatsächlichen Anwendung abweichen, desto unwahrscheinlicher ist die Übertragbarkeit der Prüfungsergebnisse!

Modellprüfsystem „Stift/Scheibe", Teil 2 Grundlagen der Versuchsauswertung

Geometriedaten:		Gemessene Größen:	
– Stiftabmessungen: b, a oder	[mm]	– Reibmoment: M_R	[Nm]
– Stiftdurchmesser: d_{Sti}	[mm]	– Versuchszeit: t	[h]
– Mittlerer Scheibendurchmesser: d_{Sm}	[mm]	– Prüfkörpertemperatur (optional): T_m	[°C]
– Abstand der Temperaturmessstelle		– Umgebungstemperatur (optional): T_U	[°C]
von der Gleitfläche: z	[mm]	– Einschlifftiefe: l_W oder	[mm]
Versuchsparameter:		– Massedifferenz: Δm	[g]
– Gleitgeschwindigkeit: v_G	[m/s]		
– Normalkraft: F_N	[N]		

Bestimmung der Gleitreibungszahl μ:

$$\mu = \frac{M_R}{F_N \cdot \frac{d_{Sm}}{2}}$$

Ermittlung des Verschleißvolumens:

Verschleißvolumen W_V (rechteckiger Stift):	[mm³]	$W_V = a \cdot b \cdot l_W$	
Verschleißvolumen W_V (zylinderförmiger Stift):	[mm³]	$W_V = \frac{\pi}{4} \cdot d_{Sti}^2 \cdot l_W$	

Ableitung der Verschleißkenngrößen:

Gleitweg s_g:	[m]	$s_g = \pi \cdot d_{Sm} \cdot n \cdot t$
Lineare Verschleißrate $w_{l/s}$:	[µm/km]	$W_{l/s} = \frac{l_W}{s_g}$
Verschleißkoeffizient k:	[mm³/Nm]	$k = \frac{W_V}{F_N \cdot s_g}$

Bestimmung der Temperatur an der Gleitfläche:

Voraussetzungen: Scheibe (Stahl, $\lambda_{St} = 21\ \text{W/m} \cdot \text{K}$) rotiert, der Stift (Kunststoff, $\lambda_P \approx 0,24\ \text{W/m} \cdot \text{K}$) steht fest.

Gleitflächentemperatur T_P:	[°C]	$T_P \approx T_U + \dfrac{T_m - T_U}{1 - \frac{2}{\pi} \cdot \tan^{-1}\left(\frac{z}{\sqrt{\frac{A_N}{\pi}}}\right)}$
Mit:		
Kontaktfläche A_N (rechteckiger Stift):	[m²]	$A_N = a \cdot b$
Kontaktfläche A_N (Zylinderstift):	[m²]	$A_N = \frac{\pi}{4} \cdot d_{Sti}^2$

Modellprüfsystem „Welle/Lager", Teil 1 Überblick

Schematische Darstellung: *Prüfaufbau (Gesamtansicht):*

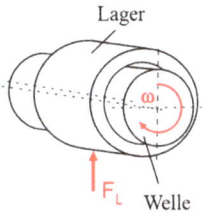

Maße und Kräfte: *Prüfaufbau (Details):*

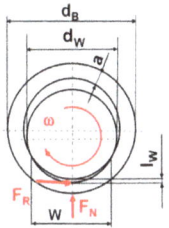

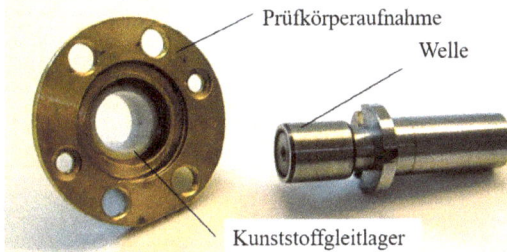

F_R – Reibungskraft W – Einschliffweite a – Lagerwandstärke
F_N – Normalkraft l_W – Einschlifftiefe d_B – Lageraußendurchmesser
d_W – Wellendurchmesser ω – Winkelgeschwindigkeit

Beschreibung:
Bei dieser Bauteilprüfung wird der rotierende Gegenkörper (Welle) gegen ein als Grundkörper fungierendes Radialgleitlager gedrückt. Die auftretende Reibungs- und Verschleißarten kann man durch Ähnlichkeitsbetrachtungen zur Simulation der tribologischen Verhältnisse anders dimensionierter Gleitlager verwenden.

Vorteil: Praxisnahe Bauteilprüfung.

Nachteil: Vergleichsweise hoher Aufwand für die Prüfkörperherstellung und meist lange Prüfzeiten.

Hinweise:
Es tritt eine verschleißbedingte Zunahme der Reibfläche auf! Das bedeutet, dass bei gleichbleibender Prüfkraft die reale Flächenpressung mit wachsender Verschleißtiefe abnimmt. Neben der Prüfung herkömmlicher Einbaulager sind auch Untersuchungen an Mantellagern und schwimmenden Lager möglich.

Modellprüfsystem „Welle/Lager", Teil 2 Grundlagen der Versuchsauswertung

Geometriedaten:
- Wellendurchmesser: d_W [mm]
- Buchseninnendurchmesser: d_B [mm]
- Lagerbreite: b [mm]
- Abstand der Temperaturmessstelle von der Gleitfläche: z [mm]
- Abstand der Dose zur Reibkraftmessung von der Lagermitte: l_M [mm]

Versuchsparameter:
- Gleitgeschwindigkeit: v_G [m/s]
- Lagerkraft: F_L [N]

Gemessene Größen:
- Messkraft an der Dose zur Reibkraftmessung: F_M [N]
- Versuchszeit: t [h]
- Prüfkörpertemperatur (optional): T_m [°C]
- Umgebungstemperatur (optional): T_U [°C]
- Einschlifftiefe: l_W [mm]
- Einschliffweite: W [mm]
- oder Massedifferenz: Δm [g]

Bestimmung der Gleitreibungszahl μ:

$$\mu = \frac{1}{\sqrt{\frac{\left(\frac{d_B}{2}\right)^2}{l_m^2} \cdot \left(\frac{F_L}{F_M} + 1\right)^2 - 1}}$$

Ermittlung des Verschleißvolumens:

Scheinb. Wellendurchmesser d_{Ws}: [mm]

$$d_{Ws} = \frac{\left(1 - \sqrt{1 - \frac{W^2}{d_B^2}}\right) \cdot \left(\frac{d_B^2}{l_W} + 2 \cdot d_B\right) + 2 \cdot l_W}{2 + \frac{d_B}{l_W} \cdot \left(1 - \sqrt{1 - \frac{W^2}{d_B^2}}\right)}$$

Verschleißvolumen W_V: [mm³]

$$W_V = \frac{b}{4} \cdot \left[\left(\widehat{\varphi}_V \cdot d_{Ws}^2 - \widehat{\alpha} \cdot d_B^2\right) + W \cdot (2 \cdot l_W + d_B - d_{Ws})\right]$$

Einschliffwinkel α: [rad]

$$\widehat{\alpha} = \arcsin\left(\frac{W}{d_B}\right)$$

Scheinbarer Einschliffwinkel φ_V: [rad]

$$\widehat{\varphi} = \arcsin\left(\frac{W}{d_{Ws}}\right)$$

Ableitung der Verschleißkenngrößen:

Gleitweg s_g: [m]

$$s_g = \pi \cdot d_W \cdot n \cdot t$$

Lineare Verschleißrate $w_{l/s}$: [μm/km]

$$w_{l/s} = \frac{l_W}{s_g}$$

Normalkraft F_N: [N]

$$F_N = \frac{2 \cdot F_M \cdot l_M}{d_B} \cdot \sqrt{\frac{d_B^2}{4 \cdot l_M^2} \cdot \left(\frac{F_L}{F_M}\right)^2 - 1}$$

Verschleißkoeffizient k: [mm³/Nm]

$$k = \frac{W_V}{F_N \cdot s_g}$$

Bestimmung der Temperatur an der Gleitfläche:
Voraussetzungen: Welle (Stahl, $\lambda_{St} = 21$ W/m · K) rotiert, das Lager (Kunststoff, $\lambda_P \approx 0,24$ W/m · K) ist fest eingebaut. Weiterhin gilt: $T_U < 80°$ und $z \approx 1$ mm.

Gleitflächentemperatur T_P: [°C]

$$T_P \approx T_U + \left(1,15 + \frac{T_m}{170\,°C}\right) \cdot (T_m - T_U)$$

Modellprüfsystem „Klotz/Ring", Teil 1 Überblick

Schematische Darstellung: *Prüfaufbau (Gesamtansicht):*

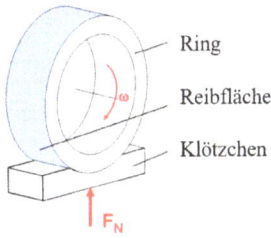

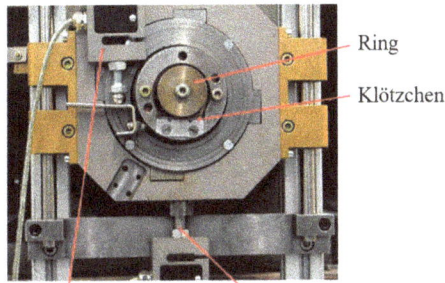

Kraftmessdose (Moment) Kraftmessdose (Normalkraft)

Maße und Kräfte: *Prüfaufbau (Details):*

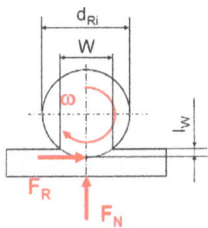

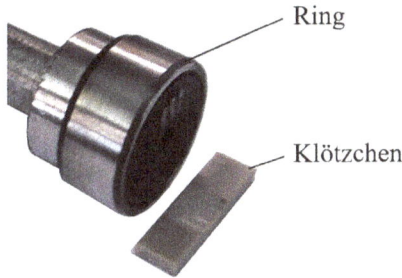

F_R – Reibungskraft W – Einschliffweite ω – Winkelgeschwindigkeit
F_N – Normalkraft l_W – Einschlifftiefe d_{Ri} – Lageraußendurchmesser

Beschreibung:
Hier wird ein Grundkörper in der Form eines Klötzchens gegen einen sich gleichmäßig rotierenden Ring gedrückt. Die auftretende Reibungs- und Verschleißarten eignen sich gut zur Simulation der tribologischen Verhältnisse bei Radialgleitlagern.

Vorteile:
– Grundlagenversuche mit einfachen Prüfkörpern;
– Prüfung der tribologischen Eigenschaften und erste Beurteilung der Werkstoffpaarung.

Problem/Hinweis:
Es tritt eine verschleißbedingte Zunahme der Reibfläche auf! Das bedeutet, dass bei gleichbleibender Prüfkraft die reale Flächenpressung mit wachsender Verschleißtiefe abnimmt. Nach der DIN ISO 7148-2 ist das Klötzchen mit einer dem Ring angepassten Kalotte zu versehen. Die Praxis zeigt, dass Versuche ohne diese vorgeformte Kalotte zu vergleichbaren Ergebnissen führen.

Modellprüfsystem „Klotz/Ring", Teil 2 Grundlagen der Versuchsauswertung

Geometriedaten:		Gemessene Größen:	
– Ringdurchmesser: d_{Ri}	[mm]	– Reibmoment M_R	[Nm]
– Prüfkörperbreite: b	[mm]	– Versuchszeit: t	[h]
– Weite der Kalotte: W_K	[mm]	– Prüfkörpertemperatur (optional): T_m	[°C]
– Tiefe der Kalotte: Δa_K	[mm]	– Umgebungstemperatur (optional): T_U	[°C]
Versuchsparameter:		– Einschlifftiefe: l_W	[mm]
–		– Einschliffweite: W	[mm]
– Gleitgeschwindigkeit: v_G	[m/s]	– oder Massedifferenz Δm	[g]
– Normalkraft: F_N	[N]		

Bestimmung der Gleitreibungszahl μ:

$$\mu = \frac{M_T}{F_N \cdot \left(\frac{d_{Ri}}{2}\right)}$$

Ermittlung des Verschleißvolumens:

Volumen der Ausgangskalotte V_{ak}: [mm³] $V_{aK} = \dfrac{\Delta a_K}{6 \cdot W_K} \cdot \left(3 \cdot \Delta a_K^2 + 4 \cdot W_K^2\right) \cdot b$

Volumen der Endkalotte V_{ek}: [mm³] $V_{eK} = \dfrac{l_W}{6 \cdot W} \cdot \left(3 \cdot l_W^2 + 4 \cdot W^2\right) \cdot b$

Verschleißvolumen W_V: [mm³] $W_V = V_{eK} - V_{aK}$

Ableitung der Verschleißkenngrößen:

Gleitweg s_g: [m] $s_g = \pi \cdot d_{Ri} \cdot n \cdot t$

Lineare Verschleißrate $w_{l/s}$: [µm/km] $w_{l/s} = \dfrac{l_W}{s_g}$

Verschleißkoeffizient k: [mm³/Nm] $k = \dfrac{W_V}{F_N \cdot s_g}$

Bestimmung der Temperatur an der Gleitfläche:

Voraussetzungen: Ring (Stahl, $\lambda_{St} = 21\,W/m \cdot K$) rotiert, das Klötzchen (Kunststoff, $\lambda_P \approx 0,24\,W/m \cdot K$) ist fest eingebaut und besitzt eine vorgeformte Kalotte. Weiterhin gilt: $T_U < 80°$ und $z \approx 1\,mm$.

Gleitflächentemperatur T_P: [°C] $T_P \approx T_U + \left(1,15 + \dfrac{T_m}{170\,°C}\right) \cdot (T_m - T_U)$

Modellprüfsystem „hohler Spurzapfen", Teil 1 Überblick

Schematische Darstellung:

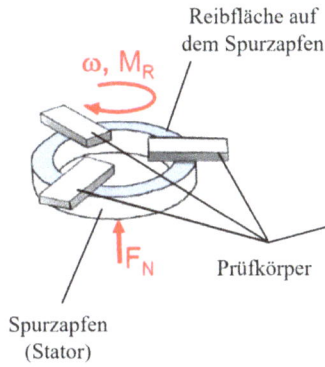

Reibfläche auf dem Spurzapfen

ω, M_R

Prüfkörper

Spurzapfen (Stator)

F_N

Prüfaufbau (Gesamtansicht):

Reibmoment-Messdose (Rotor)

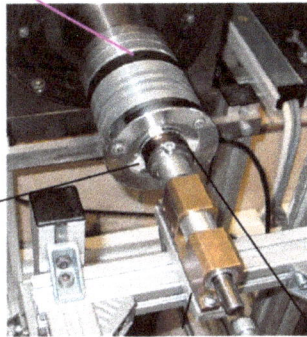

Spurzapfen (Stator)

Maße und Kräfte:

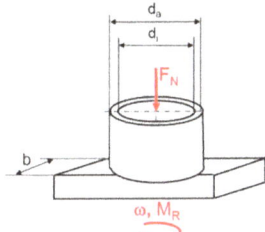

d_a

d_i

F_N

b

ω, M_R

Prüfaufbau (Details):

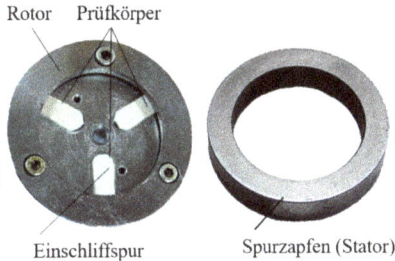

Rotor   Prüfkörper

Einschliffspur

Spurzapfen (Stator)

M_R – Reibmoment	b – Prüfkörperbreite	d_a – Zapfenaußendurchmesser
F_N – Normalkraft	d_i – Zapfeninnendurchmesser	ω – Winkelgeschwindigkeit

Beschreibung:

Bei diesem Modellsystem wird ein rotierender Ring (Spurzapfen) mit der Stirnseite gegen einen ebenen Grundkörper gedrückt. Die so gewonnenen Reibungs- und Verschleißkenngrößen eignen sich gut zur Simulation der tribologischen Verhältnisse bei Axialgleitlagern oder Anlaufscheiben.

Vorteile:

– Grundlagenversuche mit einfachen Prüfkörpern;

– Prüfung der tribologischen Eigenschaften und erste Beurteilung der Werkstoffpaarung.

Hinweis:

Es tritt keine verschleißbedingte Zunahme der Reibfläche. Der Spurzapfen kann vollflächig aufliegen (Test von Anlaufscheiben). Der Kunststoffgrundkörper kann aber auch in segmentierter Form vorliegen.

Modellprüfsystem „hohler Spurzapfen", Teil 2 Grundlagen der Versuchsauswertung

Geometriedaten:
- Spurzapfendurchmesser: d_i, d_a [mm]
- Prüfkörperbreite: b [mm]
- Abstand der Temperaturmessstelle
  von der Gleitfläche: z [mm]

Versuchsparameter:
- Gleitgeschwindigkeit: v_G [m/s]
- Normalkraft: F_N [N]

Gemessene Größen:
- Reibmoment M_R [Nm]
- Versuchszeit: t [h]
- Ringtemperatur (optional): T_m [°C]
- Einschlifftiefe: l_W oder   [mm]
- Massedifferenz Δ_m [g]

Bestimmung der Gleitreibungszahl μ: $\mu = \dfrac{M_R}{F_N \cdot \left(\frac{d_a - d_i}{2}\right)}$

Ermittlung des Verschleißvolumens:

Verschleißvolumen W_V: [mm³] $W_V = A_V \cdot l_W$

Abtragsfläche A_V: [mm²] $A_V = A_0 + A_R - A_r$

Teilfläche 1 A_0:   [mm²] $A_0 = b \cdot \dfrac{d_a - d_i}{2}$

Radien R und r: [mm] $R = \dfrac{d_a}{2}$, $r = \dfrac{d_i}{2}$

Teilfläche 2 A_R: [mm²] $A_R = \dfrac{R - \sqrt{R^2 - \left(\frac{b}{2}\right)^2}}{6 \cdot b} \cdot \left(3 \cdot \left(R - \sqrt{R^2 - \left(\frac{b}{2}\right)^2}\right)^2 + 4b^2\right)$

Teilfläche 3 A_r: [mm²] $A_r = \dfrac{r - \sqrt{r^2 - \left(\frac{b}{2}\right)^2}}{6 \cdot b} \cdot \left(3 \cdot \left(r - \sqrt{r^2 - \left(\frac{b}{2}\right)^2}\right)^2 + 4b^2\right)$

Ableitung der Verschleißkenngrößen:

Gleitweg s_g: [m] $s_g = \pi \cdot \left(\dfrac{d_i + d_a}{2}\right) \cdot n \cdot t$

Lineare Verschleißrate $w_{l/s}$:   [µm/km] $w_{l/s} = \dfrac{l_W}{s_G}$

Verschleißkoeffizient k: [mm³/Nm] $k = \dfrac{W_V}{F_N \cdot s_G}$

Bestimmung der Temperatur an der Gleitfläche:

Voraussetzungen: Der Spurzapfen (Stahl, $\lambda_{St} = 21$ W/m · K) steht fest, der ebene Grundkörper
(Kunststoff, $\lambda_P \approx 0, 24$ W/m · K) liegt plan auf und rotiert. Weiterhin gilt: $z \approx 1$ mm.

Näherung: Gleitflächentemperatur $T_P \approx$ Ringtemperatur T_m

Prüfmodul „Gleitringdichtung", Überblick

Schematische Darstellung: *Prüfaufbau (Gesamtansicht):*

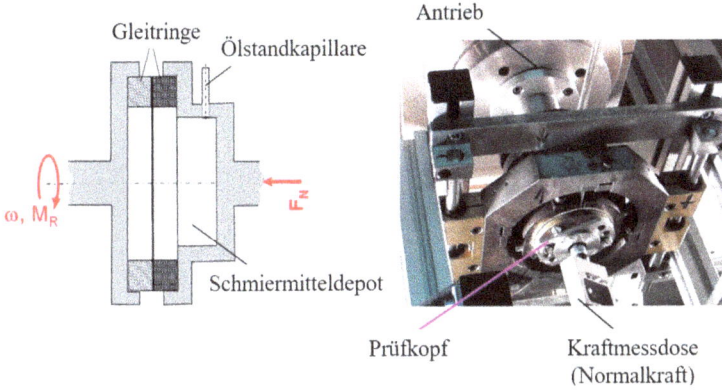

Maße und Kräfte: *Prüfaufbau (Details):*

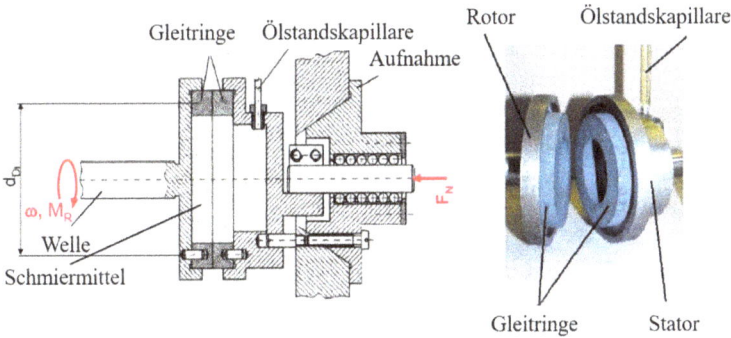

F_N – Normalkraft ω – Winkelgeschwindigkeit F_{Schm} – Öltemperatur
M_R – Reibmoment d_{Di} – mittlerer Dichtdurchmesser

Beschreibung:

Mit diesem Prüfmodul kann das tribologische System „Gleitringdichtung" simuliert werden. Dabei ist es möglich, die Tests unter folgenden Bedingungen durchzuführen:

– Trockenlauf
– Mangelschmierung
– Öllauf

So können die Reibungs- und Verschleißeigenschaften der Reibpartner jeweils in Abhängigkeit von der Anpresskraft F_N, den Schmierungsbedingungen bzw. der Schmiermitteltemperatur T_{Schm} und der Gleitgeschwindigkeit untersucht werden. Dabei ist die Dichtwirkung von der Werkstoffpaarung und der Oberflächenbeschaffenheit der Gleitringe abhängig.

Die Messung der Dichtwirkung erfolgt optisch durch optische Messungen an einer Ölstandskapillare.

Prüfmodul „Radialwellendichtring", Überblick

Schematische Darstellung: *Prüfaufbau (Gesamtansicht):*

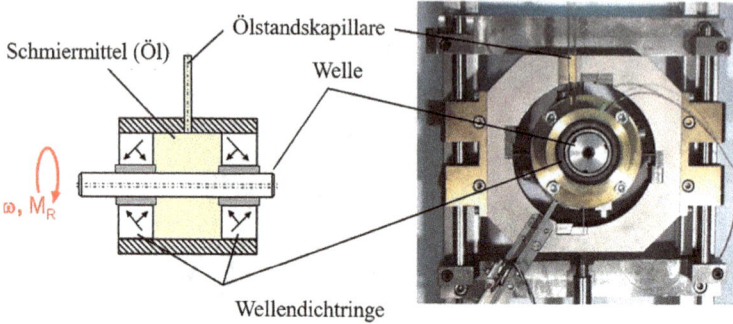

Maße: *Prüfaufbau (Details):*

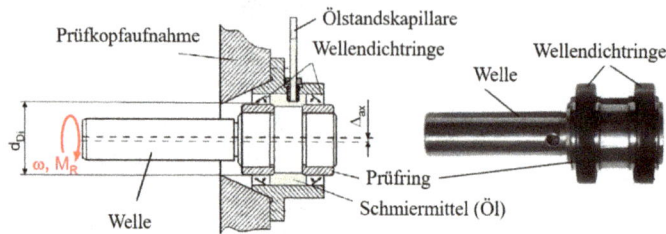

Δ_{ax} – Achsenversatz ω – Winkelgeschwindigkeit F_{Schm} – Öltemperatur
M_R – Reibmoment d_{Di} – Dichtdurchmesser

Beschreibung:
Mit diesem Prüfmodul werden die tribologischen Bedingungen simuliert, die beim praktischen Einsatz von Radialwellendichtringen herrschen. Dabei ist es möglich, die Tests unter folgenden Bedingungen durchzuführen:
– Mangelschmierung
– Öllauf
So kann die Dichtwirkung unterschiedlicher Wellendichtringe jeweils in Abhängigkeit vom Achsversatz, den Schmierungsbedingungen wie der Schmiermitteltemperatur T_{Schm} und der Ölviskosität sowie der Gleitgeschwindigkeit untersucht werden. Dabei ist die Dichtwirkung von der Werkstoffpaarung und der Oberflächenbeschaffenheit des Gegenkörpers (Prüfring) abhängig. Besondere Bedeutung bei der Wirkungsweise dieser Dichtungsformen hat die konstruktive Gestaltung der Dichtlippen, weshalb der Verschleiß an diesem Teil der Dichtung mithilfe eines Messmikroskops erfolgt.
Die Messung der Dichtwirkung erfolgt optisch durch fotografische Messungen an einer Ölstandskapillare.

C Tribomechanische Eigenschaften ausgewählter chemisch gekoppelter/kompatibilisierter PTFE-Polymercompounds

Im Anhang C werden die wesentlichsten tribologischen und mechanischen Eigenschaften von chemisch gekoppelten/kompatibilisierten Compounds von ausgewählten technischen Thermoplasten sowie von Hochleistungskunststoffen mit strahlenchemisch funktionalisierten PTFE-Werkstoffen zusammengefasst. Als Modifikatoren kommen dabei vor allem mit 500 kGy bestrahlte PTFE-Pulver Zonyl MP1100 und MP1200 der Fa. DuPont und das TF 2025 von Dyneon zum Einsatz. Da die ermittelten mechanischen als auch der tribologischen Kennwerte in erster Linie vom PTFE-Anteil bestimmt werden, aber relativ unabhängig von der Art des verwendeten PTFE-Pulvers sind, beruhen die in dieser Anlage dargestellten Diagramme auf Mittelwerten aller Versuche. Weiterhin erfolgt eine kurze Zusammenfassung und Wertung der Ergebnisse der tribomechanischen Untersuchungen.

https://doi.org/10.1515/9783110746280-007

Tribomechanische Eigenschaften von chemisch gekoppelten/kompatibilisierten PA6-PTFE-Compounds

Mechanische Kennwerte von PA6-PTFE-cg

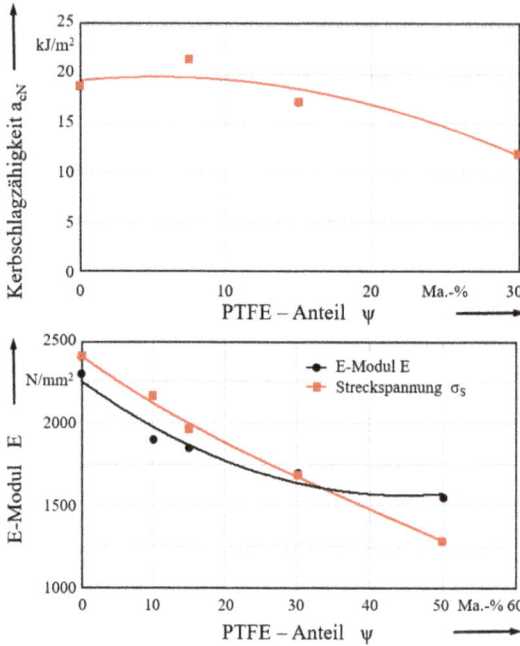

Werkstoffe:
– Ultramid B3 (BASF), Miramid SH3 (Leuna)
– PTFE: Zonyl MP1100, MP1200, (DuPont; mit 500 kGy bestrahlt)

Zugversuche:
– DIN EN ISO 527-2/1A/50

Charpy-(Kerb-) Schlagprüfungen:
– DIN EN ISO 179/1eU
– DIN EN ISO 179/1eA

Reaktives Compoundieren:
Doppelschneckenextruder ZSK 30, Coperion Werner & Pfleiderer GmbH & Co. KG

Reibungs- und Verschleißverhalten von PA6-PTFE-cg

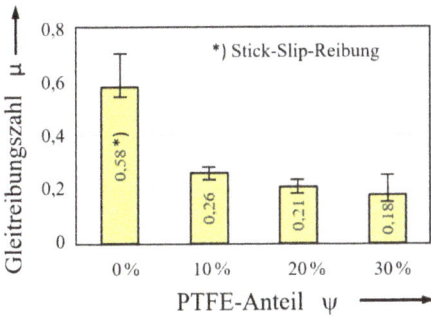

Tribologische Untersuchungen nach DIN ISO 7148-2:

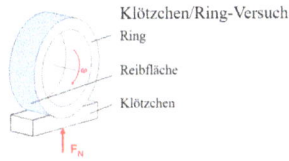

Klötzchen/Ring-Versuch
Ring
Reibfläche
Klötzchen

F_N

Prüfbedingungen:
- Normalkraft F_N = 100 N
- Geschwindigkeit v = 0,11 m/s
- Reibweg s = 9.504 m
- Ring Stahl 100Cr6, R_z = 3,2 µm, HRC 60

Prüfung: technisch trocken

Literatur: [1–6]

Gleitreibungszahl µ / PTFE-Anteil ψ: 0% = 0,58*), 10% = 0,26, 20% = 0,21, 30% = 0,18. *) Stick-Slip-Reibung

Verschleißkoeffizient k (mm³/Nm) / PTFE-Anteil ψ: 0% = 1,25E-5, 10% = 2,80E-6, 20% = 1,90E-7, 30% = 1,80E-7

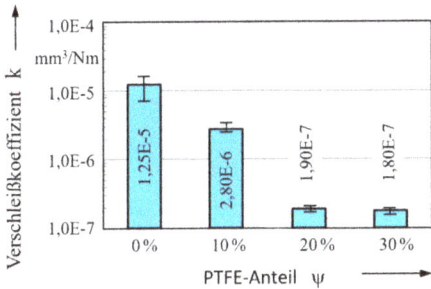

Kurzbeschreibung:

Im Gegensatz zu physikalischen PA6/PTFE-Blends sind die mechanischen Kennwerte der PA6-PTFE-cg-Compounds gut und entsprechen etwa den berechneten Werten. Die Kerbschlagzähigkeit ändert sich mit steigendem PTFE-Gehalt kaum und beim Schlagversuch an ungekerbten Proben brachen diese nicht. Die Reibungs- und Verschleißeigenschaften dieser Verbunde werden durch den PTFE-Zusatz signifikant verbessert und die sonst für PA6 typische Stick-Slip-Reibung trat nicht auf.

Tribomechanische Eigenschaften von chemisch gekoppelten/kompatibilisierten PA66-PTFE-Compounds

Mechanische Kennwerte von PA66-PTFE-cg

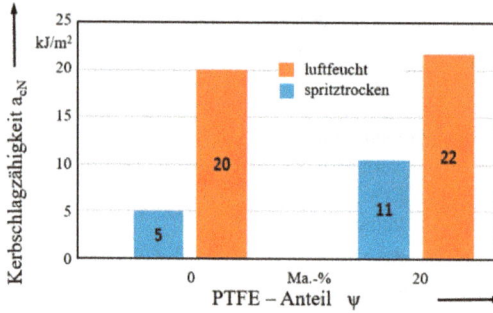

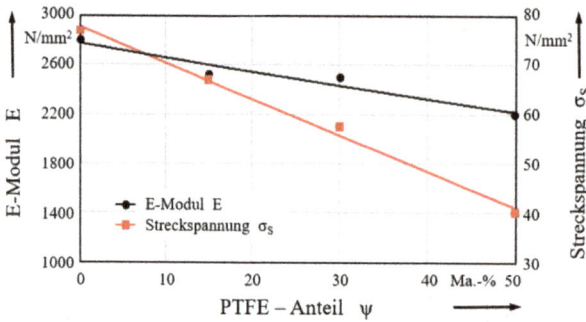

Werkstoffe:
- Ultramid A3 (BASF)
- PTFE: Zonyl MP1100, MP1200, (DuPont; mit 500 kGy bestrahlt)

Zugversuche:
- DIN EN ISO 527-2/1A/50

Charpy-(Kerb-) Schlagprüfungen:
- DIN EN ISO 179/1eU
- DIN EN ISO 179/1eA

Reaktives Compoundieren:
Doppelschneckenextruder ZSK 30, Coperion Werner & Pfleiderer GmbH & Co. KG

Reibungs- und Verschleißverhalten von PA66-PTFE-cg

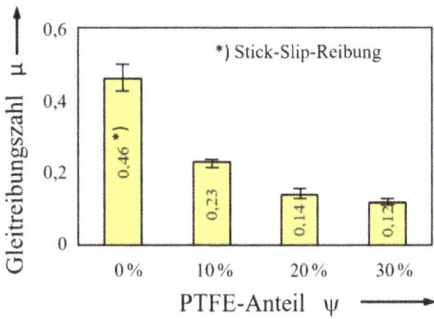

Tribologische Untersuchungen nach DIN ISO 7148-2:

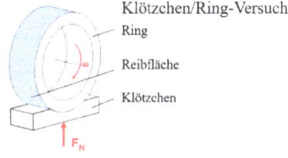

Klötzchen/Ring-Versuch

Ring

Reibfläche

Klötzchen

F_N

Prüfbedingungen:
- Normalkraft F_N = 100 N
- Geschwindigkeit v = 0,11 m/s
- Reibweg s = 9.504 m
- Ring Stahl 100Cr6, R_z = 3,2 µm, HRC 60

Prüfung: technisch trocken

Literatur: [1–6]

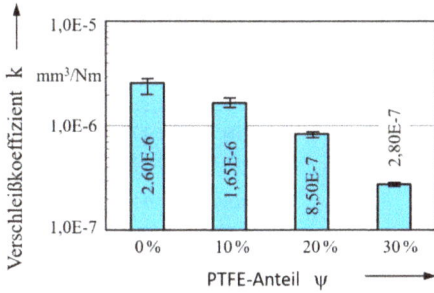

Kurzbeschreibung:

Analog zu den PTFE/PA6-cg-Compounds sind auch mechanischen Kennwerte der PA6-PTFE-cg-Compounds gut und entsprechen etwa den berechneten Werten. Die Kerbschlagzähigkeit dagegen verbessert sich mit steigendem PTFE-Gehalt signifikant und beim Schlagversuch an ungekerbten Proben brachen diese ebenfalls nicht. Die Reibungs- und Verschleißeigenschaften dieser Verbunde werden durch den PTFE-Zusatz ebenfalls deutlich verbessert und die sonst für PA66 typische Stick-Slip-Reibung trat nicht auf.

Tribomechanische Eigenschaften von chemisch gekoppelten/kompatibilisierten PEEK-PTFE-Compounds

Mechanische Kennwerte von PEEK-PTFE-cg

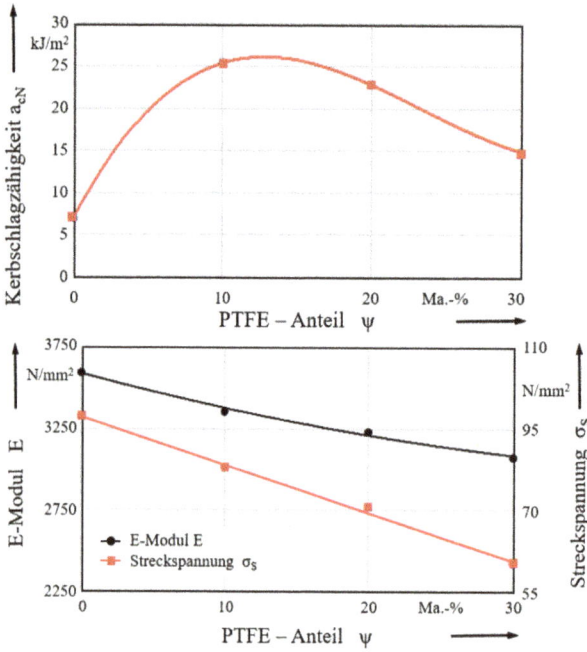

Werkstoffe:
- PEEK – Vestakeep® 1000 und Vestakeep® 3300 (Evonik)
- PTFE: Zonyl MP1100, MP1200, (DuPont; mit 500 kGy bestrahlt)

Zugversuche:
- DIN EN ISO 527-2/1A/50

Charpy-(Kerb-) Schlagprüfungen:
- DIN EN ISO 179/1eU
- DIN EN ISO 179/1eA

Reaktives Compoundieren:
Doppelschneckenextruder ZSK 30, Coperion Werner & Pfleiderer GmbH & Co. KG

Reibungs- und Verschleißverhalten von PEEK-PTFE-cg

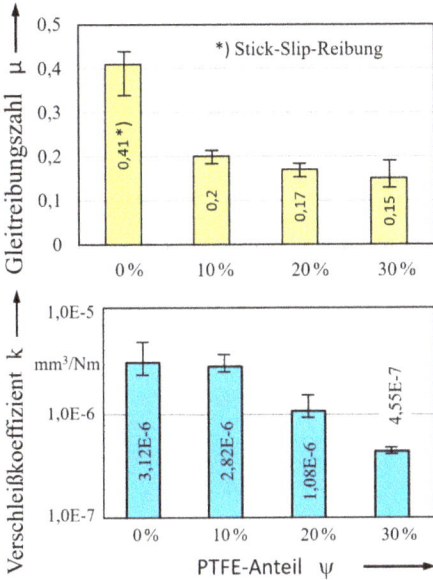

Tribologische Untersuchungen nach DIN ISO 7148-2:

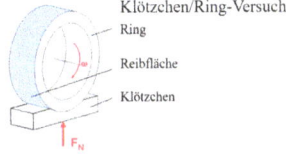

Klötzchen/Ring-Versuch
Ring
Reibfläche
Klötzchen

F_N

Prüfbedingungen:
- Normalkraft F_N = 100 N
- Geschwindigkeit v = 0,11 m/s
- Reibweg s = 9.504 m
- Ring Stahl 100Cr6, R_z = 3,2 µm, HRC 60

Prüfung: technisch trocken

Literatur: [6–9]

Kurzbeschreibung:

Die mechanischen Kennwerte der PEEK-PTFE-cg-Compounds sind sehr gut. Die Kerbschlagzähigkeit ist im Vergleich zum unmodifizierten PEEK deutlich höher und beim Schlagversuch an ungekerbten Proben brachen diese nicht. Die Verringerung der Zugfestigkeit und des Zug-E-Modus liegt im berechneten Bereich. Die Reibungs- und Verschleißeigenschaften dieser Verbunde werden durch den PTFE-Zusatz signifikant verbessert und es tritt keine Stick-Slip-Reibung auf.

Tribomechanische Eigenschaften von chemisch gekoppelten/kompatibilisierten ABS-PTFE-Compounds

Mechanische Kennwerte von ABS-PTFE-cg

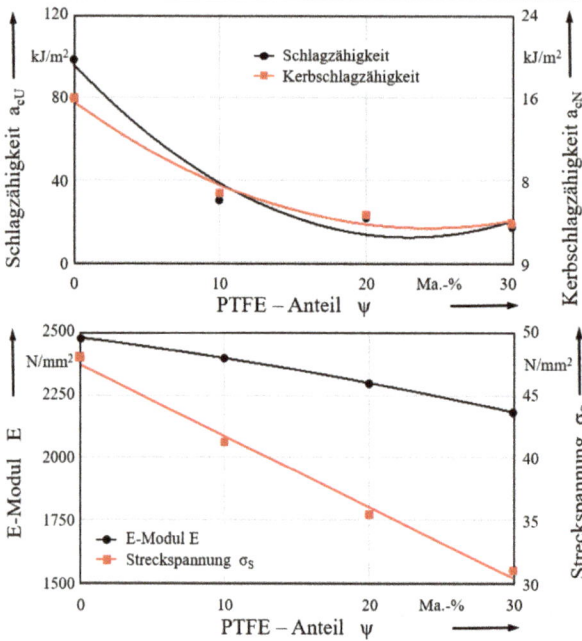

Werkstoffe:
- POLYMAN® (ABS) M/MI-A (Schulman)
- PTFE: Zonyl MP1100, MP1200, (DuPont; mit 500 kGy bestrahlt)

Zugversuche:
- DIN EN ISO 527-2/1A/50

Charpy-(Kerb-) Schlagprüfungen:
- DIN EN ISO 179/1eU
- DIN EN ISO 179/1eA

Reaktives Compoundieren:
Doppelschneckenextruder ZSK 30, Coperion Werner & Pfleiderer GmbH & Co. KG

Reibungs- und Verschleißverhalten von ABS-PTFE-cg

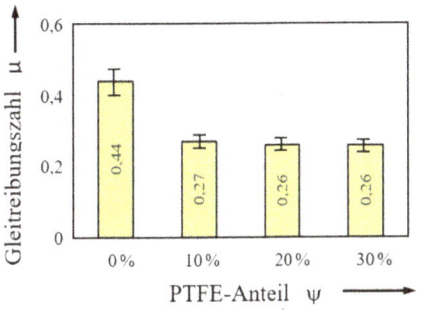

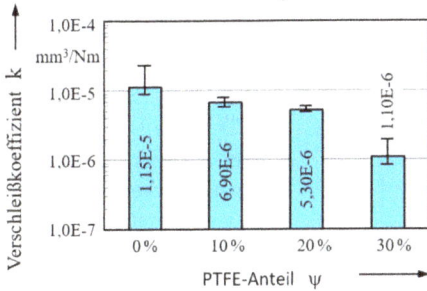

Tribologische Untersuchungen nach DIN ISO 7148-2:

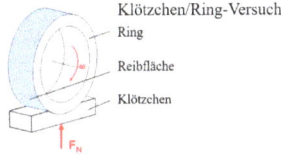

Klötzchen/Ring-Versuch
Ring
Reibfläche
Klötzchen

F_N

Prüfbedingungen:
– Normalkraft F_N = 100 N
– Geschwindigkeit v = 0,11 m/s
– Reibweg s = 9.504 m
– Ring Stahl 100Cr6, R_z = 3,2 µm, HRC 60

Prüfung: technisch trocken

Literatur: [10, 11]

Kurzbeschreibung:

Die chemische Kopplung von ABS mit PTFE bewirkt eine Erniedrigung der mechanischen Kennwerte Zugfestigkeit und Zug-E-Modul sowie starke Senkung der (Kerb-)Schlagzähigkeit. Die Reibungs- und Verschleißeigenschaften dieser Verbunde werden durch den PTFE-Zusatz von > 10 Masse-% jedoch signifikant verbessert und die Neigung zur Stick-Slip-Reibung vollständig unterdrückt.

Tribomechanische Eigenschaften von chemisch gekoppelten/kompatibilisierten PBT-PTFE-Compounds

Mechanische Kennwerte von PBT-PTFE-cg

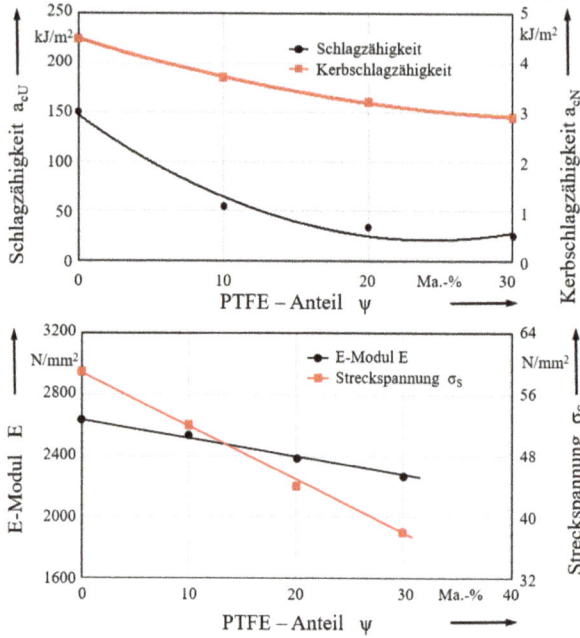

Werkstoffe:
- TECADUR PBT (Ensinger)
- PTFE: Zonyl MP1100, MP1200, (DuPont; mit 500 kGy bestrahlt)

Zugversuche:
- DIN EN ISO 527-2/1A/50

Charpy-(Kerb-) Schlagprüfungen:
- DIN EN ISO 179/1eU
- DIN EN ISO 179/1eA

Reaktives Compoundieren:
Doppelschneckenextruder ZSK 30, Coperion Werner & Pfleiderer GmbH & Co. KG

Reibungs- und Verschleißverhalten von PBT-PTFE-cg

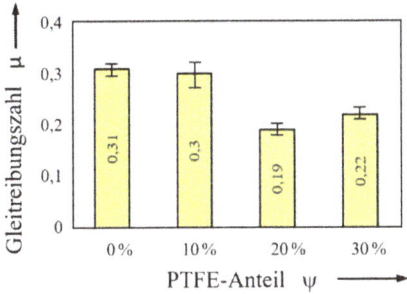

Tribologische Untersuchungen nach DIN ISO 7148-2:

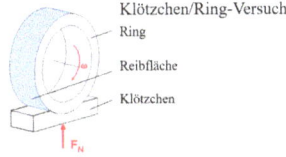

Klötzchen/Ring-Versuch
Ring
Reibfläche
Klötzchen

F_N

Prüfbedingungen:
- Normalkraft F_N = 200 N
- Geschwindigkeit v = 0,22 m/s
- Reibweg s = 19 km
- Ring Stahl 100Cr6, R_z = 3,2 µm, HRC 60

Prüfung: technisch trocken

Literatur: [12]

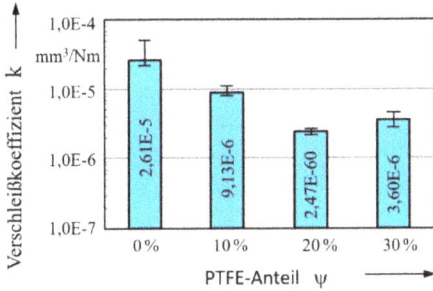

Kurzbeschreibung:

Mit der PTFE-Modifizierung von PBT werden mit Ausnahme der Schlagzähigkeit akzeptable mechanischen Eigenschaften erzielt. Das Reibungs- und Verschleißverhalten von PBT wird in Abhängigkeit vom Typ der inkorporierten PTFE-Mikropulver und dem Modifikationsmittelanteil z. T. wesentlich verbessert und vor allem werden Stick-Slip-Effekte gänzlich ausgeschlossen.

Tribomechanische Eigenschaften von chemisch gekoppelten/kompatibilisierten POM-C-PTFE-Compounds

Mechanische Kennwerte von POM-C-PTFE-cg

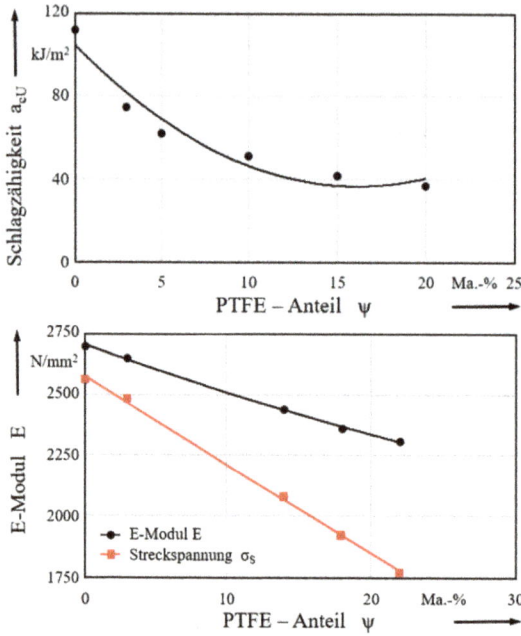

Werkstoffe:
- Hostaform C9021 (Celanese)
- PTFE: Zonyl MP1100, MP1200, (DuPont; mit 500 kGy bestrahlt)

Zugversuche:
- DIN EN ISO 527-2/1A/50

Charpy-(Kerb-) Schlagprüfungen:
- DIN EN ISO 179/1eU
- DIN EN ISO 179/1eA

Reaktives Compoundieren:
Doppelschneckenextruder ZSK 30, Coperion Werner & Pfleiderer GmbH & Co. KG

Reibungs- und Verschleißverhalten von POM-C-PTFE-cg

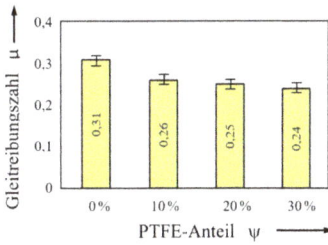

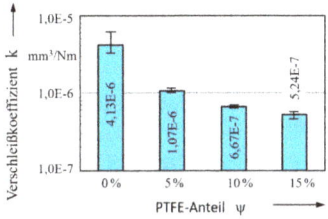

Tribologische Untersuchungen nach DIN ISO 7148-2:

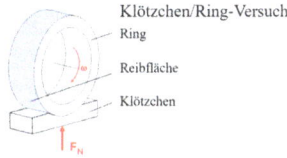

Klötzchen/Ring-Versuch
Ring
Reibfläche
Klötzchen

Prüfbedingungen:
- Normalkraft F_N = 100 N
- Geschwindigkeit v = 0,11 m/s
- Reibweg s = 9.504 m
- Ring Stahl 100Cr6, R_z = 3,2 µm, HRC 60

Prüfung: technisch trocken

Literatur: [13]

Kurzbeschreibung:

Bei dem relativ schlagzähen POM-Copolymerisat verschlechtert sich die Kerbschlagzähigkeit durch die chemisch gekoppelte/kompatibilisierte Modifikation mit PTFE und beim Schlagversuch an ungekerbten Proben brachen diese nicht. Die ermittelten Steifigkeits- und Festigkeitswerte entsprechen etwa den Rechenwerten. Die Reibungs- und Verschleißeigenschaften dieser Verbunde werden durch den PTFE-Zusatz deutlich verbessert.

Literatur des Anhangs C

[1]   Franke, R.; Lehmann, D.; Kunze, K. (2007): Tribological behaviour of new chemically bonded PTFE polyamide compounds. In: Wear 262, S. 242–252.

[2]   Häussler, L.; Pompe, G.; Lehmann, D.; Lappan, U. (2001): Fractionated crystallization in blends of functionalized poly(tetrafluoroethylene) and polyamide. In: Macromolecular Symposia 164, S. 411–419.

[3]   Hupfer, B.; Lehmann, D.; Reinhard, G.; Lappan, U.; Geißler, U.; Lunkwitz, K.; Kunze, K. (2001): PTFE Polyamide Compounds. In: Kunststoffe plast europe 91, S. 50–52.

[4]   Franke, R.; Lehmann, D.; Kunze, K. (2002): Neue PTFE-Polyamid-Materialien für verschleißarme, wartungsfreie Gleitlager – Teil 2: Tribologie der Polyamide. In: Bartz, Wilfried J. (Hrsg.), Lubricants, materials and lubrication engineering. 13th International Colloquium Tribology. Ostfildern.

[5]   Hufenbach, W.; Kunze, K.; Lunkwitz, K.; Geissler, U.; Lehmann, D. (1999): Tribologisch-mechanische Eigenschaften strahlenchemisch modifizierter PA 6/PTFE-Verbunde. In: 16. Fachtagung über Verarbeitung und Anwendung von Polymeren TECHNOMER '99, Chemnitz. ISBN 3-00-04710-7.

[6]   Kunze, K.; Lehmann, D.; Marks, H.; Taeger, A.; Hufenbach, W.; Heinrich, G. (2010): Herstellung, Aufbau und tribomechanische Eigenschaften von chemisch gekoppelten/kompatibilisierten HPP+PTFE-Compounds (mit den Hochleistungspolymeren PPS, PSU und PEEK) sowie von Polyamid+PTFE-Compounds. In: GfT-Tribologie-Fach-tagung, Göttingen.

[7]   Engelhardt, T. (2009): Entwicklung, Herstellung und Charakterisierung von Fasermaterialien auf der Basis von PEEK+PTFE-Materialien. Diplomarbeit, TU Dresden.

[8]   Lehmann, D.; Janke, A.; Lehmann, S.; Langkamp, A.; Kunze, K.; Hufenbach, W. (2006): Chemische Kopplung von PTFE mit Hochleistungspolymeren wie PEEK und PAI sowie PI. In: Tagungsunterlagen, 15th International Colloquium Tribology, Stuttgart/Ostfildern, Germany. S. 241.

[9]   Hufenbach, W.; Kunze, K.; Bijwe, J (2003): Sliding Wear Behaviour of PEEK-PTFE Blends. In: Synthetic Lubricaton 20, S. 227–240.

[10] Lehmann, D.; Kunze, K.; Langner, C. (2010): Chemisch gekoppelte/kompatibilisierte ABS-PTFE-Materialien- mechanische und tribologische Eigenschaften. In: Bartz, Wilfried J. (Hrsg.), Solving friction and wear problems, Ostfildern.

[11] Lehmann, D.; Kunze, K.; Langner, C. (2009): Chemisch gekoppelte/kompatibilisierte ABS-PTFE-Materialien- mechanische und tribologische Eigenschaften. In: Tagungsunterlagen 50. GfT-Tribologie-Fachtagung „Reibung, Schmierung und Verschleiß", Göttingen. ISBN 978-3-00-028824-1.

[12] Lehmann, D.; Kunze, K.; Steiniger, C. (2009): Chemisch gekoppelte/kompatibilisierte PBT/PTFE-Materialien – mechanische und tribologische Eigenschaften. In: GfT-Tribologie-Fachtagung, Göttingen.

[13] Geissler, U.; Kunze, K.; Kretzschmar, B.; Lunkwitz, K. (2000): Gleitlagerwerkstoffe auf der Basis von POM/PTFE-Compounds. In: Tribologie und Schmierungstechnik 47, S. 48–50.

Stichwortverzeichnis

https://doi.org/10.1515/9783110746280-008

www.ingramcontent.com/pod-product-compliance
Lightning Source LLC
Chambersburg PA
CBHW080709220326
41598CB00033B/5354